Werner Sauter • Simon Sauter

W0087706

Workplace Learning

Integrierte Kompetenzentwicklung
mit kooperativen und
kollaborativen Lernsystemen

Werner Sauter
Simon Sauter
Blended Solutions GmbH
Berlin, Deutschland

ISBN 978-3-642-41417-6   ISBN 978-3-642-41418-3 (eBook)
DOI 10.1007/978-3-642-41418-3

Die Deutsche Nationalbibliothek verzeichnet diese Publikation in der Deutschen Nationalbibliografie; detaillierte bibliografische Daten sind im Internet über http://dnb.d-nb.de abrufbar.

Springer Gabler
© Springer-Verlag Berlin Heidelberg 2013

Lektorat: Michael Bursik, Assistenz: Janina Sobolewski

Springer Gabler ist eine Marke von Springer DE. Springer DE ist Teil der Fachverlagsgruppe Springer Science+Business Media
www.springer-gabler.de

Vorwort[1]

Ein Polizist fragt einen Mann, der unter einer Straßenlaterne nach seinen Schlüsseln sucht: „Sind Sie sicher, dass Sie sie hier verloren haben?"

Der Mann antwortete: „ Nein, ich denke, sie sind mir im Park aus der Tasche gefallen."

„Weshalb suchen Sie dann aber hier und nicht im Park?", fragte der Polizist.

Der Mann sagte: Hier ist das Licht besser."

nach Jay Cross (2012, S. 10)

Dieser „Streetlight Effect" spiegelt genau die Situation in den meisten betrieblichen Weiterbildungsmaßnahmen heute wider. Die jahrzehntelangen Untersuchungen von Vater und Sohn Kirkpatrick (vgl. Kirkpatrick und Kirkpatrick 2012, 4. Aufl.) belegen, dass bei Seminaren und Weiterbildungsveranstaltungen im klassischen Sinne nur etwa 7–8 % des Gelehrten in der späteren Arbeit auch wirklich wirksam werden. Wahl spricht hierbei vom „Eunuchenproblem": „Sie wissen zwar wie es geht, aber sie können es nicht tun." Renkl bezeichnet diesen Sachverhalt als „träges Wissen" (Wahl 2011, 3. Aufl., S. 9 f.).

Trotzdem versuchen Personalentwickler und Trainer immer wieder, erfolgreiche Mitarbeiter und Führungskräfte in künstlich geschaffenen Lernräumen, insbesondere in Seminaren, Workshops und E-Learning-Szenarien, zu entwickeln. Dieses verkürzte Lernverständnis blieb bis heute in den meisten Lernbereichen weitgehend erhalten: Der Dozent vermittelt die Informationen, häufig in Frontalunterricht. Die Lerner versuchen, diese Informationen in Übungen zu verarbeiten und eigenes Wissen aufzubauen.

Dabei wissen wir, dass die Kompetenzen zur erfolgreichen Bewältigung von Problemstellungen in der Praxis nur durch die Mitarbeiter und Führungskräfte selbstorganisiert aufgebaut werden können, indem Sie reale und herausfordernde Problemstellungen in ihrer Praxis lösen. Genauso wie der Mann im Eingangsbeispiel seine Schlüssel nur im Park finden kann, können berufliche Kompetenzen nur im Prozess der Arbeit entwickelt werden.

Wir werden noch eine Reihe von Jahren in einer hybriden Lernwelt leben. Neben Lernsystemen, die sich an Wissens- und Qualifizierungszielen orientieren, werden aber

---

[1] Aus Gründen der besseren Verständlichkeit benutzen wir jeweils nur die männliche grammatikalische Form. Gemeint sind dabei jedoch immer weibliche und männliche Personen.

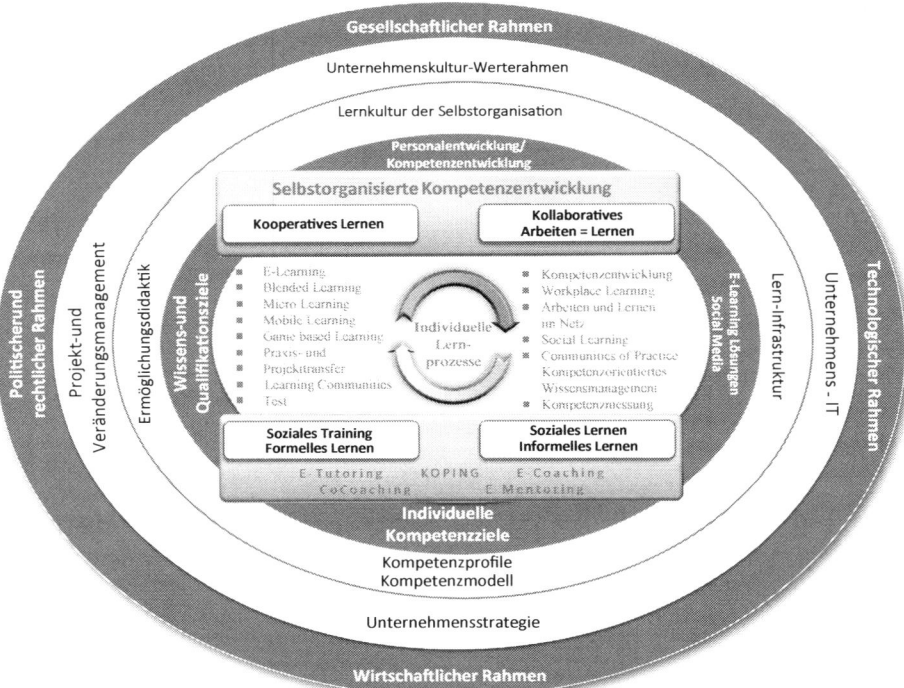

Abb. 1 Betriebliches Lernen im Kontext

zunehmend kompetenzorientierte Lernkonzeptionen an Bedeutung gewinnen. Wir be-
gleiten Unternehmen und betriebliche Bildungsanbieter seit vielen Jahren in vielfältigen
Praxisprojekten auf diesen spannenden Wegen zur Veränderung ihrer Lernsysteme. Dieses
Erfahrungswissen haben wir in diesem Werk zusammen geführt.

Wir orientieren uns in diesem Werk an der Struktur von Veränderungsprojekten zur
Entwicklung, Umsetzung und Implementierung innovativer Lernsysteme, so dass es als
Leitfaden für Ihre betriebliche Bildungsarbeit dienen kann. Dies prägt auch den Aufbau
unseres Buches, das aufzeigen will, wie individuelle, kompetenzorientierte Lernprozesse
im gesamten Unternehmen ermöglicht werden können.

Betriebliche Lernsysteme sind ein dynamischer Teil eines differenzierten inner- und
überbetrieblichen Systems (Abb. 1). Wir untersuchen deshalb im ersten Schritt die gesellschaftlichen, politischen, rechtlichen und wirtschaftlichen Rahmenbedingungen sowie
die relevanten technologischen Entwicklungen in den Unternehmen. Danach gehen
wir auf die Bedeutung der Unternehmensstrategie, der Unternehmenskultur sowie der
Unternehmens-IT für die Lernprozesse ein, die in einem dynamischen Veränderungsprozess laufend auf die Erfordernisse der Unternehmen hin angepasst werden. Wir erläutern
den Ansatz der Ermöglichungsdidaktik sowie der Kompetenzorientierung mit der sich
daraus ergebenden Lernkultur der Selbstorganisation. Daraus leiten wir die erforderliche
Struktur von Sozialen Lernplattformen ab, die als Basis für kooperatives Lernen und kol-

laboratives Arbeiten dienen können. In diesem Kontext entwickeln wir praxisbezogene Modelle kooperativen Lernens (Soziales Training) und kollaborativen Arbeitens und Lernen (Soziales Lernen) in Verbindung mit dem Ansatz des Co-Coaching und E-Coaching bzw. E-Mentoring.

Diese Ansätze illustrieren wir in verschiedenen Fallstudien, die auf unseren Praxiserfahrungen aufbauen und vielfältige Anstöße für die Weiterentwicklung heute existierender Lernkonzeptionen bieten. Damit sollen die Leser Anregungen erhalten, im Heute das Morgen zu erahnen, ihre heutigen Lernkonzepte zukunftsorientiert weiter zu entwickeln.

Wir untersuchen die Veränderungen für die heutige Personalentwicklung, die sich immer mehr zum Kompetenzmanagement wandeln wird und machen konkrete Vorschläge für diese Entwicklungsprozesse. Abschließend analysieren wir die Lerntrends für die kommenden zehn Jahre und schließen mit Handlungsempfehlungen für die heutigen Personalentwickler ab.

In diesem Werk führen wir unser Erfahrungswissen und unsere aktuellen Überlegungen, die wir in unseren Publikationen seit nunmehr über einem Jahrzehnt zur Diskussion stellen, mit dem Ziel fort, für Entscheider und Praktiker in der betrieblichen Bildung einen aktuellen Praxisleitfaden zu Entwicklung und Implementierung innovativer Lernsysteme mit E-Learning, Blended Learning und Social Learning zu schaffen (vgl. Sauter und Sauter 2004, 2. Aufl.; Erpenbeck und Sauter 2007, 2010 a) und b), 2011, 2013; Kuhlmann und Sauter 2008). Ein besonderer Dank gilt Prof. Dr. John Erpenbeck, mit dem wir im Rahmen mehrerer Projekte und Veröffentlichungen die Möglichkeiten zur Kompetenzentwicklung am Arbeitsplatz und im Netz untersucht und innovative Lösungsansätze entwickelt haben. Sein Erfahrungsschatz und seine Veröffentlichungen im Bereich der Kompetenzerfassung und des Kompetenzmanagements bilden eine wesentliche konzeptionelle Basis unseres Ansatzes. Wir haben sehr viel aus den intensiven und kritischen Diskussionen mit ihm gelernt.

Wir danken weiter allen betrieblichen Experten in unseren Praxisprojekten, die es uns möglich gemacht haben, unser Erfahrungswissen über Jahre hinweg gemeinsam weiter zu entwickeln.

Wir würden uns sehr freuen, wenn wir Ihnen mit diesem Werk Anstöße und Wege für die notwendigen Veränderungsprozesse in Ihrem Unternehmen geben können. Ihre Rückmeldungen greifen wir gerne auf.

Berlin, im November 2013   Simon Sauter
                                                                           Werner Sauter

Inhaltsverzeichnis

Simon Sauter, Master of Media Management
Studium Studium der Betriebswirtschaftslehre mit dem Schwerpunkt E-Business an der Dualen Hochschule Baden-Württemberg und an der HPU - Hawai'i Pacific University. Berufsbegleitendes Studium zum Executive Master of Business Administration in Media Management an der Steinbeis-University Berlin - School of Management and Innovation - mit Studienphasen an der SDA Bocconi Milano und der Stern Business School New York. Abschluss als Master of Media Management.

Praxiserfahrung Praxisausbildung im Rahmen des Studiums an der Dualen Hochschule Baden-Württemberg in der der ATHEMIA GmbH Stuttgart (Klett Gruppe), einem Anbieter ganzheitlicher Qualifizierungslösungen. Seit 2004 Account Manager des Institutes eBusiness & Management an der Steinbeis-Hochschule Berlin und ab 2007 Projektmanager im Bereich Program Development, Web 2.0 und Social Software bei der BLENDED SOLUTIONS GmbH. Seit 2010 Geschäftsführer der BLENDED SOLUTIONS GmbH. Mitbegründer von learn@work, einem innovativen, integrierten Leistungspaket von Kompetenzmanagement, Kompetenzmessung und Kompetenzentwicklung.

Publikationen Mitwirkung an einer Vielzahl von WBT-Entwicklungen, vom AGG - Allgemeines Gleichbehandlungsgesetz über WBT zur Bankausbildung bis zu WBT zur Kompetenzentwicklung von Führungskräften.

Prof. Dr. Werner Sauter, Dipl. Volkswirt
Ausbildung/Studium Bankkaufmann, Studium der Wirtschaftswissenschaften zum Dipl.-Volkswirt, Referendariat für berufliche Schulen - 2. Staatsexamen. Promotion im Fachbereich Pädagogische Psychologie zum Dr. paed. mit dem Thema: „Vom Vorgesetzten zum Coach der Mitarbeiter - Handlungsorientierte Führungskräfteentwicklung".

Praxiserfahrung Berufsschullehrer bzw. Dozent in der Aus- und Weiterbildung, Personalentwicklungsleiter der Landesgirokasse Stuttgart (heute LBBW), Professor für Bankwirtschaft an der Berufsakademie (heute Duale Hochschule Baden-Württemberg), Bildungsconsultant (BANKAKADEMIE - heute Frankfurt School of Finance and Management - u. a.), Gründer und Vorstand der IC eLearning AG, später ATHEMIA GmbH/AG (Klett Gruppe/KALAIDOS). Von 2001 bis 2008 Leiter des Institutes eBusiness & Management an der privaten Steinbeis-University Berlin. Seit 2007 Wissenschaftlicher Leiter der Blended Solutions GmbH, Mitbegründer von learn@work.

Publikationen, u. a. SAUTER, W.: Blended Solutions Blog: Wöchentlicher Blog zu innovativen Lernsystemen. http://www.blended-solutions.de/blog

ERPENBECK, J./SAUTER, W. (2013): So werden wir lernen! - Kompetenzentwicklung in einer Welt fühlender Computer, kluger Wolken und sinnsuchender Netze, Berlin, Heidelberg

ERPENBECK J./SAUTER W (2011).: Kompetenzentwicklung und Neue Medien, Berlin

SAUTER, W. (9. Aufl. 2010): Grundlagen des Bankgeschäfts, Frankfurt

ERPENBECK J./SAUTER W (2010).: Kompetenzentwicklung ermöglichen, Kaiserlautern

ERPENBECK J./SAUTER W (2010).: Kompetenzen erkennen und finden, Kaiserlautern

KUHLMANN, A.M./SAUTER, W. (2008): Innovative Lernsysteme - Kompetenzentwicklung mit Blended Learning und Social Software, Heidelberg

ERPENBECK J./SAUTER W (2007): Kompetenzentwicklung im Netz - New Blended Learning mit Web 2.0, Köln

SAUTER, A.M./SAUTER, W. (2. Aufl. 2004): Blended Learning - Effiziente Integration von E-Learning und Präsenztraining, Unterschleißheim

SAUTER, W. (1994 Diss.): Vom Vorgesetzten zum Coach der Mitarbeiter - Handlungsorientierte Entwicklung von Führungskräften, Weinheim

Eine Vielzahl von Buchbeiträgen zur Didaktik und Methodik beruflicher und betrieblicher Bildungssysteme und von Fachartikeln sowie Veröffentlichung von Fachbüchern zur Aus- und Weiterbildung (Gabler-Verlag, Frankfurt School Verlag, Bildungsverlag Eins) und Web Based Trainings in den Bereichen BWL/VWL, Führung/Management und Kompetenzentwicklung mit innovativen Lernsystemen.

Veränderte Rahmenbedingungen des Lernens

1

Die betriebliche Arbeits- und Lernwelt verändert sich mit zunehmender Dynamik. Die Leistungsanforderungen und notwendigen Produktivitätssteigerungen können nur durch partizipative Beteiligung und kollektive Anstrengungen aller Mitarbeiter und Führungskräfte erreicht werden (Hoberg 2012, S. 80). Detaillierte Vorgaben und ständige Kontrolle verlieren ihre Bedeutung, dagegen wird Selbstorganisation und die Kompetenz zum kollaborativen Arbeiten und Lernen gefordert. Die Ausgestaltung der aktuellen betrieblichen Weiterbildung ist jedoch von dieser Erkenntnis weitgehend abgekoppelt, obwohl die Mitarbeiter sich immer schneller und flexibler Kompetenzen aufbauen müssen. Häufig verweilt die Weiterbildung noch bei standardisierten Angeboten von Seminaren, Trainings, E-Learning Angeboten oder Webinaren, die über betriebliche Veranstaltungskataloge verwaltet werden, als sei die Weiterbildung noch der tayloristischen Management-Denkrichtung verhaftet. Der demographische Wandel, insbesondere der damit verbundene Fachkräftemangel, die wirtschaftliche Entwicklungsgeschwindigkeit und eine neue Erwartungshaltung junger Mitarbeiter verlangen jedoch nach neuen Gestaltungsansätzen (Hoberg 2012, S. 80).

Was jahrzehntelang selbstverständlich war, erfüllt die Anforderungen in einer Welt der *Enterprise 2.0* und einer vernetzten Privat- und Arbeitswelt nicht mehr. Unter Enterprise 2.0 versteht man dabei Unternehmen, die Soziale Software-Plattformen in der Kommunikation innerhalb der Organisation, aber auch mit Partnern und Kunden nutzen (McAfee 2010, S. 18). Sie betreiben *Social Business*, indem sie Social Media und soziale Praktiken in ihre laufenden Aktivitäten integrieren. In Großunternehmen sind interne Netzwerke („Firmen-Facebooks") oft schon Standard, Mittelständler nutzen das Medium bisher aber noch wenig. Inzwischen setzen 13 Prozent der deutschen Unternehmen Plattformen im Facebook-Look ein (Wirtschaftswoche 41 vom 07. 10. 2013, S. 84ff.). Diese Unternehmen werden zwangsläufig immer mehr, da die Märkte sich entsprechend verändern. Dies hat direkten Einfluss auf die betrieblichen Lernsysteme.

Social Business erfordert *kollaborative Unternehmen*, in denen Arbeiten und Lernen wieder zusammen wachsen. In diesen Organisationen lösen die Mitarbeiter und Füh-

W. Sauter, S. Sauter, *Workplace Learning,* DOI 10.1007/978-3-642-41418-3_1,
© Springer-Verlag Berlin Heidelberg 2013

rungskräfte gemeinsam im Arbeitsprozess und im Netz ihre Herausforderungen in der Praxis und tauschen kontinuierlich ihr Erfahrungswissen in Communities of Practice aus (Cross 2012, S. 3; BITKOM 2013c, S. 6).

Unter *Kollaboration* verstehen wir dabei im Folgenden in Anlehnung an Stoller-Schai (Stoller-Schai 2003, S. 47):

Gemeinsame Bewältigung einer Aufgabe oder Problemstellung durch zwei oder mehr Mitarbeiter bzw. Führungskräfte, die dieselben Ziele verfolgen, in einem sich direkt und wechselseitig beeinflussenden Prozess innerhalb eines netzbasierten Lern- und Arbeitsrahmens mit gemeinsamen Ressourcen.

Dieser Begriff umfasst damit die Vielfältigkeit der Methoden, mit denen Objekte (Gegenstände, Personen und Unternehmen) zusammenarbeiten können, erweitert um die Möglichkeiten des Internets (Tapscot 2010, S. 125). Mitarbeiter und Führungskräfte, die kollaborativ zusammen Arbeiten und Lernen sind kreativer und entwickeln nachhaltigere Lösungen (Stoller-Schai 2003, S. 5 ff.). Kollaborative Unternehmen sind damit eine Konkretisierung der Vision einer Lernenden Organisation (Stoller-Schai 2003 S. 5 ff.).

Kollaborative Lern- und Arbeitsprozesse finden in den Unternehmen laufend statt, z. B. in der Projektarbeit, in der Produktentwicklung oder in gemeinsamen Beratungsprozessen bei Kunden. Diese Prozesse laufen heute in den Unternehmen weitgehend netzbasiert ab, so dass eine Unterscheidung zwischen Kollaboration und E-Kollaboration immer weniger Sinn ergibt. Es ist davon auszugehen, dass die zunehmende Komplexität und Dynamik der betrieblichen Herausforderungen dazu führen, dass kollaboratives Arbeiten und Lernen zur wichtigsten Handlungsform in den Unternehmen werden.

Im Rahmen des Wissensaufbaus und der Qualifikation ist weiterhin kooperatives Lernen erforderlich. Unter kooperativem Lernen verstehen wir: *Formelles Lernen mit Lernpartnern im Rahmen vorgegebener Lernziele und Inhalte mit verschiedenen Trainingsmethoden und in einer Learning Community („Soziales Training").*

Unter *Kompetenzentwicklung* verstehen wir nach Erpenbeck und von Rosenstiel: (vgl. Erpenbeck und von Rosenstiel 2007, S. XI ff., 2. Aufl.)

Selbstorganisierter Aufbau von Handlungsfähigkeiten der Lerner, offene, komplexe und dynamische Herausforderungen in der Praxis selbst organisiert und kreativ lösen zu können.

Kompetenzen zeigen sich immer in den Handlungen der Menschen. Sie können nicht vermittelt werden, sondern nur selbstorganisiert aufgebaut werden, indem herausfordernde Aufgaben in der Praxis gelöst werden. Betriebliches Lernen erfolgt somit im Prozess der Arbeit selbstorganisiert mit dem Ziel, die individuellen Kompetenzen aufzubauen. Werte und Normen bilden die Kerne von Kompetenzen und werden zu zentralen Zielen der zukünftigen Lernprozesse. Werden sie bei der Bewältigung realer Herausforderungen verinnerlicht, sprechen wir von Kompetenzentwicklung. Wissensaufbau und Qualifizierung bilden die notwendige Voraussetzung für diese Lernprozesse, sind aber nicht das Ziel.

Diese Veränderungen ergeben sich zwangsläufig aus den Umbrüchen, die wir in der Gesellschaft und der Wirtschaft, aber insbesondere auch in der Politik und in den rechtlichen Rahmenbedingungen sowie in der Technologie erfahren.

Diese Einflussfaktoren untersuchen wir in diesem Kapitel aus dem Blickwinkel des betrieblichen Lernens.

Abb. 1.1 Rahmenbedin-
gungen betrieblicher
Lernsysteme

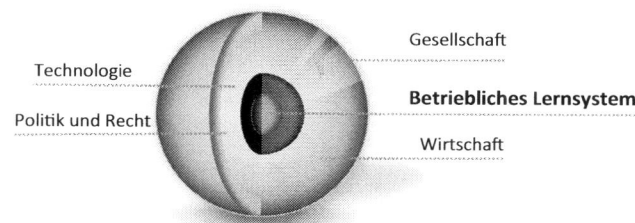

1.1   Gesellschaftlicher Rahmen

Die Zahl der zur Verfügung stehenden Arbeitskräfte wird sinken.

Angela Merkel

Kaum eine Entwicklung wird Deutschland in den kommenden Jahren so prägen wie der demografische Wandel. Jüngere Menschen müssen sich auf eine veränderte und längere Arbeitsbiografie einstellen, während ältere Menschen eine neue und verantwortlichere Rolle in Familie und Gesellschaft spielen werden (vgl. BMBF 2013).

Die Lebenserwartung steigt, die Bevölkerung wird älter. Heute sind 70-Jährige biologisch und sozial „jünger" als früher und vor 100 Jahren haben die meisten Zeitgenossen dieses Alter erst gar nicht erreicht. Die durchschnittlichen Kinderzahlen in Deutschland sind niedrig und stagnieren. Wir sind ein Zuwanderungsland und wir brauchen systematische Zuwanderung. Wie unser Leben verläuft, hängt auch vom Geburtsjahr ab. Jede Generation macht ihre eigenen historischen Erfahrungen – und wer heute geboren wird, hat eine durchschnittliche Lebenserwartung von etwa 80 Jahren (vgl. Leibniz-Gesellschaft 2013). So lernen wir heute wesentlich länger als unsere Vorfahren, aber häufig auch anders. Ein größerer Anteil älterer Menschen an der Bevölkerung hat angesichts der wachsenden Bedeutung der digitalen Welt, beispielsweise durch die zunehmende Nutzung von Smartphones, Tablets oder Social Networks, neue Herausforderungen für die Bildungssysteme zur Folge.

1.1.1   Lerner-Generationen

In Unternehmen treffen Menschen mit sehr unterschiedlicher Mediennutzung im privaten Bereich und differenzierter Medienkompetenz aufeinander. Die Unterschiede der Gruppen zeigen sich vor allem im veränderten Kommunikationshandeln, z. B. mittels Mobiltelefon, E-Mail oder Blogs, die wachsende „Do-it-yourself-Kultur" bei der Buchung von Flügen oder der Abwicklung von Bankgeschäften sowie der Auswahl an Medien und Kommunikationskanälen.

Tab. 1.1 Lerner Generationen (in Anlehnung an Oblinger und Oblinger 2007; Christian Scholz 2012; Booz & Company 2013; KIenbaum 2013)

Merkmale	Baby Boomers	Generation X (Millenials)	Generation Y	Generation C
Jahrgang	1946–1964	1965–1976	1977–1995	1996– heute
Merkmale	Optimistisch	Unabhängig	Zuversichtlich	Connected: Weltweite Vernetzung
	Lange Unternehmens-zugehörigkeit	Skeptisch	Selbstbewusst	
		Materialistisch	Entschlossen	Communication: Aktive Mitwirkung in Sozialen Netzwerken (Facebook, Youtube..)
	Hohe Arbeitgeber-loyalität	„Null Bock"	Leistungso-rientiert	
		Eigenbrötlerisch		
		Nutzung aktueller Kommunikations-technologien	Unabhängig	
	Workaholics		Idealistisch	Content-centric: Pflege und Selbstverwaltung des Online Contents
	Ausgeprägtes Konkurrenz-verhalten		Feedbackkultur	
			Moderne Kommunikations-technologien	
	Traditonelle Kommunikations-formen			Computerized: mehr als 95 % mit eigenem PC; sehr mobil
Vorlieben	Sicherheit	Freiheitsliebend	Individualität	Schnelle, vertrauens-würdige Verbindungen
	Übernahme von Verant-wortung	Multitasking	Selbstver-wirklichung	
		Work-Life-Balance	Abwechslung	Kollaboration im Netz
	Belohnung für Erfolg		Kollegiales Arbeitsumfeld	
	Arbeitsethik		Teamarbeit	Selbstorganisation
			Entwicklungs-möglichkeiten	
	Selbstbewusstsein		Stabilität	
			Sinn und Spaß	
			Work-Life-Blending	
Abneigung	Faulheit	Bürokratie	Trägheit	Träumerei
	Alter	Rummel	Negative Einstellung	Kulturelle Intoleranz

Auch wenn Generalisierungen von Altersgruppen im Einzelfall nicht stimmen müssen, helfen sie doch, die Gestalter von Lernsystemen zu sensibilisieren. Eine häufig genutzte Einteilung typischer Mitarbeiter ergibt sich aus vorstehender Übersicht: (Kienbaum 2013)

Während die „Baby Boomers" in den kommenden zwei Jahrzehnten nach und nach aus dem aktiven Berufsleben ausscheiden werden, wird der Anteil der Generation C in den kommenden sieben Jahren in Europa, Nordamerika und in den BRIC-Staaten auf etwa 40 % wachsen. Die Führungsebenen in den Unternehmen werden in den kommenden Jahren immer mehr durch Vertreter der Generationen X und Y geprägt sein (vgl. Booz und Company 2013). Da die Führungskräfte in innovativen Lernsystemen eine zentrale Rolle als Entwicklungspartner ihrer Mitarbeiter (Coach) spielen, birgt diese Struktur erhebliches Konfliktpotenzial für die zukünftigen Lernsysteme.

Die Merkmale der einzelnen Jahrgänge können nach unserer Erfahrung nur als Orientierung dienen, da es heute 50jährige gibt, die man nach ihrem Handeln durchaus der Generation C zurechnen könnte, während 20jährige sich eher wie die typischen Vertreter der Generation X verhalten. Die altersbezogenen Unterschiede bei der Nutzung von Web 2.0-Diensten verringern sich perspektivisch eher. Es zeigt sich auch, dass der Bildungsstatus einen starken Einfluss auf die Art des Lernens hat. Je höher das Bildungsniveau, desto eher werden informelle Lernmöglichkeiten genutzt (Rohs 2012, S. 40).

1.1.2 Lernsysteme und Mediengewohnheiten

Die Meinung, dass sich die Lerner in „digital natives", die mit Neuen Medien aufgewachsen sind und „digital immigrants", die den Umgang mit dieser neuen Umgebung wie eine Fremdsprache lernen müssen, aufteilen, trifft nach den vorliegenden Untersuchungen nicht zu (vgl. Schulmeister 2008; Günther 2007). Es wächst aber eine Generation von Lernern heran, die tagtäglich eine breite Palette an Medien, insbesondere in digitaler Ausprägung, nutzen. Haushalte in Deutschland, in denen Jugendliche aufwachsen, weisen bei Computern, Mobiltelefonen und Internetzugang heute eine Vollausstattung auf. Vier von fünf Jugendlichen haben einen eigenen Computer oder Laptop. Dank WLAN im Haushalt können 87 % vom eigenen Zimmer aus ins Internet gehen. Ein eigenes Mobiltelefon ist seit Jahren Standard, inzwischen besitzt aber fast jeder zweite Jugendliche ein Smartphone. 79 % der 12- bis 19-Jährigen nutzen zumindest mehrmals pro Woche Soziale Netzwerke, insbesondere Facebook (Medienpädagogischer Forschungsverbund Südwest 2012, S. 64–66).

Für die Planung von Lernsystemen ist nicht die Frage einer, meist relativ willkürlichen, Zuordnung zu einer „Generation" wichtig. Vielmehr sehen wir die konkrete Mediennutzung einer Zielgruppe, insbesondere im digitalen Bereich, als relevant an. Bei der Analyse der Rahmenbedingungen betrieblicher Bildungssysteme sollte deshalb diesem Aspekt eine hohe Aufmerksamkeit gewidmet werden.

Insbesondere die Jugendlichen der Generation C wachsen in zwei vollkommen gegensätzlichen Welten auf. Auf der einen Seite von Kindheit an in der Welt des Web 2.0 mit hoher Selbstorganisation und Kommunikation im Netz, auf der anderen Seite erfahren sie in der Schule eine Lernkultur, die häufig noch durch Frontalunterricht und eine „Osterhasen-Pädagogik" bestimmt wird. Mit diesem Begriff beschreibt Diethelm Wahl treffend die in Deutschland weit verbreitete, obwohl für das Lernen äußerst ungünstige, Praxis des fragend-entwickelnden Unterrichts. So wie an Ostern Eier versteckt werden, so versteckt die Lehrperson ihr wertvolles Wissen, und die Schüler müssen es durch Fragen geleitet suchen (Wahl 2013, S. 12 f., 3. erw. Aufl.). Während Nachwuchskräfte in ihrer Freizeit, teilweise auch im beruflichen Leben, immer mehr in ihrer neuen Medienkultur groß werden, ignorieren die meisten Schulen und Hochschulen diese Entwicklungen weitgehend. Insbesondere werden im Regelfall keine Kompetenzen zur selbst organisierten und eigen motivierten Nutzung des Internets für die eigene Bildung und damit für das spätere Berufsleben vermittelt.

Bildung entscheidet über den Lebensstandard des Einzelnen und den gesellschaftlichen Wohlstand. Nur mit einem Bildungssystem, das jeden erreicht und ein ganzes Leben lang begleitet, können wir den Herausforderungen des demografischen Wandels begegnen. In einem Land, in dem künftig viel weniger Menschen leben und arbeiten, muss Bildung für alle zugänglich sein. Doch in Deutschland sind die Chancen, fachliche Fähigkeiten, soziale Kompetenzen und Kreativität zu erlernen, immer noch ungleich verteilt. Stärker als in fast allen anderen hochentwickelten Staaten ist der Zugang zur Bildung von der sozialen Herkunft abhängig (Leibniz-Gesellschaft 2013). Auch dies stellt hohe Anforderungen an die betriebliche Bildung, die im Bedarfsfall diese Defizite auffangen muss.

Der demografische Wandel bedingt deshalb Lernformen, die sich an den Bedürfnissen der älteren Arbeitnehmer orientieren, gleichzeitig aber auch sicherstellen, dass ihr Erfahrungswissen den jüngeren Arbeitnehmern zu Gute kommt. Der Ruf nach Seminaren zum Wissens- und Ideenmanagement oder zum Gesundheitsmanagement ist hier sicher fehl am Platz. Wir wissen, dass ältere Arbeitnehmer überwiegend selbstorganisiert und relativ wenig von anderen Kollegen lernen. Andererseits nutzen gerade junge Mitarbeiter in hohem Maße das Erfahrungswissen ihrer älteren Kollegen, um ihre Kompetenz aufzubauen (vgl. Livingston 1999). Deshalb werden wir immer mehr Lernsysteme benötigen, die selbstorganisiertes Lernen ermöglichen, gleichzeitig aber den Austausch von Erfahrungswissen, z. B. in Communities of Practice, systematisch fördern.

Die betrieblichen Lernsysteme müssen sich an den veränderten Anforderungen, aber auch an den differenzierten Erwartungen, Kompetenzen und Lernroutinen der Mitarbeiter und Führungskräfte orientieren. Diese wollen dabei in zunehmendem Maße ihre Lernprozesse individuell und selbstorganisiert mit Unterstützung ihres Netzwerkes gestalten. Deshalb erwarten sie einen Lernrahmen, der ihnen diese Gestaltungsmöglichkeit bietet. Gleichzeitig benötigen die Unternehmen Flankierungssysteme, die die unterschiedlichen Lerner in ihren individuellen Lernprozessen gezielt begleiten.

1.2   Wirtschaftlicher Rahmen

I love to learn but I hate being trained

Winston Churchill (Zitiert nach Cross 2010, S. 42)

Deutschland verändert sich wie nie zuvor (vgl. McKinsey 2013). Dafür sind vor allem die Eurokrise, die sich wandelnde Industriestruktur aufgrund des gestiegenen Wettbewerbs und des technologischen Fortschritts, die Energiewende sowie die demographische Entwicklung, insbesondere auch der Fachkräftemangel, Auslöser.

Wir befinden uns an einem Wendepunkt in der Wirtschaftsgeschichte, ausgelöst durch veränderte Marktbedingungen und neue Technologien, die wiederum die Unternehmen grundlegend verändern. Die Entwicklung zur Enterprise 2.0 verstärkt diese Tendenzen und bedingt nach Don Tapscott eine grundlegende Neuausrichtung der Unternehmensstrategien:(nach Tapscott 2010, S. 146 ff.)

- *Neue Geschäftsarchitekturen:* Man muss die richtigen Entscheidungen über Grenzen und Partner treffen und diese ständig neu überdenken
- *Umgang mit Innovationen:* Kollaborative Lernprozesse ermöglichen
- *Chancen nutzen:* Zusätzliche Mehrwerte schaffen
- *Innovation und Wachstum im Auge behalten:* Strategie ist mehr als Umsetzung
- *Nachhaltiger Vorteil:* Wachsamkeit, Agilität, Kompetenzentwicklung und nachhaltige Wettbewerbsinnovation ermöglichen
- *Dynamisches System*: Wechselbeziehung zu Handlungen der Mitbewerber und Kunden
- *IT-Lösungen*: Chancen zur Senkung der IT-Kosten nutzen

1.2.1   Neue Unternehmenswelt

Jay Cross bezeichnet die neue Unternehmenswelt der Enterprise 2.0 und des Social Business als „*Terra Nova*". Diese hat sich aus der Industrie- und dann der Informationsära heraus entwickelt, die durch folgende Schwerpunkte gekennzeichnet sind (Tab. 2.1, S. 8): (in Anlehnung an Cross 2010, S. 42 ff.)

Die neue Arbeits- und Lernwelt der „*Terra Nova*" besitzt einen ganzheitlichen Charakter und ist durch die Integration des Lernens in die betrieblichen Arbeitsprozesse geprägt (Abb. 2.1, S. 8) (in Anlehnung an Cross, J. (2010) S. 42).

1.2.2   Lernen im Social Business

Ein pädagogischer Aufschrei begleitete das Buch „die Weiterbildungslüge" (vgl. Gries 2008) – dabei zog der Autor nur die Konsequenzen aus der Feststellung, dass die traditionellen Weiterbildungsveranstaltungen und Seminare kaum zu einer Kompetenzentwicklung führen, dass sie vor allem für die Unternehmen herausgeschmissenes Geld bedeuten. Für Deutschland beziffert er die Verlustsumme bereits 2008 immerhin mit 30 Mrd. €.

Tab. 1.2 Schwerpunkte der wirtschaftlichen Entwicklungsstufen

Blickwinkel	Industriezeitalter	Informationszeitalter	„Terra Nova"
Mitarbeiter	Körperlich, nach Vorgabe Arbeitende	Wissensarbeiter	Kreative Netzwerker
Treiber der Wertschöpfung	Maschinen	Intellektuelles Kapital	Design und Emotionen
Menschlicher Arbeitsschwerpunkt	Handarbeit	Linke Gehirnhälfte: Rationales Handeln	Rechte Gehirnhälfte: Kreatives, emotionales Handeln
Fokus	Effizienz, eher stumpfsinnige Aufgabenerfüllung	Erledigung von Aufgaben	Innovation
Kommunikationsschwerpunkte	Gesprochenes Wort	Geschriebene Texte	Soziale Medien in der Arbeitswelt
Lernziele	Wissen und Qualifikation	Wissen und Qualifikation	Kompetenzen
Lernort und -methodik	Seminar	Seminar, E-Learning, Blended Learning	Social Learning im Netz

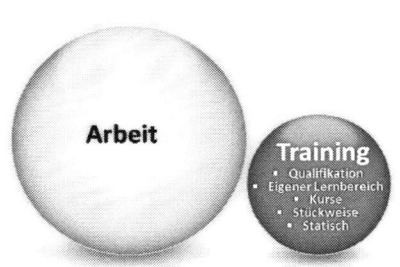 

20. Jahrhundert   21. Jahrhundert: „Terra Nova"

Abb. 1.2 Lernen und Arbeiten wachsen zusammen

Lernen findet in unseren Köpfen auch im 21. Jahrhundert nach wie vor überwiegend im Seminar statt, obwohl wir spätestens seit den Untersuchungen von Livingston wissen, dass in den Betrieben etwa 80 bis 90 % des Lernens informell stattfindet (vgl. Livingston 1999, vgl. Cross und Internet Time Group 2010). Häufig wird die 70/20/10-Regel zitiert, d. h. 70 % des betrieblichen Lernens sind danach Erfahrungslernen in der Praxis, 20 % werden durch Lernpartner, Führungskräfte, Coaches und Mentoren initiiert und nur 10 % finden als formelles Lernen in Seminaren oder mit E-Learning statt (Abb. 1.3, S. 9) (Jennings 2013).

Trotzdem ist in unseren Unternehmen und bei deren Bildungsanbietern offensichtlich der Glaube fest verankert, dass auf der Basis eines gut gemachten Seminars die Kompe-

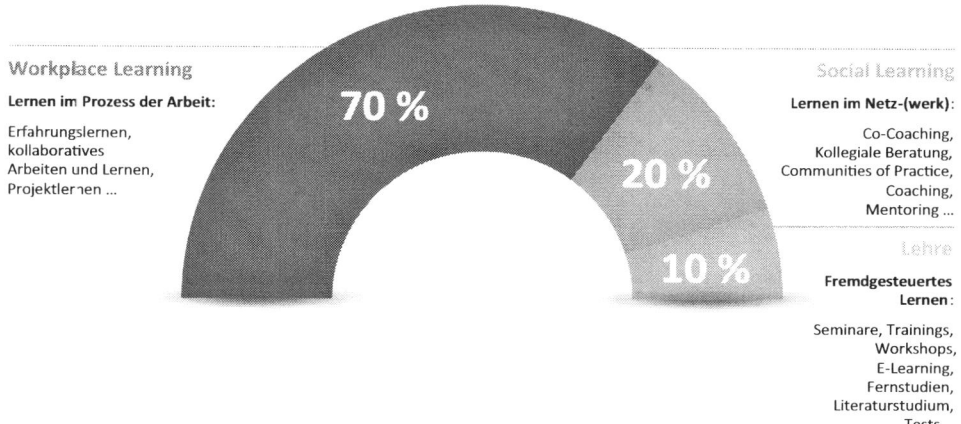

Abb. 1.3 10:20:70-Regel des betrieblichen Lernens

tenzentwicklung in der Praxis irgendwie schon erfolgen wird. Hat der Lerner das Glück, dass er dort auf Kollegen trifft, die ihn gerne bei seiner Kompetenzentwicklung begleiten, klappt das ja auch. Häufig wird dies aber nicht geschehen, weil die Kollegen keine Zeit oder keinen „Nerv" haben, den Lerner aktiv zu begleiten.

Mit der wachsenden Bedeutung Sozialer Medien wird aber das informelle Lernen immer wichtiger. Diese Ausprägung des Lernens unterscheidet sich grundlegend vom formalen Lernen. (Tab. 1.3, S. 10)

Bisher waren meist die Personalentwicklung, die Weiterbildungsakademien oder die Corporate Universities für Lernen im Unternehmen, häufig in Form von Seminaren oder E-Learning basierten Arrangements, verantwortlich. Sowohl die langjährigen Untersuchungen von Kirkpatrick als auch die Zusammenfassungen empirischer Analysen durch Robert Terry, nach denen fünf bis zwanzig Prozent des in formellen Lernprozessen Gelernten den Weg an den Arbeitsplatz schaffen (Terry 2011), zeigen in erschreckender Form auf, wie ineffizient die klassische Trainings-Industrie in Hinblick auf die Performanz der Mitarbeiter ist.

Der vierte Bildungsbericht der Kultusministerkonferenz stellte fest, dass sich an der Situation in der beruflichen Weiterbildung, in der Struktur der Angebote wie auch der Teilnahme in den vergangenen Jahrzehnten wenig geändert hat (Autorengruppe Bildungsberichterstattung im Auftrag der Ständigen Konferenz der Kultusminister der Länder in der Bundesrepublik Deutschland und des Bundesministeriums für Bildung und Forschung, Juni 2012, Seite 169). Angesichts der Wissensdynamik und der demografischen Entwicklung, aber auch der Mediennutzung in unserer Gesellschaft (vgl. http://www.ard-zdf-onlinestudie.de/index.php?id=353), ist die Starrheit der beruflichen Bildungssysteme erstaunlich. Innovative Lernformen, wie Social Learning und E-Learning, das lediglich in 18 % der Unternehmen eine Rolle spielt, werden in diesem Bericht nur ganz allgemein als "selbstgesteuertes Lernen mit Medien" erwähnt.

Tab. 1.3 The Learning Mixer (in Anlehnung an Cross 2007)

	Formelles Lernen		Informelles Lernen
Steuerung	Top-down durch „Lehrer" Fremdsteuerung	Fremdsteuerung Teilweise selbstgesteuert Lernbegleitung durch Tutor	Bottom-up Selbstorganisiert Lernpartnerschaft (Co-Coaching) Lernbegleitung durch Coach/Mentor
Methodik	Push Kurse E-Learning	Push and pull Blended Learning Workshops	Pull Ermöglichungsrahmen Social Learning
Dauer der einzelnen Module	Mehrere Stunden	Bis zu einer Stunde	Wenige Minuten
Ziele	Vorgegeben	Vorgegeben Teilweise individuelle Lernziele	Individuelle Kompetenzziele
Inhalte	Vorgegeben	Vorgegeben Teilweise individuelle Inhalte im Rahmen von Transferaufgaben	Nach Bedarf im Arbeitsprozess
Lernzeit	Gesonderte Seminar- oder E-Learning-Zeiten	Gesonderte Seminar- oder E-Learning-Zeiten In Transferphasen teilweise im Arbeitsprozess	Im Arbeitsprozess
Autoren	Experten und Medienentwickler	Experten und Medienentwickler Teilweise Lerner	Lerner
Entwicklungs- zeiten der Lerneinheiten	Monate	Tage	Minuten

Obwohl die Unternehmen die transferförderliche Gestaltung von Bildungsmaßnahmen und damit den Aspekt der Nachhaltigkeit als „Top-Thema Nr. 1" bewerten, hat lediglich ein Drittel der von SCIL St. Gallen befragten Unternehmen ein systematisches Transfermanagement im Bildungssystem umgesetzt. Nach einer Umfrage von managerSeminare sind die wichtigsten Trainings- bzw. Beratungsmethoden in deutschen Unternehmen in folgender Reihenfolge (vgl. managerSeminare 174 vom 24.08.2012):

1. Coaching,
2. Simulationen,
3. Action Learning,
4. Storytelling,
5. problembasiertes Lernen.

Etwa jedes vierte Unternehmen bietet die Möglichkeiten zum computergestützten Lernen (CBT, WBT, E-Learning) oder Lernen mit elektronischen Medien (CD-ROM, DVD) und sonstige Formen des selbst gesteuerten Lernens an. Knapp 15 % der Unternehmen setzen auf das Arbeiten mit Leittexten, Selbstlernprogrammen, Studienbriefen oder ähnlichen Lernlösungen.

Der Blick auf das sogenannte Erfolgsmodell der dualen Berufsausbildung ist zwiespältig (vgl. Hoffmann-Cadura S. 2011). Der Wissensaufbau und die Qualifizierung sowie die Kompetenzentwicklung im Ausbildungsbetrieb werden nach diesem Prinzip zwischen Berufsschule und Ausbildungsbetrieb aufgeteilt. Im Berufsschulunterricht wird das Fachwissen nach Curricula, die teilweise mehr als ein bis zwei Jahrzehnte alt sind, meist im „klassischen" Frontalunterricht, kombiniert mit Übungsphasen und „Hausaufgaben", durch eher theorieorientierte Lehrer dargeboten. Manche Betriebe, die dieser Qualifizierung nicht vertrauen, ergänzen diese Maßnahmen dann noch durch eigene Seminare („Lehrlings-Unterricht").

Die Praxisausbildung und damit die Kompetenzentwicklung finden weitgehend losgelöst von diesen Qualifizierungsmaßnahmen statt. Gegen Schluss der Berufsausbildung wird das Ergebnis mit einer stark wissensorientierten schriftlichen und mündlichen Prüfung vor der IHK getestet. Viele Ausbilder bzw. Führungskräfte messen Ihren Erfolg nach wie vor an diesen Prüfungsergebnissen. Diese Rahmenbedingungen und insbesondere das Prüfungssystem der dualen Berufsausbildung lassen konsequent kompetenzorientierte Ausbildungskonzeptionen leider nicht zu. Es ist auch nicht zu erwarten, dass der DIHK, trotz besseren Wissens, sein lukratives Prüfungssystem zugunsten eines kompetenzorientierten Ausbildungsansatzes kurzfristig aufgibt oder dass die Berufsschulen ihre Rolle grundlegend ändern oder gar eingespart werden.

In der überbetrieblichen, beruflichen Weiterbildung dominieren ebenfalls noch die „klassischen" „Lehr"- und „Lern"formen. So nutzen beispielsweise nahezu alle großen Fernstudienanbieter nach wie vor Studienbriefe und Einsendeaufgaben, die meist noch per Post versandt werden. Zwar gibt es bei den meisten Anbietern eine Lernplattform, häufig mit attraktiven Namen belegt, die aber nicht in die Lernprozesse integriert sind (Stiftung Warentest 2011, S. 42–45).

Im Internet entstehen immer mehr Lernangebote, die berufliche sowie ausserberufliche Informationen und Trainingsmöglichkeiten flexibel bereitstellen, individuelle Motivation und persönliches Feedback ermöglichen, Kontakte und Austausch von Erfahrungswissen initiieren sowie Validierung und Zertifizierung bis hin zu umfassenden Analysen von Lernprozessen möglich machen. Die meisten dieser kreativen Angebote richten sich an Lerner mit einer hohen Kompetenz, während schwächere Lerner bisher nur einem begrenzten Angebot gegenüber stehen (vgl. Dräger Bertelsmann Stiftung, 2013).

Das Lernen am Arbeitsplatz und die Integration von Bildungsmaßnahmen in Organisationsentwicklungsprozesse werden immer wichtiger. Nahezu alle großen Unternehmen nutzen heute eigene, sorgfältig ausgearbeitete, in ihrer Personalauswahl und –entwicklung fest verankerte Kompetenzmodelle. In einer neuen Arbeit „Kompetenzmodelle großer Unternehmen" stellen u. a. Airbus, Bundesanstalt für Arbeit, Daimler, Porsche, Audi, Siemens Healthcare, DB, Deloitte, Telekom, Esterhazy, Globus Baumärkte, Münchner Rück oder die Salzgitter AG ihre Modelle vor. Diese Kompetenzmodelle sind in der Regel in ein umfassend ausgearbeitetes Kompetenzmanagement eingebunden. Zunehmend entwickeln auch mittlere und kleine Unternehmen ein eigenes Kompetenzmanagement (Erpenbeck et al. 2013).

Aber auch in dieser Lernlandschaft finden sich noch alle gegenläufigen Entwicklungsstufen des Lernens, teilweise in denselben Betrieben. So leiten zwar viele Unternehmen die Notwendigkeit zur Entwicklung von Kompetenzen aus der Unternehmensstrategie ab. Die Kompetenzentwicklung soll dann aber nach unseren Praxiserfahrungen häufig in einer Reihe von Qualifikationsmaßnahmen, insbesondere in Seminaren, „nachgeholt" werden. Eine groteske Situation.

Nach Jane Hart zeigen sich aktuell vier Entwicklungstrends im betrieblichen Lernen: (nach Hart 2013b, S. 5 ff.).

- *Wachsende Anwenderorientierung der IT und des Lernens*: Die Mitarbeiter und Führungskräfte in den Unternehmen nutzen immer mehr eigene Geräte, wie z. B. Smartphones und Tablets, oder Softwarelösungen und Online-Services, weil sie damit ihre Bedürfnisse im Unternehmen einfacher lösen können als mit den Systemen im Unternehmen.
- *Lern- und Arbeitsinstrumente, aber auch persönliche Werkzeuge, wachsen immer mehr zusammen*: Die zunehmende Anwenderorientierung der IT führt dazu, dass sich auch die Instrumente des Arbeitens und Lernens immer mehr verbinden.
- *Social Werkzeuge werden immer wichtiger:* Die kollaborative Entwicklung von Lösungen und Inhalten in kommunikativen Prozessen im Netz, aber auch die gemeinsame Nutzung von Ressourcen, Ideen und Erfahrungswissen, verdrängt zunehmend den Aufbau formellen Wissens.
- *Selbstorganisiertes Lernen am Arbeitsplatz ersetzt formelles Lernen:* Mitarbeiter und Führungskräfte nutzen immer mehr soziale Werkzeuge, um individuelle, selbstorganisierte Lernprozesse nach ihren Bedürfnissen zu gestalten.

Die Menschen, die in dieser Weise arbeiten und lernen, nennt Jane Hart „*Smart Workers*". Darunter versteht sie Mitarbeiter, die webversiert, aber auch hochmotiviert und auf ihre Arbeitet verpflichtet und orientiert sind. Dabei nutzen sie soziale Medien und lernen mit folgenden Merkmalen: (nach Hart 2013b, S. 5 ff.).
Smart Workers

- *erkennen, dass sie während der Arbeit kontinuierlich lernen.*Sie sind sensibilisiert dafür, im Arbeitsprozess neue Informationen aktiv zu nutzen, Gesprächsergebnisse auszuwerten, von ihren Kollegen zu lernen und gezielt Fragen zu stellen. Dabei nutzen und pflegen sie ihr Netzwerk.
- *suchen unmittelbar verwertbare Lösungen für ihre Praxisprobleme, wenn der Bedarf da ist.*Sie wollen ihre Probleme nicht studieren, sondern nutzen pragmatisch alle Möglichkeiten, vom Learning Management System bis zu Sozialen Netzwerken.
- *teilen gerne ihr Wissen.*Dabei nutzen sie die gleichen Werkzeuge, die sie beim Lernen und Arbeiten einsetzen.

- *lernen am besten mit und von Anderen.* Dies gilt für formelle und informelle Lernprozesse. Soziale Medien, die kooperatives Lernen und kollaboratives Arbeiten und Lernen im Netz möglich machen, können diese Lernprozesse wirkungsvoll fördern. Dies erklärt auch den aktuellen Siegeszug der MOOC (Massive Open Online Courses, vgl. Seite 150 ff.).
- *verlassen sich auf ein vertrauenswürdiges Netzwerk von Freunden und Kollegen.* Während sich diese Netzwerke früher auf einen eher überschaubaren Bereich beschränkten, ermöglichen Soziale Netzwerke eine enorme Erweiterung dieser Möglichkeiten. Die Interaktionen in diesen Netzwerken umfassen Fragen und Antworten, Ideen weiter geben und entgegennehmen sowie Ressourcen und Erfahrungswissen, um Problemstellungen in der Praxis selbstorganisiert und kreativ zu lösen. Die Mitarbeiter halten sich gegenseitig auf dem Laufenden und lernen regelmäßig voneinander, häufig ohne es zu bemerken.
- *bleiben beruflich auf der Höhe der Zeit.* Über vielfältige soziale Werkzeuge (Blogs, Feeds....) und Services stellen die Mitarbeiter sicher, dass sie über alle aktuellen Entwicklungen in ihrem Wirtschaftsbereich und in ihrem Beruf informiert sind.
- *streben danach, ihre Produktivität zu steigern.* Die Mitarbeiter versuchen mit Hilfe ihrer Sozialen Netzwerke laufend Wege zu finden, um die Aufgaben des Teams und ihre eigenen Aufgaben noch besser zu erfüllen oder innovative Wege zu gehen.
- *entwickelt sich autonom.* Der Smart Worker entscheidet selbst über seine Lernziele sowie die Wege und Werkzeuge, um Lösungen zu finden.

1.2.3 Kollaborative Unternehmen

Unternehmen werden sich immer mehr zu *kollaborativen Organisationen* wandeln, in denen die Mitarbeiter und Führungskräfte gemeinsam am Arbeitsplatz und im Netz Aufgaben lösen und Erfahrungswissen austauschen (Cross 2012, S. 3). Sie lernen nicht mehr „über etwas", sie lernen, indem sie etwas tun. Im Rahmen des sogenannten *Performance Support* stehen den Lernern Systeme und Medien zur Verfügung, die zielorientiertes und situatives Lernen im Prozess der Arbeit ermöglichen. *Mobile* und *Micro Learning Systeme* (Mobile Learning ist das Lernen über drahtlose Geräte, wie Mobiltelefone, Smartphones, Tablets oder Laptops; Micro Learning ist technologiegestützten Lernens, das auf dem Lernen in kleinen, zunehmenden Schritten basiert. vgl. Seite 132 ff.). bieten relevante Informationen und kleine Lerneinheiten unmittelbar abrufbar vor Ort.

Diese Unternehmen sind durch veränderte Werte und Kulturen, kollaborative Netzwerke und soziale Lernprozesse im Netz und im Prozess der Arbeit (*Workplace Learning*) gekennzeichnet. Deshalb müssen reale Herausforderungen und der Austausch von Erfahrungen von Anfang an in die Lernprozesse integriert werden. Arbeiten ist Lernen und umgekehrt; betriebliches Lernen erlangt wieder seinen natürlichen Charakter. Diese Schwerpunktverlagerung bedingt wiederum, dass der Wissensaufbau nicht das Ziel der Weiterbildung ist, sondern die notwendige Voraussetzungen für die Umsetzung in der Praxis schafft.

Da die Kompetenzentwicklung nur selbstorganisiert durch die Lerner erfolgen kann, benötigen wir eine *„Ermöglichungsdidaktik"*, wie sie von Rolf Arnold (vgl. Arnold 2000) beschrieben wurde. In dieser Lernkultur, die durch einen hohen Grad an Eigenverantwortung gekennzeichnet ist, bietet es sich wiederum an, auch den Wissensaufbau in die Selbstorganisation der Lerner und ihres Lern-Netzwerks zu legen. Damit gewinnen neue Medien und Social Software, aber auch Soziale Lernplattformen, an Bedeutung. Diese netzbasierten *„Ermöglichungsrahmen"* dienen als Arbeits- und Lernräume, die immer mehr zusammen wachsen.

Die heutigen, überwiegend qualifizierungsorientierten Lernsysteme ignorieren weitgehend die Eigenständigkeit und Vielfältigkeit der Lerner. Wir sind nahezu alle über Jahrzehnte aus der Schule, aber auch der Weiterbildung, eine Lernkultur gewohnt, die vielfach durch Frontalunterricht und eine *„Osterhasen-Pädagogik"* bestimmt wird (Wahl 2013, S. 13 f., 3. erw. Aufl.). Dazu stellt der Dozent Fragen, auf welche die Kursteilnehmer antworten sollen, damit sie in diesem Prozess zu eigenen Erkenntnissen kommen. Dabei hat Wahl ermittelt, dass nur etwa 15 % der gesamten Planungszeit von Lehrern und Dozenten für die methodische Vorbereitung genutzt wird. Die Fragen entstehen bei dieser Unterrichtsmethode also spontan und sind deshalb häufig nicht wirklich zielführend. Hinzu kommt, dass, wie Wahl nachgewiesen hat, die Lerngeschwindigkeit in einer Gruppe von erwachsenen Lernern mit dem Faktor 1:9 schwankt.

Dies führt im Regelfall dazu, dass der Dozent sein Fragespiel mit zwei bis drei Schülern durchführt, die auf seiner „Wellenlänge" liegen. Der Rest wird entweder gelangweilt oder überfordert. Zumindest hat der Dozent dann anschließend das Gefühl, einen „spannenden" Unterricht gemacht zu haben.

Während die Lerner in seminargeprägten Qualifizierungsmaßnahmen oft passiv und fremdgesteuert sind, erfordern innovative Lernsysteme dagegen eine grundlegende Kulturveränderung. Die Rolle der betrieblichen Bildung wandelt sich zum Begleiter von Veränderungsprozessen, zum Service- und Dienstleister nach Bedarf und zum Impuls- und Ideengeber (vgl. Diesner und Seufert, S. 2010). Während bisher die Trainer das Steuer in der Hand hatten, übernehmen nunmehr die Lerner die Verantwortung für ihre Lernprozesse selbst. Sie entscheiden immer mehr, welche Ziele sie anstreben und was sie mit welchen Methoden lernen. Dies erklärt auch die häufig anzutreffenden Widerstände in der Praxis, die insbesondere von erfolgreichen Trainern kommen.

Die Bedeutung der Lernmöglichkeiten in den Unternehmen wandelt sich in diesem Kontext fundamental, wenn auch mit sehr unterschiedlicher Geschwindigkeit. Nach einer Befragung von über 600 amerikanischen Unternehmen nach den wichtigsten Lernformen ergab sich folgendes Ranking: (Hart 2013b, S. 8)

1. Kollaboratives Arbeiten (und damit Lernen) im Team
2. Austausch in Meetings
3. Websuche (z. B. Google)
4. Netzwerke und Communities
5. Externe Blogs und News Feeds

Es genügt also nicht, einfach Seminare in ein E-Learning-Format zu übertragen, Online-Kurse „schicker" bzw. „spannender" (z. B. mittels „Gamification" (durch belohnende Elemente aus Spielen, um die Lerner zu motivieren)) zu machen oder bestehende Blended Learning Systeme mit sozialen und mobilen Elementen „anzureichern". Kollaboratives Arbeiten und Lernen erfordert vielmehr grundlegend veränderte Denk- und Handlungsweisen aller Beteiligten, von den Personalentwicklern und Trainern über die Führungskräfte bis zu den Mitarbeitern.

Es ist in den Unternehmen ein Paradigmenwechsel erforderlich, der Lernen und Arbeiten zusammenführt, so dass neue Lernlösungen entstehen („learn the new"). Dies hat fundamentale Auswirkungen auf die Rollen der Lerner, der heutigen Personalentwickler und Trainer sowie der Führungskräfte. Daraus leitet sich der Bedarf nach innovativen Lernkonzeptionen, die sich an der veränderten Arbeits- und Kommunikationswelt in den Unternehmen orientieren, und einer Lerntechnologie ab, die diese Lernprozesse am „Workplace" ermöglicht.

1.3   Politischer und rechtlicher Rahmen

Die aktuelle Entwicklungsstufe des Lernens in unseren öffentlichen Bildungssystemen ist sehr differenziert und reicht vom Frontalunterricht, wie wir ihn aus Filmen wie die „Feuerzangenbowle" mit Heinz Rühmann kennen, bis zu hoch innovativen Lernszenarien. Unser Schul- und Hochschulsystem sowie die Berufsausbildung werden wohl noch lange Zeit durch zentral vorgegebene, in hohem Maße wissensorientierte Curricula geprägt, die nur eine geringe Veränderungsdynamik aufweisen (vgl.u. a. Blaschitz et al. 2012).

1.3.1   Schulische Bildung

In den *Schulen* dominieren immer noch die klassischen „*Lehr*"formen. Im Regelfall sind die Lehreinheiten dabei in ein enges zeitliches Korsett von 45 min eingezwängt, das viele innovative Lernansätze von vornherein verhindert. Die Ergebnisse der Befragung „Zukunft durch Bildung" zeigen eindeutig einen hohen Grad an Unzufriedenheit der Bürger mit dem bundesdeutschen Bildungssystem (Bertelsmann Stiftung 2011). Der Politik wird bei der Reform des Bildungswesens fehlender Mut zu Veränderungen bescheinigt. Häufig beschränken sich innovative Ansätze des Lernens in den Schulen auf die Einrichtung von Computerräumen oder die Anschaffung von innovativen Lernmedien, wie z. B. interaktive Whiteboards. Dagegen wäre es viel wichtiger, die Potenziale innovativer Formen des stärker individualisierten und selbstgesteuerten sowie kooperativen Lernens zu nutzen (vgl. Kerres et al. 2012).

Es gibt jedoch wenige Inseln innovativen Lernens, die meist von einzelnen engagierten Lehrern gestaltet werden, um zukunftsorientierte Lernsysteme umzusetzen. Damit meinen wir aber nicht die zum Teil schon Jahre zurück liegenden Aktionen vieler Kultusbehörden, ein Learning Management System (Lernplattform) zentral anzubieten und dann darauf zu warten, dass etwas passiert. In einigen innovativen Lernprojekten dieser Lehrer wird selbstgesteuertes und projektorientiertes Lernen der Schüler mit pfiffigen Lernarrangements ermöglicht (Bremer 2010, S. 87–97). In sehr wenigen Bereichen des schulischen Lernens setzt sich echtes Kompetenzdenken allmählich durch (vgl. z. B. Rohlfs et al. 2008).

Der BITKOM (Bundesverband Informationswirtschaft, Telekommunikation und neue Medien e. V.) hat in einer aktuellen, repräsentativen Studie die Ursachen für diese weitgehende Stagnation der Schulentwicklung analysiert (vgl. Bitkom 2012b). Dabei kommt er zu einem erschreckenden Ergebnis: Nur wenige deutsche Bundesländer verfolgen eine konsequente E-School-Strategie. Ausstattung der Schulen, pädagogische Konzepte und die Lehrerweiterbildung stehen meist unverbunden nebeneinander. Die Lehrkräfte werden nicht wirksam begleitet bei ihren Versuchen, elektronische Medien konsequent einzusetzen. Die Chance, die private Nutzung der Informations- und Telekommunikationstechnologie (ITK) durch junge Menschen für deren Lernprozess nutzbar zu machen, wird verschenkt. So wie Bildung heute in der Schule stattfindet, führt sie zumeist nicht zu adäquater Vorbereitung auf die Herausforderungen für das 21. Jahrhundert. Das gefährdet langfristig den Wirtschaftsstandort Deutschland.

Christoph Kucklick beschreibt sehr anschaulich, wie das schulische Lernen sich nach einem Vorschlag des Hirnforschers und Verhaltensphysiologen Gerhard Roth verändern sollte, aber auch welche Widerstände dabei zu überwinden sind: (Kucklick 2013, S. 82–100)

Gerhard Roth stellt sein Modell für einen neuen Unterricht vor. Ein radikales Modell. Er will die 45-Minuten-Einheiten auflösen und auch die Fachgrenzen und einmal in der Woche einen Projekttag einrichten, der nicht vom Dreiviertelstunden-Takt zerhackt wird, sondern zehn frei gestaltbare Stunden enthält, und an dem die Schüler sich fachübergreifend mit einem Thema beschäftigen können – damit sie es aus vielen Perspektiven wahrnehmen, damit es sich besser im Hirn verankert. Den Unterricht sollten immer mehrere Lehrer gemeinsam gestalten, um voneinander zu lernen. Und um besser auf die individuellen Probleme der Schüler einzugehen.

…Roth stützt sich dabei auf die Erkenntnisse der Hirnforschung: Der Kopf benötigt vielfältige Zugänge zu einem Thema, um es sich möglichst gut einzuprägen und es sicher zu behalten. Vor allem muss er das Wissen regelmäßig wieder aktivieren, um es verlässlich zu speichern…

…vielleicht werden engagierte Kollegen ein bisschen allein gelassen, bei dem Versuch der Selbstverbesserung.

1.3.2 Hochschulbildung

Auch der Blick in den *Hochschulbereich* ist zwiespältig. Obwohl die Welt der Hochschulbildung im Umbruch ist, kümmern sich die verantwortlichen Akteure fast ausschließlich um Struktur- und Budgetfragen sowie Evaluations- und Rechenschaftsfragen. Sie zäumen das Pferd von hinten auf, zu Lasten einer Auseinandersetzung mit den Curricula und den

Lehrinhalten unserer Universitäten, die eigentlich diesen eher administrativen Fragestellungen vorausgehen sollten (Elkana und Klöpper 2012, S. 5). Der Bologna-Prozess an den Hochschulen hat bewirkt, dass auch überfachliche, berufsfeldorientierte Kompetenzen, die ein Fachstudium sinnvoll ergänzen, im Studium vermittelt werden sollen. Über 90 % der deutschen Hochschulen haben den Aufbau von „Kompetenzen", zumindest in der Begrifflichkeit, in ihre Lehrpläne aufgenommen oder ein Konzept dafür entwickelt (vgl. Vollmers 2009, S. C6; Brinker und Müller 2008).

Dies darf jedoch nicht darüber hinwegtäuschen, dass in diesen Institutionen nach wie vor die Illusion einer „Wissensvermittlung" und die Qualifizierung dominieren. Dies wird z. B. auch an den Empfehlungen der Hochschulrektorenkonferenz zur Hochschule im digitalen Zeitalter deutlich, die den Ausbau der Informationskompetenz fordert, dies jedoch fast ausschließlich am Wissensaufbau festmacht (vgl. HRK – Hochschulrektorenkonferenz 2012). Nur wenige Universitäten verfolgen tatsächlich auch kompetenzorientierte „Lern"konzepte, z. B. mit der systematischen Bearbeitung von unternehmensrelevanten Projekten (Faix et al. 2012, S. 388 ff.). Einige Hochschulen haben zumindest fakultative Kompetenznachweis- und Kompetenzentwicklungssysteme etabliert (vgl. Tenberg und Hess 2005). Im internationalen Bereich nimmt dagegen das Kompetenzlernen spürbar zu (vgl. Conradi et al. 2006).

Die Hochschulen haben in den vergangenen Jahren hohe Investitionen in digitalisierte Lehr- und Lernmaterialien, Learning Management Systeme, virtuelle Labore oder aufgezeichnete Vorlesungen getätigt. Der Erfolg war jedoch häufig nicht zufriedenstellend. In einer Untersuchung zur Mediennutzungsgewohnheit der Studenten zeigte es sich, dass die Studenten vor allem externe Angebot im Internet, wie Google Websuche, externe E-Mail-Konten, Wikipedia und Online-Wörterbücher nutzten. Bei den universitätsinternen Angeboten sind vor allem Medienangebote beliebt, die sich um die Präsenzlehre lagern und die als nützlich für die Prüfung angesehen werden, wie z. B. gedruckte und elektronische Lehrbücher sowie Skripte der Dozenten, aber auch allgemeine IT- und Informationsdienste (z. B. Campus W-LAN, Online-Bibliothekskatalog). Auffallend ist, dass Angebote, die eine aktive Partizipation der Studierenden erfordern, wie Wikis, Blogs, interaktive Lernsoftware oder virtuelle Lehr-Lernformen nur selten und mit geringer Zufriedenheit genutzt werden (Gidion und Grosch 2012, S. 451 f.). Es zeigt sich also, dass sich soziale Medien für selbstorganisiertes Lernen und die traditionelle, eher fremdgesteuerte „Lehr"- und Prüfungskultur an den Hochschulen nicht ohne weiteres miteinander vereinbaren lassen, auch wenn die Studenten von Hause aus bereits in hohem Maße medienaffin sind.

Die Vorstellung der Universität als Ort der „Wissensvermittlung", an dem Studierende wie leere Gefäße mit Informationen gefüllt werden, ist obsolet (Elkana und Klöpper 2012, S. 6). Die Hochschulen haben zukünftig vielmehr die Aufgabe, den Studierenden zu ermöglichen, ihre Kompetenzen zu entwickeln, Informationen zu sammeln, auszuwählen, zu organisieren und zu bewerten, damit sich aus ihnen Wissen und letztendlich problemlösendes Handeln bildet. Dies ist mit der Methodik der Vorlesung nicht zu leisten (Günther 2012, S. 462 ff.).

Die Auswirkungen der Lernrevolution durch das Internet führen dazu, dass Lehre nicht mehr die notwendige Voraussetzung dafür ist, dass Lernen stattfindet, sondern dass neue Strukturen benötigt werden, die vor allem den freien Fluss von Informationen und Wissen zwischen allen Universitätsmitgliedern zum Ziel haben und Studierende in die Lage versetzen, von- und miteinander zu lernen (Günther 2012, S. 8).

Mit dem sogenannten *„Qualitätspakt Lehre"* von 2010 sollten die Hochschulen beispielsweise eine breit wirksame Unterstützung zur Verbesserung von Studienbedingungen und Lehrqualität erhalten. Bis 2020 stellt die Bundesregierung rund zwei Milliarden Euro für die Optimierung der Studienbedingungen an den deutschen Hochschulen bereit. Neben der Förderung einer besseren Personalausstattung und der Qualifizierung des Hochschulpersonals der Hochschulen sollen auch neue Impulse zur Weiterentwicklung der *„Lehr"*qualität und zur Professionalisierung der *„Lehre"* von der Förderung profitieren. Hierzu gehören auch hochschulinterne Ansätze zur Erprobung innovativer Lehrformate, wie auch fach- oder methodenbezogene Verbünde z. B. im Bereich des E-Learning. Wenn man sich die Förderbekanntmachungen näher ansieht, fällt auf, dass diese Förderung primär auf die Weiterentwicklung des bisherigen *„Lehr"*systems (einschließlich E-Learning) zielt und die Entwicklung zu selbstorganisierten *„Lern"*formen praktisch nicht vorkommt (BMBF 2010).

Es sind einzelne Initiativen entstanden, wie z. B. studiumdigitale an der Goethe Universität in Frankfurt, die sich zu Vorreitern innovativer Lernsysteme entwickelt haben. So führte studiumdigitale bereits 2011 sehr erfolgreich den ersten deutschsprachigen MOOC (Massive Open Online Course) zum Thema „Die Zukunft des Lernens" durch (Bremer 2012, S. 153–164, vgl. dazu auch Seite 150 ff.). Zwischenzeitlich sind eine Vielzahl von ähnlichen Lernräumen entstanden (vgl. Robes 2012a; Bremer und Thillosen 2013, S. 15–27).

Die heutigen, überwiegend qualifizierungsorientierten öffentlichen Lernsysteme ignorieren weitgehend die veränderten Anforderungen in Gesellschaft und Wirtschaft sowie die Eigenständigkeit und Vielfältigkeit der Lerner. Die Kompetenz, in innovativen Lernszenarien individuelle, selbstorganisierte Lernprozesse zu gestalten, bringen deshalb die wenigsten Mitarbeiter in den Unternehmen mit.

Lerner und Trainer, die bisher überwiegend fremdgesteuertes Lehren und Lernen gewohnt sind, benötigen die Möglichkeit, die erforderliche Kompetenz zum eigenverantwortlichen Lernen gezielt aufzubauen. Dabei müssen Denkweisen und Handlungsroutinen verändert werden, die sich teilweise über Jahrzehnte verfestigt haben. Die Unternehmen benötigen deshalb ein Veränderungsmanagement für den gesamten betrieblichen Bildungsbereich.

1.4 Technologischer Rahmen

Ohne Gefühl geht gar nichts.

Gerald Hüther (Hüther 2009)

Die moderne Informationstechnik ist zum Treiber der technologischen Entwicklung auf fast allen Gebieten geworden (vgl. Meeker und Wu 2013). Sie führt zu Entwicklungsgeschwindigkeiten von Technik und Industrie, Kultur und Politik, die mit klassischem Vorratslernen überhaupt nicht mehr zu beherrschen sind. Deshalb wird die rasante Entwicklung der Produktivkräfte zum Motor revolutionärer Lernentwicklung.

Nach einer Untersuchung von McKinsey (vgl. McKinsey Global Institute 2013; Erpenbeck und Sauter 2013, S. 5 ff.) wird der technologische Lernrahmen in den kommenden 12 Jahren dabei vor allem durch folgende zwölf „durchschlagende" technische Innovationen geprägt sein:

- *Mobiles Internet:* Zunehmend leistungsfähige und bezahlbare Instrumente und Verbindungen im Internet
- *Automation der Wissensarbeit:* Intelligente Softwarelösungen, die Wissensarbeit wirksam unterstützt, z. B. mit *semantische Netzen.* Darunter versteht man webbasierte Systeme, die Wege und Methoden bieten, Informationen so zu repräsentieren, dass Maschinen damit in einer Art und Weise umgehen können, die aus menschlicher Sicht nützlich und sinnvoll erscheint.
- *Cloud Technology:* Bedarfsgerechte Bereitstellung und nutzungsabhängige Abrechnung von IT-Ressourcen über das Internet oder Intranet („Cloud").
- *Human Computer:* Zukünftige, menschenähnlich agierende Computer, die ähnlich wie Menschen, Problemstellungen erfassen, analysieren, bewerten und unter Nutzung der Möglichkeiten des Netzes lösen können. Sie haben eigene Meinungen, die sie auch kritisch äußern und entwickeln von sich aus Lösungsvorschläge.
- *„Internet der Dinge":* Alltagsdinge werden so mit Sensoren und Bedienungselementen ausgestattet und vernetzt, so dass sie eigene Informationen und Bewertungen austauschen und daraus ihr Handeln perspektivisch selbstorganisiert und kreativ bestimmen können.
- *Autonome oder nahezu autonome Fahrzeuge:* Autofahren mit geringen oder gar keinen menschlichen Interventionen.
- *Weiterentwicklung der Gentechnologie:* Kostengünstige und schnelle Genbeeinflussung
- *Energiespeicherung:* Verbesserte Systeme der Energiespeicherung, insbesondere Batterien
- *3D Druck:* Fertigungsmaschinen, die computergesteuert aus flüssigen oder pulverförmigen Werkstoffen dreidimensionale Werkstücke produzieren.
- *Innovative Materialien:* Werkstoffe, die sich z. B. durch höhere Belastbarkeit, bessere Leitfähigkeit, geringeres Gewicht oder erweiterte Funktionalitäten auszeichnen.
- *Erweiterte Öl- und Gasgewinnung:* Kostengünstige Ausbeutung vorhandener Energieressourcen mit neuen Technologien, z. B. Fracking.
- *Erneuerbare Energien:* Energiekonzepte, die umweltschonend und ohne Risiken sind.

Analysiert man die bereits heute sichtbaren Tendenzen aus dem Blickwinkel der Lerntechnologie und des Netzes, häufig als Web 2.0, Web 3.0 und Web 4.0 bezeichnet, zeigt es sich, dass im Lernbereich vor allem die ersten vier Entwicklungen von direkter Bedeutung sind.

Mit der Entwicklung *mobiler Systeme* kann Lernen immer mehr unabhängig von Ort und Zeit erfolgen. Betriebliches Lernen findet also wieder dort statt, wo es am wirksamsten ist, nämlich am Arbeitsplatz. Die rasante Weiterentwicklung semantischer Systeme gewinnt dabei wesentlich an Bedeutung.

Semantik ist die Lehre von der Bedeutung sprachlicher Ausdrücke oder allgemeiner von der Bedeutung beliebiger Zeichen, sowohl in Bezug auf Informations- wie auf Sozialverbindungen (vgl. Hengartner und Meier 2010; Radar Networks und Nova Spivack 2007).

Das heißt, Informationen werden vom Computer zunehmend gewichtet, bewertet, gegeneinander abgewogen und in der Kommunikation entsprechend ausgewählt. Gleichzeitig nimmt aber auch die Kommunikation von Bewertungen und Werten im Bereich sozialer Kommunikation zu. Informationelle und soziale Semantiken in ihrer entfalteten Form spielen für die Kommunikation der Zukunft und damit auch für das Lernen in der Zukunft eine zentrale Rolle (Radar Networks und Nova Spivack 2007). Der Semantikbegriff, der in den heutigen Ansätzen des semantischen Netzes verwendet wird, ist stark funktional eingeengt, aber eben deshalb praktikabel (Erpenbeck und Sauter 2013, S. 15 ff.).

Als Semantic Web (Semweb) bezeichnet man ein webbasiertes System, in dem offene Standards für die Beschreibung von Informationen vereinbart werden, so dass sie zwischen verschiedenen Plattformen austauschbar sind (Interoperabilität); zum anderen müssen Regeln gegeben sein, die den Umgang mit den so beschriebenen Informationen und die Gewinnung von Schlussfolgerungen daraus sicher stellen (Inferenzregeln) (vgl. Dengel 2011; Pellegrini und Blumauer 2010).

Weiter entfaltete Formen tragen eine Vielzahl von Bedeutungen, Bewertungen und Werten in sich, der Contenttransfer wird in großem Maße zum Werttransfer. Die Ziele des Semantic Web sind somit, Wege und Methoden zu finden, um Informationen so zu repräsentieren, dass Maschinen damit in einer Art und Weise umgehen können, die aus menschlicher Sicht nützlich und sinnvoll erscheint." (Hitzler et al. 2008, S. 12). Das sogenannte Cloud Learning ermöglicht diese Lernprozesse.

Cloud Learning (auch Learning in the Cloud) bezeichnet mobiles und vernetztes Lernen, bei dem virtualisierte Rechen- und Speicherressourcen (Clouds) genutzt werden.

In der Praxis haben sich zwei Ausprägungen dieses Ansatzes herausgebildet: (Erpenbeck und Sauter 2013, S. 10 ff.)

- *Lernen mit Web Based Trainings (WBT) und Diensten, die im Internet („Cloud") liegen.* Beispiele dafür sind Learning Management Systeme (LMS), z. B. CloudCourse oder HootCourse, die von Google und anderen Anbietern angeboten werden. In diesem Sinne ist Cloud Learning vor allem durch eine veränderte Infrastruktur geprägt.
- *Lernen in und von der Wolke:* Die Lerner erhalten die Möglichkeit, nach Bedarf vielfältige Lernangebote im Netz zu nutzen. Ein Beispiel dafür ist die frei zugängliche Kurssammlung des Massachusetts Institute of Technology (http://ocw.mit.edu/index.htm). Damit entspricht Cloud Computing dem Ansatz des Open Course Ware. Die Lerner arbeiten nicht nur mit Lernmedien der eigenen Institution, sondern können die Breite der Open Resources nutzen.

Cloud Learning ist keine neue Lernkonzeption, erweitert aber die Möglichkeiten und Chancen von Bildungssystemen. Es entspricht damit dem „E-Learning 2.0" oder „Social Learning", sofern die sozialen Netzwerke von den Lernenden individuell und selbstorganisiert als Lernressourcen verwendet werden können.

Insbesondere folgende Aspekte sind dabei von Bedeutung:

- *Individualisierung:* Die Lerner können sich nach ihren individuellen Lernzielen Lernlösungen aus einem breiten Angebot zusammen stellen (*„education on demand"*). Damit bildet Cloud Learning die ideale Grundlage für Lebenslanges Lernen.
- *Lernen im Netz:* Die Lerner können unabhängig von ihrer Position, ihren Lernzeiten oder ihren Geräten auf das Lernsystem zugreifen und mit Lernpartnern kommunizieren und Erfahrungswissen austauschen.
- *Kostenersparnis:* Die Kosten und damit die Barrieren für einen Einstieg in onlinebasiertes Lernen sinken, da keine Investitionen in die Lern-Infrastruktur erforderlich sind. Cloud Computing bietet gleiche oder bessere Angebote für Speicherplatz, Lernplattformen oder Anwendungsprogramme zu wirtschaftlichen Bedingungen.
- *Skalierbarkeit:* Das Lernsystem passt sich den Besucherzahlen an und reduziert die erforderliche Rechenleistung, wenn diese nicht gebraucht wird.
- *Innovation:* Das Lernsystem entwickelt sich laufend weiter.
- *Verfügbarkeit:* Durch mehrfach redundante Rechenzentren garantiert dieser Ansatz eine hohe Kontinuität.
- *Flexibilität:* Die Serverleistungen passen sich den aktuellen Bedürfnissen an.
- *Sicherheit:* Cloud Computing Provider garantieren die Datensicherheit.

Es ist wie immer bei technologischen Entwicklungen. Die Technologie alleine bewirkt noch keine Veränderung der Lernsysteme, schafft aber den Raum für innovative Gestaltungsformen der Lernprozesse. Deshalb ist es notwendig, diese Entwicklungen weiter zu verfolgen.

Clouds und ihre Inhalte, in Ontologien erfasst, bilden dabei zukünftig den Ausgangspunkt der Kompetenzentwicklung im Netz. Die Clouds, mit denen wir es in Zukunft lernend zu tun haben werden, sind sowohl von den Kommunikationsmitteln wie von den kommunizierten Inhalten her wüste Gemische von Informationswissen, Werten, Bewertungen und Handlungswissen. Einen großen Teil unseres zukünftigen Lernens werden wir darauf verwenden müssen, uns in der Cloud überhaupt erst zu Recht zu finden. Deshalb gewinnen Ontologien wieder an Bedeutung (Erpenbeck und Sauter 2013, S. 12, S. 14).

Ontologie bezeichnet dabei eine formale Beschreibung von Daten, beispielsweise in einer Cloud, sowie Regeln über deren Strukturen und Zusammenhänge.

Mit Hilfe dieser Regeln lassen sich Rückschlüsse aus den vorhandenen Daten ziehen, Widersprüche in den Daten erkennen und manchmal fehlendes Wissen aus dem Vorhandenen ergänzen. Clouds und Semantische Netze werden sich immer mehr zu selbstorganisierenden Systemen entwickeln (vgl. Max-Planck-Instituts für Dynamik und Selbstorganisation (MPIDS) u. a. 2010).

Die Entwicklung des technologischen Rahmens wird das Lernen in wenigen Jahren revolutionieren, weil in spätestens zehn Jahren die Computer eine Leistungsfähigkeit aufweisen werden, die man durchaus als menschenähnlich bezeichnen kann (vgl. dazu insbesondere Erpenbeck und Sauter 2013). Wir nennen diese zukünftigen Rechner *Human Computer* (auch Humancomputer, humanoider Computer). Sie stehen aufgrund ihrer Kapazität und Komplexität größenordnungsmäßig dem menschlichen Gehirn nahe, weisen wie viele komplexe Systeme ein hohes Maß an Selbstorganisation auf und umfassen eine Form spezifischer, wertender Emotionalität in einem doppelten Sinne. Sie sind dafür entworfen worden, emotionsanaloge Aktionen und Reaktionen zu entwickeln und stellen dadurch eine emotionsähnliche Nähe zum Lerner her.

Mit der Bezeichnung Human Computer wollen wir ausdrücken, dass sie, ähnlich wie Menschen, Problemstellungen erfassen, analysieren, bewerten und unter Nutzung der Möglichkeiten des Netzes lösen können. Sie haben eigene Meinungen, die sie auch kritisch äußern und entwickeln von sich aus Lösungsvorschläge. Dabei nutzen sie ihr Erfahrungswissen aus früheren Entscheidungen des Lerners, so dass sie im Laufe der Zeit auch dessen emotionalen und motivationalen Wertungen und dessen Wertesystem verinnerlichen und in ihre Vorschläge mit einbeziehen. Es wird dadurch möglich sein, Kompetenzentwicklung mit Hilfe des Lernpartners Computer auf einem bisher nicht möglichen Niveau zu optimieren.

Damit eröffnen sich völlig neue Perspektiven des Lernens. Unter den neuen Bedingungen der digitalen Innovation stehen jetzt aber zwei Lerner, der Mensch und der Human Computer, dem Arbeitsprozess gegenüber, erwerben Wissen und mit ihm die Grundlage für Kompetenzen, die sie untereinander austauschen und handelnd reflektieren. Eine neue Art von Lernhandeln etabliert sich. Wir bezeichnen dies als *triales Lernen*, da der Lerner dann mit menschlichen Lernpartnern („Co-Coaching") und dem Lernpartner Computer („Computer Co-Coaching") kommuniziert. Die *triale Kompetenzentwicklung* optimiert dabei das Lernen im Arbeitsprozess mit menschlichen Lernpartnern und dem Lernpartner Computer.

Der Lernpartner Computer wird in naher Zukunft zur Realität. Es wird in spätestens zehn Jahren massenhaft in Clouds verankerte Computer und Computersysteme geben, die als Tandempartner in selbstorganisierten Lernprozessen agieren können.

Das Lernen in und mit solchen Systemen verändert alle unsere Lerngewohnheiten in dynamischer Form. Die Anforderungen an Bildungsplaner, Lernbegleiter (Trainer, E-Tutoren, E-Coaches, E-Mentoren …) und vor allem an die Lerner selbst verändern sich fundamental und mit wachsender Geschwindigkeit. Gleichzeitig wandeln sich Handlungs- und Lernroutinen, die teilweise über Jahrzehnte angeeignet wurden, aber nur sehr langsam.

Bereits heute werden in innovativen Lernsystemen Technologien eingesetzt, die in diese Zukunft weisen (BITKOM 2013a, S. 13 ff.). So beschreibt der BITKOM in seinem aktuellen Positionspapier innovative Lernformate wie Lernspiele (Serious Games), mobile Webseiten (Apps), Smartphones und Tablets Apps, interaktive E-Books, smart Shows (kurze Videos zur visuellen Darstellung) oder interaktive Videos sowie Lernprozesse mit Social Learning und kontextbasiertem Micro-Learning. Auch die technologische und layoutseitige Darstellung von E-Learning-Angeboten wandelt sich, von User Interfaces, die die Lerner von ihren Smartphones gewohnt sind, bis zu individualisierten und adaptiven Lernumgebungen, die das Lernverhalten analysieren und individuelle Lernpläne erstellen sowie die Lernwege entsprechend anpassen.

Dabei geht es aber vordergründig nicht um die Faszination innovativer Technologien sondern um die erweiterten Möglichkeiten, die sich durch diese Systeme zur Gestaltung der Lernprozesse ergeben. Neue Medien machen auf breiter Ebene Lernarrangements, auch im Netz, möglich, die sich an Kompetenzzielen orientieren und Praxisprobleme oder Projektaufgaben zum Inhalt haben. Dadurch verändert sich auch die Methodik fundamental.

Die Wissensaneignung bzw. das formelle Lernen, das weiterhin notwendig ist, kann selbstgesteuert mit E-Learning, aber auch mit Open Resources erfolgen, das Kompetenzlernen findet selbstorganisiert am Arbeitsplatz und im Netz, d. h. mit Lernpartnern und in der Community of Practice, statt. Der Lehrer wird zum Lernbegleiter, der die Rolle eines E-Coaches oder E-Mentors übernimmt. Die Lerner planen und steuern ihre Lernprozesse immer mehr selbst.

Die moderne Informationstechnologie löst durch zwei Sachverhalte eine Revolution des betrieblichen Lernens aus:

- *Erstens ist die moderne Informationstechnik zum Treiber der technologischen Entwicklung auf fast allen Gebieten geworden, führt zu Entwicklungsgeschwindigkeiten von Technik und Industrie, Kultur und Politik, die mit klassischem Vorratslernen überhaupt nicht mehr zu beherrschen sind. Dadurch wird die rasante Entwicklung der Produktivkräfte zum Motor revolutionärer Lernentwicklung, damit die Mitarbeiter und Führungskräfte auf die Anforderungen der zukünftigen Arbeitswelt vorbereitet werden.*
- *Zweitens liefert die moderne Informationstechnologie zugleich die Lerntechnologien, die kompetenzorientiertes Lernen am Arbeitsplatz in Verbindung mit E-Learning, Blended Learning und Social Learning überhaupt erst möglich macht. Diese Lerntechnologie wird jedoch nur dann ihre volle Wirkung erzielen, wenn sie in Lernkonzeptionen eingebettet wird, die sich an den Kompetenzen der Mitarbeiter und damit an der Performanz der Unternehmen orientieren.*

1.5   Die Lernsysteme verändern sich fundamental

Kollaboration ist die neue Grundlage der Wettbewerbsfähigkeit.

Don Tapscott (Tapscot 2010, S. 125)

Die Entwicklung zum Social Business und des Internets, insbesondere Sozialer Netzwerke, beeinflusst die Lernsysteme in den Unternehmen zunehmend. Der Trend zum verstärkten Kompetenzwettbewerb erfordert bereits heute ein neues Lernverständnis, das durch folgende Dimensionen gekennzeichnet ist: (vgl. Hoberg 2012, S. 81)

- *Integration in den Arbeitsprozess (Workplace Learning):* Kompetenzen können nur selbstorganisiert bei der Lösung von Problemstellungen in der Praxis aufgebaut werden. Lernen wird durch die Herausforderungen im Prozess der Arbeit ausgelöst.
- *Selbstorganisation:* Die Mitarbeiter gestalten ihre individuellen Lernprozesse selbstorganisiert.
- *Lernen im Netz (Social Learning):* Kollaboratives Arbeiten und Lernen im Netz ermöglicht den gezielten Aufbau von Kompetenzen.

Etwa drei Viertel von 1.500 befragten oberen Führungskräften glauben nicht, dass die Personalentwicklung die geschäftlichen Erfolge beeinflusst. Das Befragungsergebnis bei den Personalentwicklern war ähnlich (Cross 2012, S. 7). Es ist den meisten Verantwortlichen klar, dass traditionelle Seminare keine Kompetenzen vermitteln und meist nicht schnell genug auf die wachsende Veränderungsgeschwindigkeit in der Gesellschaft und in der Wirtschaft reagieren können. Auch die Instruktion der Mitarbeiter durch Kollegen oder Coaches vor Ort ist wirtschaftlich immer weniger machbar. Trotzdem scheuen viele Unternehmen die notwendigen Veränderungsprozesse.

Wir benötigen deshalb eine weiter entwickelte didaktisch-methodische Planung der Lernsysteme, aber auch eine veränderte Konzeption der Lernplanung und -begleitung. Dabei gehen wir von folgenden Entwicklungen in den kommenden zehn Jahren aus: (vgl. Erpenbeck und Sauter 2013, S. 3 ff.)

Der Wettbewerb der Zukunft ist ein Kompetenzwettbewerb.

Kompetenzentwicklung am Arbeitsplatz und im Netz entscheidet deshalb die Zukunft maßgeblich mit. Die Entwicklungen in der Arbeitswelt, aber auch in der Welt des Internet, haben grundlegende Veränderungen in den Arbeits- und damit auch in den Lernprozessen in den Unternehmen bewirkt. Menschen, die es, wie heute üblich, gewohnt sind, mit hohem persönlichen Einsatz in ihrer Arbeitswelt im Rahmen von Zielvereinbarungen selbstorganisiert Lösungen zu entwickeln und Entscheidungen zu treffen, können in ihren Lernprozessen nicht wie unmündige Kinder behandelt werden (vgl. Schuchmann und Seufert 2013).

Zukünftige Lernsysteme werden durch selbstorganisierte Lernprozesse geprägt sein.

Die Entwicklung vom Web 1.0 zur Welt des Web 2.0 zeigt in die gleiche Richtung. Aus dem suchenden Nutzer vorhandener Webinhalte wurden aktive Mitgestalter des Web, die eigenes Erfahrungswissen in das System einbringen und in der Kommunikation mit ihren Netzwerkpartnern zu gemeinsamem Wissen weiter entwickeln. In wenigen Jahren werden semantische Systeme Lernlösungen diese Entwicklungsprozesse weiter fördern.

Lernen und Arbeiten werden mit dem Ziel der Kompetenzentwicklung zu einem integrierten Lernsystem zusammen geführt.

Die Mitarbeiter sehen sich zunehmend als gleichberechtigte Partner, sowohl im Prozess der Arbeit, in der Kommunikation mit Führungskräften und Kollegen, aber auch mit Lernpartnern, E-Tutoren, E-Coaches und E-Mentoren. Selbst organisierte Lernprozesse sind, wie Arbeitsprozesse in der Praxis, nur in der Kommunikation mit Lernpartnern, Experten oder Coaches, möglich.

Lernen wird immer mehr im Netz(-werk) kollaborativ stattfinden.

Wissen kann nicht vermittelt werden, Kompetenzen schon gar nicht. Die Didaktik betrieblicher Bildung muss sich vielmehr zu einer *„Ermöglichungsdidaktik"* wandeln. Der betriebliche Bildungsbereich erhält damit die Aufgabe, Lernsysteme zu entwickeln und Rahmenbedingungen zu schaffen, die es den Mitarbeitern und Führungskräften ermöglichen, ihre Problemstellungen in der Praxis kollaborativ zu lösen und ihre individuellen Lernprozesse optimal selbst organisiert zu gestalten. Kollaboratives Arbeiten und Lernen im Netz bilden den Kern der zukünftigen Lernprozesse.

Betriebliches Lernen hat zum Ziel, den selbstorganisierten Wissens- und Kompetenzaufbau aller Mitarbeiter und Führungskräfte zu ermöglichen.

Die Rollen der Lerner, aber insbesondere auch der Lernbegleiter und der Personalentwicklung verändern sich fundamental. Der individuelle Aufbau formellen Wissens, aber auch die gemeinsame Weiterentwicklung von Erfahrungswissen, wird in die Verantwortung der Lerner gehen. Die Zielformulierung und die Planung der Kompetenzentwicklung erfolgt zukünftig selbstorganisiert durch die Lerner. Wenn die Leistungsfähigkeit der Computer so zunimmt, wie uns die Experten vorhersagen, dann sind vollkommen neue Lernszenarien denkbar. Insbesondere im Bereich der Lernkultur, aber auch der Kompetenzen der Gestalter und Begleiter von Lernprozessen, sind grundlegende Veränderungen notwendig. Die Denk- und Handlungsweisen aller Beteiligten wandeln sich aber nur in einem kontinuierlichen Veränderungsprozess, da sich deren Handlungsroutinen im Lernbereich über einen langen Zeitraum aufgebaut haben. Da diese Veränderungsprozesse viel Zeit erfordern, sind wir der Überzeugung, dass es deshalb notwendig ist, bereits heute über diese voraussichtlichen Trends nachzudenken und sich in diese Richtung zu bewegen.

Die Mitarbeiter und Lernbegleiter benötigen Zeit, sich schrittweise auf die neuen Herausforderungen zukünftiger Arbeits- und Lernsysteme hin zu entwickeln.

Die Kompetenzentwicklung der identifizierten Talente, der Spezialisten und Führungskräfte, die kritische Positionen im Unternehmen besetzen können, wird zu einer strategischen Aufgabe.

Man kann Talente nicht managen, sondern nur ihre individuellen Lernprozesse fördern, indem man Ihnen den erforderlichen Entwicklungsrahmen zur Verfügung stellt.

Wir gehen auf der Grundlage dieser Analyse davon aus, dass die Lernsysteme der weiteren Zukunft sich fundamental von den heutigen Lernsystemen unterscheiden. Bis dahin werden wir jedoch noch in einer hybriden Welt leben, so dass in der näheren Zukunft formelles und informelles Lernen miteinander verknüpft werden (Abb. 1.4, S. 26).

Vor allem folgende Aspekte prägen die Lernkonzeptionen in den unterschiedlichen Entwicklungsstufen:

• *Lernen bisher:* Das Wissen wird meist in vorgegebenen Curricula definiert. Es wird überwiegend wertfreies (Standard-)-Knowhow in Seminaren oder mit Studienbriefen bzw. E-Learning in Verbindung mit Tests und Zertifikaten vermittelt. Der Wissensaufbau soll über Übungen initiiert werden. Ein Transfer in die Praxis findet meist situativ und ungeplant statt, sofern sich die Gelegenheit ergibt, z. B. wenn der Lerner auf Arbeits-

| Curriculum | Seminare
Printmedien
E-Learning | Situativ am
Arbeitsplatz
Transferaufgaben | Tests
Mündliche Prüfungen
Präsentationen |

BISHER

Ziele und Inhalte → Wissensaufbau und Qualifikation → Kompetenz-entwicklung → Erfolgsmessung

ZUKÜNFTIG

| Curriculum
+
Kompetenzziele | **Kooperatives Lernen:**
E-Learning
Blended Learning
Learning Communities | **Kollaboratives**
Arbeiten u. Lernen:
Problemlösungen in
Projekten und im
Prozess der Arbeit,
Communities of Practice | Tests
Projektergebnisse
Zielerreichung
in der Praxis
Kompetenzmessung |

Abb. 1.4 Trends in der betrieblichen Bildung

kollegen trifft, die seine Kompetenzentwicklung aktiv fördern. Häufig gibt es keinen Transfer in die Praxis. Die Lernprozesse sind in hohem Maße fremdgesteuert, informelles Lernen ist im Regelfall nicht in die Lernkonzeption eingebunden. Einzellernen ist weit verbreitet, Lernpartnerschaften entstehen eher zufällig.

- *Lernen in naher Zukunft:* Die Lernkonzeptionen werden weiter durch Wissens- und Qualifikationsziele bestimmt, jedoch erweitert um individuelle Kompetenzziele, die in Transferaufgaben, in Praxisprojekten und vor allem im Prozess der Arbeit und Führung erreicht werden sollen. Die Lernprozesse sind weiterhin teilweise fremdgesteuert, werden aber durch selbstorganisierte Phasen des Wissensaufbaus und Kompetenz-Entwicklungsphasen ergänzt.

Der Wissensaufbau und die Qualifikation finden zukünftig überwiegend in kooperativen Lernszenarien mit E-Learning und in Blended Learning Arrangements in Verbindung mit Learning Communities statt. Der Kompetenzaufbau erfolgt in Projekten und im Prozess der Arbeit, indem kollaboratives Arbeiten und damit Lernen ermöglicht wird. Die Lernkonzeption umfasst somit auch informelles Lernen in Anwendungsbereichen. Zunehmend werden deshalb betriebliche Lernprozesse durch aktuelle Praxisprobleme bestimmt, die die Lerner in ihrem Netzwerk selbstorganisiert lösen. Dabei wird der wertfreie Wissensaufbau und die Qualifizierung in E-Learning und Blended Learning Arrangements mit praxis- und projektorientiertem Lernen zum Aufbau von wertbeladenem Erfahrungswissen kombiniert (Tab. 1.4, S. 27).

Tab. 1.4 Trends in der betrieblichen Bildung

Bereich	• Lernen heute – Wissensaufbau und Qualifizierung mit Kompetenzentwicklung in Praxisprojekten	• Lernen in naher Zukunft – Qualifizierung und integrierte Kompetenzentwicklung im Prozess der Arbeit und im Netz
Wissens-aufbau	• Starres, zentral vorgegebenes Curriculum, • Web Based Trainings mit standardisierten Aufgaben, • der Lernerfolg wird meist mit Tests und in Prüfungen überwiegend wissensorientiert gemessen, • Trainer und E-Tutoren vermitteln in E-Learning-Szenarien zusätzliches Wissen.	• Starres, zentral vorgegebenes Curriculum und *individuelle Wissensziele* im Rahmen der individuellen, *praxisbezogenen Kompetenzziele*, • zunehmend kürzere, modularisierte Web Based Trainings (Micro Learning) mit standardisierten Aufgaben in Verbindung mit Transferaufgaben und Projektaufträgen, die in der Learning Community sowie der Community of Practice bzw. im E-Portfolio kollaborativ bearbeitet werden, • Informationen aus Open Resources, • Wissensaufbau mit Tandempartnern, • Wissensaufbau im Netz, • Trainer und E-Coaches vermitteln bei Bedarf zusätzliches Wissen.
Qualifi-zierung	• Übungen, • Fallstudien, • Rollenspiele, • Planspiele, • standardisierte Rückmeldungen aus den WBT, • Rückmeldungen durch Trainer, E-Tutor und durch Lernpartner in der Learning Community.	• Übungen, • Fallstudien, • Rollenspiele, • Planspiele, • (Digital) Game Based Learning, • standardisierte Rückmeldungen aus den WBT, • Bearbeitung von Reflexionen und offenen Aufgaben (Freitextaufgaben) in der Learning Community, • E-Coaching durch die Lernbegleiter.
Kompe-tenz-messung und -ent-wicklung	• Keine systematische Integration der Kompetenzentwicklung in die Lernsysteme, • keine systematische Definition von Kompetenzzielen, • eher zufällig, in Eigenverantwortung der Lerner in der betrieblichen Praxis, z. B. mit Kollegen, • spontane Kompetenzbewertung oder Einschätzung im Rahmen der Beurteilungssysteme ("Jahresgespräche").	• Regelmäßige Kompetenzmessung, • eigenverantwortliche Definition individueller Kompetenzziele für abgegrenzte Bereiche, z. B. für Praxisprojekte und Aufgabenbereiche in der Praxis, • selbstorganisierte Lernprozesse im Rahmen von Transferaufgaben und Praxisprojekten sowie vor allem im Prozess der Arbeit, • Unterstützung durch die Lernpartner und Lerngruppen,

Tab. 1.4 (Fortsetzung)

		• Bearbeitung von Reflexionen und Transferaufgaben im E-Portfolio und in der Learning Community, • Austausch und Weiterentwicklung von Erfahrungswissen über Lerntagebücher im E-Portfolio und in der Community of Practice, • Co-Coaching durch Lernpartner, • Coaching durch die Führungskraft, • E-Mentoring durch den Lernbegleiter.
Messung des Lernerfolges	• Wissenstests, Aufgaben bzw. Fallstudien, die gelöst werden, • Prüfungsgespräche und Präsentationen.	• Erfolg in der Praxis, • Kompetenzmessungen, • Learning Analytics, • Präsentationen und Diskussionen über Lösungsvorschläge, • Projektergebnisse • evtl. ergänzend Wissenstests und Aufgaben bzw. Fallstudien, die gelöst werden.
Organisation und Steuerung der Lernprozesse	• Organisation durch die zentrale Personalentwicklung und Trainer bzw. E-Tutoren, • Fremdsteuerung in Seminaren oder mittels E-Learning, • selbstgesteuertes Lernen im Rahmen vorgegebener Arbeitsaufträge, Übungen etc.	• Bereitstellung des Ermöglichungsrahmens durch das zentrale Kompetenzmanagement, • im Rahmen der Aufgaben im Prozess der Arbeit und evtl. in Projekten durch die Lerner selbst in Abstimmung mit ihren Führungskräften, • selbstgesteuerter Wissensaufbau und Qualifizierung mittels E-Learning „on demand" und in Blended Learning Arrangements, • selbstorganisierte Kompetenzentwicklung in Praxisanwendungen und -projekten, meist in Absprache mit Lernpartnern, dem Lernbegleiter oder der Führungskraft (Coach).
Flankierung der Lernprozesse	Durch *KOPING* mit • Trainer und E-Tutor, • Tandempartner, • Lerngruppe, • Schutzschilde des Trainers im Sinne von Vorausdenken.	Durch *Co-Coaching* der Lernpartner in Verbindung mit • Lernbegleitern (E-Coach), • der Lerngruppe, • der Führungskraft als E-Coach, • persönliche Schutzschilde der Lerner

Tab. 1.4 (Fortsetzung)

Lern-begleiter	• Trainer, • E-Tutor, • evtl. Coach in der Praxis (ohne systematische Einbindung in das Lernsystem).	• Trainer und Moderator, • Tandempartner, • Lerngruppen, • E-Coach und E-Mentor, • evtl. Projektcoach, • evtl. Ausbilder oder Coach in der Praxis (ohne systematische Einbindung in das Lernsystem).
Lern-Infra-struktur	• Learning Management System – LMS • Kursorganisation, • Web Based Trainings, Videos, Podcasts und Lerndokumente, • teilweise Lernspiele, Planspiele etc., • Tests und Zertifikate, • vor allem Kommunikationsinstrumente des Web 1.0 (z. B. Foren, Chats), teilweise des Web 2.0 (Social Software)	• Soziale Lernplattform • Kursorganisation, • Web Based Trainings, Videos, Podcasts und Lerndokumente, • teilweise Lernspiele, Planspiele etc., • Tests und Zertifikate, • Kommunikationsinstrumente des Web 1.0 und des Web 2.0 (z. B. Blogs, Wikis), • teilweise Nutzung von Open Resources, • Kompetenzmesssysteme, • E-Portfolio.

Eine zentrale Rolle in den selbstorganisierten Qualifikations- und Kompetenzentwicklungsprozessen bilden menschliche Lernpartnerschaften („Co-Coaching"), die systematisch in die Lernkonzeptionen eingebunden werden. Das Erfahrungswissen wird in Erfa-Kreisen und vereinzelt mit Social-Software in Communities of Practice ausgetauscht und gemeinsam weiter verarbeitet.

In ihren individuell geplanten Lernprozessen nutzen die Lerner bedarfsorientiert wertfreies, formales Wissen in modularisierter Form sowie wertbeladenes Wissen in Form von Erfahrungswissen, Diskussionsbeiträgen oder Praxisbeispielen. Die formellen Lernherausforderungen, aber auch die Problemstellungen in Projekten und in der Praxis werden gemeinsam mit Lernpartnern bearbeitet. Das Wissen über die Erfahrungen in der Umsetzung der Lösungen bringen sie in ihr Netzwerk ein. Das neu erworbene Erfahrungswissen sowie die Diskussionsergebnisse werden in das Lernsystem integriert, so dass der gemeinsame Wissenspool einen dynamischen Charakter bekommt.

In der folgenden Tabelle haben wir zunächst die wesentlichen Trends systematisiert und zusammengefasst. In den folgenden Kapiteln werden wir auf die einzelnen Aspekte im Detail eingehen.

In wenigen Jahren wird der „Lernpartner Computer" die Lernsysteme revolutionieren. Der limitierende Faktor wird dann nicht mehr die Technik, sondern der Mensch sein. Deshalb sind bereits heute Veränderungsprozesse in den Unternehmen notwendig, damit sich die Lerner, die heutigen Trainer und die Führungskräfte auf ihre veränderten Rollen in den zukünftigen Unternehmen in einem schrittweisen Prozess anpassen können.

Entwicklungsprozess innovativer Lernsysteme

2

Die Entwicklung innovativer Lernsysteme erfordert eine systemische Perspektive, weil die Teilprozesse, die innerhalb des Implementierungsprojektes angestoßen werden, sich unterschiedlich auf die unternehmensbezogenen, menschlichen und technischen Aspekte auswirken und diese Auswirkungen wiederum Veränderungen für die Organisation, die betroffenen Menschen und die Technik mit sich bringen. Unternehmen sind offene Systeme und weisen damit Merkmale auf, wie sie auch in naturwissenschaftlichen Systemen vorkommen (Abb. 2.1, S. 32) (vgl. Capra 1987; Vester 1990).

Lebensfähige Unternehmen

- fördern die *Vielfalt der Teilelemente*, d. h. der Mitarbeiter, Teams und Netzwerke etc.,
- besitzen eine *flexible Organisationsstruktur*, die sich an der Effektivität und nicht an Machtstrukturen ausrichtet; eindeutige Weisungssysteme werden zugunsten von Matrix- oder Projektstrukturen aufgegeben,
- sind *dynamisch*, so dass sie auf veränderte Bedingungen flexibel reagieren können; dies setzt voraus, dass möglichst alle Mitarbeiter solche Veränderungen registrieren und umgehend in ihrem eigenen Handeln umsetzen können,
- weisen eine *große Offenheit* im Umgang mit Kunden, Partnern, Konkurrenten und der Gesellschaft auf,
- arbeiten mit *leistungsfähigen Systemen*, die möglichst vielfältige Informationen erfassen, analysieren, selektieren und zielgerecht aufbereiten,
- bestehen aus Mitarbeitern, Teams und Netzwerken, die sich im Rahmen der Unternehmensstrategie *selbst organisieren* und *selbstorganisiert lernen*.

Daraus leiten sich die konkreten Anforderungen an die Lernsysteme in den Unternehmen ab. Die didaktisch-methodische Grundstruktur der Entwicklung von Lernkonzeptionen ist unabhängig von Zielen und Methoden. In den einzelnen Entwicklungsstufen des be-

W. Sauter, S. Sauter, *Workplace Learning*, DOI 10.1007/978-3-642-41418-3_2,
© Springer-Verlag Berlin Heidelberg 2013

Abb. 2.1 Merkmale offener Systeme

trieblichen Lernens werden sich daraus aber aufgrund unterschiedlicher Ziele, Inhalte und Methoden sehr differenzierte Lösungen ergeben (vgl. Reinmann 2012).

In Anlehnung an die kritisch-konstruktive Didaktik von Klafki (vgl. Klafki 1996, 5. Aufl.) und unter Einbeziehung der Aspekte, die sich aus den aktuellen Anforderungen der betrieblichen Bildung ergeben, gehen wir dabei von folgendem pragmatischen Grundverständnis der Didaktik aus:

Didaktik betrieblicher Bildung wird als Theorie und Praxis der Gestaltung und Ermöglichung formeller und informeller Lernprozesse im Prozess der Arbeit verstanden.

Daraus leiten sich folgende zentrale Charakteristika unserer didaktischen Konzeption ab:

- *Strategieumsetzende Bildung:* Die didaktische Entscheidung über Auswahl und Gestaltung von Kompetenzprofilen, Lernzielen und -inhalten orientiert sich an den strategischen Zielen der Unternehmung. Sie erfolgt dabei im Kontext der gesellschaftlichen, wirtschaftlichen und technologischen Rahmenbedingungen. Die Lernkonzeptionen orientieren sich an der realen Arbeitswelt und integrieren deshalb neue Medien und innovative Kommunikationsformen, die in der Praxis verwendet werden.
- *Primat der Didaktik:* Die Ziel- und Inhaltsentscheidung bestimmt die *Methodik.* Diese Auswahl von Lernformen, Sozialformen und Medien kann erst dann sinnvoll erfolgen, wenn Ziele und Inhalte einer Lernkonzeption bestimmt sind.
- *Primat der Ziele:* In zukünftigen Lernkonzeptionen bestimmen die individuellen Kompetenzziele der Lerner ihre Lernprozesse. Die Lerninhalte ergeben sich in diesem Zielrahmen vor allem aus den realen Herausforderungen in der Praxis.
- *Prinzip des exemplarischen Lernens:* Die Lernziele werden anhand repräsentativer Problemstellungen aus der Praxis oder Projekte angestrebt.

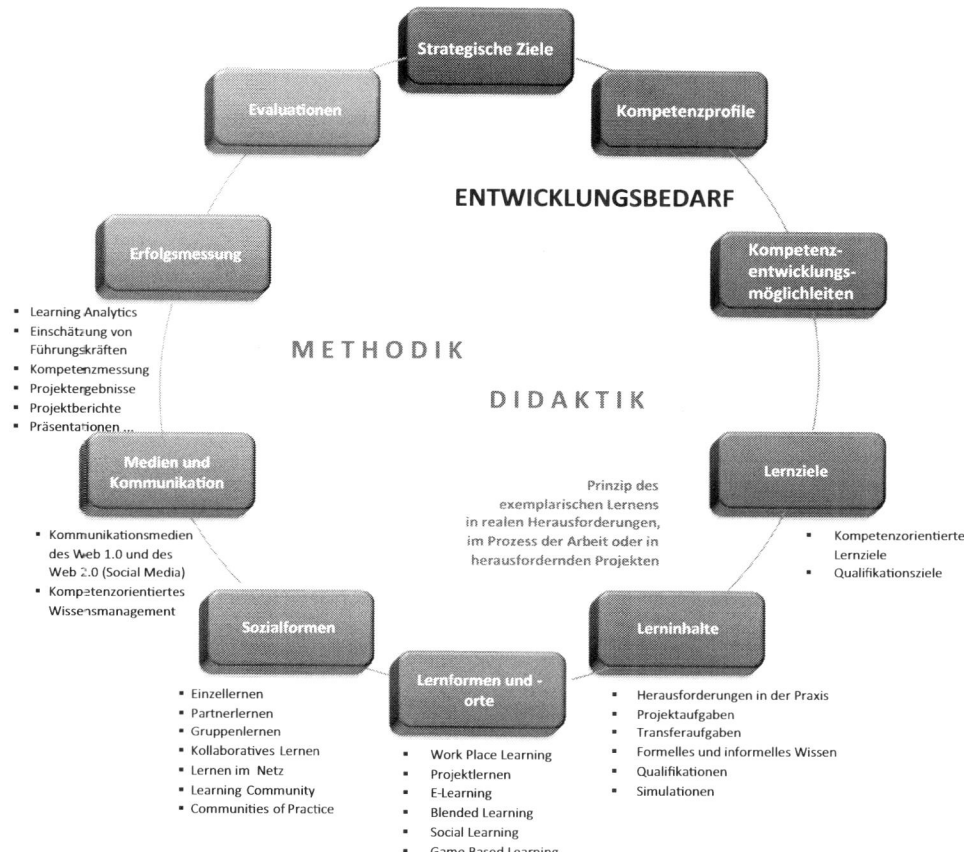

Abb. 2.2 Grundlegender Kreislauf der betrieblichen Didaktik und Methodik

Methodik umfasst die Gestaltung des Ermöglichungsrahmens und der individuellen Lernar-rangements mit realen und virtuellen Lernorten, Lernformen, Sozialformen, Kommunikati-onsformen, Medien, kompetenzorientiertem Wissensmanagement und der Ergebnismessung.

Der Prozess zur Entwicklung der Didaktik und Methodik wird durch folgenden Kreislauf gekennzeichnet:

Wir untersuchen in den folgenden Abschnitten deshalb zunächst den Zusammenhang zwischen Unternehmensstrategie und betrieblicher Bildung und analysieren die Bedeutung der Unternehmenskultur sowie der Unternehmens-IT für das Lernen im Unternehmen. Darauf aufbauend entwickeln wir einen praxisorientierten Vorschlag für ein gezieltes Projekt- und Veränderungsmanagement im Bereich des betrieblichen Lernens.

Abb. 2.3 Handlungsfelder im
Entwicklungsprozess
innovativer Lernsysteme

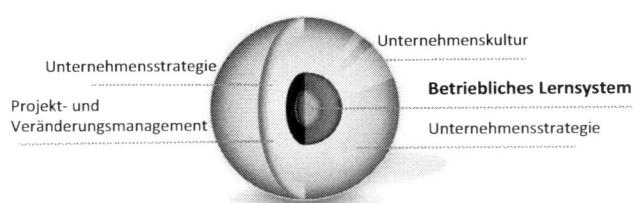

2.1 Unternehmensstrategie und Lernen

Strategie heißt, anders oder besser als die Mitbewerber zu sein.
Don Tapscott (Tapscott 2010, S. 146)

Die große, globale Unternehmensberatung PWC hat 2012 stolz verkündet, dass bei 55.000 Mitarbeitern weltweit 72 Mio. $ Bildungskosten, d. h. ca. 1.000 € je Mitarbeiter, eingespart wurden. Mit dieser Zahl kann man sicherlich Controller überzeugen, aber die Bewertung der Mitarbeiterentwicklung eines Unternehmens kann nicht auf eine solche Zahl reduziert werden.

Es ist eine Binsenweisheit, dass vor allem bei großen Mitarbeiterzahlen beispielsweise eine Compliance Schulung mit E-Learning billiger ist als mit Seminaren. Aber in beiden Fällen wird sich die Unternehmenskultur mit hoher Wahrscheinlichkeit nicht verändern. Damit wird das eigentliche Ziel dieser Maßnahmen (zumindest nach unserem Verständnis), rechtskonformes Handeln aller Mitarbeiter zu bewirken, nicht erreicht. Sie sind somit nutzlos, d. h. in beiden Fällen wurde das Geld mehr oder weniger zum Fenster rausgeworfen. Aber zumindest hat man Aktivität gezeigt und unternehmensweit dokumentiert, wer, evtl. mit welchem „Lernerfolg" in einem Wissenstest, die Web Based Trainings (WBT) bearbeitet hat. Dies kann in einem möglichen Rechtsstreit später sehr nützlich sein, hat aber mit Lernen wenig zu tun.

Warum geben Unternehmen aber Geld für Bildung aus? Diese Investition hat im Endeffekt doch nur einen Grund. Die Mitarbeiterentwicklung soll dazu beitragen, die strategischen Ziele der jeweiligen Unternehmung zu erreichen. Deshalb muss in der didaktischen Analyse zur Entwicklung einer Lernkonzeption immer die Frage am Anfang stehen, welche Anforderungen sich aus der Unternehmensstrategie für die Mitarbeiterentwicklung herleiten. In diesem Kontext spielen Curricula, die von zentralen Institutionen, z. B. dem DIHK, vorgegeben werden, keine Rolle, auch wenn sich viele Unternehmen sowohl in der Aus- als auch in der Weiterbildung immer noch daran orientieren (müssen?). Erst in zweiter Linie wird die Frage der Kostenoptimierung, nicht –minimierung, stehen. Schließlich ist Bildung die wichtigste Investition in den Unternehmen.

Die strategischen Anforderungen an die betriebliche Bildung werden sich zwangsläufig an den für den Unternehmenserfolg erforderlichen Denkweisen (Unternehmenskultur,

Abb. 2.4 Megatrends im
Personalmanagement.
(Deutsche Gesellschaft für
Personalführung 2013)

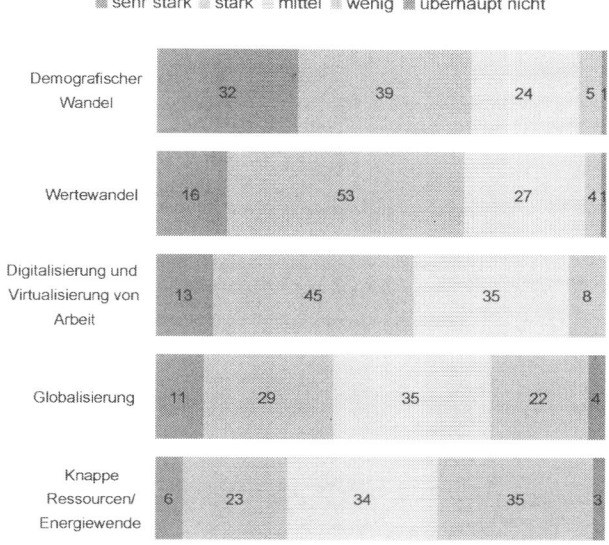

Werte . . .) und Handlungen (Performance, Zielerreichung. . .) orientieren. Die Erfüllung
dieser Erwartungen setzt jedoch voraus, dass die betriebliche Bildung als gleichberechtigter
Partner im Unternehmen am Prozess der Strategieentwicklung beteiligt wird und strategieorientierte Kompetenzentwicklungsmaßnahmen professionell gestaltet und begleitet.
Nach unseren Eindrücken ist dies jedoch nur in den seltensten Fällen umgesetzt. Eine
vorausschauende, langfristige Personalentwicklung ist damit kaum möglich. Vielfach behilft man sich deshalb mit standardisierten Angeboten zu den „klassischen" Themen der
Weiterbildung. Die Kompetenzentwicklung in der Praxis dabei wird mehr oder weniger
dem Zufall überlassen. Häufig sind die Personalentwicklungsbereiche auch hierarchisch
relativ niedrig eingeordnet. Nur in seltenen Fällen hat der Personalentwicklungsleiter bei
Bedarf direkten Zugang zur obersten Führung oder wird in die Strategieentwicklung mit
einbezogen. Damit fällt es ihm auch schwer, die notwendigen Entscheidungen rechtzeitig
zu initiieren.

Die drei Megatrends, die sich nach Einschätzung der Unternehmen, die in einer Studie
der Deutschen Gesellschaft für Personalführung befragt wurden, in den kommenden drei
Jahren am stärksten auf das Personalmanagement auswirken werden, sind der *demografische Wandel* und der *Wertewandel*, gefolgt von der *Digitalisierung und Virtualisierung der
Arbeit* (Deutsche Gesellschaft für Personalführung 2013)

Die Antworten zum Wertewandel sehen wir als problematisch an, weil viele der
Befragten dabei vermutlich an die Hochglanzbroschüren mit dem Wertekatalog ihres Unternehmens denken. Dies wird auch bei der Frage nach den erfolgten Maßnahmen dafür
deutlich. Die wichtigsten aktuellen Instrumente, die als Reaktion auf den HR-Megatrend
„Wertewandel" genannt wurden, sind neben der „Thematisierung" im Rahmen der Führungskräfteentwicklung Verhaltenskodexe (Code of Conduct). Wir sind der Meinung,

dass diese normativen Formulierungen und deren Diskussion, z. B. in Führungsseminaren, keinen Wertewandel bewirken können.

Ein Wertewandel tritt erst dann ein, wenn sich Denken und Handeln aller Mitarbeiter und Führungskräfte eines Unternehmens verändern. Dies kann aber nur im Prozess der Arbeit und des Lernens aller Mitarbeiter erfolgen, ein Code of Conduct ist dafür nur eine hilfreiche Grundlage. Sieht man Werte als Voraussetzung für kompetentes Handeln, können sie nur durch die Mitarbeiter und Führungskräfte selbst handelnd und selbst organisiert angeeignet werden. Es geht also darum, dass die Werte "gelebt"werden, wie es so häufig postuliert wird. Das Human Resource Management läuft deshalb mit seinen wissensorientierten Bildungsangeboten Gefahr, die Anforderung, den Wertewandel zu initiieren und zu begleiten, zu verschlafen.

Auf den Trend der Digitalisierung und Virtualisierung der Arbeit reagieren die meisten Unternehmen, indem sie Telearbeit forcieren (72 %), Social Media für die Personalrekrutierung (64 %) und für das Employer Branding (61 %) nutzen oder Fortbildungen zum Umgang mit neuen Technologien (52 %) anbieten sowie Social Guidelines (38 %) festlegen. Erstaunlich ist, dass nur etwa jedes fünfte Unternehmen

- Social Web-Anwendungen für die Zusammenarbeit im Unternehmen nutzen,
- Fortbildungen für Führungskräfte zum Umgang mit virtuellen Teams anbietet,
- Social Media für die Weiterbildung nutzt (Deutsche Gesellschaft für Personalführung 2013).

Während die befragten Unternehmen Social Media damit bereits mehrheitlich im Alltag nutzen, ist dieser Megatrend der Digitalisierung und Virtualisierung im Bereich des kollaborativen Arbeitens, der Führung und der Personalentwicklung in 80 % (!)der Unternehmen bisher ignoriert worden. Dies bedeutet im Endeffekt, dass das Human Resource Management in der Mehrheit der Unternehmen Gefahr riskiert, von den aktuellen Entwicklungen abgehängt zu werden. Dies kann jedoch zur Folge haben, dass diese Aufgaben durch andere Geschäftsbereiche selbst übernommen werden.

Aus dieser DGFP Studie ergeben sich die besonders wichtigen Aufgaben des Personalmanagement in den kommenden drei Jahren (Abb. 2.5, S. 37):

Dies bedeutet im Kern, dass die Entwicklung und Förderung der Mitarbeiter und Führungskräfte sowie der Aufbau einer motivierenden Lern- und Unternehmenskultur zentrale Aufgabenfelder des Human Resource Managements in naher Zukunft sind.

Personalmanager beklagen häufig, dass sie nicht in strategische Entscheidungen im Unternehmen mit eingebunden werden. Wir denken, es genügt nicht, dies immer wieder zu fordern. Vielmehr sehen wir den Personalbereich in der Pflicht, zukünftige Trends zu erheben, zu analysieren und zu bewerten und die notwendigen Konsequenzen daraus für die Personalarbeit zu ziehen sowie diese Maßnahmen rechtzeitig auch durch zu setzen. Dann ergibt sich die strategische Rolle des Personalbereiches im Unternehmen zwangsläufig.

Notwendige Voraussetzung für eine bedarfsgerechte Personalentwicklung ist die Akzeptanz der Personalentwicklung im Unternehmen, d. h. bei den Mitarbeitern und Führungskräften, als kompetenter Entwicklungspartner. Diese Akzeptanz kann nur in einem längerfristigen Prozess schrittweise aufgebaut werden. Wir empfehlen hierfür aus-

sehr stark ■ stark ■ mittel ■ wenig ■ überhaupt nicht

Das Unternehmen als attraktiven Arbeitgeber positionieren (Employer Branding)	34	55	9 2
Die strategisch wichtigen Mitarbeitergruppen an das Unternehmen binden	32	56	9 3
Führungskräfteentwicklung systematisch betreiben	35	52	12 1
Das Engagement der Mitarbeiter erhalten und fördern	31	52	16 1
Die Personalarbeit effizient organisieren	31	50	17 3

Abb. 2.5 Die wichtigsten Aufgaben des Personalmanagement in den nächsten drei Jahren. (Deutsche Gesellschaft für Personalführung 2013)

gewählte Pilotprojekte in Bereichen, bei denen eine aktive Unterstützung und Begleitung durch die jeweiligen Führungskräfte vorausgesetzt werden kann. Diese Pilotprojekte sollten gleichzeitig als Entwicklungsprojekte für die Mitarbeiter in der Personalentwicklung gestaltet werden. Dieser Prozess ist langwierig und erfordert Durchhaltevermögen, weil die Lernkultur nur langsam und schrittweise verändert werden kann. Dies ist aber notwendig und ohne Alternative.

Die zukünftigen Herausforderungen für die Unternehmen erfordern einen Paradigmenwechsel in der betrieblichen Bildung, da radikal neue Sichtweisen und Denkmuster erforderlich sind. Deshalb ist eine Führungskrise wahrscheinlich. Dabei kommt es nicht auf die formulierte Strategie, sondern auf die umgesetzte Strategie an, die durch das tägliche Handeln der Führungskräfte und Mitarbeiter bestimmt wird (vgl. Stiefel 2010, S. 11 ff.)

2.2 Unternehmenskultur

Kulturen können nur entwickelt, nicht neu geschaffen werden.
Rupert Lay (1992, S. 221)

Der Begriff der Unternehmenskultur bezeichnet das von allen Mitarbeitern anerkannte und als Verpflichtung verinnerlichte Wertesystem ihrer Unternehmung. Sie ist ein Ausdruck der Entwicklung von Sein und Bewusstsein im Unternehmen, der sozialen Tatsachen und deren Codes, d. h. Muster, Zusammenhänge oder Programme. Kennzeichnend ist dabei, dass sie eine weitgehend unsichtbare Steuerungsgröße ist. Man lebt in ihr, man reflektiert sie aber kaum (Lay 1992, S. 89 ff.).

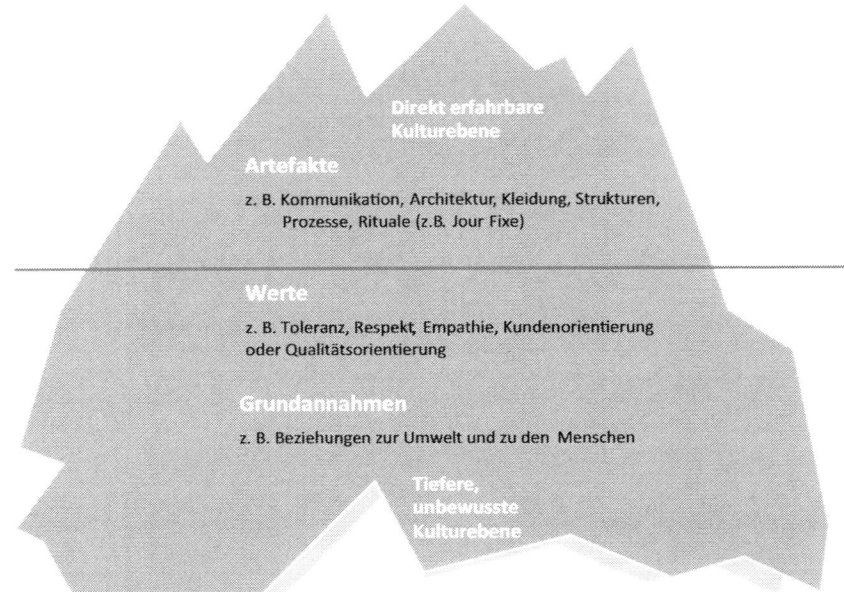

Abb. 2.6 Der „Eisberg" der Unternehmenskultur

Unternehmenskultur (Corporate Culture) ist das System von Normen, Werten und Regeln, die das Wahrnehmen, Denken und Handeln aller Mitarbeiter und Führungskräfte bestimmen (vgl. Schein 1995)

Die Unternehmenskultur kann nach Edgar Schein in eine direkt erfahrbare Kulturebene, die sogenannten Artefakte, und in die unsichtbaren Bedeutungsebenen der Werte und der Grundprämissen untergliedert werden. Dies kann anhand des „Eisberg-Modells" der Unternehmenskultur verdeutlicht werden (vgl. Schein 1995).

Konkretisiert wird die Unternehmenskultur in den Handlungsweisen aller Mitarbeiter und Führungskräfte, die sich aus den spezifischen Werthaltungen eines Unternehmens ableiten.

- Die Ebene der *Artefakte* kann direkt beobachtet werden, weil sie sich in Objekten und Handlungsweisen ausdrückt. Sie ist für Außenstehende aber trotzdem schwer zu entschlüsseln, da ihre Bedeutung wesentlich vom jeweiligen Kontext beeinflusst wird. So können beispielsweise die gleichen Symbole in verschiedenen Unternehmen eine ganze unterschiedliche Bedeutung haben.
- Die Ebene der *Werte* entwickelt sich im Laufe der Zeit über Wertungsprozesse. Sie werden in realen Entscheidungssituationen zu Emotionen und Motivationen der Mitarbeiter und Führungskräfte eines Unternehmens umgewandelt sowie angeeignet und steuern deren Handlungsweisen.

- Die Basis der *Unternehmenskultur* bilden die Grundannahmen, die sich manifestieren, wenn Werte immer wieder bestätigt werden. Diese prägen die Beziehungen zur Umwelt und zu den Menschen, obwohl sie kaum diskutiert werden und im Unterbewusstsein verankert sind.

Unternehmenskulturen haben vor allem folgende Funktionen: (vgl. Schein 1995)

- Sie dienen der Abgrenzung gegenüber anderen,
- stiften Identität,
- fördern die Bindung an die Organisation,
- unterstützen die Stabilität des Systems,
- geben als Verhaltensmaßstab Orientierung,
- unterstützen die Eingliederung neuer Mitarbeiter.

Die Kultur in einem Unternehmen ist die Summe der Lösungen, die eine Gruppe in einem evolutionären Prozess entdeckt oder durch Lernprozesse entwickelt hat (Schein 1985, S. 9P). Sie kann ihren wirtschaftlichen Erfolg nachweislich positiv beeinflussen (vgl. Leitl 2010; Sackmann 2006). Unternehmenskultur und Lernen hängen eng voneinander ab, sie bedingen einander wechselseitig. Ist die Unternehmenskultur beispielsweise durch die Übertragung von Verantwortung und Teamorientierung geprägt, wird die Implementierung selbstorganisierter, kollaborativer Lernsysteme begünstigt. Gleichzeitig werden solche Lernsysteme im Laufe der Zeit wiederum ihren Niederschlag in der Unternehmenskultur finden.

Die Unternehmenskultur bildet damit einen wesentlichen Rahmen des betrieblichen Lernens, gleichzeitig hat Lernen im Betrieb die Aufgabe, in einem langfristigen Prozess aller Mitarbeiter und Führungskräfte die Unternehmenskultur im Sinne der Strategie zu beeinflussen (Sauter 1994, S. 39). *Es entwickelt sich eine dynamische Wechselbeziehung.*

2.3   Unternehmens – IT

Web 2.0 Anwendungen werden dann als Social Software bezeichnet, wenn sie Interaktionen innerhalb einer Nutzergemeinschaft gezielt unterstützen.
Michael Koch, Alexander Richter (vgl. Koch und Richter 2009, 2. Aufl·)

Die Unternehmens-IT wird immer stärker durch Web 2.0-Anwendungen geprägt (vgl. Meeker und Wu 2013). Web 2.0 ist kein neues Internet, sondern eine veränderte Nutzung des Internet. Während der Begriff „Social Software" sich erst in den letzten Jahren durchgesetzt hat, reichen die Kernideen dieses Ansatzes, d. h. die Unterstützung der Zusammenarbeit in Unternehmen viel weiter zurück (vgl. Koch 2010, S. 38 ff., 3. Aufl.). Ersten Überlegungen in den vierziger Jahren des letzten Jahrhunderts folgten die kollaborativen

Abb. 2.7 Social-Software
Dreieck Enterprise 2.0

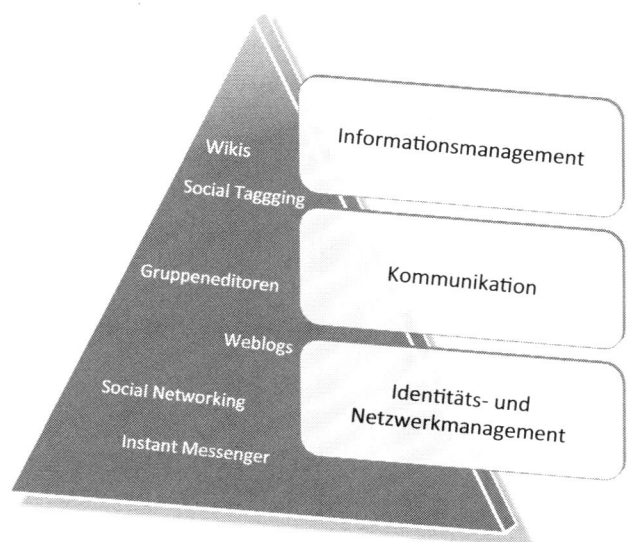

Ansätze der Groupware und der rechnergestützten Gruppenarbeit mit der Konzentration auf Kommunikation und Kooperation (Computer-Supported Collaborative Works – CSCW) in den 1970er- bis 1990er-Jahren.

O'Reilly, der den Begriff Web 2.0 populär gemacht hat, fasst die wesentlichen Merkmale von Web 2.0 wie folgt zusammen: (vgl. O'Reilly 2005)

- Architektur der Beteiligung
- Frei kombinierbare Datenquellen
- Einfach konfigurierbare und kombinierbare Dienste anstelle von monolithischen Softwareaspekten.

Im Gegensatz zur Groupware, bei der die Arbeitsgruppe im Vordergrund steht, geht es bei Web 2.0 primär um den einzelnen Benutzer, um die freiwillige Beteiligung (bottom-up-Implementierung), gemeinsam entwickelte Konventionen anstatt Kontrolle durch Administratoren und eine großen Zahl von Benutzern, die keinen Projekteinschränkungen unterliegen. Daraus kann das Social Software Dreieck für das Social Business abgeleitet werden: (vgl. Koch 2010, S. 51, 3. Aufl.)

Die Unternehmenskultur sollte sich deshalb so entwickeln, dass möglichst wenig hinderliche Strukturen und Hierarchien übrigbleiben und den Mitarbeitern viele Freiräume zur Verfügung gestellt werden. Dies setzt voraus, dass diese Systeme möglichst partizipativ und evolutionär eingeführt werden (vgl. Koch 2010, S. 51, 3. Aufl).

Die wichtigsten Aspekte der Social Software, die dafür erforderlich ist, sind (vgl. Ebner und Lorenz2012, S. 97–111)

- *User generated Content:* Die Mitarbeiter können mit Web 2.0 Instrumenten nunmehr eigene Inhalte erstellen, ohne Kenntnisse in HTML oder Internetprotokollen zu besitzen. Damit gewinnen unternehmensinterne und –externe Webseiten an Aktualität, die Mitarbeiter werden zu „*Prosumern*", die gleichzeitig Inhalte nutzen und entwickeln.
- *Nutzernetzwerke*: Es entstehen informelle Autorennetzwerke ohne fest definierte gemeinsame Ziele oder Interessen. Die Mitarbeiter und Führungskräfte können sich selbst darstellen und mit anderen kommunizieren. Beiträge und Kommentare werden mit ihrem Profil verknüpft und erhalten dadurch eine persönliche Note. Durch Freundschaften, Kontakte oder Follower werden die Profile miteinander verknüpft, es entstehen soziale Netzwerke. Damit ist Web 2.0 keine rein technologische, sondern vor allem eine soziale Revolution.
- *Zuwachs an (Meta-)Daten*: Inhalte können durchsucht und gefiltert werden.
- *Bereitstellung von Diensten anstelle des Einsatzes von Werkzeugen*: Anstatt HTML-Dokumenten, die durch Hyperlinks miteinander verbunden sind, anzubieten, werden Anwendungen immer mehr direkt über das Internet zur Verfügung gestellt. Es entwickelt sich ein Web of Applications mit Anwendungen, die ohne nennenswerten Aufwand genutzt werden können.

Damit ermöglichen Web 2.0 Anwendungen das Finden, Herstellen und Vertiefen sozialer Kontakte und bringen die Menschen miteinander in Beziehung. Social Software wird dabei durch drei Basisfunktionen geprägt: (Koch und Richter 2009, S. 54 ff., 2. Aufl.)

- *Identitäts- und Netzwerkmanagement*: Funktionalitäten zur Selbstdarstellung in den Nutzerprofilen und zum Aufbau von Kontaktnetzwerken.
- *Informationsmanagement*: Menschen werden mit den von ihnen erstellten Inhalten in Beziehung gebracht. Dies ermöglicht das Finden, Bewerten und Verwalten von Inhalten.
- *Interaktion und Kommunikation*: Die Netzwerkbildung durch die Teilnehmer selbst wird bottom-up ermöglicht.

Die Zuordnung der einzelnen Instrumente zu Social Software ist nicht einheitlich. Meist werden jedoch Weblogs, Wikis und Instant Messaging dazu gerechnet (Koch und Richter 2009, S. 54 ff., 2. Aufl.). Hinzu kommen (Ebner und Lorenz 2012, S. 100 f.)

- *Permalinks*: Unveränderliche URL, die den Zugang zu Webdiensten ermöglichen, die Inhalte filtern, auswerten und aggregieren.
- *Trackbacks*: Unterstützung der Vernetzung von Inhalten bei deren Verlinkung auf einer anderen Webseite.
- *MashUp*: Kombination von Inhalten, Diensten und Applikationen verschiedener Webserver, um einen neuen Dienst anzubieten.
- *RSS (Really Simple Syndication):* XML-Format, das neue Inhalte einer Webseite als Abonnement in Form von „RSS-Feeds" zur Verfügung stellt.
- *Tags:* Individuelles Schlagwortsystem, das es ermöglich, Bookmarks, Bilder und andere mediale Inhalte zu finden. Dabei entsteht ein netzübergreifendes Ordnungssystem, eine *Folksonomie*. Dieses wird häufig mit Schlagwortwolken („*Tagclouds*") visualisiert.

Es entstehen Social Networking Services (Kurz: Social Networks), in denen sich die Mitarbeiter und Führungskräfte in Profilen selbst darstellen und sich über „Freundschaften" oder Kontakte, häufig in anderen Diensten integriert, vernetzen können. Diese Verbindungen werden entweder durch explizite Kontakte oder implizit durch Kommunikation geknüpft. Ähnlich wie in Nutzungsoberflächen sozialer Netzwerke wie *Facebook, Google+, XING* oder *LinkedIn* werden hierbei folgende Funktionalitäten genutzt: (Ebner und Lorenz 2012, S. 100 f.)

- *Nutzerprofil* zur Selbstdarstellung,
- *Kontakt- und Expertensuche* durch Abgleich von Profilen und gesuchten Kompetenzen,
- *Netzwerk-Awareness* die zeigt, was die Mitglieder des eigenen Netzwerkes gerade tun,
- *Kontext-Awareness,* indem gleiche Interessen hervorgehoben werden,
- *Kontaktmanagement* zur Pflege des persönlichen sozialen Netzwerkes.

Die Unternehmens-IT wird im Zuge des Social Business zunehmend durch Social Software geprägt. Eine Befragung von mehreren tausend Unternehmen über vier Jahre hinweg zeigt, dass sich Social Software in den Unternehmen weiter durchsetzt (Abb. 2.8, S. 42). Mit dieser verstärkten Nutzung dieser Software verändern sich aber auch die Management- und Führungssysteme in den Unternehmen.

In einer Studie des BITKOM zum Arbeiten in der digitalen Welt zeigt sich, dass weniger als ein Drittel der befragten deutschen Unternehmen Social Software nutzen, um den internen Austausch von Mitarbeitern zu organisieren. Etwa zwei Drittel der Mitarbeiter ist bereit, Ideen und Informationen mit Kollegen zu teilen, ein Drittel will solch einen Austausch nur pflegen, wenn sie es als notwendig ansehen.

Eine Studie in amerikanischen Unternehmen kommt zu folgenden Ergebnissen:

Social Software wird dabei in den einzelnen Bereichen der Unternehmen unterschiedlich genutzt.

Es fällt auf, dass in dieser Untersuchung Lernen nicht als eigene Anwendung mittels Social Software abgefragt wurde. Diese veränderte IT-Landschaft ermöglicht dabei offene und informelle Lernkonzeptionen mit kollaborativem Charakter. Dieses *Computer Supported Cooperative Learning (CSCL)* bietet Lernlösungen, die das kooperative Lernen in Lernpartnerschaften und Gruppen durch entsprechende Aufgaben und Tools in Online-Communities initiieren und unterstützen (Koch 2010, S. 38 ff., 3. Aufl.).

Die Unternehmens-IT bildet den Rahmen für die Lerntechnologie. Die Lerntechnologie muss mit der Unternehmens-IT verknüpft sein, beispielsweise um Lernerdaten auszutauschen, gleichzeitig sollte die Lern-Infrastruktur ein Spiegelbild der Dokumentations- und Kommunikationssysteme im Unternehmen bilden. Nur dann können Lernen und Arbeiten zusammen wachsen.

% of respondents[1] whose companies use each technology

■ 2012, n = 3,542
■ 2011, n = 4,261
▨ 2010, n = 3,249
▢ 2009, n = 1,695

Social tools and technologies currently used by companies

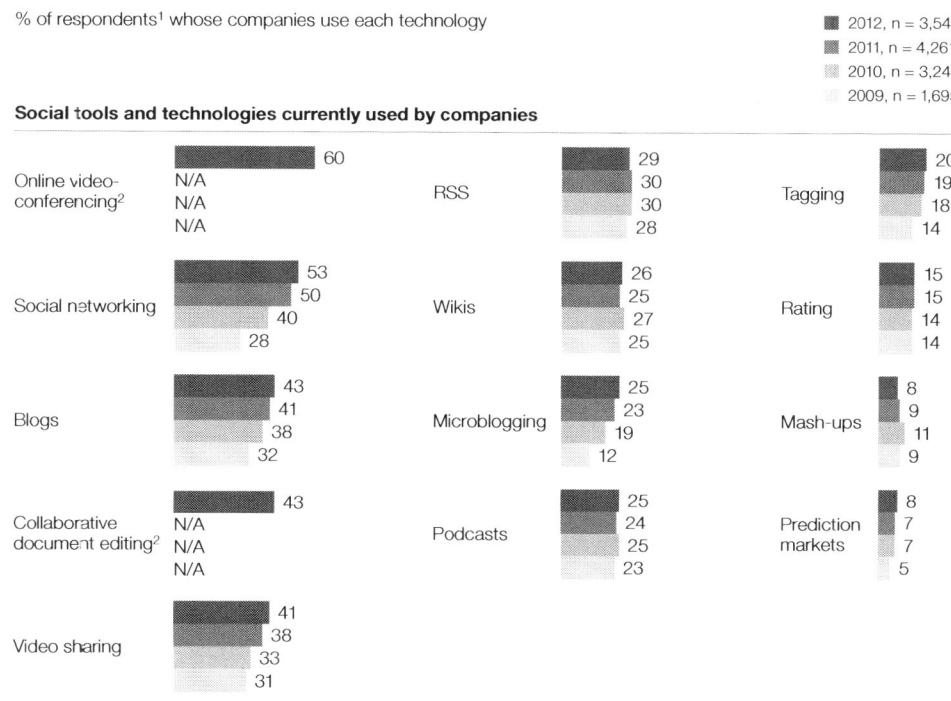

[1] Respondents who answered "other" are not shown.
[2] Offered as a new answer choice in the 2012 survey.

Abb. 2.8 Social Software Nutzung in Unternehmen (McKinsey & Company 2013)

% of respondents,[1] n = 2,955

■ On mobile devices
▨ Not on mobile devices

Employee use of social technologies, by function

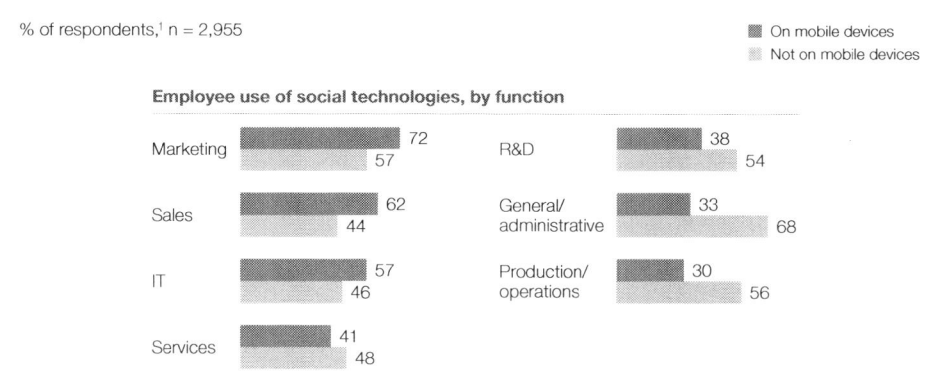

[1] Figures were recalculated after removing "don't know" responses to the question.

Abb. 2.9 Social Software Nutzung in den einzelnen Bereichen der Unternehmen (McKinsey & Company 2013)

2.4   Projekt- und Veränderungsmanagement

Strategieorientierte Mitarbeiterentwicklung erfordert ein permanentes Veränderungsmanagement.
John Erpenbeck (Erpenbeck und Sauter 2013)

Der Entwicklungs- und Implementierungsprozess für innovative Lernsysteme setzt voraus, dass sich die Denk- und Handlungsweisen aller Beteiligten, vom Lerner über die Trainer, E-Coaches bzw. E-Tutoren bis zu den Führungskräften, grundlegend verändern. Die Aufgaben des betrieblichen Bildungsmanagements erfordern zukünftig proaktive und strategieorientierte Gestalter und Begleiter der Lernprozesse im Unternehmen. Deshalb ist ein Veränderungsmanagement erforderlich. Das Projekt zur Entwicklung und Implementierung eines innovativen Lernsystems ist damit als Veränderungsprojekt zu gestalten.

Dieses setzt voraus, dass man die aktuelle Wirklichkeit zu verstehen sucht und Aussagen über die zukünftige, weitgehend offene Entwicklung machen kann. In der Praxis kämpfen Personalentwickler und Bildungskonzeptionisten meist mit Problemen, z. B. mangelnde Einbindung in den Strategieentwicklungsprozss, die dieser Zielsetzung entgegenstehen. Hinzu kommen Widerstände aufgrund anscheinend zu hohen Kosten für Investitionen in netzbasierte Lernsysteme sowie die mangelnde Erfahrung mit E-Learning-Systemen. Daraus resultiert eine häufig hohe Unsicherheit im Hinblick auf die erforderliche Infrastruktur und die Anforderungen an die Didaktik und Methodik dieser Systeme.

Bildungsmanager müssen deshalb in der Lage sein, mit solchen Widerständen proaktiv umzugehen. Deshalb benötigen sie eine Strategie zur Umsetzung ihrer Bildungspolitik, die sich an der Unternehmensstrategie ausrichtet und die Aspekte der Unternehmenskultur berücksichtigt. Die betriebliche Bildung wird zunehmend wert- und wissensorientiert, so dass die Veränderung der Denk- und Handlungsweisen aller Mitarbeiter und damit der Unternehmenskultur zentrale Bedeutung erlangt. Die Bildungsverantwortlichen übernehmen die Aufgabe, ihre Kompetenz in die Identifikation von Normen und Werten einzubringen und die Führungskräfte in ihrer Schlüsselfunktion zu unterstützen. Ihre neue Herausforderung liegt somit darin, in einem permanenten Prozess der Organisationsentwicklung Lernsysteme zu konzipieren, zu implementieren und zu steuern.

In der *Phase vor Beginn des Projektes* sind durch die Unternehmensleitung die strategischen Fragen im Zusammenhang mit dem Projekt zu beantworten. Hier wird zunächst ein gemeinsames Verständnis von Kompetenzentwicklung erarbeitet. Daran sollte sich ein intensiver *Informations- und Diskussionsprozess* mit den Führungskräften anschließen, die im Implementierungsprozess eine zentrale Rolle übernehmen. Daraus ist ein entsprechender Prozess mit den Mitarbeitern zu initiieren, um eine gute Basis für eine dauerhafte Akzeptanz zu schaffen. Dies bildet eine Basis für die *Phase der Konzeptionsentwicklung und -umsetzung.*

Abb. 2.10 Kreislauf der
Konzeptionsentwicklung und
-umsetzung

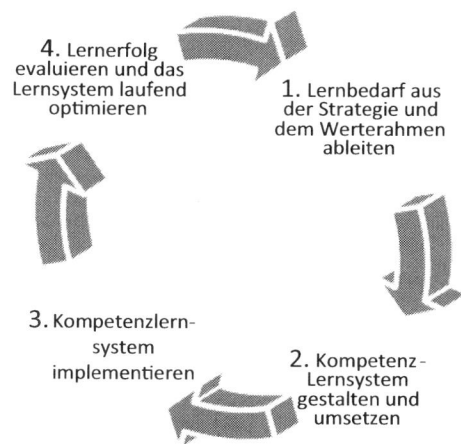

Für die Entwicklung, Umsetzung und Implementierung sowie die laufende Optimierung des Kompetenz-Lernsystems schlagen wir folgende Grundstruktur vor.

Für die einzelnen Stufen des Entwicklungsprozesses hat sich folgende Vorgehensweise bewährt.

2.4.1 Kompetenzentwicklungs-Möglichkeiten analysieren

Der Prozess der *Analysephase* beginnt bei der Unternehmensstrategie sowie dem Werterahmen und mündet in der Abgrenzung repräsentativer Problem- bzw. Lernfelder (Abb. 2.11, S. 46). Hier werden vor allem die Möglichkeiten von kompetenzorientierten Lernsystemen analysiert und in Hinblick auf den Unternehmensbedarf bewertet.

In einem ein- bis zweitägigen *Kickoff-Workshop* werden mit der Personalentwicklungsleitung bzw. dem Kompetenzmanagement die strategischen Projektziele, die grundlegende Vorgehensweise, die Zusammensetzung des Entwicklungsteams sowie die Ressourcen des Projektes definiert.

In diesem Kickoff sollten verschiedene relevante Sichtweisen auf den Bildungsbereich der Unternehmung zusammen geführt werden. Es hat sich bewährt, neben Experten aus der Personalentwicklung Führungs- und Fachkräfte einzuladen. Die Zielsetzung ist dabei, die Grundlinien der zukünftigen Lernkonzeption und die Anforderungen an die entsprechenden Lernsysteme, insbesondere das Learning Management System bzw. die Soziale Lernplattform, zu definieren. Weiterhin werden konkrete Vorschläge für Pilotprojekte und die weitere Vorgehensweise erarbeitet.

- Analyse der
  Unternehmensstrategie in
  Hinblick auf den
  Lernbedarf
- Ableitung der
  strategischen
  Anforderungen an die
  Kompetenzentwicklung
- Entwicklung der
  Kompetenzentwicklungs-
  Strategie
- Definition des
  Kompetenzmodells und
  der -profile
- Kompetenzmessungen
- Lernbedarfsanalyse
- Repräsentative
  Handlungs-
  und Lernfelder...

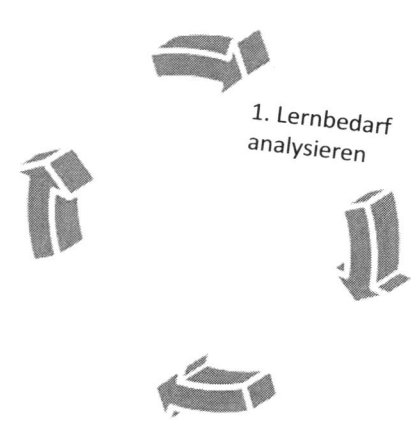

Abb. 2.11 Analyse des Lernbedarfes

In diesem Kommunikationsprozess werden insbesondere folgende Fragen bearbeitet:

- Welche *Ziele* leiten sich aus der Unternehmensstrategie für das Kompetenzentwicklungssystem ab?
- Welche *Konsequenzen* hat der *gemeinsame Werterahmen* für das Kompetenzlernen der Mitarbeiter und Führungskräfte?
- Wie soll das *Kompetenzmanagement* in dem Unternehmen zukünftig grundsätzlich gestaltet sein?
- Mit welchem *Kompetenzmodell* soll die betriebliche Bildungsarbeit Orientierung erhalten?
- Welche *Kompetenzprofile* sollen zukünftig die Leitlinie der individuellen Lernprozesse sein?
- Wie soll der Prozess zur Herleitung und zur Festlegung der *Qualifikations- und Kompetenzziele* ablaufen?
- Welche relevanten *Themen bzw. Projekte* und *Herausforderungen in der Praxis* sind zu bearbeiten bzw. zu lösen, um die Kompetenzentwicklung zu ermöglichen?
- Wie soll der gemeinsame *Ermöglichungsrahmen* gestaltet werden, der das zukünftig selbstorganisierte Kompetenzentwicklung im Unternehmen ermöglicht?
- Welche *Lernformen und -orte* werden zukünftig im Vordergrund stehen?

- Welche *Sozialformen* – vom Einzellernen bis zum kollaborativen Arbeiten und Lernen im Netz – werden ermöglicht?
- Welche *Medien* werden für die Information, den Wissensaufbau, die Qualifikation und die Kompetenzentwicklung im Netz genutzt?
- Welche *Lern-Infrastruktur* (Learning Management System, Soziale Lernplattform) ist dafür erforderlich?
- Wie verändern sich die *Rollen der Beteiligten*?
- Welche *Prozesse* sind im Unternehmen erforderlich, um den Transfer des neuen Lernsystems ins Unternehmen und die Entwicklung der Rollen aller Beteiligten zu initiieren und zu ermöglichen?
- Wie wird der neue Lernansatz im Unternehmen *kommuniziert*?
- Welche möglichen *Widerstände* sind zu überwinden?
- Welche personellen und finanziellen *Ressourcen* ist das Unternehmen bereit zu investieren?
- Welche *Kompetenzen* müssen im Bereich der *Personalentwicklung* bzw. des *Kompetenzmanagements* und der Führungskräfte aufgebaut werden, um diese Kompetenz-Lernprozesse zu ermöglichen und zu begleiten?
- Welche *Anwendungsfelder* und *Pilotprojekte* sind besonders geeignet.
- Wie kann der *Lernerfolg bewertet* werden?
- Wie sieht das *Evaluierungskonzept* aus?

Für den Ablauf des Workshops bietet sich beispielsweise folgende Struktur vor:

1. Tag
- Begrüßung – Zielsetzung
- Strukturierung des Workshops
- *Vorstellung, Erwartungen und Befürchtungen*
- Impulsreferat: Trends im betrieblichen Lernen
- *Reflexion: Aktuelles Lernsystem in Ihrem Unternehmen* ➜ *Handlungsbedarf*
- Impulsreferat: Entwicklungskreislauf für betriebliche Lernsysteme
- *Reflexion: Ableitung der strategischen Anforderungen an das Lernsystem im Unternehmen* ➜ *Entwicklungsschritte*
- Impulsreferat: Vom Wissen zur Kompetenz
- *Reflexion: Analyse der vorhandenen Kompetenzprofile in Hinblick auf die strategischen Anforderungen* ➜ *Handlungsbedarf*

Impulsreferat: Kompetenzorientiertes Blended Learning mit Social Learning
2. Tag
Projektteam: Entwicklung und Diskussion einer Grundkonzeption für die zukünftige Lernlandschaft im Unternehmen ➜ *Konzeptionelle Grundstruktur*
Impulsreferat: Implementierungsprozess für innovative Lernsysteme
Entwicklung einer grundlegenden Konzeption für den Implementierungsprozess der innovativen Lernkonzeption ➜ *Veränderungsprozess*
Ausblick auf die weiteren Schritte
Vereinbarung der weiteren Schritte
Abschluss

2.4.2   Kompetenzentwicklungsprozess gestalten

In dieser Projektphase sind vielfältige, meist parallel laufende Teilprojekte zu koordinieren und zu einer schlüssigen Gesamtkonzeption zusammen zu führen (Abb. 2.12, S. 49).

Die Akzeptanz aller Beteiligten ist die Basis für den Erfolg einer neuen Konzeption. Die Führungskräfte und Mitarbeiter sind frühzeitig über die Ziele der neuen Entwicklungskonzeption sowie die Konsequenzen für ihre Rollen und ihr eigenes Handeln zu informieren. Daraus ist ein intensiver Kommunikationsprozess zu initiieren, der das Projekt begleitet. Dabei steht zunehmend die Frage im Vordergrund, welchen persönlichen Nutzen die einzelnen Beteiligten und die Teams durch diesen neuen Ansatz erzielen können, welche Konsequenzen sich für die Rollen und Handlungsweisen der einzelnen Lerner und deren Führungskräfte in der Zukunft ergeben und welche konkreten Schritte zu planen sind.

Diese frühe Diskussion kann zwar bei einigen Führungskräften und Mitarbeiter zu Unsicherheit führen, gleichzeitig kann dadurch Vertrauen und damit Akzeptanz entstehen. Nur wenn die Betroffenen frühzeitig in die Prozesse mit einbezogen werden, besteht eine Chance auf umfassende und dauerhafte Veränderungsprozesse.

Es ist ein intensiver Kommunikationsprozess über alle Teil-Projektgruppen zu initiieren, damit ein Gesamtkonzept entsteht, welches die gemeinsame „Lern-Philosophie" widerspiegelt. Es bietet sich an, in diesen Projektprozess Social Media zur Kommunikation und Dokumentation zu integrieren, damit die Projektteammitglieder von Anfang an systematisch mit diesen innovativen Kommunikationsinstrumenten vertraut werden („Doppel-Deckerprinzip"). Das Projekt sollte durch einen *Projekt-Blog* begleitet werden, in dem der aktuelle Entwicklungsstand und evtl. offene Fragen dargestellt und diskutiert werden. Arbeitsteams können z. B. über *Projekt-Wikis* ihre Feinpläne zur Kompetenzentwicklung im Team erarbeiten.

- Entwicklung des
  Ermöglichungsrahmens
- Individuelle Definition der
  persönlichen Kompetenzziele
  initiieren
- Vereinbarung der Lernfelder
  in der Praxis, der
  Transferaufgaben und
  Projekte
- Entwicklung kooperativer und
  kollaborativer Arbeits- und
  Lernformen
- Geeignete Lern- und
  Sozialformen ermöglichen
- Definition des Medien- und
  Kommunikationskonzepts
- Festlegung des Steuerungs-
  und Flankierungskonzepts
  (KOPING, Co-Coaching)
- System der Erfolgsmessung
- Feedback-System …

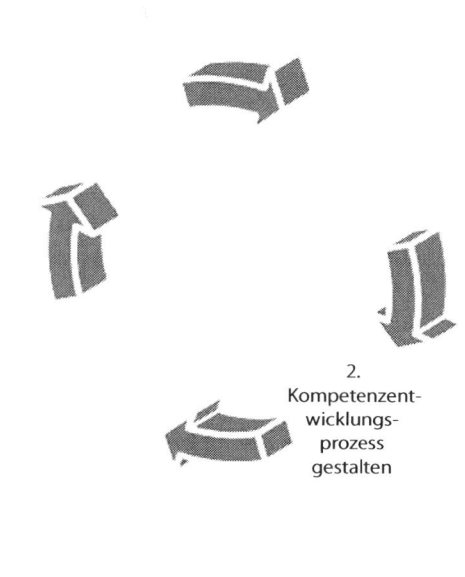

2.
Kompetenzent-
wicklungs-
prozess
gestalten

Abb. 2.12 Gestaltung des Kompetenzentawicklungsprozesses

2.4.3   Kompetenzentwicklungsprozess realisieren

Die Implementierung einer komplexen Kompetenzentwicklungskonzeption erfordert ein schrittweises Vorgehen. Über Pilotprojekte können unter „Laborbedingungen" relativ risikolos Erfahrungen gesammelt werden, bevor darauf aufbauend eine Öffnung für breitere Nutzerschichten ermöglicht wird. Damit werden die Einstiegshürden deutlich abgesenkt.

Der Nutzen einer neuen Konzeption kann kaum durch Präsentationen oder Beschreibungen vermittelt werden. Es ist vielmehr notwendig, den Vorteil der neuen Konzeption anhand realer Erfahrungen „spürbar" zu machen.

Es hat sich deshalb bewährt, mit einer Pilotgruppe zu beginnen, die sich bereits im Arbeitsleben weitgehend selbstverantwortlich organisiert und eine möglichst große Affinität zu internet- bzw. intranetbasierten Systemen hat. Im Idealfall ist sich die Gruppe ihrer Kompetenzentwicklungsmöglichkeiten bewusst und sucht eine Lösung, um diese zu realisieren. Gelingt es, mit diesen Pilotgruppen glaubwürdige Erfolgsgeschichten, die nachvollziehbar Nutzen für das Unternehmen und seine Mitarbeiter bringen, zu initiieren, besteht eine große Chance, auf breiter Front Akzeptanz zu gewinnen.

- Entwicklung und
  Implementierung der Sozialen
  Lernplattform bzw. des LMS
- Kompetenzentwicklung der
  Medienentwickler,
  Lernbegleiter,
  Personalentwickler und
  Führungskräfte
- Entwicklung und Produktion
  der Feinkonzeptionen,
  Lern-Tools und Lernmedien
- Einführung des
  Ermöglichungsrahmens
- Realisierung und Betreuung
  von Learning Communities
  bzw. Communities of Practice
- Lernbegleitung und
  E-Coaching

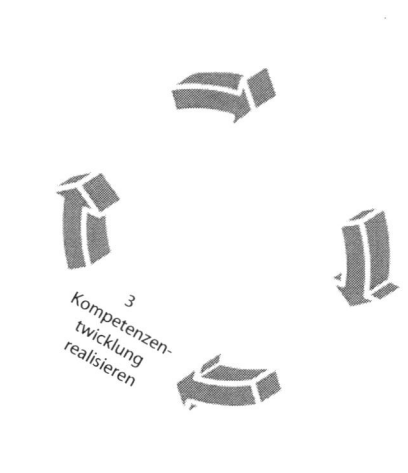

Abb. 2.13 Realisierung des Kompetenzentwicklungsprozesses

Das Ziel der Pilotphase ist es, die zuvor in der Konzeptionsphase entwickelten Veränderungs-, Kommunikations-, Lern- und Unterstützungsprozesse, aber auch die erforderlichen Systeme, umzusetzen und zu evaluieren. Überprüft werden dabei die individuellen und kollaborativen Lernprozesse, die Kommunikations- und Coaching-Phasen sowie die Lernziele, Inhalte, Lernformen, Sozialformen und Medien sowie Technik und Organisation. Die Erkenntnisse daraus dienen der Optimierung des Konzeptes, welches auf breiter Ebene ausgerollt wird.

Der „Anreiz" für die Lerner, sich aktiv in dieses Kompetenzentwicklungssystem einzubringen, liegt in dem Nutzen für die eigene Person und das Team. Dieser besteht vor allem darin, die aktuellen Aufgaben besser zu erfüllen, motivierend wirken aber auch die Chancen auf erweiterte oder neue Verantwortungsbereiche.

Die Kompetenzentwicklung der Lernplaner, -gestalter und –begleiter sollte, entsprechend der angestrebten Lernkonzeption, im „Doppeldecker-Prinzip" mit den zukünftigen Lernsystemen und in handlungsorientierten Lernszenarien mit hoher Selbststeuerung und Selbstorganisation erfolgen (vgl. Seite 253 ff.).

2.4.4 Lernerfolg evaluieren

Das Ziel der Kompetenzentwicklung mit Blended Learning und Social Learning besteht letztendlich darin, dass die Mitarbeiter und Führungskräfte eigenverantwortlich und kompetent auf die Umsetzung der strategischen Ziele des Unternehmens hin arbeiten. Deshalb

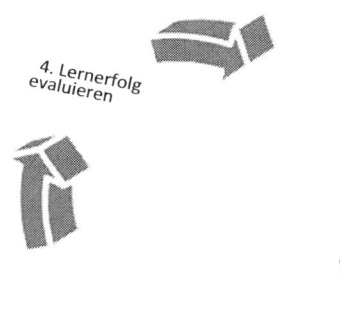

- Learning Analytics: Bewertung
  des Lernerfolgs
- Kompetenzmessungen
- Abweichungsanalyse
- Wirtschaftlichkeitsrechnung
- Optimierungsmaßnahmen

Abb. 2.14 Evaluierung des Lernerfolgs

ist ein Evaluierungskonzept erforderlich, welches den tatsächlichen Kompetenzzuwachs und die Performanz misst. Daraus können in einem dynamischen Prozess Maßnahmen zur Optimierung des Lernsystems abgeleitet werden.

Das Ziel, Kompetenzlernen im Unternehmen zu ermöglichen und zu fördern erfordert eine Neupositionierung des heutigen, betrieblichen Bildungsmanagements, das zukünftig die Rolle eines proaktiven und strategieorientierten Gestalters und Begleiters der Kompetenzentwicklungsprozesse im Unternehmen spielt. Personalentwickler wandeln sich damit zu Kompetenzmanagern.

Für diese Neupositionierung des Bildungsbereiches müssen viele liebgewonnen Rollenelemente über Bord geworfen werden, ein Veränderungsmanagement wird benötigt. Es lohnt sich aber, diesen Weg zu gehen, weil damit der Bildungsbereich in der Zukunft eine strategische Schlüsselposition übernimmt. Hinzu kommt, dass dem Unternehmen die erforderlichen Kompetenzen zur richtigen Zeit in erforderlichem Umfang und am richtigen Ort zur Verfügung stehen. Damit wird seine Wettbewerbsfähigkeit gesteigert.

Didaktisch-methodischer Ermöglichungsrahmen 3

Lernen, das muss jede Person selbst.

Diethelm Wahl (Wahl 2006, S. 205)

Gemeinsam mit John Erpenbeck haben wird den Versuch gemacht, wesentliche Merkmale zukünftiger Lernsysteme zu identifizieren, die als Orientierung für innovative Lernsysteme dienen können, mit denen sich die Unternehmen auf die zukünftigen Herausforderungen vorbereiten können. Wir sehen für die Gestaltung von innovativen Lernsystemen daraus heute vor allem folgende grundlegende Aspekte für bedeutend an (vgl. Erpenbeck und Sauter 2013, S. 18 ff.):

- Ohne Lernen im Prozess der Arbeit, ohne Werte und Gefühle, ohne Kompetenzentwicklung geht in unserer Lernzukunft gar nichts.
- Eine kompetenzorientierte Ermöglichungsdidaktik sieht den Arbeits- und Handlungsprozess als wichtigsten Lernort; Lernen und Handeln in der Praxis, am Workplace, fließen immer mehr zusammen.
- Gegenstände künftigen Lernens sind vor allem Kompetenzen. Wissensaufbau und Qualifikation sind eine notwendige Voraussetzung dafür.
- Mit dem Siegeszug des Kompetenzlernens wird der Gegensatz von formellem, nonformellem und informellem Lernen fragwürdig; es wird immer weniger wichtig, in welchen Institutionen bzw. Arbeitsprozessen die Kompetenzen erworben und zertifiziert wurden. Informelles und soziales Lernen werden die Lernprozesse prägen, formelles Lernen wird zur notwendigen Voraussetzung.
- Das fremdgesteuerte und fremdorganisierte Lernen wird immer mehr einem selbstgesteuerten, vor allem aber einem selbstorganisierten Lernen weichen.
- Auch in der Zukunft geht es um die Weitergabe von Informationen und Erfahrungswissen, vermehrt wird aber die die Kommunikation von allen sprachlich gefassten oder sprachlich fassbaren Wertungsresultaten, die explizit Empfindungen, Gefühle, Wünsche, Vermutungen, Zweifel, Befürchtungen, Hoffnungen, Bedürfnisse, Interes-

W. Sauter, S. Sauter, *Workplace Learning*, DOI 10.1007/978-3-642-41418-3_3,
© Springer-Verlag Berlin Heidelberg 2013

Abb. 3.1 Aspekte des
didaktisch-methodischen
Ermöglichungsrahmens

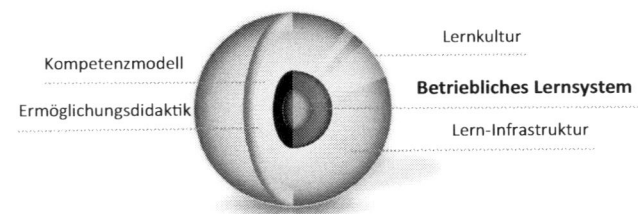

sen, Einstellungen, Meinungen, Haltungen, Ansichten, Überzeugungen, Vorurteile,
Ablehnungen usw. enthalten, in den Vordergrund rücken.

Wir untersuchen in diesem Abschnitt, welche Lösungsansätze die betriebliche Didaktik
für die Gestaltung innovativer Lernsysteme bietet. Deshalb erläutern wir in den folgenden Abschnitten zunächst den Ansatz der Ermöglichungsdidaktik nach Rolf Arnold, den
wir für den zentralen Ansatz einer zukunftsorientierten Lernkonzeption ansehen, und
skizzieren und bewerten die Lerntheorien, die heute in der betrieblichen Bildung eine
Rolle spielen. Danach untersuchen wir die Frage, nach welchen Zielen zukünftig die Lernprozesse gestaltet werden und wie die erforderlichen Kompetenzmodelle dafür aussehen.
Daraus leiten sich wiederum die Anforderungen an die erforderliche Lernkultur und die
Lern-Infrastruktur, insbesondere die Soziale Lernplattform, ab (Abb. 3.1).

Die aktuelle Entwicklung der betrieblichen Lernkonzeptionen weist eine hohe Dynamik
auf. deshalb analysieren wir abschließend zu diesem Kapitel die wichtigsten aktuellen
Trends in der betrieblichen Bildung und leiten daraus als Orientierung die wesentlichen
Merkmale für zukunftsorientierte Lernkonzeptionen ab.

3.1 Didaktik innovativer Lernsysteme

*Es muss eine integrative Weiterbildung betrieben werden, deren Ziel nicht die Erzeugung von
Kompetenzen, sondern die Ermöglichung von Kompetenzentwicklung ist.*

Rolf Arnold (Arnold und Lermen 2003, S. 78, 28)

Die Bedeutung des Arbeitsplatzes als Lernort blieb in der erziehungswissenschaftlichen
Reflexion lange Zeit weitgehend unbeachtet. In der aktuellen Diskussion über innovative
Lernsysteme bildet aber die Kompetenzentwicklung einen Schwerpunkt bei der Frage, was
das Ziel der Lernprozesse im betrieblichen Kontext ist. Erfahrungslernen, informelles und
selbstorganisiertes Lernen, situatives Lernen am Workplace und im Netz gewinnen deshalb
an Bedeutung. Didaktische Modelle wurden bisher aber kaum auf reale Arbeitsprozesse
bezogen, da sie auf der einen Seite einen allgemeinen und bildungstheoretischen Anspruch
oder auf der anderen Seite eine fachdidaktische Einengung erfahren haben (vgl. Grantz

et al. 2013). Deshalb ist eine arbeitsprozessorientierte Didaktik erforderlich, bei der das Lernen am Workplace und nicht die Lehre im Seminar im Zentrum steht.

3.1.1 Arbeitsprozessorientierte Didaktik

Während noch in den siebziger Jahren auch in der betrieblichen Weiterbildung eine *„Belehrungsdidaktik"* mit behavioristischen und kognitivistischen Lehrkonzepten im Seminar im Vordergrund stand, gewinnen seither Lernansätze, mit einer Verlagerung von Wissens- zu Kompetenzzielen, vom formellen und fremdgesteuerten Lehren zum informellem und selbstorganisiertem Lernen und einer Rückbesinnung auf den Lernort Arbeitsplatz sowie das Lernen im Netz an Bedeutung.

Für die Gestaltung von unterrichtlichen Lerneinheiten hat Klafki seine bildungstheoretische Didaktik entwickelt, die entlang von fünf Grundfragen die „Gegenwartsbedeutung", die „Zukunftsbedeutung", die „Inhaltsstruktur", die „Exemplarität" und die „Zugänglichkeit" von Lerninhalten den Lehrenden Reflexions- und Problematisierungshilfen gibt (vgl. Klafki, 5. Aufl. 1996). Dabei gilt ein *„Primat der Didaktik"*, d. h. die Methodik wird als ein von den Zielen und Inhalten abgeleiteter Bereich verstanden.

Überträgt man diesen Ansatz auf das Lernen im Arbeitsprozess, muss die Verantwortung für die didaktisch-methodische Gestaltung der individuellen Lernprozesse primär in die Hand der Lerner gelegt werden, die innerhalb eines vorgegebenen „Ermöglichungsrahmen" ihren Gestaltungsspielraum nutzen, weil nur sie Arbeits- und Lernprozesse zusammen führen können (vgl. Schröder 2009).

Für die *Gestaltung dieses „Ermöglichungsrahmens"durch die Personalentwicklung bzw. das Kompetenzmanagement* sehen wir folgende Grundfragen als hilfreich an:

- *Gegenwartsbedeutung*: Welche Bedeutung haben die aktuellen Problemstellungen im Arbeitsprozess für die Zielgruppe? Welche Bedeutung sollen sie aus strategischer Sicht haben?
- *Zukunftsbedeutung*: Welche Bedeutung werden die Problemstellungen im Arbeitsprozess und die Kompetenzen, die bei deren Bewältigung aufgebaut werden, zukünftig für das Unternehmen und die Zielgruppe haben? Welche Bedeutung sollten sie aus strategischer Sicht haben?
- *Exemplarische Bedeutung*: Welche Kompetenzen werden bei der Bewältigung von Herausforderungen in der Praxis gefördert? Für welche weiteren Aufgaben im Arbeitsprozess können die aufgebauten Kompetenzen von Nutzen sein?
- *Inhaltliche Struktur*: Welche inhaltliche Struktur weist das Handlungsfeld der Zielgruppe auf? Welches Wissen und welche Qualifikationen sind für die Problemlösungen und damit für die Kompetenzentwicklung erforderlich?
- *Zugänglichkeit*: Wie können die Mitarbeiter und Führungskräfte ihre Lösungen anschaulich darstellen, so dass sie mit Lernpartnern oder im Netz erörtert und gemeinsam weiter entwickelt werden können?

Innerhalb dieses vorgegebenen Rahmens gestalten die *Lerner* ihre Lernprozesse selbstorganisiert. Dabei können sie sich an folgenden didaktischen Leitfragen orientieren:

- *Gegenwartsbedeutung:* Welche Bedeutung haben die Problemstellungen im Rahmen meiner Arbeits- und Lernprozesse aktuell für mich? Welche Bedeutung sollen sie haben? Welche Kompetenzentwicklungsmöglichkeiten sollte ich bevorzugt nutzen?
- *Zukunftsbedeutung*: Welche Bedeutung werden die Problemstellungen im Rahmen meiner Arbeits- und Lernprozesse und die dabei erworbenen Kompetenzen zukünftig für mich haben? Welche Bedeutung sollten sie haben?
- *Exemplarische Bedeutung*: Was kann ich mit den aufgebauten Kompetenzen anfangen? Welche Kompetenzen werden bei der Bearbeitung der Herausforderungen in meinem Arbeits- und Lernprozess gefördert.
- *Inhaltliche Struktur*: Welche inhaltliche Struktur weist das Handlungsfeld auf? Welches Wissen und welche Qualifikationen sind für meine Aufgaben in der Praxis und damit für meine Kompetenzentwicklung erforderlich?
- *Zugänglichkeit*: Wie kann meine Lösung besonders anschaulich dargestellt werden, so dass sie mit Lernpartnern oder im Netz erörtert und gemeinsam weiter entwickelt werden kann?

Diese Fragen werden sinnvollerweise mit der Führungskraft oder einem Coach bzw. Mentor sowie mit dem Lernpartner erörtert. Auf dieser Grundlage kann der Mitarbeiter seine individuellen Lernprozesse selbst organisiert gestalten.

3.1.2 „Neurodidaktik" und Lerntheorien

Die häufig geäußerte Vorstellung, wonach die Hirnforschung zur Klärung theoretischer Kontroversen in der Pädagogik beitragen könnte, trifft nicht zu.

Bundesministerium für Bildung und Forschung (BMBF 2005, S. 7)

Immer wieder erklären Hirnforscher in häufig populärwissenschaftlichen Werken, wie neurobiologische Erkenntnisse angeblich dazu beitragen, Lernprozesse zu verstehen (vgl. u. a. Spitzer 2012; Hüther 2006). Leider ist diese „Neurodidaktik" nicht in der Lage, individuelle Lernprozesse wirklich zu erklären. Die bisher vorliegenden Befunde der neurophysiologischen Lernforschung sind nur selten eindeutig interpretierbar. Wenn überhaupt, lassen sich nur sehr allgemein Schlussfolgerungen ableiten, die sich nicht als Handlungsempfehlungen eignen (BMBF 2005, S. 7 ff.). Lernen ist im Endeffekt eine Entwicklung der Handlungsweisen der Menschen und damit kein Vorgang, der auf das Gehirn beschränkt ist. Nicht das Gehirn lernt, sondern der Mensch. Das Gehirn ist also nur ein, wenn auch entscheidendes, Teilsystem, das um weitere Faktoren, z. B. das Vorwissen und die Erfahrungen, erweitert werden muss, um Lernen zu verstehen. Es ist deshalb kurzfristig nicht zu erwarten, dass Lernen mit Hilfe der Gehirnforschung optimiert werden kann. Reali-

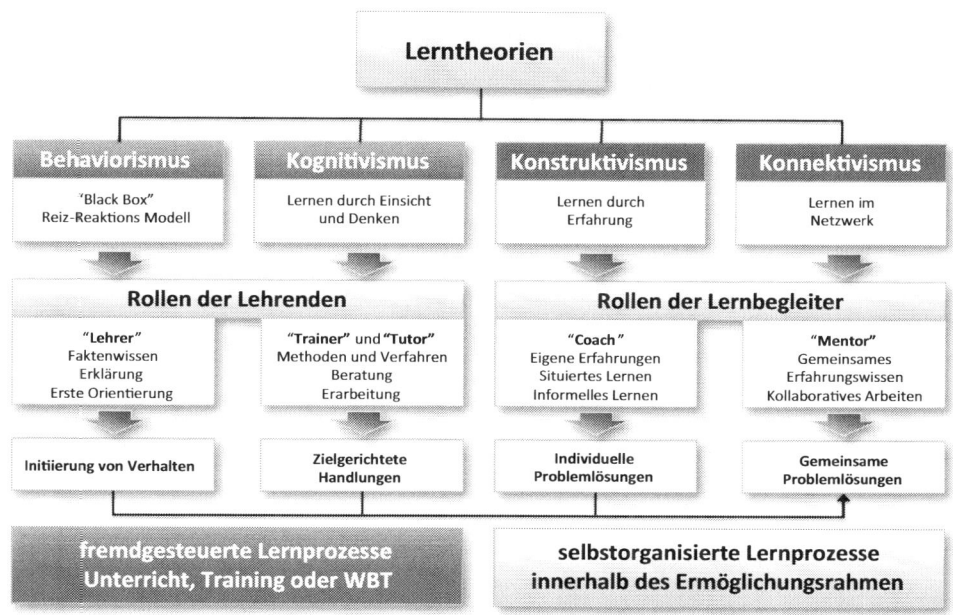

Abb. 3.2 Theorien in der betrieblichen Bildung

stisch können wir gerade mal davon ausgehen, dass wir zukünftig typische Hirnfunktionen besser verstehen können (BMBF 2005, S. 7 ff., S. 126).

Wir haben den Eindruck, dass die Neurowissenschaft uns heute noch sehr wenig darüber sagen kann, wie das Gehirn Wahrnehmungen und Informationen verarbeitet, wie Emotionen und Denkprozesse entstehen und wie Erfahrungen interiorisiert werden, d. h. wie Kompetenzlernen tatsächlich stattfindet. Aber genau dies sind die spannenden Fragen für die Kompetenzentwicklung in der Zukunft.

Jedes Gehirn ist einzigartig. Dies gilt auch für das Lernen. Wir müssen uns deswegen bei der Erklärung von Lernvorgängen vor allem auf Erkenntnisse der Pädagogik und der Entwicklungspsychologie konzentrieren. Analysiert man die Pädagogik der aktuellen betrieblichen Bildung, zeigt es sich, dass dort heute im Wesentlichen Elemente aus vier Lerntheorien eine Rolle spielen. (vgl. Baumgartner und Kalz 2004) Wir skizzieren und untersuchen deshalb im Folgenden diese theoretischen Ansätze unter dem Aspekt, welchen möglichen Beitrag sie zu innovativen Lernsystem leisten können (Abb. 3.2).

Behaviorismus: Verhalten trainieren Die Lerntheorie des *Behaviorismus* geht von einem Lehrmodell aus, nach dem „befähigte, wissende Personen noch nicht befähigte, nicht wissende Personen zu einem bestimmten Verhalten bringen.

Verhalten bezeichnet dabei ein Agieren mit niedriger Komplexitätsstufe ohne direkte oder indirekte Intention und ohne Reflexivität (Wahl 2002, S. 229). Diese Lerntheorie konzentriert sich deshalb in erster Linie auf die Vermittlung relativ abstrakten Faktenwissens („know that"), das „quasi als erstes Orientierungswissen bei den Lernern „aufgebaut" werden soll" (vgl. u. a. Baumgartner und Kalz 2004). Der Behaviorismus postuliert, dass das Verhalten der Menschen vor allem durch die Konsequenzen bestimmt wird, die sein Verhalten erzeugen. Positive Konsequenzen wirken verstärkend, negative Konsequenzen führen zu einer Reduktion eines zuvor gelernten Verhaltens. Verhalten, das keine Reaktion bewirkt, wird nicht aufrecht erhalten, es wird gelöscht.

E-Learning Programme der 1. und 2. Generation basieren ebenfalls auf dem behavioristischen Ansatz, da sie überwiegend das Ziel der Instruktion verfolgen. In diesen Web Based Trainings werden die Lernziele in kleinste Schritte zergliedert. Richtige Antworten schlagen sich in einem Scoring, evtl. verbunden mit Belohnungen, nieder. Bei zu hohen Fehlerzahlen wird empfohlen, die Lektion zu wiederholen. Da dabei mit linearen Frage-Antwort-Mustern gearbeitet wird, muss der Lerner dem vorgegebenen Weg stringent folgen. „Lerner haben deshalb häufig das Gefühl in einer Zwangsjacke zu stecken, weil durch strikt sequentielle Anordnung subjektive Assoziationen behindert, vorauseilende Gedanken zwecklos sind, Gedanken zum Ziel des Ganzen indirekt untersagt und Schlussfolgerungen, die auf das Ende einer Problemstellung hinzielen, schlicht abgebogen werden" (vgl. Schulmeister 2002).

In Kompetenzentwicklungssystemen können behavioristische Elemente in der Phase des Wissensaufbaus, insbesondere in Learning on demand Konzepten mit Micro und Mobile Learning nützlich sein. Der behavioristische Ansatz ist jedoch als kritisch zu sehen, weil er die Motivation und Emotion des einzelnen Lerners nicht beachtet. Das Modell orientiert sich nur am Ergebnis und erklärt nicht, wie neues Verhalten entsteht. Deshalb wird dieser Ansatz in innovativen Lernsystemen nur eine sehr untergeordnete Rolle spielen können.

Kognitivismus: Handlungsweisen entwickeln Der *Kognitivismus* beschreibt Lernen als einen Prozess des aktiven Wahrnehmens, Erfahrens und Erlebens. Dabei wird neues Wissen auf der Basis bestehender Wissensstrukturen gebildet, indem das Gehirn, ähnlich wie ein Computer, Wissen aufnimmt und verarbeitet (vgl. Baumgartner und Payr 1994). Lernen erfolgt dabei durch Einsicht. Der Lerner nimmt im Lernprozess eine aktive Rolle ein, indem er vorgegebene Aufgaben löst. Der Lehrende initiiert, steuert und flankiert die Lernprozesse, stellt aufbereitetes Lernmaterial zur Verfügung und gibt seinen Lernern laufend Feedback. Bei Bedarf greift er aktiv in den Lernprozess ein und unterstützt die Lerner.

Die Lerner entwickeln ihre eigene Problemlösungsstrategie, wählen passende Methoden aus, bewerten ihre Ergebnisse und reflektieren über ihren Lernprozess. Der Aufbau von prozeduralem Wissen ist wichtiger als die Aufnahme von Faktenwissen. Prozedurales Wissen wird durch fachlich-methodische Kompetenzen geprägt, die ein Individuum zur Lösung von Problemen benutzt. Es beeinflusst damit nachhaltig die Werthaltung und das Handeln der Menschen, also auch ihre personalen und aktivitätsbezogenen Kompetenzen.

Handeln ist dabei eine Form des Agierens, die zielgerichtet und bewusst ist (Wahl, S. 17, 3. erw. Aufl. 2013). Dies setzt Wissen sowie ein reflexives Bewusstsein des Lerners voraus. Um Handlungen zu trainieren, müssen die Lernmaßnahmen in situationsübergreifende Ziele und Pläne eingebettet sein und neben kognitiven und aktionalen Aspekten ganz ausdrücklich auch emotionale Veränderungen aktiv und nachhaltig unterstützen (Wahl 2002, S. 229 f.).

Die Lernprozesse finden in diesem Lernmodell meist in einer laborähnlichen Situation statt, in der die Aufgaben auf das Vorwissen und die Fertigkeiten der Lerner ausgerichtet werden. Deshalb sind sie mit den wirklichen Problemstellungen in der Praxis kaum vergleichbar. Mit diesen „künstlichen" Übungsaufgaben oder Fallstudien können sich somit kaum Kompetenzen entwickeln, weil Werte nicht verinnerlicht werden.

In Blended Learning Arrangements können Web Based Trainings die Rolle mit übernehmen, auch problemorientierte Aufgaben und Fallstudien, die im Rahmen der Learning Community oder später im Workshop besprochen werden, in den Lernprozess einzubringen. Je nach Ergebnis der einzelnen Lernschritte durchläuft der Lerner dabei unterschiedliche Lernpfade.

Sofern die Handlungssituationen, denen die Lerner anschließend ausgesetzt sind, von den ursprünglichen Lernsituationen abweichen, entsteht ein Transferproblem, da das erworbene Wissen „träge" ist und nicht einfach auf Anwendungskontexte übertragen werden kann (vgl. Gruber et al. 2000). Der Erfolg hängt dabei vor allem von der Art der Informationsaufbereitung und –darbietung sowie von den kognitiven Aktivitäten der Lerner ab. Kognitive Lernansätze konzentrieren sich deshalb auf die Lernprozesse sowie die Voraussetzungen und Beeinflussungsfaktoren des Lernens. Die menschliche Emotionalität und Situiertheit des Handelns der Lerner wird in ihrer Lebenswelt ausgeblendet.

Mit Hilfe von *„intelligenten", tutoriellen System* versucht man seit über zwei Jahrzehnten, dem Lerner auf Basis von laufenden Lerndiagnosen individuelle, ständig angepasste Lernpfade vorzugeben. Die Erfahrungen zeigen bisher, dass es kaum möglich ist, aus Fehlern im Lernprozess Rückschlüsse auf Handlungsweisen der Lerner zu ziehen (vgl. Kerres, S. 122, 3. Aufl. 2012). Hinzu kommt, dass diese Systeme sehr aufwendig zu entwickeln und zu implementieren sind. Mit der Entwicklung zum humanoiden Computer als „Lernpartner" wird es jedoch zukünftig möglich sein, diesen Lernansatz wieder verstärkt zu verfolgen, weil dann ein wirklicher pädagogischer Dialog mit dem Computer möglich sein wird.

Eine besondere Rolle spielt im Kognitivismus der *pädagogische Dialog*, der jedoch im Seminarunterricht kaum möglich ist, da der Lehrer nicht auf die einzelnen Bedürfnisse aller Lerner eingehen kann. Jahrzehntelange Erfahrungen mit dem Irrweg des „fragendentwickelnden Unterrichts" haben gezeigt, dass die Lehrer, wenn überhaupt, nur mit einigen wenigen Schülern wirklich in den Dialog treten können. Dies hat Wahl in seinen Ausführungen zu dieser von ihm so genannten „Osterhasen-Pädagogik" anschaulich beschrieben (Wahl, S. 13, 3. Aufl. 2006).

In innovativen Lernsystemen wird der pädagogische Dialog im Rahmen des E-Coaching und des Co-Coaching eine wachsende Bedeutung erlangen.

Konstruktivismus: Erfahrungswissen verarbeiten Der *Konstruktivismus*, der die betriebliche Pädagogik seit etwa drei Jahrzehnten maßgeblich bestimmt, geht vom Ansatz des *situierten Lernens* aus (vgl. Kerres, S. 123 ff., 3. Aufl. 2012). Handeln ist danach nicht das

Ergebnis von Entscheidungsprozessen eines isolierten Individuums, sondern eingebunden in einen sozial-kulturellen Kontext und in bestimmte Handlungsmuster. Die Bedeutungen, die einem Sachverhalt zugemessen werden sind dabei das Ergebnis der Interaktion zwischen Menschen, ihrer Umwelt und Artefakten, die im Austausch mit ihrer Umwelt entstehen. Deshalb wird Wissen nicht vermittelt (was in Wirklichkeit unmöglich ist), sondern in jeder Handlungssituation neu konstruiert, so dass die Handlungsweisen der Lerner durch die jeweilige Situation bestimmt werden.

Es wird deshalb ein *natürliches Lernen* im Arbeitsprozess notwendig, das durch die konstruktive Reflexion eigener Erfahrungen zur Kompetenzentwicklung führen kann (vgl. Dohmen 1996, S. 29 ff.). Entscheidungssituationen im realen Leben sind komplex, dynamisch, unübersichtlich und spezifisch, so dass keine eindeutige Lösung möglich ist. Sie sind nicht pädagogisch aufbereitet, nicht in leicht verarbeitbare Portionen aufgeteilt und passen auch nicht in eine feste Zeitplanung. Die zentrale Frage im Lernmodell des Konstruktivismus lautet vielmehr, wie die Lerner zu einer „eigenständigen Identifikation und Lösung von Problemen geführt werden können" (vgl. u. a. Arnold u. a. 2004). Damit bildet der Konstruktivismus die Grundlage für das pädagogische Handlungsmodell der *Ermöglichungsdidaktik* (vgl. Siebert, S. 124 ff., 3. Aufl. 2011a).

Aus Sicht des Konstruktivismus ist Lernen ein aktiver, situativer und sozialer Prozess, bei dem das Wissen selbstorganisiert interpretiert und aufgebaut wird. Folglich kann unter konstruktivistischen Bedingungen das Lernen am Arbeitsplatz gefördert werden.

Selbst organisiertes Lernen und somit auch lebenslanges Lernen sind möglich, wenn die Lernprozesse individuell, entsprechend den jeweiligen Problemen, Erfahrungen und Lerngeschwindigkeiten sowie den Motivationen jedes einzelnen Mitarbeiters gestaltet werden. Das Lernen wird verbessert, indem komplexe Aufgaben in einer Umgebung bearbeitet werden, die sich den natürlichen Verhältnissen der Realität annähert. Neue Medien und virtuelle Lernsysteme können dazu beitragen, diese Voraussetzungen zu schaffen.

Daraus leitet sich der Ansatz des *authentischen Lernens* ab. Die Lernsituationen sollen sich danach möglichst nahe an „echten" Problemstellungen orientieren. Nach Reinmann und Mandl ist konstruktivistisches Lernen durch folgende Merkmale gekennzeichnet (vgl. Reinmann und Mandl 2006):

Konstruktivistisches Lernen

- basiert auf eigenständigen Lernaktivitäten,
- ist ein selbstorganisierter Lernprozess im Rahmen eines vorgegebenen Lernarrangements,
- ist ein konstruktiver Prozess, in dem Strukturen und Verknüpfungen zum Vorwissen entwickelt werden,
- ist ein sozialer Prozess, der zumeist in Interaktion mit anderen stattfindet,
- ist ein emotionaler Prozess, der die Lerner nicht nur kognitiv, sondern auch emotional und motivational fordert.

Konstruktivistische Lernsysteme werden deshalb nach folgenden Prinzipien gestaltet (vgl. Reinmann und Mandl 2006): Lernen erfolgt

- mit authentischen Problemstellungen, die für den Lerner bedeutsam sind und den Anwendungsbezug unterstützen,
- in multiplen Kontexten mit verschiedenen, konkreten Problemstellungen,
- unter multiplen Perspektiven und in verschiedenen Rollen,
- in Interaktion mit anderen Lernern (sozialer Kontext),
- in Lernumgebungen und mit Hilfe von Unterstützungsmaßnahmen, die durch Lernbegleiter gestaltet werden.

Unter konstruktivistischen Bedingungen wird das Lernen am Arbeitsplatz gefördert, so dass Lernen und Arbeiten zusammen wachsen. Damit bildet diese Lerntheorie eine Grundlage für innovative Lernsysteme. Der Lernprozess findet im Rahmen vereinbarter Ziele statt und ist zum großen Teil selbst organisiert. Die Lerner sind aktiv und werden von ihren Trainern oder Coaches unterstützt. Diese wechseln zwischen eher aktiven und eher begleitenden Phasen.

Die Rollen der Beteiligten in diesen Lernprozessen können wie folgt beschrieben werden:

- Lerner und Trainer vereinbaren Kompetenzentwicklungsziele und kommunizieren gleichberechtigt,
- sie arbeiten gemeinsam an der Identifizierung und Lösung von Problemen,
- die Trainer wandeln sich zum Entwicklungspartner (Coach) ihrer Teilnehmer; sie kooperieren mit den Lernern und flankieren und coachen die Entwicklungsprozesse.

Social Software ist für dieses kooperative und kollaborative Lernen gut geeignet, weil sie die aktive Teilnahme der Lerner an Kommunikationsprozessen fördert.

Konnektivismus: Lernen im Netz-(werk)
„Learning as network-creation"
George Siemens (Siemens 2004)
Die bisher dargestellten Lerntheorien erklären in erster Linie den Kompetenzentwicklungsprozess als Lernprozess, sie artikulieren weniger die Notwendigkeit, Erfahrungswissen und Eindrücke der Kollegen, Führungskräfte oder Partner für den eigenen Lernprozess zu nutzen. Die globale Wissensgesellschaft ist aber gerade dadurch geprägt, dass ein Einzelner kaum einen Bruchteil der notwendigen Erfahrungen selbst sammeln kann.
Der Ansatz des *Konnektivismus (Connectivism)* bietet deshalb wichtige, weiterführende Impulse für die didaktisch-methodische Gestaltung von beabsichtigten Kompetenzentwicklungsprozessen (vgl. im Folgenden Siemens 2004; Siemens 2006). Lerner verbessern ihr eigenes Lernen exponentiell, wenn sie sich in Netzwerke einbinden. Dadurch erweitern Sie ihren Ermöglichungsrahmen erheblich. Die Fähigkeit, aktuelles Wissen zu erlangen wird wichtiger, als das persönliche Wissen einer Person.
George Siemens entwickelte eine pragmatische Lernkonzeption, die die veränderten Lernbedingungen aufgrund der technologischen Entwicklung, die wachsende Vernetzung sowie den „Informations-Overkill" aufgreift. Er misst dabei dem Lernen im und durch das Netz(-werk) eine zentrale Bedeutung bei: *„learning as network creation"*. Deshalb hat er für seine Lerntheorie den Begriff *„Connectivism"* (dt. „Konnektivismus") geprägt.

Unser Lernen verändert sich jedoch nicht nur aufgrund moderner Lerntechnologie. Hinzu kommen insbesondere folgende Einflüsse: Lernen und arbeitsbezogene Aktivitäten sind immer öfters identisch, unser Denken und Handeln verändert sich, weil wir immer mehr technische Hilfsmittel nutzen, es wird immer wichtiger, zu wissen, wo ich Wissen finde und wie ich es für meine Problemlösungen nutzen kann.

Laut Siemens werden deshalb Behaviorismus, aber auch Kognitivismus und Konstruktivismus den Veränderungen in Gesellschaft und Wirtschaft nicht mehr vollständig gerecht. Diese basieren auf der Annahme, dass Lernen entweder durch äußere Einflüsse oder durch eigene Erfahrungen erfolgt. Mit der sinkenden Halbwertzeit des Wissens hat sich aber die Art zu Lernen und zu Kommunizieren grundlegend verändert. Lernen erfolgt im Wechselspiel zwischen dem Individuum und seiner Umwelt und ist grundsätzlich an den Kontext gebunden. Den größten Teil unseres Wissens bauen wir aufgrund von Informationen und Erfahrungswissen dritter Personen, von Organisationen oder über Datenbanken auf. Lernen ist damit ein Prozess, der nicht nur von der eigenen Person, sondern auch stark von ihrem Umfeld abhängig ist. Nur wer bedarfsgerechte Netzwerke aufbaut, kann sein Wissen damit immer aktuell und problemgerecht sichern.

Netzwerke sind die Verbindungen zwischen verschiedenen Elementen, wie z. B. Menschen, Gruppen oder Computer. Deshalb benötigen Lerner in einem konnektivistischen Lernsystem eine offene Lernumgebung, in der zusätzlich effiziente Interaktionsmöglichkeiten mit Netzwerkpartnern geboten werden. Die Lerner benötigen Fähigkeiten, relevantes Wissen für den Lernprozess zu identifizieren, zu bewerten, zu beschreiben und in einem gemeinsamen Prozess mit Lernpartnern weiter zu entwickeln. Sie reflektieren nicht nur die Mittel und Methoden der Wissens- und Wertkommunikation, sondern schaffen bei Bedarf selbstorganisiert Entwicklungssituationen, in denen ein optimaler Wissensaufbau und eine Wertinteriorisation möglich werden. Die Lernbegleiter werden immer mehr die Rolle eines Mentors übernehmen, der aktiv zuhört, beobachtet, Feedback gibt, berät und flankiert. Der Mentor fördert die Netzwerkbildung der Lerner und hilft Ihnen durch sein eigenes Netzwerk, sich im Unternehmen zu integrieren.

Aufbauend auf dem Ansatz des Konnektivismus sind folgende Grundsätze für diese Lernkonzeption von Bedeutung:

- Die Entscheidung über die Ziele der Lernprozesse liegt primär bei den Lernern und bildet einen eigenständigen Lernprozess,
- im Kreislauf der Kompetenzentwicklung wird das persönliche Wissen des Einzelnen in ein Netzwerk integriert und in einem gemeinsamen Lernprozess unter Nutzung innovativer Kommunikationstechnologien weiter entwickelt,
- Lernen kann damit auch außerhalb einzelner Personen angesiedelt sein (Organisationales Lernen),
- das gemeinsame Wissen wird im Netzwerk verteilt und dient allen Mitarbeitern als Lernquelle („cycle of knowledge development"),
- Lernen ist ein Prozess, bei dem verschiedene Wissensquellen und -knoten miteinander verbunden werden,

- Lernen umfasst nicht nur Wissensaufbau oder Qualifikation, sondern auch Werte, Denkhaltungen und Normen sowie ihre Aneignung in Form von Emotionen und Motivation,
- die Fähigkeit, immer neu aktuelles Wissen aufzubauen, ist für die Lerner wichtiger als ihr persönlicher Wissensbestand,
- es ist wichtiger zu wissen, wo man Wissen finden kann, als die Informationen auswendig zu kennen.

Lernen erfolgt bei diesem Ansatz in differenzierten Lernarrangements aus formellem und informellen Lernen in Verbindung mit verschiedenen Lernformen, Sozialformen, Medien und vielfältigen Kommunikations- und Dokumentationsmöglichkeiten.

Der pragmatische Lernansatz des Konnektivismus bildet die wesentliche Grundlage für die Kompetenzentwicklung im Netz und für Social Learning. Die Herausforderung für die Gestaltung innovativer betrieblicher Lernsysteme liegt darin, einen Lernrahmen zu schaffen, der selbstorganisierte Lernprozesse aller Mitarbeiter und Führungskräfte ermöglicht. Dabei spielt das Lernen aufgrund persönlicher Erfahrungen im Rahmen konstruktivistischer Lernansätze und im Netz(-werk) durch kollaboratives Arbeiten eine zentrale Rolle. Damit werden letztendlich Kompetenzziele angestrebt, die eine Kultur des selbstorganisierten Lernens erfordert. Behavioristische und kognitivistische Lernansätze spielen im Rahmen des selbstorganisierten Aufbaus von Wissen und der Qualifikation eine begrenzte Rolle. Insgesamt bietet der virtuelle Bildungsraum mit seinem Netzwerk von Kommunikationen und verflochtenen Argumenten und Inhalten günstige Voraussetzungen für konnektivistische Lernprozesse (vgl. König 2003).

3.1.3 Ermöglichungsdidaktik

I never teach my students. I only provide the conditions in which they can learn.

Albert Einstein

Eine strenge Kausalität zwischen Lehren und Lernen kann nicht aufrechterhalten werden (vgl. Schüßler 2007). Es ist vielmehr ein Lernen erforderlich, das als selbstorganisierter, konstruktivistischer Aneignungsprozess verstanden wird, also nicht als Aufnahme belehrender, de facto nicht möglicher Wissensvermittlung (vgl. Arnold 2000; Arnold 2013).

Ermöglichungsdidaktik hat zum Ziel, den Lernenden alles an die Hand zu geben, damit sie ihre Lernprozesse problemorientiert und selbstorganisiert gestalten können.

Die Ermöglichungsdidaktik ist die Antwort auf die wirtschafts- und bildungspolitisch propagierte Forderung nach „Lebenslangem Lernen" (vgl. Seite 148 f.). Wie ein Lernarrangement auf einen Lernenden wirkt, wie er den Input aufnimmt und interpretiert, wie er verarbeitet, was er wahrgenommen hat und wie viel davon später, wenn er sein Wissen anwenden möchte, überhaupt noch zur Verfügung hat, kann nicht geplant werden (vgl. dazu im Folgenden Schüßler 2007). Deshalb können Wissen und Kompetenzen nicht vermittelt werden. Es wird nicht mehr der Anspruch erhoben, man könne Lernprozesse direkt beeinflussen (Wahl 2006, S. 206). Auch widerspricht diese „Erzeugungsdidaktik" dem Menschenbild, das im Kontext des Social Business zunehmend gefordert wird.

Die Lernsituation sollte deshalb nicht vom Inhalt sondern aus dem Fokus des Lernenden als Lernrahmen gestaltet werden (vgl. Arnold 2000; Wahl 2006).

Der Ermöglichungsrahmen ist ein planvoll hergestelltes Lernarrangement, das didaktische, methodische, materielle und mediale Aspekte so anordnet, dass die Wahrscheinlichkeit für die angestrebten Lernprozesse möglichst hoch wird (Wahl 2006, S. 206).

Die Lernplaner konzentrieren sich nicht mehr auf die detaillierte Planung eines gemeinsamen Lehr-/Lernprozesses (Planungsfixierung), sondern auf die Aneignung von Wissen und Kompetenzen in individuellen, selbstorganisierten Lernprozessen (Realisierungsfixierung). In diesem systemischen Ansatz wird der Lerner als Ganzes gesehen und es werden sein Umfeld und seine individuellen Bedürfnisse, die immer eng mit den emotionalen Strukturen verknüpft sind, berücksichtigt. Der Lernbegleiter schafft die Bedingungen für die Selbstorganisation der Lernenden und ermöglicht damit Prozesse der selbsttätigen und selbständigen Wissenserschließung und Wissensaneignung (Siebert, S. 90, 3. überarb. Aufl. 2011b).

Es reicht danach nicht aus, teilnehmerorientierte, kooperative Lernphasen in den Unterricht zu integrieren. Die Lerner müssen vielmehr die Freiheit erhalten, ihre individuellen Lernprozesse ausgerichtet auf ihre Herausforderungen in der Praxis in einem Ermöglichungsrahmen selbstorganisiert zu gestalten.

Der Lerner wird vom Objekt zum Subjekt seines Lernens. Er erhält deshalb vielfältige Angebote, die es ihm ermöglichen, sein Wissen selbstorganisiert aufzubauen und zu sichern und bei der Bewältigung herausfordernder Aufgaben seine Kompetenzen zu entwickeln. Die Lerner müssen dabei deshalb eine hohe Methoden-, Medien-, Selbstorganisations- und Selbstlernkompetenz entwickeln. Aus dem bisherigen „Lehrer" wird der *„Lernbegleiter"*, der als Bildungsberater und Lerncoach die individuellen Lernprozesse ermöglicht und unterstützt.

Im Rahmen der betrieblichen Bildung sind hierbei vor allem folgende Handlungsbereiche zu gestalten (vgl. Arnold und Schüßler 2010, S. 76 ff.):

- Selbstorganisierter Aufbau von Wissen, z. B. mit E-Learning
- Kompetenzentwicklung im Rahmen von realen, herausfordernden Praxisprojekten oder im Prozess der Arbeit (Workplace Learning)
- Reflexion des Erfahrungswissens mit Lernpartnern im Netzwerk (Social Learning)
- To know how to know: Entwicklung reflexiven Wissens

Reflexives Wissen umfasst dabei folgende Bereiche (Abb. 3.3, S. 65):

Die Lernbegleiter können insbesondere durch folgende Handlungsbereichen Lernprozesse ermöglichen (vgl. Schüßler 2007):

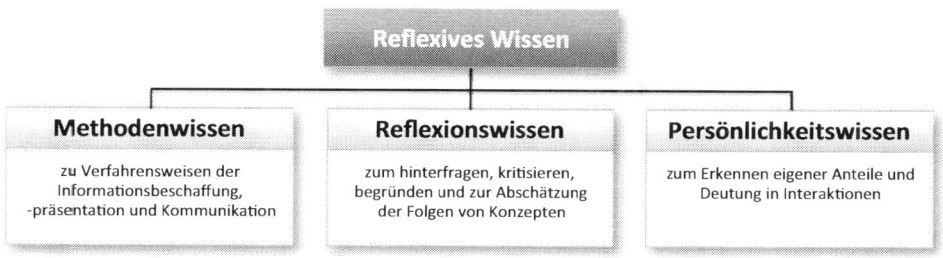

Abb. 3.3 Reflexives Wissen

- *Kompetenzorientierung*: Vorhandene Kompetenzen bilden den Ausgangspunkt des Lernens mit dem Ziel, individuelle Kompetenzentwicklungsmöglichkeiten zu nutzen.
- *Eigenverantwortung der Lerner zulassen*: In regelmäßigen Reflexions- und Evaluationsphasen, z. B. auf Basis von Kompetenzmessungen, bestimmen die Lerner ihren aktuellen Stand und planen die weiteren Schritte in ihren Lernprozessen.
- *Positives Selbstkonzept der Lerner fördern*: Die Lerner erhalten die Möglichkeit, sukzessive mehr Verantwortung für ihren Lernprozess zu übernehmen. Dies kann insbesondere durch den Aufbau von Lernpartnerschaften und Netzwerken gefördert werden.
- *Soziale Einbindung*: Förderung von Lernpartnerschaften und des Lernens im Netz
- *Offene Lernprozesse*: Innovative Lernformen, vielfältige Erprobungs- und Handlungsmöglichkeiten, z. B. in herausfordernden Praxisprojekten, integrierte Kompetenzentwicklung durch das Zusammenführen von Lernen und Arbeiten oder vielfältige Formen des Erfahrungsaustausches und der Kommunikation

Dieser Ansatz wird in den Diskussionen in den Unternehmen teilweise in Frage gestellt, weil die Menschen mit dieser Konzeption und der damit verbundenen Selbstorganisation überfordert wären. Unsere Erfahrungen zeigen, dass die Mitarbeiter, vom Auszubildenden bis zur Führungskraft, sehr wohl in der Lage sind, ihre Lernprozesse individuell und selbstorganisiert zu gestalten, sofern sie in ein entsprechendes Lern-Netzwerk und Lern-Infrastruktur eingebettet sind. Deshalb kommt der Gestaltung des Lernrahmens und der Lernbegleitung sowie der Konzeption der Steuerung und Flankierung dieser Lernprozesse erforderlich (s. Seite 175 ff.).

Die Ermöglichungsdidaktik hat zum Ziel, Möglichkeiten des selbstorganisierten Lernens mit den institutionellen und organisatorischen Rahmenbedingungen der Unternehmung zu verknüpfen. Dadurch entsteht ein lernförderndes Umfeld mit einer Vielzahl von Ansätzen, individuelle Lernprozesse selbstorganisiert zu gestalten. Die Lernplaner und -begleiter schaffen ein emotional positives Umfeld für individuelle, selbstorganisierte Lernprozesse, regen die Lerner zur Reflexion über ihre individuellen Lernziele an und ermutigen sie, ihre Ziele umzusetzen. Dabei unterstützen sie die Lerner als Coach oder Mentor.

3.2   Kompetenzmodelle

Der Konkurrenzkampf der Zukunft wird zunehmend als Kompetenzkampf geführt.

John Erpenbeck und Volker Heyse (Heyse und Erpenbeck 2004)

Über Kompetenzen als Bildungsziele wird in der Pädagogik, insbesondere im betrieblichen Bereich, seit einigen Jahrzehnten, deutlich zunehmend seit der Jahrtausendwende, diskutiert. Ursprünglich war der Kompetenzbegriff nicht fachbezogen gedacht. So definierte Franz E. Weinert Kompetenzen als *„die bei Individuen verfügbaren oder durch sie erlernbaren kognitiven Fähigkeiten und Fertigkeiten, um bestimmte Probleme zu lösen, sowie die damit verbundenen motivationalen, volitionalen (Willentliche Steuerung von Handlungen und Handlungsabsichten) und sozialen Bereitschaften und Fähigkeiten, um die Problemlösungen in variablen Situationen erfolgreich und verantwortungsvoll nutzen zu können"* (Weinert, S. 27 f.). Es geht also um die Verbindung von Wissen, Können und Motivation mit dem Ziel der Problemlösung.

Im Rahmen der Pisa-Studie wurde jedoch auf Basis der Klieme-Expertise (Klieme u. a. 2007) die „Fachlichkeit" als erstes und wichtigstes Merkmal kompetenzorientierter Bildungsstandards definiert. Außerdem sollten Kompetenzmodelle und kompetenzorientierte Standards durch standardisierte Tests überprüfbar sein und mit Noten bewertet werden können. Diese Forderung ist bei der sehr großen Zahl der Schüler, die im Rahmen von Pisa zu bewerten sind, verständlich. Es ist jedoch wohl wenig sinnvoll, die Kompetenzmodelle nach den Möglichkeiten der kostengünstigen Überprüfung zu gestalten. Diese Verwässerung des Kompetenzbegriffes führte zu viel Verwirrung und Irrwegen. So ist zwischenzeitlich der „kompetente Säugling" Gegenstand der Erziehung, auch findet sich kaum mehr eine Hochschule, die keine Kompetenzziele definiert hat, die aber meist nicht mehr als leerformelhafte Legitimationsfloskeln sind (Sander 2013, S. 7).

3.2.1   Vom Wissen zur Kompetenz

Wissen, Qualifikation und Kompetenz werden im alltäglichen Sprachgebrauch oftmals gleichbedeutend verwendet. Fertigkeiten, Wissen im engeren Sinne, oder Qualifikationen sind notwendige Voraussetzungen, nicht jedoch das Ziel der Mitarbeiterentwicklung. Letztendlich zählt die Fähigkeit, Herausforderungen in der Praxis selbst organisiert zu bewältigen und effektiv zu handeln.

Es gibt dabei keine Kompetenzen ohne Wissen im engeren Sinne und Fähigkeiten sowie Qualifikationen, Wissen und Qualifikation sind aber keine Kompetenzen. Sie bilden lediglich die notwendige Voraussetzung für den Kompetenzaufbau (Abb. 3.4).

Deshalb untersuchen wir diese Begriffe im Folgenden in Hinblick auf die Gestaltung von Lernprozessen.

Wissen Der Begriff „Wissen" wird von Wissenschaftlern, Pädagogen, Führungskräften oder Politikern und Philosophen sehr unterschiedlich definiert (vgl. unsere ausführliche

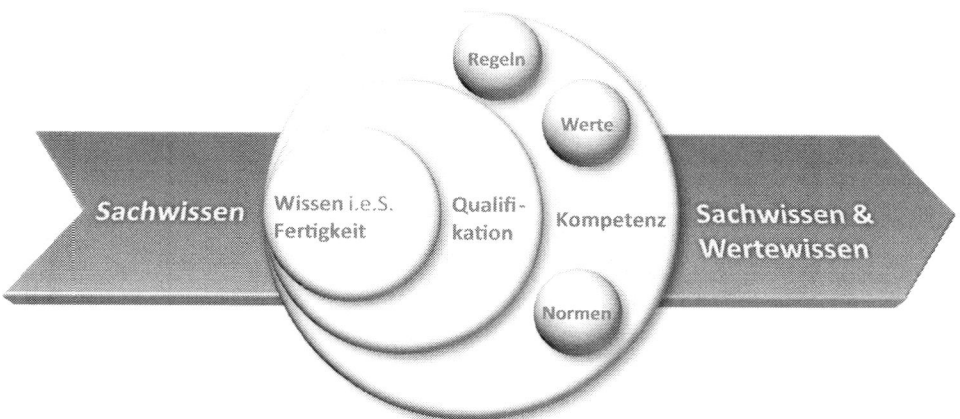

Abb. 3.4 Vom Wissensaufbau zur Kompetenz

Darstellung in Erpenbeck und Sauter (2007). Häufig wird die Definition der Europäischen Kommission zitiert.

Wissen ist die Kombination von Daten und Informationen, unter Einbeziehung von Expertenmeinungen, Fähigkeiten und Erfahrungen, mit dem Ergebnis einer verbesserten Entscheidungsfindung. Wissen kann explizit und/oder implizit, persönlich und/oder kollektiv sein (European Commission, Directorate (2004): Europäischer Leitfaden zur erfolgreichen Praxis im Wissensmanagement).

Der Wissensbegriff, den die Europäische Kommission benutzt, umfasst folgende Bereiche:

- *Daten:* In erkennungsfähiger Form dargestellte Elemente einer Information, die in Systemen verarbeitet werden können.
- *Informationen*: Daten, die in einem bestimmten Kontext, z. B. einer Organisation oder in einem Prozess, miteinander verknüpft sind.
- *Sachwissen, Methodenwissen* und *Kenntnisse*.
- Kerngegenstände der *Logik*: Begriffe oder Aussagen.

Wichtig für die Entwicklung von Lernkonzeptionen ist die Unterscheidung von Wissen im engeren Sinn und im weiteren Sinn, da sich daraus unterschiedliche Lernprozesse ableiten:

- *Wissen im engeren Sinne*, d. h. Informations-, Fach- und Sachwissen (= *„wissen was"*), reicht sicher nicht aus, komplexe Problemstellungen in der Praxis zu lösen. Die Mitarbeiter benötigen zusätzlich motivatorisches Wissen, wie Normen und Werte (= *„wissen warum"*), aber auch prozedurales Wissen (= *„wissen wie"*), um Prozesse zu verstehen und zu beeinflussen.

- *Wissen im weiteren Sinne* entsteht, wenn die Menschen Informationen wahrnehmen, bewerten und mit subjektiven Erfahrungen in Beziehung setzen (vgl. Fraunhofer ISST 1998). Im weiteren Sinne wird das Wissen deshalb um Regeln, Werte, Normen, Kompetenzen und Erfahrungen, aber auch Emotionen und Motivationen, erweitert: „… *Kurz, das Gesamtwissen eines Lebewesens besteht in dem, was es gelernt hat. Und das Wissen einer Spezies besteht in der Gesamtheit alles dessen, was sich ihre Angehörigen zu Eigen gemacht haben* (vgl. Bunge und Ardila 1990)."

Wissen kann nicht einfach übertragen werden; es muss im Gehirn eines jeden Lernenden neu geschaffen werden (vgl. Roth 2011). Wissen lässt sich deshalb nicht „vermitteln", nicht einfach weitergeben, wie es so häufig formuliert wird, es sei denn, man glaubt an die Wirksamkeit des Nürnberger Trichters. Dagegen kann Wissen aber durch die Lerner selbstorganisiert aufgebaut werden.

Qualifikationen Qualifikationen sind handlungszentriert und in der Regel so eindeutig zu fassen, dass sie in Zertifizierungsprozeduren außerhalb der Arbeitsprozesse überprüft werden können (vgl. Teichler 1995).

Qualifikationen bezeichnen klar zu umreißende Komplexe von Wissen im engeren Sinne, Fertigkeiten und Fähigkeiten, über die Personen bei der Ausübung beruflicher Tätigkeiten verfügen müssen, um anforderungsorientiert handeln zu können.

In diesem Rahmen sind weiter folgende Begriffe von Bedeutung.

- *Fertigkeiten* bezeichnen durch Übung automatisierte Fähigkeiten, in beruflichen Anforderungsbereichen, die stereotyp sind. Fertigkeiten im kognitiven Bereich sind z. B. Sprechen, Lesen oder Rechnen. Sie sind handlungszentriert und werden in Abhängigkeit von Begabung und Talent, insbesondere aber auch von Übungen und auf der Grundlage bereits erworbener Fertigkeiten, Kenntnisse und Erfahrungen individuell aufgebaut.
- *Fähigkeiten* bezeichnen verfestigte Systeme verallgemeinerter psychophysischer Handlungsprozesse (vgl. Hacker 1973). Fähigkeiten erfordern psychische Bedingungen und persönliche Eigenschaften von Menschen.

Qualifikationen sind keine Kompetenzen, bilden aber eine wesentliche Voraussetzung dafür Häufig wird der Anspruch erhoben, z.B. von vielen Business Schools, mit Qualifikationsmaßnahmen Kompetenzen zu entwickeln. Jedoch ist es nicht möglich, mit noch so komplexen Fallstudien oder Planspielen Kompetenzen aufzubauen, da in diesen Lernszenarien keine realen Herausforderungen zu bewältigen sind. So können in Rollenspielen sehr wohl Strategien und Techniken trainiert werden. Kompetenzen zur Führung von schwierigen Gesprächen werden sich aber erst dann entwickeln, wenn die Erfahrungen aus vielen realen, emotional beladenen Gesprächen verinnerlicht werden.

Kompetenzen Wir gehen im Folgenden von einem Kompetenzbegriff nach Erpenbeck und von Rosenstiel aus, der sich in unserer Praxis sehr bewährt hat, weil er sich an den realen Problemstellungen im Betrieb orientiert, als Zielorientierung für die Mitarbeiter und Führungskräfte dienen kann und weil diese Kompetenzen wirtschaftlich erfasst werden können.

Kompetenzen sind Fähigkeiten in offenen, unüberschaubaren, komplexen, dynamischen und zuweilen chaotischen Situationen kreativ und selbst organisiert zu handeln (Selbstorganisationsdispositionen) (nach Erpenbeck und von Rosenstiel (Hrsg.), 2. Aufl. 2007).

Kompetenzen schlagen sich immer in Handlungen nieder. Sie sind keine Persönlichkeitseigenschaften (Erpenbeck 2011b, S. 227–262). Noch immer werden in zahlreichen Unternehmen und Organisationen wunderbar objektive, reliable und valide Persönlichkeitstests eingesetzt und von versierten, testtheoretisch bestens geschulten und statistische Methoden perfekt beherrschenden Psychologen zu einem Maßstab von Personalauswahl und Personalentwicklung gemacht. Dagegen gibt es ernsthafte Einwände (Erpenbeck 2011b, S. 227–262).

Die sehr stabilen Persönlichkeitseigenschaften sind für Unternehmen bei der Einschätzung von Mitarbeitern oder Bewerber viel weniger interessant als die vergleichsweise schnell zu entwickelnden Handlungsfähigkeiten in Form von Kompetenzen (Hossip u Mühlhaus 2005, S. 15 f.). Zudem ist der Schluss von Persönlichkeitseigenschaften auf Handlungsfähigkeiten fragwürdig. Selbst wenn beispielsweise die Persönlichkeitseigenschaft Extraversion zu 90 % mit einer hohen Akquisitionsstärke gekoppelt wäre, kann sich ein Unternehmen gehörig und kostenaufwendig irren, wenn es zufällig an einen der 10 % der Bewerber gerät, der zwar vollkommen extrovertiert, aber bei Akquisitionsaufgaben ein gänzlicher Versager ist.

Handeln erfordert stets den „Antriebsmotor" von Emotionen und Motivationen (lat. motio = Bewegung), damit es überhaupt stattfinden kann. Es gibt deshalb keine Kompetenzen ohne Emotionen! Alle gegenteiligen Behauptungen sind unzutreffend (Klieme et al. 2007, S. 5). Deshalb erfordern Denkabläufe Gefühle, damit in sie all die Informationen einfließen, die wir anders nicht erfassen können. Ein Verstand ohne Gefühle ist untauglich (Lehrer 2009, S. 39).

Erfahrungen kann man nur selbst machen (vgl. Rohs (Hrsg.) 2002). Kompetenzen kann man deshalb ebenfalls nur selbst – in neuartigen, offenen und realen Problemsituationen kreativ handelnd – erwerben. Man kann Kompetenzen als Fähigkeiten beschreiben, zu handeln, ohne bekannte Lösungswege „qualifiziert" abzuarbeiten. Ohne das Resultat schon von vornherein zu kennen.

Kompetenzen ermöglichen es uns, auch dann zu handeln, wenn wir nur unvollkommenes oder gar kein Wissen über die jeweilige aktuelle Herausforderung haben. Dies wird beispielsweise in krisenartigen Situationen die Regel sein. Wir sind in solchen Situationen trotzdem handlungsfähig, wenn wir auf verinnerlichte Regeln, Werte und Normen zurückgreifen können, die als „Ordner" unserer sozialen Selbstorganisation wirken und damit unser soziales Handeln regulieren (vgl. Haken und Schiepek 2010). Dies erklärt, warum Menschen mit großer Erfahrung in schwierigen Situation häufig intuitiv das „Richtige" tun.

Tab. 3.1 Qualifikation und Kompetenz im Vergleich

Qualifikation	Kompetenz
Ist immer auf die Erfüllung vorgegebener Ziele (z. B. Curricula) gerichtet, also *fremd organisiert*	Basiert auf *Selbstorganisationsfähigkeit.* Damit werden die Ziele durch die Lerner mit bestimmt
Ist *objektbezogen*, bezieht sich also auf konkrete Anforderungen, z. B. Arbeitsaufgaben	Ist *subjektbezogen*, bezieht sich also auf den jeweiligen Lerner als Persönlichkeit
Ist auf unmittelbare tätigkeitsbezogene Kenntnisse, Fähigkeiten und Fertigkeiten *verengt*	Ist *ganzheitlich*, d. h. bezieht sich auf die Fähigkeit einer Person zur selbst organisierten Problemlösung
Ist auf individuelle Fähigkeiten bezogen, die rechtsförmig zertifiziert werden können	Umfasst die Vielfalt der individuellen Handlungsdispositionen und damit der *Wertvermittlung*
Rückt mit seiner Orientierung auf verwertbare Fähigkeiten und Fertigkeiten vom klassischen Bildungsideal ab	Nähert sich dem klassischen Bildungsideal auf eine neue, zeitgemäße Weise

Den Kern der Kompetenzen bilden Werte:

Werte sind Bezeichnungen dafür, "was aus verschiedenen Gründen aus der Wirklichkeit hervorgehoben wird und als wünschenswert und notwendig für den auftritt, der die Wertung vornimmt, sei es ein Individuum, eine Gesellschaftsgruppe oder eine Institution, die einzelne Individuen oder Gruppen repräsentiert" (vgl. Baran 1990).

Werte ermöglichen ein Handeln unter der daraus resultierenden Unsicherheit. Sie "überbrücken" oder ersetzen fehlendes Wissen, schließen die Lücke zwischen Wissen im engeren Sinne und dem Handeln.

Kompetenzen setzen ein hohes Niveau an Qualifizierung voraus. Menschen mit hoher Kompetenz sind stets auch qualifiziert, Hochqualifizierte sind jedoch nicht zwangsläufig auch kompetent. Qualifikationen und Kompetenzen unterscheiden sich nämlich fundamental (Tab. 3.1) (vgl. Arnold 2000):

3.2.2   Entwicklung eines Kompetenzmodells

In der betrieblichen Praxis hat sich u. a. eine Strukturierung der Kompetenzen nach folgendem Raster bewährt (Abb. 3.5, S. 71):

Kompetenzen sind Fähigkeiten, kreativ und selbst organisiert in folgenden Bereichen zu denken und zu handeln (vgl. Erpenbeck und Sauter 2007 S. 67 ff.):

P— *ersonale Kompetenzen* sind Fähigkeiten, sich selbst gegenüber klug und kritisch zu sein, produktive Einstellungen, Werthaltungen und Ideale zu entwickeln.

A— *ktivitäts- und handlungsorientierte Kompetenzen* sind Fähigkeiten, alles Wissen, die Ergebnisse sozialer Kommunikation sowie persönliche Werte und Ideale willensstark und aktiv umsetzen zu können und dabei alle anderen Kompetenzen zu integrieren.

Abb. 3.5 Kompetenzbereiche

F— *achlich-methodische Kompetenzen* sind Fähigkeiten, mit fachlichem und methodischem Wissen gut ausgerüstet, auch sehr schwierige Probleme schöpferisch zu bewältigen.

S— *ozial-kommunikative Kompetenzen* sind Fähigkeiten, sich aus eigenem Antrieb mit anderen zusammen- und auseinanderzusetzen, kreativ zu kooperieren und zu kommunizieren.

Diese Kompetenzen können weiter differenziert werden. Ein bewährtes Beispiel dafür ist der Kompetenzatlas nach Heyse und Erpenbeck (Abb. 3.6, S. 72) (vgl. Heyse und Erpenbeck (Hrsg.) 2007):

Die einzelnen Kompetenzbereiche sind durch folgende Merkmale geprägt, die sowohl positiven als auch negativen Charakter haben können (vgl. u. a. Heyse et al. (Hrsg.) 2010): Mitarbeiter mit hohen …

- *personalen Kompetenzen* besitzen Charisma und wirken als Vorbild. Sie streben starke Leistungen an, stellen hohe Ansprüche an sich selbst, aber auch an andere. Sie sind in hohem Maße loyal und streben nach Gerechtigkeit. Gleichzeitig besteht zuweilen die Gefahr, dass sie sich zu sehr von Emotionen leiten lassen, zu vertrauensselig und selbstverleugnend sind.
- *Aktivitäts- und Handlungskompetenzen* übernehmen Verantwortung in Projekten und für Aufgaben, übertragen ihren Willen auf andere und werden durch Widerstände gestärkt, sind dynamisch, wettbewerbsorientiert und risikobereit. Sie neigen aber manchmal dazu, zu hohe Risiken einzugehen, andere zu überfordern, zu viel gleichzeitig zu machen und Druck auf andere auszuüben.
- *Fach- und Methodenkompetenzen* sind sehr sachorientiert und verlässlich, durchschauen Probleme rasch und sind meist auf dem neuesten Kenntnisstand, arbeiten analytisch und methodisch zielorientiert. Sie reduzieren Komplexität und agieren umsichtig. Die-

Abb. 3.6 Kompetenzatlas (©Heyse, V. und Erpenbeck, J. 2009)

ser Kompetenzbereich bezieht sich also nicht auf das Fach- und Methodenwissen selbst, sondern vielmehr auf die Fähigkeit, dieses Wissen erfolgreich für Problemlösungen einzusetzen. Menschen mit dieser Kompetenzausprägung neigen aber bisweilen dazu, auf ihr Wissen zu sehr zu vertrauen und menschliche Komponenten zu vernachlässigen. Dann besteht die Gefahr, dass sie phantasiearm und überkritisch, teilweise auch übervorsichtig und beharrend, an Aufgaben herangehen.

- *sozial-kommunikative Kompetenzen* besitzen ein feines Gespür für Meinungen, Bedürfnisse und Gefühle anderer, organisieren flexibel die Zusammenarbeit, vermitteln bei Konflikten und lösen Probleme humorvoll und experimentierend. Gelegentlich neigen

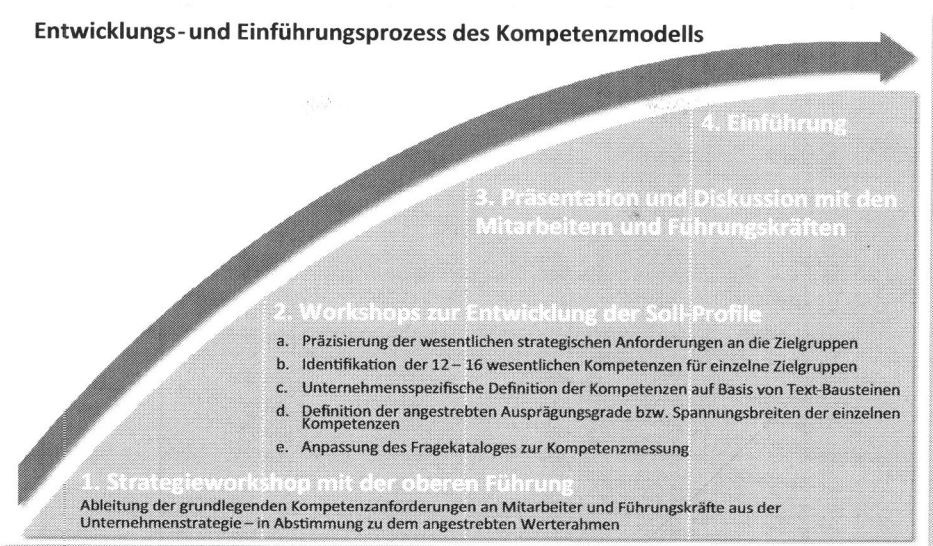

Abb. 3.7 Prozess zur Entwicklung des Kompetenzmodelles

sie dazu, Konsens über zu betonen, deshalb meiden sie Auseinandersetzungen und artikulieren keine eigene Meinung. Ab und an wirken sie ziellos, ohne Überzeugung und übergesellig.

In der Praxis ist es nicht sinnvoll, mit 64 Kompetenzen zu agieren, weil solche ein Zielsystem für die Steuerung der individuellen Lernprozesse zu unübersichtlich ist. Wir haben gute Erfahrungen damit gemacht, für die einzelnen Mitarbeitergruppen Soll-Profile mit 12 bis 16 Kompetenzen zu definieren, die für die jeweiligen Herausforderungen besonders wichtig sind. Diese dienen als Basis für die Definition individueller Kompetenzziele und der Kompetenzmessung.

Diese Soll-Profile können in einem Prozess mit Fach- und Führungskräften aus dem Unternehmen und Personalentwicklern definiert werden. Hierfür hat sich folgender Ablauf bewährt (Abb. 3.7):

Als Ergebnis dieser meist sehr intensiven und grundlegenden Diskussionen über die notwendigen Kompetenzen für den Unternehmenserfolg ergibt sich für die einzelnen Positionen ein Soll-Kompetenzprofil (Abb. 3.8, S. 74).

Diese Sollprofile bestimmen, in dem Beispiel blau gekennzeichnet, auch die erforderliche Bandbreite einer Kompetenzausprägung für einen definierten Aufgabenbereich. In einem weiteren Schritt definieren die Teilnehmer des Workshops zur Entwicklung des Kompetenzprofils die einzelnen Kompetenzen. Auf Basis von Standard-Formulierungen leiten sie dabei Definitionen ab, die sich an der unternehmensinternen Sprache und dem

Abb. 3.8 Soll-Kompetenzprofil. (www.competenzia.de)

konkreten Bedarf orientieren. Damit entstehen unternehmens- und aufgabenspezifische Kompetenzprofile (Abb. 3.9, S. 75).

Jeder Mitarbeiter soll auf der Basis der Erfassung seiner Kompetenz-Ist-Situation, dem Abgleich mit seinem Soll-Profil und der Analyse der Kompetenzentwicklungs-Rahmenbedingungen seine individuellen Kompetenzziele in Abstimmung mit seiner Führungskraft und evtl. Lernpartnern definieren und die persönliche Lernstrategie bestimmen, mit der er diese erreichen will. Auf dieser Grundlage gestaltet er seinen Lernprozess selbstorganisiert (Abb. 3.10, S. 75).

Beschreibung der Kompetenz:
Akquisitionsstärke bezeichnet allgemein die Intensität und Aktivität, mit der Erwerbungs- und Werbungsprozesse in sozialen Zusammenhängen durchgeführt werden.

Dabei kann es sich um Erwerb neuer Produkte, die Anwerbung von qualifizierten Mitarbeitern (Personalmarketing), um die Erschließung von Kunden (Kundenwerbung) oder von notwendigem Wissen (Wissensakquisition) handeln.

Beobachtung der Kompetenz:
* Versteht und beeinflusst andere durch intensive und kontinuierliche Kommunikation
* Erkennt wichtige Kundenbeziehungen und baut sie aus, sucht die Nähe zum Kunden und stellt sich auf Besonderheiten des Kunden ein
* Berät und unterstützt durch spezifische Lösungsvorschläge den bestehenden Kundenstamm sowie potenzielle Neukunden und bezieht sie voll ein
* Beendet Gespräche mit konkreten Vereinbarungen (weiteres Vorgehen, Termine ...)

Übertreibung der Kompetenz
Wirkt auf andere zu bedrängend und ergebnisorientiert

Abb. 3.9 Unternehmensspezifische Ausgestaltung der Kompetenzprofile. (www.competenzia.de)

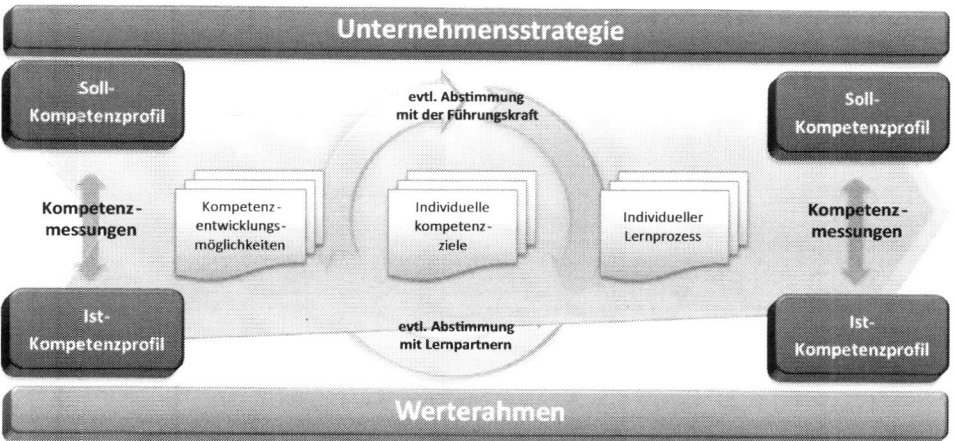

Abb. 3.10 Von der Kompetenzmessung zum individuellen Lernprozess

Dieser Zielfindungsprozess führt dazu, dass die Überlegungen aller Beteiligten sich primär um die Kompetenzentwicklungsprozesse im Prozess der Arbeit und evtl. in Praxisprojekten drehen. Damit wird bereits heute kompetenzorientiertes Lernen in Netzwerken ermöglicht.

Die Unternehmen orientieren ihre Personalarbeit zunehmend an Kompetenzmodellen. Es gibt inzwischen kaum ein großes Unternehmen, das nicht über ein solches Modell verfügt.

*Kompetenzorientiertes Wissensmanagement wird zu einem Management von Informations-
und Handlungswissen, und damit zum Kompetenzmanagement. Die Lernziele werden nicht
mehr als Wissens- oder Qualifikationsziele zentral vorgegeben, die Mitarbeiter definieren
ihre Kompetenzziele in Eigenverantwortung, evtl. in Abstimmung mit ihren Lernpartnern
und ihrer Führungskraft.*

3.3 Selbstorganisation

I am convinced that the learning takes place when the learner takes charge.

Seymour Papert, Mitbegründer des MIT Media Lab

Kompetenzlernen kann nur selbstorganisiert mit individuellen Kompetenzzielen erfolgen. Diese individuellen Lernprozesse werden durch einen bedarfsgerechten Ermöglichungsrahmen gefördert, der u. a. die Planung der individuellen Lernprozesse ermöglicht
und den notwendigen Wissensaufbau, das kollaborative Arbeiten und Lernen, die Kommunikation im Netz und die Dokumentation von Erfahrungswissen sowie die Rückmeldungen
zu den Lernergebnissen sicher stellt.

Grundsätzlich können hierbei zwei Ausprägungsstufen des eigenverantwortlichen
Lernens unterschieden werden:

- *Selbstgesteuertes Lernen*: Innerhalb eines fremdorganisierten Lernweges zum Wissensaufbau und zur Qualifizierung, der z. B. mittels E-Learning definiert ist, können die
  Lerner selbst festlegen, wann, wo, wie lange, wie oft, mit wem, mit welchem Lerntempo,
  mit welcher Lernmethode und in welcher Reihenfolge sie lernen möchten (Kerres, S. 7,
  3. Aufl. 2012). Die Lernziele und –inhalte sind, z. B. durch ein Curriculum, vorgegeben
  und werden häufig mit einem Test überprüft. Meist werden die Lerner durch einen
  E-Tutor begleitet.
- *Selbstorganisiertes Lernen*: Die Lerner definieren ihre individuellen Lernziele selbst und
  planen ihre Lernprozesse nach ihren Bedürfnissen, die sich aus dem Prozess der Arbeit
  oder in Praxisprojekten ergeben. Dabei nutzen sie die aktiv die Möglichkeiten, die
  ihnen innerhalb eines unternehmensinternen Ermöglichungsrahmens zur Verfügung
  gestellt werden. Die Ziele und Inhalte ihrer Lernprozesse leiten sich jeweils aus den
  Herausforderungen in der Praxis oder in Projekten ab und sind damit Kompetenzziele.
  Der Aufbau von Wissen und von Qualifikationen erfolgt bei Bedarf („on demand") mit
  Hilfe der Lernmöglichkeiten im Ermöglichungsrahmen.

Erfolgreiches selbstorganisiertes Lernen in Kompetenzentwicklungsprozessen ist möglich,
wenn die Lerner folgende Kompetenzen aufbauen (nach Wahl, S. 213 ff., 3. Aufl. 2013):

- *Autonomiekompetenz*: Die kognitiv-emotionalen Strukturen jedes Lerners sind einzigartig. Deshalb muss er seine Lernziele selbst definieren und auch überprüfen sowie

seinen Lernprozess transparent organisieren, so dass er Phasen der subjektiven Ausein-andersetzung mit den Lern-Herausforderungen mit KOPING oder Co-Coaching durch Lernpartner verknüpft.

- *Reflexivitätskompetenz*: Der Lerner benötigt die Fähigkeit, die Strukturen des eigenen Handelns zu erkennen und zu analysieren. Hierfür eigenen sich Methoden der Selbst-reflexion, der Selbstbeobachtung, des Perspektivenwechsels oder des „Doppeldeckers" (vgl. Seite 254 ff.).
- *Kommunikationskompetenz*: Selbstorganisiertes Lernen bedingt zwingend eine intensi-ve Kommunikation mit Lernpartnern und –begleitern. Die Kommunikationsfähigkeit wird im Rahmen des KOPING- bzw. Co-Coaching-Konzeptes in ganz besonderer Wei-se gefördert. In der Einstiegsphase kann eine evtl. vorhandene Redeschwelle durch Übungen wie z. B. Partnerinterviews zu Themen aus der Arbeits- und Lernwelt oder Kugellager (nach Wahl S. 213 ff., 3. Aufl. 2013, S. 134 ff.: Die Lerner sitzen einander zu-gewandt in einem Innen- und Aussenkreis gegenüber. Die jeweils gegenübersitzenden Personen sprechen z. B. 3 Minuten miteinander zu einem vorgegebenen Thema, dann rücken die äußeren Lerner einen Stuhl weiter und sprechen mit einem neuen Lerner, usw.) aufgebrochen werden.
- *Handlungskompetenz*: Denken, Fühlen und Agieren der Lerner werden aufgabenbezo-gen zusammengeführt.

3.3.1 Methoden- und Medienkompetenz

Selbstorganisiertes Lernen erfordert erweiterte Methoden- und Medienkompetenzen und eine veränderte Struktur der Lernformen. Das Lernen wird allgegenwärtig, unabhängig von Lernorten und findet in einer neuen Lernkultur statt. Die erforderliche Anforderun-gen an die Methoden- und Medienkompetenz der Lerner wird durch folgende Merkmale gekennzeichnet (vgl. Arnold et al. 2001):

- Alle Mitarbeiter und Führungskräfte sind grundsätzlich in der Lage, selbstorganisiert und durch eigene Entscheidung zu lernen,
- Lehrpersonen wandeln sich zu Lernbegleitern, die Lernprozesse ermöglichen und moderieren, während der direkte Wissensaufbau nicht mehr zu ihren Aufgaben gehört,
- der Wissensaufbau liegt in der Verantwortung der Lerner, die diesen Lernprozess mit Hilfe von E-Learning-Angeboten und im Austausch mit Lernpartnern und Experten selbstorganisiert gestalten,
- die Kompetenzentwicklung wird durch die Lerner von der Zielformulierung über die Planung bis zur Erfolgsmessung selbstorganisiert in einem methodisch geeigneten Ermöglichungsrahmen gestaltet.

Die Methoden- und Medienkompetenz der Lerner ist deshalb eine notwendige Voraus-setzung selbstorganisierter Lernprozesse. Dabei geht es um einen Perspektivenwechsel, in dem die Lerner im Lernprozess immer mehr in den Mittelpunkt rücken.

Der Begriff der Medienkompetenz hat seinen Ursprung in den 1970er Jahren und gewann seit Einführung digitaler Bildungsmedien ab etwa 1990 eine größere Verbreitung. Zunächst konzentrierten sich die Überlegungen vor allem im akademischen Bereich auf die Lehrenden, insbesondere deren Wissen und Fähigkeiten für den Einsatz digitaler Medien zur Gestaltung der Lehre, später auch der Forschung und Anwendung sowie der akademischen Selbstverwaltung. Gabi Reinmann schlägt vor, den Fokus nunmehr stärker auf die Studierenden in den Bereichen des Wissensaufbaus, des wissenschaftlichen Arbeitens im weitesten Sinne und der Organisation des Studiums zu legen (vgl. Reinman et al. 2013).

In der betrieblichen Bildung steht naturgemäß vor allem die Bewältigung der Herausforderungen in der Praxis im Vordergrund. Die immer wieder genannte Eingrenzung der Medienkompetenz auf eine „E-Kompetenz" ist nach unserer Sicht zu sehr auf das Medium und zu wenig auf den Lernprozess eingeschränkt. Deshalb erweitern wir den Begriff der Medienkompetenz um die Methodenkompetenz:

Methoden- und Medienkompetenz ist die Fähigkeit der Lerner, mit geeigneten Methoden und Medien innerhalb des Ermöglichungsrahmens ihre Arbeits- und Lernprozesse selbstorganisiert zu planen und zu steuern.

Technische Fertigkeiten, um die Instrumente aus der Lern-Infrastruktur, z. B. Arbeits- und Kommunikationstools in sozialen Lernplattformen, Web Based Trainings oder Kompetenzmesssysteme, zu nutzen, sind eine notwendige Voraussetzung, aber nicht mehr. Da die Bedienung der Lerninstrumente immer mehr selbsterklärend wird, hat dieser Aspekt eine deutlich abnehmende Bedeutung.

Umso wichtiger ist ein Verständnis für die Möglichkeiten zur zielorientierten Gestaltung der individuellen Arbeits- und Lernprozesse, die Fähigkeit problemlösend mit Lernpartnern und Experten zu arbeiten, zu lernen und zu kommunizieren oder zu recherchieren, Informationen zu bewerten, zu strukturieren oder darzustellen, eigenes Erfahrungswissen aufzubereiten und mit anderen kritisch-reflexiv auszutauschen sowie die Bereitschaft, sich aktiv in das Netzwerk der Lerner einzubringen.

In kompetenzorientierten Lernprozessen benötigen die Lerner deshalb eine Methoden- und Medienkompetenz, die wir auf Basis des grundlegenden Kompetenzmodelles von Erpenbeck und Heyse wie folgt beschreiben (Abb. 3.11, S. 79, vgl. Erpenbeck und Sauter 2013):

Methoden- und Medienkompetenzen können nicht in Seminaren, per E-Learning oder mittels Broschüren vermittelt werden, da sie auf der Verinnerlichung (Interiorisation) von Werten basieren. Die Lerner können diese Kompetenzen nur in ihren eigenen Lernprozessen, quasi nebenher, schrittweise und selbstorganisiert im Austausch mit Lernpartnern und Experten aufbauen. Deshalb glauben wir auch nicht, dass Seminare zur Lernmethodik und zu Neuen Medien ohne Verknüpfung zum Lernen im Prozess der Arbeit wirklich effektiv sind. Wir sehen vielmehr den Aufbau von Methoden- und Medienkompetenz als wichtigen, integrierten Bestandteil von innovativen Lernkonzeptionen.

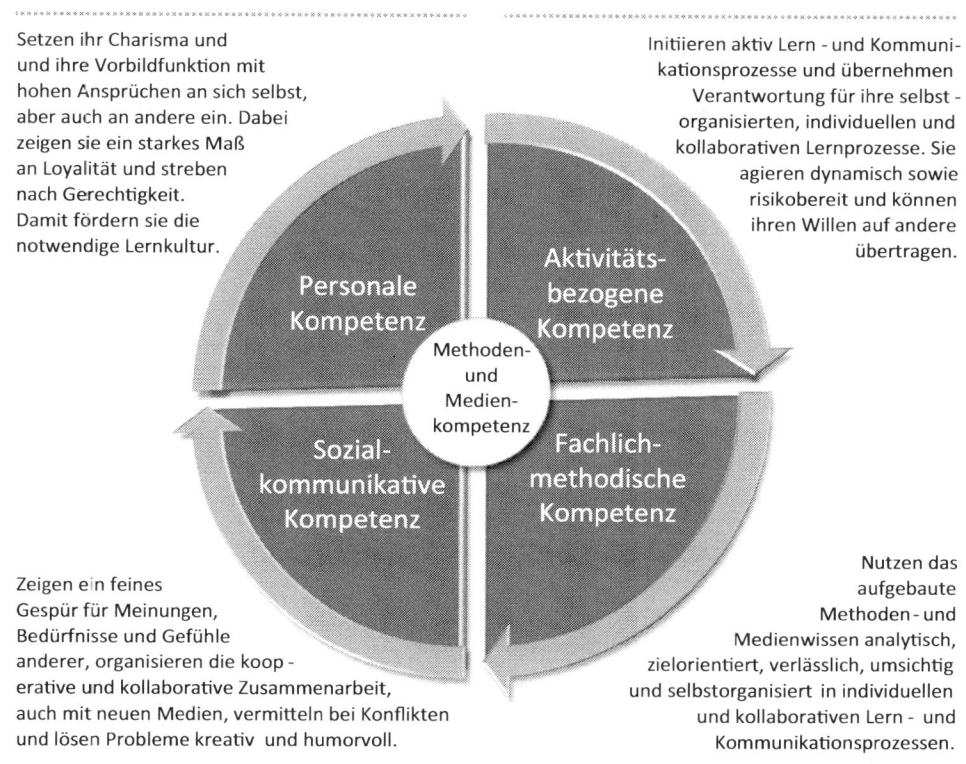

Setzen ihr Charisma und und ihre Vorbildfunktion mit hohen Ansprüchen an sich selbst, aber auch an andere ein. Dabei zeigen sie ein starkes Maß an Loyalität und streben nach Gerechtigkeit. Damit fördern sie die notwendige Lernkultur.

Initiieren aktiv Lern - und Kommuni-kationsprozesse und übernehmen Verantwortung für ihre selbst - organisierten, individuellen und kollaborativen Lernprozesse. Sie agieren dynamisch sowie risikobereit und können ihren Willen auf andere übertragen.

Zeigen ein feines Gespür für Meinungen, Bedürfnisse und Gefühle anderer, organisieren die koop - erative und kollaborative Zusammenarbeit, auch mit neuen Medien, vermitteln bei Konflikten und lösen Probleme kreativ und humorvoll.

Nutzen das aufgebaute Methoden - und Medienwissen analytisch, zielorientiert, verlässlich, umsichtig und selbstorganisiert in individuellen und kollaborativen Lern - und Kommunikationsprozessen.

Abb. 3.11 Methoden- und Medienkompetenz der Lerner

3.3.2 Pervasive Learning – allgegenwärtiges Lernen

Die zunehmend effizientere Unterstützung der selbstorganisierten Lernprozesse durch eine innovative Lern-Infrastruktur und die wachsende Bedeutung des Lernens im Netz verschieben die Gewichte der einzelnen Lernformen. Nach Dan Pontefract ist betriebliches Lernen allgegenwärtig (pervasive) und umfasst ein kollaboratives, andauerndes, verknüpf-tes und community-basiertes Handeln (vgl. Pontefract 2013). Damit ist sein Lernmodell des "pervasive learning" eine Alternative zum bekannten "70:20:10Modell. Dabei stüt-zen sich die Lernprozesse in etwa gleichem Maße auf formelle, informelle und soziale Aktivitäten (Abb. 3.12, S. 80) (vgl. Garg 2013; Kuhlmann und Sauter 2008, S. 126).

Formelles Lernen umfasst den Wissensaufbau und die Qualifizierung in zentral geplanten Lernprozessen mit vorgegebenen Lernzielen, -inhalten und –zeiten, meist in Verbindung mit einer Zertifizierung. Häufig wird auch der Lernort, z. B. bei Seminaren, vorgegeben.

Wird auf die Zertifizierung verzichtet, spricht man von nonformellem Lernen:

Norformelles Lernen ist geplantes Lernen mit zentral vorgegebenen Lernzielen, -inhalten und –zeiten, das nicht mit einer Zertifizierung verbunden ist.

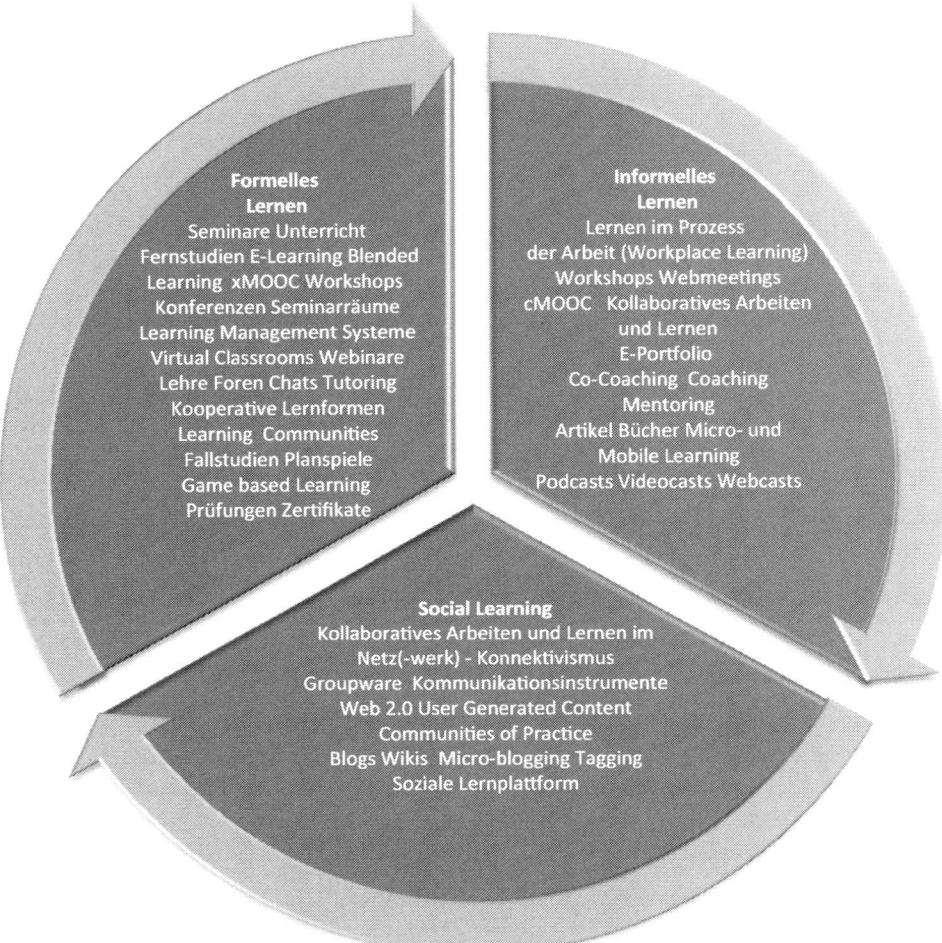

Abb. 3.12 Pervasive Learning Modell nach Dan Pontefract

Technologiegestützte Lernsysteme werden heute überwiegend noch durch formelles bzw. non-formelles Lernen und damit durch eine Didaktik mit standardisierten Wissens- und Qualifikationszielen und Inhalten geprägt, die häufig in „Berufsbildern" oder ähnlichen, zentral vorgegebenen Curricula, festgelegt sind. Die grundlegende Methodik des formellen Lernens wird vom Trainer, E-Tutor oder Lernprogrammentwickler weitgehend vorgegeben, die Lerner können in einem begrenzten Rahmen, z. B. bei der Bearbeitung von „Trainingsaufgaben" oder von WBT, selbstgesteuert lernen.

Lernziele in Hinblick auf das informelle Lernen in der Praxis spielen in diesen Lernkonzeptionen nur selten eine Rolle. Sie werden meist der Eigeninitiative der Lerner, häufig auch dem Zufall überlassen.

*Informelles Lernen ist das spontane, vielfach ungeplante Lernen im Alltag, am Arbeits-
platz oder in der Freizeit. Es kann zielgerichtet sein, ist aber in den meisten Fällen nicht
zielgerichtet (intentional) und eher beiläufig (inzidentiell). Es findet sowohl reaktiv, wenn
ein Problem auftritt, als auch proaktiv, d. h. vorausschauend, statt und erfolgt auch in
Netzwerken.*

In der betrieblichen Bildung findet nach den vorliegenden Untersuchungen bis zu 80 %
des Lernens informell statt (u. a. Livingston 1999).

*Social Learning (E-Learning 2.0) ist kompetenzorientiertes E-Learning mit Social Software
(Social Media), das informelles, selbstorganisiertes und vernetztes Lernen umfasst (vgl. Robes
2012c, S. 3; Stoller-Schai 2013).*

Social Learning im Unternehmen ermöglicht damit netzbasiertes Workplace Learning durch die Verknüpfung von kollaborativem Arbeiten und Lernen, fördert die
Netzwerkbildung und unterstützt den individuellen Kompetenzaufbau der Mitarbeiter.

Damit sind informelles und soziales Lernen eng miteinander verknüpft und bedingen
sich immer mehr gegenseitig. Das formelle Lernen bildet die notwendige Voraussetzung
für die kompetenzorientierten Lernprozesse im informellen und sozialen Lernbereich.

3.3.3 Lernkultur der Selbstorganisation

Wenn sich die Unternehmenskultur, aber auch die gesellschaftlichen Rahmenbedingungen, z. B. in Richtung Sozialer Netzwerke, wandeln, wird sich deren Teilmenge, die
Lernkultur ebenfalls entsprechend verändern. Verändert sich die Rolle der Mitarbeiter immer mehr vom fremdgesteuerten „Befehlsempfänger" zum selbstorganisiert handelnden
Mitarbeiter, dann werden sich die Lerner auch entsprechend anpassen. Aus der „Lehr-
„kultur wird die „Lern-„kultur". Dabei existiert naturgemäß nicht nur eine Lernkultur,
sondern es entwickeln sich parallel mehrere, differente Lernkulturen.

Wir gehen von folgender Definition der Lernkultur aus (vgl. Erpenbeck und v.
Rosenstiel, S. XX, 2. Aufl. 2007; Siebert, S. 139 ff., 3. Aufl. 2011b; Fleige 2011, S. 41 f.):

*Lernkultur ist das System sozialer Prozesse und Handlungen, deren Kern Normen und
Werte sind, die das Lernen der Mitarbeiter und Führungskräfte auf allen Stufen des Un-
ternehmens bestimmen. Sie konkretisiert sich im Lernhandeln und in den Kompetenzen der
Lerner und setzt ein ständiges Lernen aller Beteiligten voraus.*

Kompetenzentwicklung erfordert Selbstorganisation, da diese auf der Lösung von Praxisproblemen in realen Entscheidungssituationen, auch unter Unsicherheiten, basiert. Das
Lernen erfolgt also unter den Bedingungen von Komplexität, Chaos und Unberechenbar-
keit (vgl. Erpenbeck und v. Rosenstiel, S. XX, 2. Aufl. 2007). Von zentraler Bedeutung sind
dabei Methoden der kooperativen bzw. kollaborativen Selbstentwicklung der Mitarbeiter
und Führungskräfte. Dabei geht es vor allem um die Lernkompetenz als Fähigkeit zur
Selbstorganisation von verantwortungsvollem und reflektierendem Handeln.

Selbstorganisation ist in einem System immer dann notwendig, wenn es sich, wie unsere Unternehmen, laufend und schnell ändert. Auch selbstorganisierte Prozesse können

Tab. 3.2 Von der fremd- zur selbstorganisierten Lernkultur

Kriterium	Bisherige Lernkultur	Neue Lernkultur
Ziele	Zentral vorgegebene Wissens- und Qualifikationsziele (Curricula)	Individuelle Kompetenzziele
Inhalte	Formell: „Gesichertes" Expertenwissen, überwiegend statisch	Formell und informell: „Gesichertes" Expertenwissen und dynamisches Erfahrungswissen
Lernorte	Seminar, Learning Management System	Arbeitsplatz, Workshop, Soziale Lernplattform
Methodik	Lehre, Übungen (Aufgaben, Fallstudien, Planspiele . . .), E-Learning und Blended Learning	Kollaboratives Lernen und Arbeiten innerhalb eines Ermöglichungsrahmen, selbstorganisierter Wissensaufbau im Netz, Blended Learning und Social Learning
Medien	Seminar-Medien, Printmedien, wisssensorientierte WBT, Lernvideos, Learning Community (Foren, Chat, Webinar . . .)	Workshop-Medien, problemorientierte WBT und Lernvideos, Social Media, Community of Practice (Blog, Wiki. . . .)
Lernen mit Lernpartnern	Kooperativ im Rahmen von Übungen, Lerntandems (KOPING)	Kollaborativ beim Lösen realer Praxisprobleme, Co-Coaching
Rolle des Lernbegleiters	Lehrer, Trainer, Ausbilder und E-Tutor	E-Coach und E-Mentor
Lernerfolg	Test, Präsentation, mündliche Prüfung	Erfolg in der Praxis (Performanz), Projektlösungen
Lernprozess	Überwiegend fremdorganisiert mit integrierten selbstgesteuerten Lernphasen	Selbstorganisiert

jedoch grundlegend geregelt werden, indem beispielsweise ein Lernrahmen geschaffen wird. Dies erfordert jedoch keinen Ausbau traditioneller Bildungseinrichtungen. Vielmehr werden neue Lernkulturen benötigt, in denen vielfältige Formen des selbstorganisierten Lernens möglich sind (nach Siebert, S. 3, 3. Aufl. 2011).

Es werden deshalb Lernsysteme benötigt, die der individuellen und gruppendynamischen Selbstorganisation möglichst viel Spielraum lassen (Siebert, S. 3, 3. Aufl. 2011a). Die Lernprozesse werden im Rahmen von Zielvereinbarungen mit problemorientierten Lerninstrumenten und vielfältigen Vernetzungen gestaltet. Das System bietet den Lernern Hilfen und Hinweise, damit sie ihre Problemstellungen in der Praxis selbständig, mit Lernpartnern oder im Netz lösen können. Die Lerninhalte sind in hohem Maße modularisiert und können bei Bedarf „on demand" genutzt werden.

Innovative Lernsysteme erfordern eine „neue Lernkultur", die ermöglichungsorientiert, selbstorganisationsfundiert und kompetenzorientiert ist (vgl. Erpenbeck und v. Rosenstiel, S. XX, 2. Aufl. 2007). Diese „neue Lernkultur" unterscheidet sich fundamental von der tradierten Lernkultur, die wir alle aus unserer schulischen Lernkarriere her kennen (In Anlehnung an Kirchhöfer 2004, S. 113) (Tab. 3.2).

Nach unseren Erfahrungen werden selbstorganisierte Lernprozesse vor allem durch folgende Erfolgsfaktoren bestimmt:

- Kollaboratives Arbeiten und Lernen im Netz(-werk)
- Verbindliche Vereinbarungen mit Lernpartnern
- Flankierung der Lernprozesse durch Lernpartner (Co-Coaching) und Lernbegleiter (Coaching)
- Problemorientierte Kommunikation in Communities of Practice
- Laufende Reflexion des Erfahrungswissens
- Austausch und gemeinsame Weiterentwicklung von Erfahrungswissen

Die betriebliche Lernkultur wird noch viele Jahr lang einen hybriden Charakter aufweisen, so dass die Lerner in den Unternehmen mit beiden Ausprägungsformen umgehen müssen. Neben der tradierten Lernkultur werden sich aber immer mehr Elemente einer selbstorganisierten Lernkultur durchsetzen. Deshalb wird ein Veränderungsprozess benötigt, der diese Entwicklung bedarfsgerecht unterstützt. Die Mitarbeiter und Führungskräfte müssen dabei ihre Kompetenz aufbauen, ihre Lernprozesse zunehmend selbstorganisiert mit innovativen Lernsystemen zu gestalten.

3.4 Lern-Infrastruktur

Die Lerntechnologie bildet den Rahmen für innovative Lernsysteme. In den Anfangsjahren des technologiegestützten Lernens waren die Ansätze meist durch die Medien und Systeme, die zur Verfügung standen, getrieben. Zwischenzeitlich hat sich die Erkenntnis weitgehend durchgesetzt, dass wir Lernsysteme benötigen, die von den Zielen und den Prozessen der Lernprozesse her gestaltet werden. Die Lerntechnologien bekommen damit eine „dienende" Funktion.

Dabei stehen vor allem folgende Fragen im Vordergrund:

- Wie können die selbstorganisierten Lernprozesse ermöglicht werden, die initiiert werden sollen?
- Wie können die Lerninhalte optimal „on demand" zur Verfügung gestellt werden?
- Wie kann das Lernen im Netz gefördert werden?
- Wie können die Lernergebnisse zielgerecht bewertet und dokumentiert werden?

Innovative Lernsysteme werden häufig auf den Begriff „E-Learning" reduziert. Da die Bandbreite der Deutungen des Begriffes E-Learning in der Praxis sehr weit ist, entstehen deshalb häufig Missverständnisse.

Wir leiten in diesem Abschnitt die Anforderungen an die Lern-Infrastruktur ab, die sich aus innovativen Lernsystemen ergeben. Dabei unterscheiden wir die Lernwelt des Web

1.0 mit Learning Management Systemen (LMS) und primär formellem Lernen und des Web 2.0 (Social Learning) mit Sozialen Lernplattformen und formellen sowie informellem Lernen am Arbeitsplatz (vgl. Hart 2013a). Hierbei gehen wir insbesondere auf die Elemente genauer ein, die wir in folgender Übersichtstabelle zusammengefasst haben (Tab. 3.3, S. 85 ff.).

3.4.1   Anforderungen an die Lern-Infrastruktur

There is no reason, anyone would want a computer in their home.

Ken Olsen (Gründer von Digital Equipment 1977)

Lässt man dieses, nicht einmal vier Jahrzehnte zurück liegende, Expertenurteil auf sich wirken, wird einem bewusst, welche enorme Entwicklung die IT und damit die Lern-Infrastruktur gemacht hat. In innovativen Lernsystemen hat sich die Bandbreite der Anforderungen an die Lern-Infrastruktur zwischenzeitlich erheblich erweitert. Jay Cross illustriert diese durch folgende Fragen sehr anschaulich (Cross 2012, S. 15) (Tab. 3.4):

Die wesentlichen Lerntrends in den kommenden fünf Jahren fasst der jährliche NMC Horizon Report zusammen (New Media Consortium 2013). Auch wenn sich diese Studien auf den Hochschulbereich und die Lehre fokussieren, können wesentliche Elemente dieser Prognose weitgehend auch auf den Bereich der betrieblichen Bildung übertragen werden. In diesem Ranking sind folgende Trends mit veränderten Anforderungen an die Lern-Infrastruktur in nachstehender Reihenfolge von Bedeutung:

1. Die Menschen erwarten, wo und wann immer sie wollen, arbeiten, lernen und studieren zu können.
2. Die Technologien, die wir nutzen, sind zunehmend Cloud-basiert, der IT-Support ist dezentralisiert.
3. Die Arbeitswelt ist zunehmend kollaborativ, was zu veränderten Lernstrukturen führt.
4. Die Fülle leicht zugänglicher Materialien und Kontakte im Internet bedingt eine veränderte Rolle der „Lehrenden".
5. „Lehr"modelle wandeln sich zu „Lern"konzepten, die immer stärker Online-Lernen, Blended-Learning und kollaborative Modelle einbeziehen.
6. Lernen erfolgt zunehmend „open", d. h. frei, zurechenbar und ohne Barrieren.
7. MOOC – Massive Open Online Courses – werden sehr stark zunehmen.
8. Persönliche Lernerfahrungen und Performance-Messungen werden dazu genutzt, die Lernergebnisse kontinuierlich zu verbessern.

Auch der Learning Insights Report 2012 von E. Learning age und Kineo in Großbritannien führt zu ähnlichen Vorhersagen, die sie auf den Slogan: „*E-Learning is dead, long live learning*" reduzieren" (vgl. E. Learning age, Kineo 2012). Damit ist gemeint, dass die Lerntechnologie sich so weiter entwickelt, dass das Lernen in die täglichen Arbeitsprozesse integriert wird. Die Lernsysteme orientieren sich wieder mehr an den Menschen und an der Performance, also letztendlich an deren Grundlagen, den Kompetenzen. Die Autoren der Studie fordern aufgrund der erheblichen erweiterten Möglichkeiten der Lernmedien

Tab. 3.3 Wesentliche Elemente der Lern-Infrastruktur

	Lern-Infrastruktur im Überblick		
	Web 1.0 Welt		Web 2.0 Welt
Learning Management System (LMS)	Virtuelle Lern- und Kommunikationsplattform, die in E-Learning und Blended Learning Maßnahmen die Lernorganisation, die Lerninhalte, die Dokumentation der Lernergebnisse und verschiedene Kommunikationsmöglichkeiten bietet. Auf dieser Basis kann eine Learning Community entstehen.	Soziale Lernplattform	Kollaborative Lern-Infrastruktur im Web, die formelles Lernen (Cooperative Learning) und informelles Lernen im Prozess der Arbeit (Collaborative Working) ermöglicht. Sie bildet damit die Netzwerke und sozialen Medien der Enterprise 2.0 ab. In Communities of Practice wird der selbstorganisierte Austausch von Erfahrungswissen der Lerner ermöglicht.
Forum	Asynchrones Kommunikationselement in LMS, das die Möglichkeit bietet, gewinnbringende Auseinandersetzungen mit einzelnen Themen zu initiieren. In jedem Themenblock können die Beteiligten die Beiträge lesen, Fragen stellen, eigene ergänzende Beiträge und evtl. Anhänge einfügen, Kommentare abgeben und Diskussion führen. Foren werden meist in formellen Lernprozessen benutzt und oftmals von einem Tutor flankiert.	E-Portfolio	Persönlicher Zugangsbereich zur Sozialen Lernplattform mit einer digitalen Sammlung von Dokumenten und persönlichen Arbeiten (=lat. Artefakte) eines Lerners, in der die Lernergebnisse (Produkt) und der Lernweg (Prozess) seiner Kompetenzentwicklung in einer bestimmten Zeitspanne und für bestimmte Zwecke dokumentiert und veranschaulicht werden. Neben dem persönlichen Lernarchiv umfasst das E-Portfolio einen Bereich, in dem der Lerner seine Lernprozesse reflektiert („Mein Spiegel") sowie das persönliche soziale Netzwerk („Freunde"). Die Auswahl trifft allein der Lerner in Hinblick auf seine persönlichen Lernziele. Er bestimmt, wer, wann und in welchem Umfang Elemente des Portfolios einsehen darf.
Chat	Kommunikation zwischen Lernern in Echtzeit über das Internet oder Intranet. Das System bietet die Möglichkeit der zeitgleichen, direkten Text-Kommunikation mehrerer Lerner untereinander und mit Tutoren oder Experten. Die Chats können moderiert oder unmoderiert sein. Das System zeigt die Beiträge aller Teilnehmer, so dass der Gesprächsverlauf dokumentiert werden kann. Chats können durch Audio oder Video ergänzt werden.	Wiki	Asynchrone und webbasierte Autorensysteme, bei welchen alle berechtigten Lerner alle Seiten verändern dürfen. Es entstehen daraus gemeinsam entwickelte Lösungen.

Tab. 3.3 (Fortsetzung)

	Lern-Infrastruktur im Überblick		
	Web 1.0 Welt		Web 2.0 Welt
Webinar (Live E-Learning, Live Lesson)	Online-Schulungen und -Workshops, die jeweils zu einem definierten Termin im Web durchgeführt werden. Der Trainer kommuniziert über seinen PC und verwendet ein Headset sowie eine spezielle Kommunikations-Software. Außerdem nutzt er Präsentationssoftware – wie Powerpoint –, um Inhalte zu veranschaulichen. Die Lerner hören und sehen am PC zu. Über ein Kommunikationsfenster können jederzeit Fragen an den Dozenten gestellt werden.	Weblogs (Blogs)	Persönliche Website eines Lerners, auf der eigene Inhalte, z. B. Projekterfahrungen, in rückwärts chronologischer Reihenfolge dargestellt werden. Damit steht der neueste Beitrag immer oben.
Virtuelles Klassenzimmer (Virtual Classroom)	Einheitlichen Benutzeroberfläche mit synchronen Kommunikationsinstrumenten, z. B. Chat, Messenger oder Live Lessons, die Kommunikation und kooperatives Lernen in formellen Lernprozessen ermöglicht. Ergänzend können sogenannte Whiteboards eingesetzt werden, die ähnlich einer Tafel oder eines Flipcharts, die Dokumentation von Ergebnissen aus den Lernprozessen zulassen.	Podcast	„Audio-Blogs", die ins Netz gestellt werden und zum Abspielen aus dem Web herunter geladen werden.
Pinnwand	Informationsbereich für kurze Nachrichten an alle Teilnehmer.	Video Podcast	„Video-Blogs", die ins Netz gestellt werden und heruntergeladen werden können.
E-Mails	Direkte Kommunikation zwischen zwei Lernern.	Social Bookmarks	Digitale Lesezeichen, die im Netz über eine Browser-Oberfläche von verschiedenen Lernern durch gemeinschaftliches Indexieren erschlossen und mittels eines RSS-Feeds bereitgestellt werden. Diese Nutzer können eigene Lesezeichen hinzufügen, löschen, kommentieren sowie mit Kategorien oder Schlagwörtern („Tags") versehen.

Tab. 3.3 (Fortsetzung)

Lern-Infrastruktur im Überblick

	Web 1.0 Welt		Web 2.0 Welt
Instant Messenger	Dem Lerner wird immer angezeigt, wer aus der Lerngruppe gerade online ist. Durch einfaches Anklicken können Nachrichten an den anderen geschickt werden.	*Social Tagging*	Gemeinschaftliches Indizieren mittels frei gewählter Schlagworte („Tags"). Es entsteht eine Markierungsgesamtheit (Tag-Cloud) die leicht zu durchsuchen ist, die Entdeckungen von neuen Zusammenhängen ermöglicht und ein Navigieren im Bedeutungsraum gestattet. Eine entwickelte Folksonomy ist als ein gemeinsam geteiltes Vokabular für die primären Nutzer leicht zugänglich und leicht veränderbar.
		Folksonomy	Usergenerierte Taxonomie (Einteilung), die benutzt wird, um Webseiten, Fotografien, Weblinks und andere Webinhalte zu kategorisieren und zu rekonstruieren, und zwar mit Hilfe offener, jederzeit ersetzbarer, erweiterbarer Tags.
		RSS – Really Simple Syndication	Ein auf XML basierendes Datenformat, das es Nutzern ermöglicht die Inhalte einer Webseite zu abonnieren oder in eine andere Webseite zu integrieren.

Tab. 3.4 Lern-Infrastruktur für Social Learning

Anforderung	Lern-Infrastruktur
Wissen wer?	Profile, Expertensuche…
Wissen wie?	Kommunikation, Netzwerke…
Wissen warum?	Vision, Ziele, Motivation…
Wissen was?	Content Management System, Social Software…
Wissen jetzt?	Aktuelle Kurznachrichten (Feeds, Tweets, Streams …)
Wissen wo?	Suche, Zuordnungen (Tags), Indizes, Rankings…
Wissen wann?	Projektmanagement, gemeinsamer Kalender

und –methoden, z. B. im Bereich des kollaborativen Lernens, eine neue Lernarchitektur mit Workplace Learning und der Einbeziehung einer breiten Palette informeller Lernansätze sowie On-Demand Ressourcen. Dabei interessiert die Entscheider in den Unternehmen weniger, ob neue Lerntechnologien genutzt werden, sie wollen vielmehr wissen, welche Ergebnisse mit den Lernkonzeptionen erzielt werden.

Die Ergebnisse der Studie werden in folgenden Kernaussagen zusammengefasst (vgl. E. Learning age, Kineo 2012):

- Entscheidend ist, was den Mitarbeitern hilft, ihre Aufgaben besser zu erfüllen. Deshalb werden *Learning on Demand* und *Mobile Learning* eine wachsende Rolle spielen.
- Informelles Lernen wird gefördert, indem die Mitarbeiter Hilfe bei der Suche nach Inhalten im Unternehmen und außerhalb mit verschiedenen Medienformaten erhalten. Dabei spielen *User generated Content*, *Peer-Rating* und *Social Learning* eine wachsende Rolle. Lernen mit und von Anderen in *Communities of Practice* und mit unterschiedlichen Lernpfaden wird immer wichtiger
- Formelles Lernen ist weiterhin gefordert, aber immer mehr in selbstgesteuerter Form, als *E-Learning* und *Blended Learning* und insbesondere stark zunehmend als *Webinar*.
- Für die Lernlösungen und –inhalte werden alle gängigen Web Tools und Standard Webtechnologien genutzt, sie müssen für alle Zugänge, auch z. B. Tablets oder Smartphones, geeignet sein. Benötigt wird eine Lernlösung, die auf allen gängigen Systemen läuft.
- E-Learning Lösungen werden sich immer mehr an den Bedürfnissen der Lerner ausrichten, sie werden kürzer, mehr problemorientiert, weniger linear und kreativer sein („You-Tube Generation"). Gamebased Learning ist nur sinnvoll, wenn diese Lösungen wirtschaftlich erstellt werden können.
- *Erfahrungslernen* in der betrieblichen Praxis mit Coaching und Rückmeldungen wird immer wichtiger.
- Führungskräfte übernehmen eine Schlüsselrolle als *Coach (Entwicklungspartner)* ihrer Mitarbeiter.
- Die Beurteilung der Lernerfolge orientiert sich immer mehr daran, wie die Mitarbeiter ihre Aufgaben in der Praxis erfüllen. Die Lerner benötigen *Kompetenzmesssysteme*, die

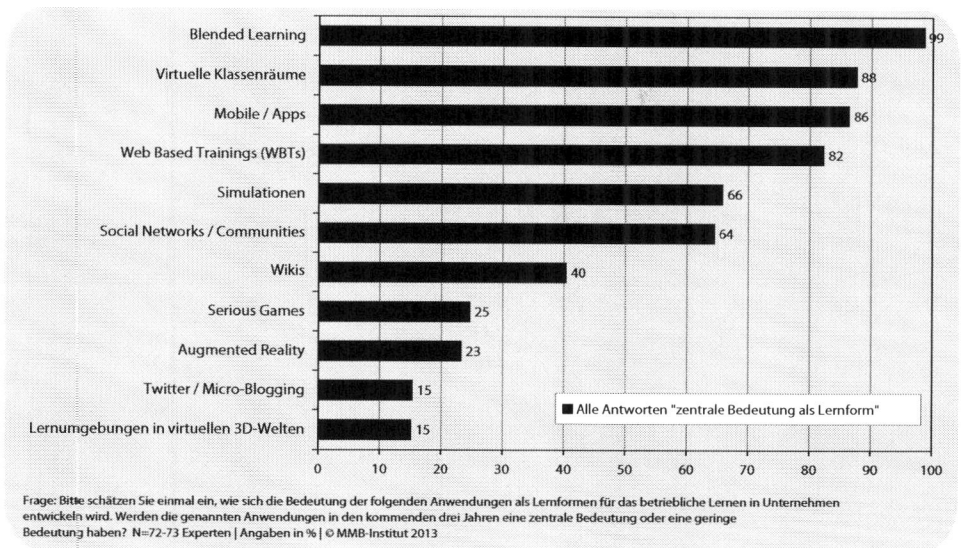

Abb. 3.13 Bedeutung der Lernanwendungen für betriebliches Lernen, Quelle Learning Delphi 2013 MMB

ihnen ihre Entwicklungsmöglichkeiten aufzeigen und ihnen damit ermöglichen, ihre Lernprozesse selbst zu organisieren.

- Die Lerner benötigen einen möglichst aufgabenbasierten und personalisierten Zugang zum Lernsystem, unabhängig von Ort, Zeit und Endgerät. Benötigt werden *Soziale Lernplattformen*, aber auch Zugänge zu *externen Communities* (z. B. LinkedIn), die den Mitarbeitern das Lernen im Netz ermöglichen.
- Die Personalentwicklung wird an Bedeutung gewinnen, indem Lernkonzeptionen in Geschäftsszenarien eingebunden und der *Zuwachs an Performanz* gemessen wird. Sie sorgt dafür, dass Lernen am Arbeitsplatz konsequent ermöglicht wird. Lernlösungen können damit in Hinblick auf ihren Beitrag zum Geschäftserfolg bewertet werden. Damit wandelt sich die Personalentwicklung zum Kompetenzmanagement.

Das MMB Learning Delphi 2013, in dem deutsche Bildungsexperten die wichtigsten Entwicklungen in der betrieblichen Bildung einschätzen, kommt zu folgenden Einschätzungen (Abb. 3.13) (MMB 2013):

Zehn Jahre, nachdem sich der Begriff „Blended Learning" in Deutschland eingebürgert hat, wird diesem Ansatz nunmehr für die Zukunft die größte Bedeutung beigemessen (vgl. u. a. Sauter und Sauter 2. Aufl. 2004). In dieser Studie kristallisierten sich weiterhin folgende Trends als besonders wichtig heraus (Abb. 3.14, S. 90).

Diese Expertenmeinungen decken sich weitgehend mit unseren eigenen Erfahrungen in Praxisprojekten. Wir sind jedoch der Meinung, dass die Blickwinkel dieser Untersuchungen etwas zu eng sind. Die Entwicklungen in der betrieblichen Bildung zeigen sich nach unseren Eindrücken weniger an den Trends der eingesetzten Lerntechnologie, als

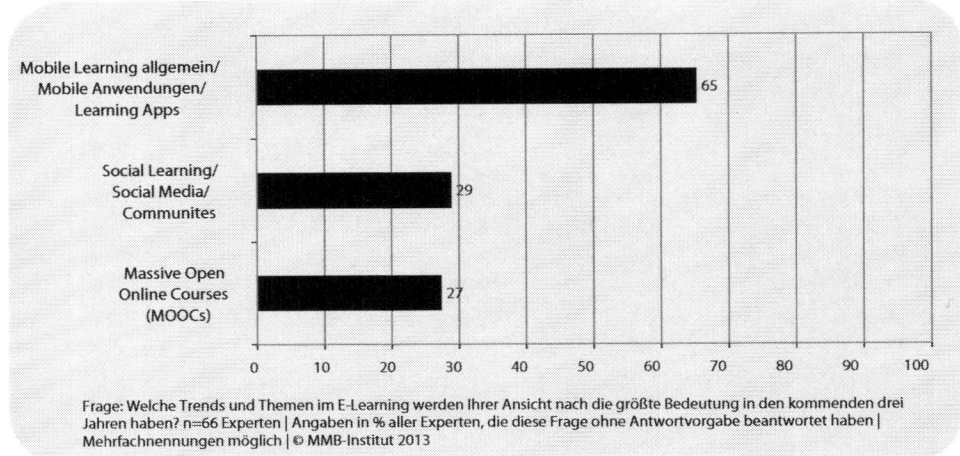

Abb. 3.14 Die wichtigsten Lerntrends in der betrieblichen Bildung. (MMB 2013)

an dem Paradigmenwechsel von Wissens- und Qualifikationszielen zu Kompetenzzielen, von der Fremdsteuerung zur Selbstorganisation sowie von curricularen Seminarangeboten zum bedarfsorientierten Lernen.

3.4.2 Learning Management System

In den heutigen E-Learning Systemen mit überwiegend formellem Charakter werden vor allem Learning Management Systeme als Lernplattform genutzt. Mit diesen Lösungen wird versucht, das Konzept des Klassenraumes in den virtuellen Raum zu transferieren (Abb. 3.15, S. 91).

Ein Learning Management System (LMS) ist eine virtuelle Lern- und Kommunikationsplattform, die den Lernern im Bereich der Lernorganisation, der Dokumentation und der Kommunikation Lösungen bietet.

Es dient der Planung und Verwaltung der gesamten Lernaktivitäten aller Mitarbeiter eines Unternehmens, sowohl online als auch offline. Über das LMS werden individuelle und organisationale Lernprozesse geplant und gesteuert, Lerninhalte verteilt und das Wissen aus Praxisprojekten gebündelt und weiter entwickelt, Lerner administriert sowie Lernergebnisse dokumentiert. Dazu werden LMS häufig mit Human Resource Systemen verknüpft, um die Administration und das Skill Management zu erleichtern.

In Blended Learning Prozessen kommt der Kommunikation der Lerner untereinander, aber auch mit ihren Trainern, Tutoren und Coaches eine zentrale Bedeutung zu. Nur regelmäßigen Rückmeldungen ermöglichen eine selbstgesteuerte Qualifizierung der Lerner. Gleichzeitig wird eine Lernkultur gefördert, die durch eine offene Kommunikation und gegenseitige Unterstützung geprägt ist. Im qualifikationsbezogenen Blended Learning

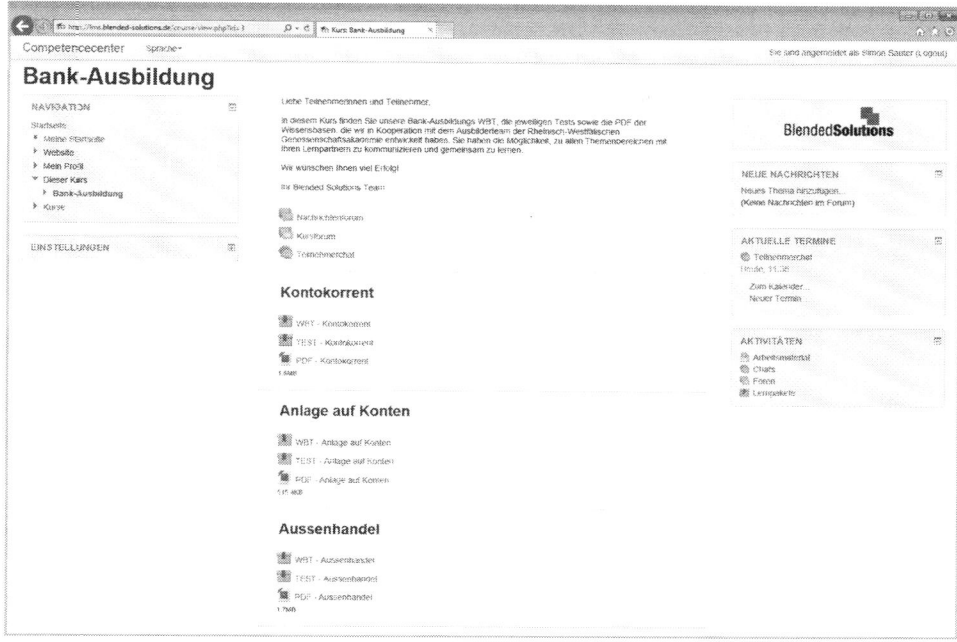

Abb. 3.15 Beispiel eines Learning Management Systems auf Basis der Open Source Lösung Moodle (Quelle: Blended Solutions GmbH Berlin)

werden vor allem die Kommunikationsinstrumente des Web 1.0 angewandt, da dieser Austausch primär durch einen E-Tutor gesteuert und flankiert wird.

Die Kommunikationsinstrumente des Web 1.0 werden sowohl in synchroner als auch in asynchroner Ausprägung eingesetzt. Beide Ausprägungen ergänzen sich in den Lernarrangements. Voraussetzung dafür ist, dass die Kommunikation möglichst immer über das Learning Management System abgewickelt wird. Dialoge außerhalb des LMS, z. B. per Skype oder E-Mail, verhindern, dass alle Lerner von den individuellen Lernprozessen ihrer Lernpartner profitieren.

Aus den Erfordernissen für netzbasiertes Lernen leiten sich die Anforderungen an Learning Management Systeme ab (Abb. 3.16, S. 92) (Kerres 2012, 438 ff.).

Die einzelnen Bereiche des LMS sind durch folgende Merkmale geprägt:

- *Lernorganisation*: In diesem Funktionsbereich werden alle für den Lerner wichtigen Planungsunterlagen, z. B. Curricula, sowie die notwendigen Elemente für die formellen Lernprozesse gebündelt. Die Lerner finden dort das gesamte formelle Wissen, das Experten für ihre Lernprozesse zusammengestellt haben. Dies können WBT, Videos, Podcasts oder auch Printmedien sein, die der Lerner im Rahmen seines formellen Lernprozesses bearbeiten soll. Über Visitenkarten können sich Lernpartner und

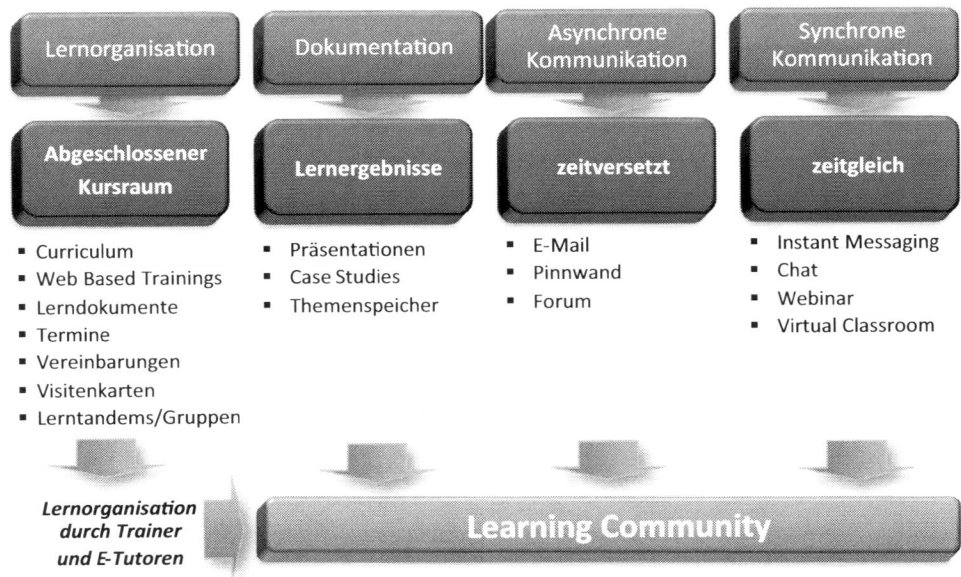

Abb. 3.16 Struktur eines Learning Managementsystems

Lerngruppen in diesem Bereich vorstellen. Weiterhin werden Testdaten fest gehalten. Grundsätzlich können über diesen Bereich auch Kurse administriert werden, die ohne E-Learning Elemente gestaltet werden, bei denen aber die begleitende Kommunikation der Teilnehmer, z. B. zum Austausch von Erfahrungswissen, unterstützt werden soll.

- *Dokumentation*: In diesem Bereich speichern die Lerner ihre wesentlichen Ergebnisse aus individuellen und kooperativen Lernprozessen ab, auf die alle Kursmitglieder Zugriff haben sollen. Dies können Präsentationen, Case Studies oder Diskussionsergebnisse aus dem Themenspeicher sein.
- *Asynchrone Kommunikation*: In betrieblichen, selbstgesteuerten Lernprozessen spielt diese Kommunikation eine besonders große Rolle. Die Anforderung synchroner Kommunikation, dass alle Beteiligten zur gleichen Zeit, wenn auch an unterschiedlichen Orten, zusammen kommen müssen, ist im betrieblichen Alltag nur schwer erfüllbar. Asynchrone Kommunikationswerkzeuge ermöglichen den zeitversetzten Austausch unter den Lernern sowie mit dem E-Tutor, dem E-Coach oder Trainer. Diese Kommunikation bietet sich insbesondere in den Fällen an, in denen die Lerner Zeit benötigen, um ein Aufgabe zu lösen, um zu reflektieren oder um offene Fragen vorab im Team zu diskutieren. Besondere Bedeutung haben in der Praxis Lernforen, die themenzentriert eingerichtet werden und in denen die Lerner Lernlösungen austauschen und diskutieren.
- *Synchrone Kommunikation*: Dieser Austausch findet synchron, im direkten Kontakt, per Telefon oder in Webinaren statt. Damit sind sie in der Lage, unmittelbar auf Beiträge

des Gesprächspartners zu reagieren, so dass sich in der Kommunikation schrittweise gemeinsame Ergebnisse entwickeln lassen. Diese Ausprägung der Kommunikation kennzeichnet insbesondere teilnehmeraktivierende Lernformen in Workshops, aber auch die Tandem- und Gruppenarbeit.

Die Abgrenzung zu asynchronen Kommunikationsformen ist nicht immer eindeutig. So werden E-Mails meist asynchron eingesetzt, Tandempartner setzen sie aber oft auch synchron ein, indem sie Mails gegenseitig unmittelbar beantworten.

Den Nutzern des Lernraumes sind unterschiedliche Rechte und Rollen zugeordnet:

- *Lerner* nutzen die Werkzeuge in den virtuellen Räumen. Sie können damit aktiv ihre Lernprozesse gestalten.
- Der *Administrator* legt die Einstellungen fest, welche für alle Kurse gelten. Der Hauptadministrator kann wiederum weitere Administratorenrechte vergeben.
- *Kurs-Planer* können eigenständig Kurse anlegen und verwalten und Trainer, E-Coaches und E-Tutoren sowie Teilnehmer zuweisen.

Für Trainerrechte bestehen grundsätzlich zwei verschiedene Möglichkeiten:

- *Mit Editionsrechten*: Diese Trainer können Kurse eigenständig gestalten. Sie können beispielsweise Foren und Glossare anlegen und die Kursstruktur verändern.
- *Ohne Editionsrechte*: Diese Trainer können die Kursstruktur nicht verändern, jedoch Forumsbeiträge verfassen sowie Übungen und Aufgaben bewerten.

Learning Management Systeme bieten die Möglichkeit, Learning Communities zu initiieren. Diese sind meist Elemente formeller Lernprozesse. Sie werden vom Trainer oder E-Tutor initiiert und sollen die Kommunikation der Lerner untereinander fördern. Meist werden die Kommunikationsprozesse von E-Tutoren gesteuert und flankiert.

Learning Communities sind virtuelle, geschlossene Lerngemeinschaften im Rahmen eines formellen Qualifizierungspfades, die online über ein LMS miteinander kommunizieren.

Sie werden durch den Trainer bzw. E-Tutor über Übungen, Fallstudien oder Transferaufgaben initiiert und gesteuert. Im Regelfall begleitet der E-Tutor diese Lernprozesse, indem er Lösungen der Lerner kommentiert oder ergänzt. In den Präsenzseminaren werden Übungen, Fallstudien oder Rollenspiele bearbeitet, Ergebnisse von Gruppenarbeiten präsentiert und diskutiert und bei Bedarf Wissenslücken gefüllt.

Erfolgreiche Online Communities werden insbesondere durch sieben Strukturmerkmale geprägt (vgl. Marotzki 2003):

- *Design*: Eine Online Community verfügt über ein charakteristisches Erscheinungsbild, das die Strukturmerkmale wesentlich mit bestimmt. Deshalb sollte sich das Lernsystem an der Gestaltung der Informations- und Kommunikationssysteme im Unternehmen orientieren.

- *Soziale Ordnung*: Die Communities benötigen
  - ein *Regelwerk,* das festlegt, wer Zugang erhält, welche „Spielregeln" für die Kommunikation, die Bearbeitung von Dokumenten oder den Umgang mit Konflikten gelten,
  - ein *Sanktionssystem,* das teamschädliches Handeln der Teilnehmern eindämmt oder evtl.
  - ein *Anreizsystem,* das Lernaktivitäten fördert.
- *Kommunikationsstruktur*: Die Elemente der Communities und deren Struktur orientieren sich an den angestrebten Zielen, aber auch an der aktuellen Lernkultur im Unternehmen bzw. im Netzwerk.
- *Wissensstruktur*: Es entwickelt sich ein dynamischer Wissensschatz mit dem Ziel, aus den Wissensbeiträgen der Teilnehmer einen Wissenspool zu schaffen, der mehr als die Summe der Einzelbeiträge ist.
- *Präsentationsstruktur*: Es werden Systeme benötigt, die ein rasches, problembezogenes Auffinden von Wissenselementen, aber auch Trägern dieses Wissens ermöglicht.
- *Partizipationsstruktur*: Im Rahmen formeller Lernprozesse wird den Teilnehmern zunehmend mehr Eigenverantwortung zugestanden, bis die Gruppe reif ist, Communities of Practice selbst organisiert zu gestalten.
- *Blended Learning Struktur*: Es wird ein Lernarrangement mit dem Ziel der Kompetenzentwicklung benötigt, das E-Learning mit Online-Kommunikation sowie mit Präsenzphasen und der Arbeitswelt verknüpft.

Lebendige Communities sind organische Systeme, für die als Prämisse „wachsen lassen" gilt. Entscheidend ist, dass sich die Online-Gemeinschaften an den Bedürfnissen der Lerner orientieren (Schön 2013, S. 75 ff.). Dies wird am besten dadurch erreicht, dass die Lerner die Möglichkeit erhalten, ihre Communities bei Bedarf selbstorganisiert zu gestalten. Dafür ist eine soziale Ordnung und eine Kommunikations-, Wissens-, Präsentations-, Partizipationsstruktur im Rahmen eines Blended Learning Arrangements hilfreich.

3.4.3 Kommunikationsinstrumente des Web 1.0

Für E-Learning und Blended Learning Prozesse bieten sich vor allem folgende Kommunikationsinstrumente an:

Forum (lateinisch u. a. *„Marktplatz"* oder *„Versammlungsort"*)

Dieser virtueller Kommunikationsbereich im Learning Management System ist in qualifikationsbezogenen Lernprozessen das wichtigste Instrument zur themenbezogenen Diskussion und zum Austausch sowie zur Archivierung von Gedanken und Erfahrungen. Für einzelne Aufgaben und Themen (*Topics*) werden vom E-Tutor, E-Coach oder Trainer oder von den Lernern Foren eingerichtet, in die jeder Lerner einer Gruppe seine Beiträge (*Postings*) eintragen kann. Die Mitglieder einer Lerngruppe, evtl. auch ein Lernbegleiter,

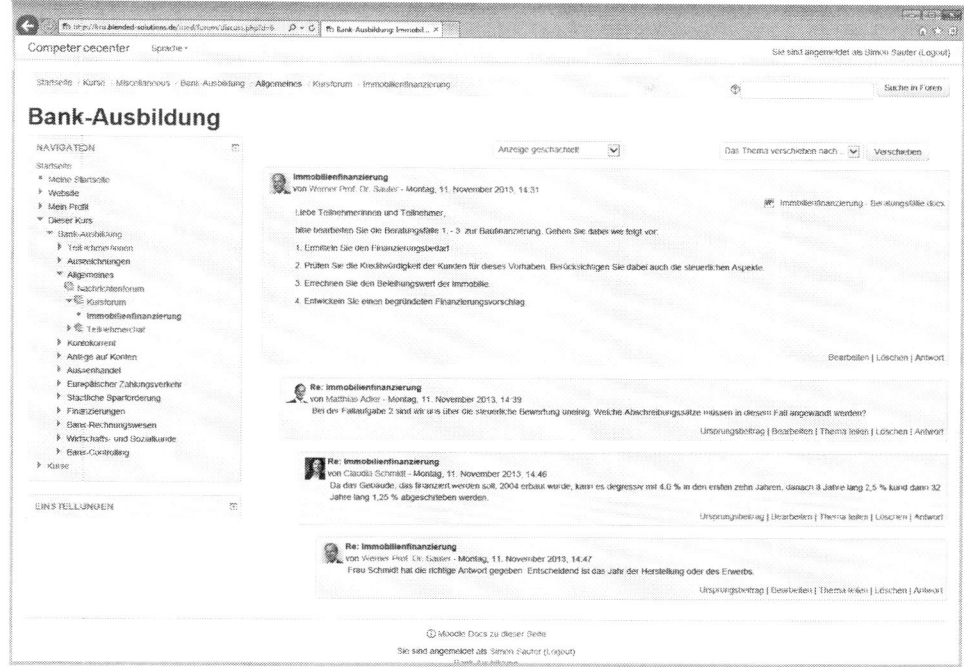

Abb. 3.17 Beispiel eines Themenforums (Quelle: Blended Solutions GmbH Berlin)

lesen diese Beiträge und kommentieren diese bzw. ergänzen eigene Texte. Mehrere Beiträge zum selben Thema bilden einen Diskussionsfaden (*Thread*), der den Verlauf der Diskussion widerspiegelt (Abb. 3.17).

Die Foren können in Learning Management Systemen (LMS) folgende Ausprägungen haben:

- *Themenforen*: Der Lernbegleiter oder die Teilnehmer eröffnen aufgrund eines Arbeitsauftrags oder einer Fragestellung eine Diskussion. Die Foren können moderiert oder unmoderiert sein.
- *Diskussionsforen*: Offene Fragen aus der Gruppenarbeit, aus Workshops oder aufgrund aktueller Themen können hier zeitversetzt diskutiert werden.
- „*Cafeteria*": Raum für den informellen Austausch der Teilnehmer untereinander.

Diese Foren können durch folgende Angebote ergänzt werden:

- *Dokumentraum* für die Ablage umfangreicher Ausarbeitungen.
- *Themenspeicher*, in den die Teilnehmer offene Fragen an den E-Coach sowie evtl. weitergehende Themenwünsche einstellen können.

- *FAQ (Frequently Asked Questions)*, in denen häufig wiederkehrende Fragen durch den E-Coach bzw. Teilnehmer beantwortet werden können.
- *Pinnwand*, technisch meist ein Forum, das im Regelfall der Information der Teilnehmer über organisatorische Fragen dient. Oftmals kann nur der Tutor Eingaben machen.

Der wesentliche Vorteil eines Lernforums liegt in der Möglichkeit, Beiträge zeitunabhängig einzustellen oder abzurufen. Die Teilnehmer können ihre Texte in Ruhe und durchdacht entwickeln, so dass die Qualität der Inhalte meist deutlich höher ist, als z. B. in Chats. Die themenbezogene und zeitliche Strukturierung erleichtert den Überblick. Die Lerner erfahren dabei den Nutzen des Wissensaustausches im Rahmen ihres Lernkontextes. Foren eignen sich gut für direkte Antworten auf Beiträge der Lernpartner, weniger jedoch zur gemeinsamen Entwicklung von Lösungsdokumenten. Nachteilig kann sein, dass die Beiträge innerhalb der einzelnen Themen chronologisch und nicht nach ihrer Bedeutung gegliedert sind. Dies kann vor allem bei komplexen Diskussionen den Eindruck der Unübersichtlichkeit erwecken.

Foren tragen dagegen relativ wenig dazu bei, den Zusammenhalt in der Lerngruppe zu fördern, da die Kommunikation zeitversetzt, virtuell und meist unter einem thematischen Fokus erfolgt.

Erfolgreiche Foren sind durch folgende Merkmale geprägt:

- Die Gruppe entwickelt im Kickoff ihre eigenen Regeln für die Forumsdiskussion.
- Es werden verbindliche Termine für vereinbarte Beiträge festgelegt.
- Die Teilnehmer werden über das Learning Management System automatisch per E-Mail darüber informiert, dass neue Beiträge in das Forum eingestellt wurden. Damit wird verhindert, dass einzelne Gruppenmitglieder den Faden verlieren.

Folgende „Spielregeln" haben sich in der Praxis bewährt:

- *Verständliche Sprache*, d. h. kurze Sätze, wenig Substantivierungen, wenig Fremdworte . . .
- *Korrekte Schreibweise*, d. h. möglichst wenig Schreibfehler.
- *Zeitnahe Kommunikation*: Lernpartner sowie Lernbegleiter zeigen möglichst zeitnah und oft „Flagge", auch wenn sie das Gefühl haben, die Kommunikation läuft auch ohne sie.
- *Moderierte Kommunikation*: Jedes Forum bekommt einen Moderator. Dies kann am Anfang der Lernbegleiter, später ein Teilnehmer sein.
- *Positive Kommunikation*, d. h. keine Formulierungen, die als verletzend oder beleidigend empfunden werden könnten. Dagegen sollten gute Beiträge auch gelobt werden
- *Keine Konfliktkommunikation*, da Konflikte im Forum nicht erfolgreich ausgetragen werden können. Dafür sind das persönliche Gespräch oder ein Telefonat besser geeignet.
- *Bezug*: Beiträge, auf die geantwortet wird, werden kurz zitiert.

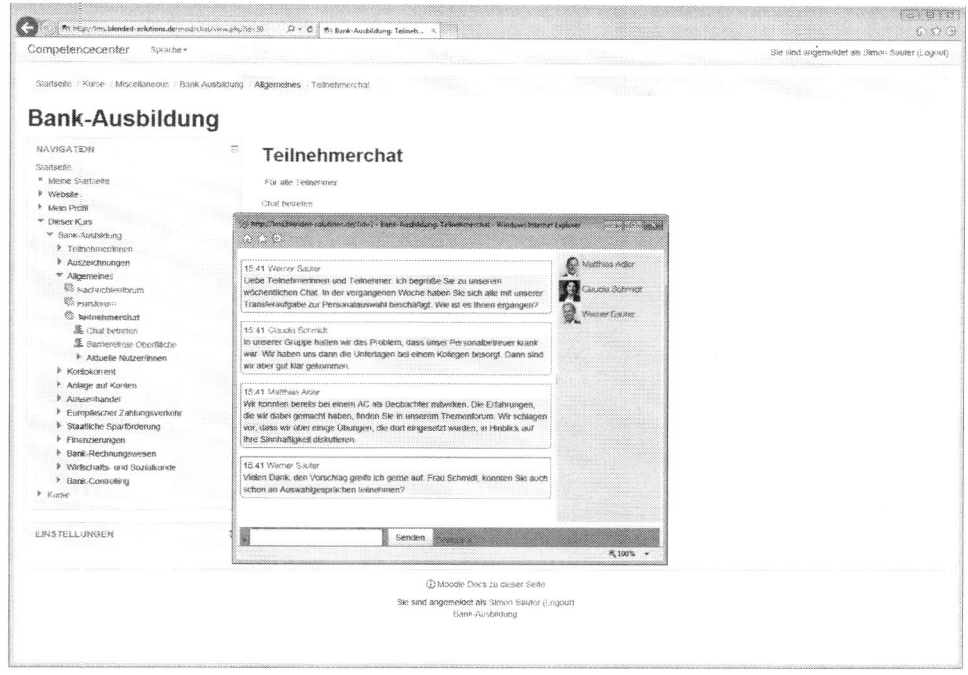

Abb. 3.18 Beispiel eines Chatverlaufs (Quelle: Blended Solutions GmbH Berlin)

Chat Chat kann wörtlich mit „*Plaudern*" oder „*Quatschen*" übersetzt werden. Dieser Begriff bezeichnet die elektronische Kommunikation zwischen Lernern in Echtzeit über das Internet oder Intranet. Das System bietet die Möglichkeit der zeitgleichen, direkten Text-Kommunikation mehrerer Lerner untereinander und mit Tutoren oder Experten. Es zeigt die Beiträge aller Teilnehmer, so dass der Gesprächsverlauf dokumentiert werden kann. Diese Chats können durch Audio oder Video ergänzt werden.

Grundsätzlich eignen sich Chats in Lernsystemen für folgende Funktionen:

- *Synchrone Kommunikation*: Reflexion, Erfahrungsaustausch, Klärung offener Fragen der Zusammenarbeit . . .
- *Flankierung*: Bildung von Communities, Vereinbarungen, Klärung offener Fachfragen . . .
- *Organisation*: Terminabstimmung, Themenklärung . . .

Chats unterstützen die synchrone Kommunikation zwischen den Lernpartnern und mit dem Tutor bzw. Experten. Sie eigenen sich vor allem für die Kommunikation in Tandems und Kleingruppen, da sie dazu beitragen, Bindungen an die Lerngruppe und die Beziehungen untereinander zu festigen. In 3D-Chats oder Grafikchats agieren die Nutzer teilweise über virtuelle Figuren (Avatare) (Abb. 3.18, S. 98).

Die Chatinhalte haben im Regelfall eher spontanen Charakter, so dass dort kaum Beiträge für eine gemeinsame Wissensbasis entstehen. Chats eignen sich auch kaum dafür, schwierige Situationen in der Lerngruppe zu lösen, da alle Beiträge in Reinform, ohne abschwächende Körpersprache, Mimik oder Stimmmodulation, dokumentiert werden.

Webinar (Live E-Learning Training, Live Lesson)

Diese Online-Schulungen oder -Workshops werden jeweils zu einem definierten Termin im Web durchgeführt. Der Trainer kommuniziert über seinen PC mit den Lernern und verwendet meist ein Headset sowie eine spezielle Kommunikations-Software. Außerdem setzt er Präsentationssoftware wie Powerpoint ein, um Inhalte zu veranschaulichen. Die Lerner hören und sehen am PC zu. Über ein Kommunikationsfenster können jederzeit Fragen an den Dozenten gestellt werden.

Live E-Learning Trainings sind sehr flexible Elemente, die mit einem relativ geringen Vorbereitungsaufwand eingesetzt werden können. Sie können vor allem im Rahmen von Blended Learning Arrangements sinnvoll sein, bei denen aus organisatorischen Gründen keine oder nur relativ wenige Präsenzveranstaltungen angeboten werden können. In diesem Fall dienen sie primär der Präsentation und Diskussion von Teilnehmerbeiträgen bzw. der Erörterung von offenen Fragen.

Problematisch erscheinen Live E-Learning Trainings, wenn versucht wird, „klassischen" Präsenzunterricht im Web ab zu bilden. Frontalunterricht oder fragendentwickelnde Unterrichtsmethoden werden nicht dadurch effizienter, dass man sie ins Web verlagert. Die Nachteile von Unterrichtsmethoden, die durch hohe Fremdsteuerung und einheitliche Lerngeschwindigkeit für alle Lerner geprägt ist, werden im Netz aufgrund der eingeschränkten Kommunikation, ohne direkten, persönlichen Kontakt, dabei eher noch verstärkt.

Virtuelle Klassenzimmer (Virtual Classrooms) Diese online-basierten Lernräume fassen unter einer einheitlichen Benutzeroberfläche synchrone Kommunikationsinstrumente, z. B. Chat, Messenger oder Live Lessons, zusammen und ermöglichen den Lernern eine synchrone Kommunikation. Damit gelten in den Virtuellen Klassenräumen die gleichen Spielregeln, die auch Chats und andere Instrumente der synchronen Kommunikation prägen.

Ergänzend können bei entsprechender Ausstattung sogenannte Whiteboards eingesetzt werden, die ähnlich einer Tafel oder eines Flipcharts, die Dokumentation von Ergebnissen aus den Lernprozessen zulassen:

- Grafiken und Mindmaps,
- Abfragen,
- Gemeinsames „Surfen" im Web,
- Präsentationen.

Diese zentralen Kommunikationsinstrumente in diesen Lernprozessen können durch folgende Tools ergänzt werden:

Pinnwand Informationsbereich für kurze Nachrichten an alle Teilnehmer. Technisch meist ein Forum, das im Regelfall der Information der Teilnehmer über organisatorische Fragen dient. Oftmals darf nur der E-Tutor dort Eingaben machen.

E-Mails E-Mails sind vor allem für eine Zweier-Kommunikation geeignet. Sie haben den Vorteil, dass alle Äußerungen dokumentiert werden und weitere Dokumente als Anhang mit versandt werden können. Hinzu kommt, dass die Kommunikationsschwelle deutlich niedriger ist, als z. B. beim Telefonieren. In Blended Learning Arrangements ist es notwendig, eine Vereinbarung mit den Lernern zu treffen, nach der die gesamte Kommunikation über das Learning Management System (LMS) läuft, weil sonst ein Großteil der Kommunikation für die Lerngruppe verloren geht.

Mailinglisten ermöglichen auch Gruppenkommunikationen. Dabei wird eine E-Mail gleichzeitig an alle Adressaten einer Lerngruppe versandt. Jeder Lerner kann die erhaltenen E-Mails beantworten und an die Lerngruppe eine Antwort-Mail schreiben. Bei größeren Lerngruppen, die rege miteinander diskutieren, besteht allerdings die Gefahr, dass die Kommunikation schnell unübersichtlich und unorganisiert wirkt.

Die Kommunikation mit E-Mails ist dadurch gekennzeichnet, dass alle Äußerungen „Schwarz auf Weiß" festgehalten sind. Dies macht es so wichtig, bereits im Kickoff „Spielregeln" zur Kommunikation in den Lernprozessen zu vereinbaren:

- Der Einsatzbereich der Mails, insbesondere auch der Rundmails, sollte eingrenzend definiert werden.
- Die Zahl der Mails, insbesondere der Rundmails, sollte begrenzt werden, Zu viele Rundmails können dazu führen, dass sie nicht mehr gründlich gelesen werden.
- Im Betreff sollte genau definiert werden, für welche Aufgabe, Mail o. ä. ein Schreiben gedacht ist.
- Mails sollten sorgfältig formuliert werden. Rechtschreib- und Grammatikfehler sollten vermieden werden, da sie einen oberflächlichen Umgang mit der Problemstellung signalisieren.
- Die Nachrichten sollten kurz sein; ausführliche Darstellungen gehören in den Anhang.
- E-Mails sind ungeeignet zur Konfliktlösung. Erfahrungsgemäß steigern sich konfliktträchtige Kommunikationen per E-Mail in unkalkulierbare Bereiche, da „Fehlformulierungen" fest gemeißelt im Raum stehen und Reaktionen oftmals sehr spät kommen. Hinzu kommt, dass die Möglichkeit fehlt, durch Mimik, Modulation und Körpersprache Aussagen abzumildern.

Instant Messenger Das LMS zeigt mit der Funktion des Instant Messenger immer an, wer aus der Lerngruppe gerade online ist. Durch einfaches Anklicken können Nachrichten an den anderen geschickt werden. Damit werden auch Dialoge mit Kursteilnehmern, die nicht zum engsten Kreis der Lernpartner gehören, und damit die Zusammenarbeit im Gesamtkurs, gefördert. Dieses Instrument wird z. B. dann genutzt, wenn der Lerner eine Frage hat und der Lernpartner gerade nicht ansprechbar ist.

Kommunikationsinstrumente des Web 1.0 haben sich in qualifikationsbezogenen Blended Learning Arrangements, insbesondere in ihrer asynchronen Ausprägung, bewährt. Sie sind in erster Linie Instrumente formeller, teilweise aber informeller Lernprozesse. Sie haben jedoch nur eine begrenzte Wirkung in Hinblick auf die Netzwerkbildung während des Lernprozesses. Dokumente werden überwiegend von den einzelnen Lernern oder Tandems erstellt, die persönlichen Erfahrungen der Lerner werden nur begrenzt bzw. gefiltert, z. B. im Rahmen von Transferaufgaben, eingebracht.

Zunehmend werden in LMS auch *Wikis* und *Blogs* eingefügt. Diese sozialen Kommunikationsinstrumente entfalten ihre volle Wirkung jedoch nur im Rahmen von Social Learning Prozessen. Deswegen erläutern wir diese in Kapitel 3.4.5.

3.4.4 Soziale Kompetenzentwicklungs-Plattform

Heutige Learning Management Systeme (LMS) sind auf formelles, fremdgesteuertes Lernen (in virtuellen Klassenräumen) in der Verantwortung eines Lehrenden (Trainer, E-Tutor) ausgerichtet. Kollaboratives Arbeiten und Kompetenzaufbau, informelles Lernen am Workplace, der selbstorganisierte Aufbau von Erfahrungswissen und die Kommunikation in sozialen Netzwerken wird kaum unterstützt. Deshalb genügt es nicht, LMS einfach um soziale Tools wie Mahara oder Open Sessions zu erweitern. Es sind vielmehr Lösungen notwendig, die kollaborative Arbeitsprozesse und damit Kompetenzlernen im Netz ermöglichen (vgl. Kerres et al. 2011).

Wir glauben nicht, dass die zunehmende Akzeptanz sozialer Netzwerke dazu führen wird, dass in absehbarer Zeit Learning Management Systeme (LMS) überflüssig werden. Unsere Lerner kommen im Regelfall aus einer Lernkultur, die durch ein hohes Maß an Fremdorganisation geprägt ist. Viele sind es nicht gewohnt, sich in einem offenen Netzwerk auszutauschen. Deshalb benötigen wir auch aus diesem Grund für online-basiertes Lernen geschützte Lernräume, in denen die Lerner sicher sind, dass ihre Beiträge vertraulich behandelt werden. Nur wenn dies glaubhaft vermittelt wird, besteht eine Chance, den Austausch von Erfahrungswissen, auch kritischer Art, zu initiieren.

Die Weitergabe dieses Erfahrungswissens erfordert veränderte Denk- und Handlungsweisen der Lerner, da gewohnte Lernprozesse grundlegend verändert werden. Sie müssen bereit sein, sich offen über ihre Erfahrungen, aber auch über evtl. Misserfolge, aus zu tauschen. Da hierbei langjährig verfestigte Handlungsroutinen abgebaut werden müssen, setzt dies einen langfristigen Entwicklungsprozess voraus.

Die Lern- und Webtechnologie des Web 2.0 ist bereits heute geeignet, Kompetenzentwicklung im Netz zu unterstützen. Grundlage dafür sind Soziale Lernplattformen, die sich grundlegend von den bisherigen Learning Management Systemen für formelle Lernprozesse unterscheiden (vgl. Hölterhof und Kerres 2011).

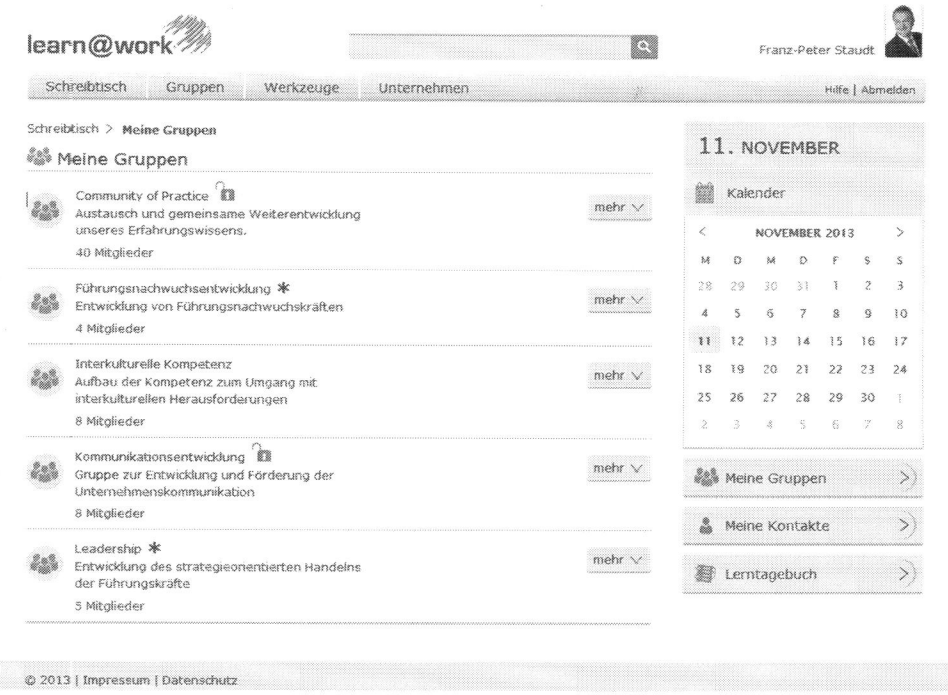

Abb. 3.19 Nutzeroberfläche in einer Sozialen Lernplattform (Quelle: www.learn@work.de)

Soziale Kompetenzentwicklungs-Plattformen bieten eine kollaborative Lern-Infra-
struktur, die formelles Lernen (Cooperative Learning) und informelles Lernen im Prozess
der Arbeit (Collaborative Working) ermöglicht (Abb. 3.19).

Diese Lern-Infrastruktur nutzt damit die gleichen Netzwerke und sozialen Medien, die
im Rahmen des Social Business eingesetzt werden. Sie verbindet die Mitarbeiter mit den
Instrumenten, die sie für ihre Lern- und Arbeitsprozesse benötigen. Damit sind sie sehr
gut geeignet, Kompetenzentwicklungsprozesse im Netz zu ermöglichen.

Auf Basis des Social Business und Sozialer Lernplattformen entstehen Enterprise Social
Networks (ESP), also unternehmensinterne Netzwerke, die Kollaboration, Kommunikation und den Austausch von Erfahrungswissen zwischen den Lernern ermöglichen (Hart
2013d, S. 4). Viele entstehen dabei auf Eigeninitiative der Mitarbeiter.

Kompetenzentwicklung setzt Arbeits- und Lernräume voraus, die insbesondere sozial-
kommunikative und kollaborative Lernaktivitäten ermöglichen. Deshalb werden für diese
Lernprozesse Soziale Kompetenzentwicklungs-Plattformen benötigt, die den Lernern abgeschlossene und offene Kursräume in Verbindung mit einem persönlichen E-Portfolio
bieten. Der Trainer kann wie in Learning Management Systemen (LMS) seine Kurse bilden und organisieren, gleichzeitig haben die Lerner aber auch die Möglichkeit, selbst
Arbeits- und Lernräume im Netz einzurichten, online kollaborativ zusammen zu arbeiten,

Erfahrungswissen in E-Portfolios oder Communities of Practice zu dokumentieren und zu kommunizieren oder Wissen im Internet zu nutzen. Die Lern-Infrastruktur muss die anspruchsvolle Aufgabe erfüllen, die vielfältigen Steuerungs-, Kommunikations- und Dokumentationsfunktionen, die für diese Lernprozesse erforderlich sind, möglichst intuitiv nutzbar und bedienbar zur Verfügung zu stellen.

Benötigt werden lernerzentrierte (Web-) Applikationen, mit deren Hilfe die Lerner selbst organisiertes Einzellernen, aber auch Lernprozesse mit Lernpartnern und Gruppen sowie im Netzwerk, losgelöst von Ort und Zeit, aus ihrem individuellen Bedarf heraus gestalten können. Soziale Kompetenzentwicklungs-Plattformen bilden damit einen Ermöglichungsrahmen, der die sozialen Strukturen des Web 2.0 Zeitalters widerspiegelt und damit innovative Lernsysteme ermöglicht.

Traditionelle Lernplattformen werden häufig dazu benutzt, einzelne Dokumente einer bestimmten Personengruppe zum Download bereit zu stellen und die Lernorganisation zu unterstützen. In kompetenzorientierten Lernprozessen werden jedoch Bereiche benötigt, die auch sozialkommunikative und kollaborative Lernaktivitäten in abgeschlossenen und in offenen Arbeitsräumen bieten. Der Trainer kann seine Kurse bilden und organisieren, gleichzeitig haben die Lerner aber auch die Möglichkeit, selbst Lernräume einzurichten, Erfahrungswissen in E-Portfolios oder Communities of Practice zu dokumentieren oder Wissen im Internet zu nutzen. So werden z. B. in Trackbacks, Kommentaren, Links und Feeds kommunikative und soziale Beziehungen der Lerner aufgebaut. Zunehmend finden die Lernprozesse selbst im Intranet und im Internet statt.

Es wird aber auch weiterhin in den Unternehmen formelles Lernen, z. B. im Rahmen von E-Learning und Blended Learning Arrangements, nachgefragt. Deshalb müssen Soziale Lernplattformen zwei Bereiche des Lernens abdecken:

- *Kooperatives Lernen*: Formelles Lernen im Rahmen vorgegebener Lernziele und Inhalte mit verschiedenen Trainingsmethoden und einer Learning Community (*„Soziales Training"*)
- *Kollaboratives Arbeiten = Lernen*: Informelles Lernen am Arbeitsplatz (*„Workplace Learning"*), indem mit Lernpartnern kollaborativ Problemstellungen aus der Praxis oder in Praxisprojekten bearbeitet werden und Austausch von Erfahrungswissen in Communities of Practice (*„Soziales Lernen – Social Collaboration"*)

Daraus ergibt sich folgende Struktur der Sozialen Lernplattform (Abb. 3.20, S. 103):

Soziale Kompetenzentwicklungs-Plattformen bilden damit eine Synthese zwischen offenen Kommunikations- und Lernräumen, ähnlich wie in Sozialen Netzwerken, und geschützten Lernumgebungen der Kurse. Im Kursraum sind die Lernmaterialien und Tools eingestellt, die Lerner erhalten Arbeitsaufträge und Lernmaterialien für selbstorganisierte Lernprozesse und können ihren Lernstatus einsehen. Daneben können sich die Lerner in sozialen Gruppen zu beliebigen Themen austauschen, so dass Communities wesentlich differenzierter abgebildet werden können.

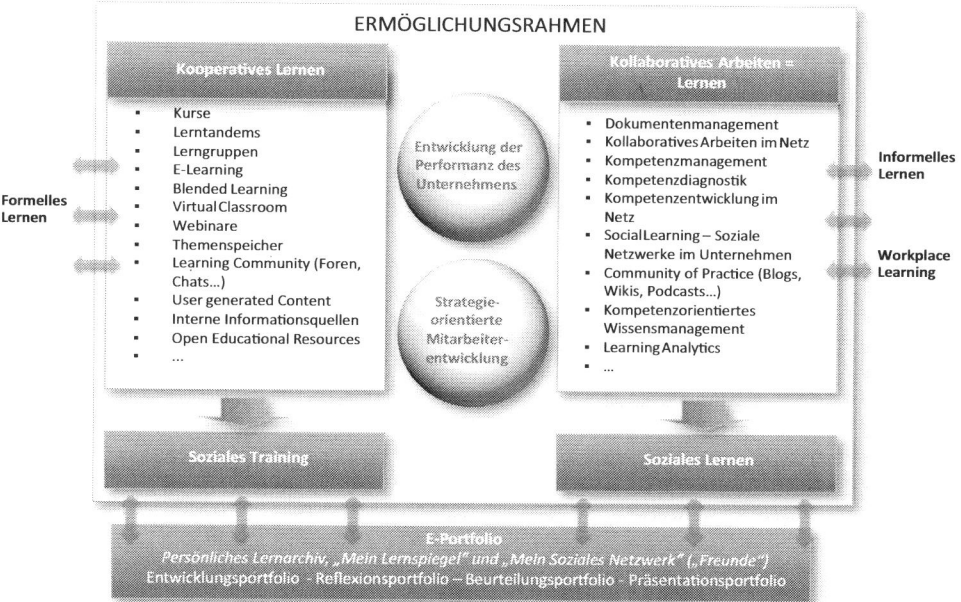

Abb. 3.20 Struktur der Sozialen Kompetenzentwicklungs-Plattform

Über die Verknüpfung der Kommunikationsstränge aller sozialer Gruppen, denen ein Lerner angehört, innerhalb als auch außerhalb der Lernplattform, wird sofort deutlich, welche Neuigkeiten vorliegen und wo der Lerner reagieren kann oder sollte.

In sozialen Kompetenzentwicklungs-Plattformen werden Lernpartner miteinander vernetzt. Damit stehen die Aktivitäten der Mitarbeiter und Führungskräfte und ihre Interaktion im Vordergrund und nicht Dokumente und Lernmaterialien. Die soziale Kompetenzentwicklungs-Plattform bildet somit den personalisierten und dynamischen Zugang zum eigenen Arbeits- und Lernbereich im Netz.

Groupware ermöglicht die Kommunikation, Kooperation und Koordination zwischen den Lernern im Netz, so dass digitale Dokumente kollaborativ bearbeitet werden können (Lehner 2006, S. 224).

Diese Lernumgebung wird damit zu einer sozialen Kompetenzgemeinschaft, in denen die Lernenden gemeinsam Problemstellungen aus ihrer Praxis sowie in Praxisprojekten bearbeiten und damit gleichzeitig ihre Kompetenzen aufbauen, sich aktiv über Themen austauschen, Kommentare hinterlassen oder Beiträge ihrer Lernpartner bewerten.

Den Zugang der einzelnen Lerner zu der Sozialen Kompetenzentwicklungs-Plattform bilden E-Portfolios (vgl. Miluska 2009; vgl. Kamper et al. 2012).

E-Portfolio Das E-Portfolio bildet den Kern der Sozialen Kompetenzentwicklungs-Plattform.

*Ein E-Portfolio ist eine digitale Sammlung von Dokumenten und persönlichen Arbei-
ten" (= lat. Artefakte) eines Lerners, in der die Lernergebnisse (Produkt) und der Lernweg
(Prozess) seiner Kompetenzentwicklung in einer bestimmten Zeitspanne und für bestimmte
Zwecke dokumentiert und veranschaulicht werden.*

Neben dem persönlichen Lernarchiv umfasst das E-Portfolio einen Bereich, in dem der
Lerner seine Lernprozesse reflektiert ("Mein Spiegel" (vgl. Baumgartner und Bauer 2012,
S. 383 ff.) sowie das persönliche soziale Netzwerk ("Freunde"). Die Auswahl trifft allein
der Lerner in Hinblick auf seine persönlichen Lernziele. Er bestimmt, wer, wann und in
welchem Umfang Elemente des Portfolios einsehen darf (vgl. Bisovsky und Schaffert 2009).

E-Portfolio können in folgende Bereiche untergliedert werden (vgl. Baumgartner und
Bauer 2012, S. 383 ff.; Himpsl-Gutermann 2012, S. 420):

- *Entwicklungsportfolio*: Prozessorientierte Dokumentation des eigenen Lernens
- *Reflexionsportfolio*: Beschreibung und Reflexion der eigenen Lernprozesse, die im
  Regelfall privat bleiben.
- *Beurteilungsportfolio*: Bewertung des Aufbaus von Wissen, der Qualifikation und von
  Kompetenzen
- *Präsentationsportfolio*: Meist öffentliche Darstellung der wichtigsten Ausarbeitungen
  und Kompetenzen.

Die Entwicklungs-, Reflexions- und Beurteilungsportfolios bilden den persönlichen
Bereich jedes Lerners, in dem er alle Elemente bündelt, die seine individuelle Kompetenzentwicklung begleiten und dokumentieren. Der Lerner kann zu einzelnen Teilen
Kommentare hinzufügen oder ihren Entstehungsprozess darstellen, indem er ihre schrittweise Vernetzung offen legt. Das E-Portfolio stellt umfassend die Kompetenzen des Lerners
dar und kann somit zu einer "dynamischen Bewerbungsmappe" werden. In erster Linie ist
es aber ein Instrument des selbst organisierten Lernens mit folgenden Möglichkeiten (vgl.
Baumgartner 2005):

- Es werden die persönlichen Lernprozesse, "Giftpfeile", Erfahrungen und kritische
  Bewertungen bzw. Verbesserungsvorschläge fest gehalten,
- es können beliebig viele Dokumente des Lerners nach seiner freien Wahl gespeichert
  werden,
- dabei werden alle Sinneskanäle angesprochen, weil grundsätzlich alle Medien, also auch
  Videos oder Podcasts, genutzt werden können,
- gespeicherte Dokumente können mit verschiedenen Quellen und Systemen verlinkt
  werden,
- Kommentare von Lernpartnern oder Tutoren können die Inhalte bereichern,
- die Lerner setzen sich aktiv und (selbst-)reflektierend mit den gespeicherten Ergebnissen
  auseinander,
- sie entwickeln ihre Kompetenz zur Dokumentation und gezielten Planung ihrer
  individuellen Lernprozesse.

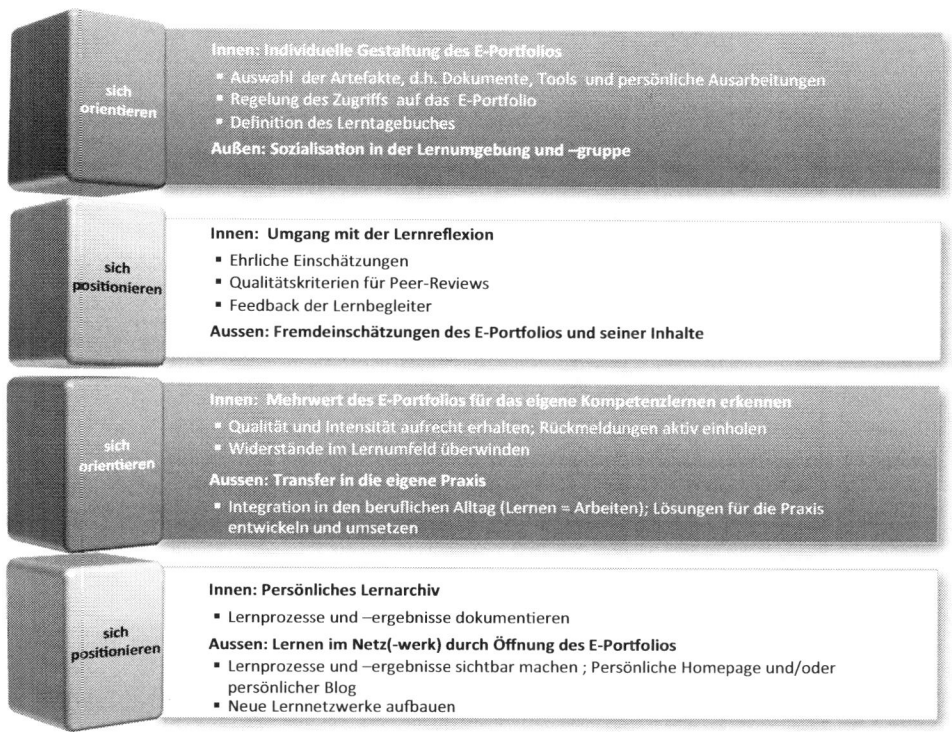

Abb. 3.21 4-Phasen-Modell der E-Portfolio-Nutzung. (in Anlehnung an Himpsl-Gutermann 2012, S. 424)

Werkzeuge in E-Portfolios sind u. a. digitale Sammelmappen, Blogs (Lerntagebücher), Kommentarfunktionen oder Bewertungswerkzeuge (vgl. Stratmann et al. 2009).

Die Arbeit mit E-Portfolios fördert das aktive, selbstorganisierte Lernen und die Lern-reflexion (vgl. Kamper et al. 2012). Damit bilden sie eine wesentliche Voraussetzung für Kompetenzlernen, insbesondere auch die Bildung von Communities. Diese dienen dem Erfahrungsaustausch und der Entwicklung gemeinsamer Lösungen. Dabei wird gemein-sames Wissen geschaffen, das ausgetauscht, gemeinsam weiterentwickelt und in anderen Zusammenhängen angewandt werden kann (vgl. Bauer und Baumgartner 2012).

Das E-Portfolio kann zum Ausdruck der digitalen beruflichen Identität werden (Himpsl-Gutermann 2012, S. 423). Das 4-Phasen-Modell für die E-Portfolio-Nutzung spiegelt dabei die typische Entwicklung dieser persönlichen, digitalen Lernsammlung (Abb. 3.21).

Die Weitergabe dieses Erfahrungswissens erfordert veränderte Denk- und Hand-lungsweisen der Lerner, da gewohnte Lernprozesse grundlegend verändert werden (Himpsl-Gutermann 2012, S. 423). Sie müssen bereit sein, sich offen über ihre Erfahrungen, aber auch über evtl. Misserfolge, auszutauschen.

3.4.5   Social Software (Social Media)

Das Internet hat die Kommunikation vieler Menschen verändert. Immer mehr organisieren einen Teil ihres Lebens offline, einen anderen online. Es entstehen neue soziale Strukturen in Communities, die auf innovativen Kommunikationsformen aufbauen. Aus diesen Erfahrungen können wichtige Anregungen für die Gestaltung der Kommunikationsprozesse in Lernsystemen gewonnen werden (vgl. Back et al. (Hrsg.), 3., vollständig überarbeitete Aufl. 2012, S. 432).

Social Software oder Social Media „umfasst sozio-technische, webbasierte Anwendungen, die im sozialen Kontext der Vernetzung von Personen deren Kommunikation, Koordination und Kollaboration dienen.

Social Software hat folgende Funktionsschwerpunkte:

• Informationsmanagement
• Zusammenarbeit
• Kommunikation
• Identitäts- und persönliches Netzwerkmanagement.

Social Media sind anwenderfreundlich und einfach zu bedienen und unabhängig von bestimmten Betriebssystemen und Hardware-Konfigurationen nutzbar, da sie mit dem Webbrowser bedient werden. Und sie sind nie wirklich fertig; statt größerer Releasewechsel wie sie von PC-Betriebssystemen oder Office-Programmen bekannt sind, gibt es in sehr kurzen Zeitabständen Aktualisierungen (vgl. Back et al. (Hrsg.), 3., vollständig überarbeitete Aufl. 2012, S. 432, 5).

Social Software Systeme sind im Regelfall selbst organisiert und werden durch Kommunikation und Kollaboration der Lerner geprägt. Damit eignen sie sich vor allem für Phasen informellen Lernens, das wiederum eine zentrale Rolle beim Kompetenzlernen bildet. Deshalb bietet es sich an, in Kompetenzentwicklungssystemen mit Blended Learning neben den bewährten Web 1.0 Instrumenten ausgewählte Web 2.0 Instrumente zu integrieren.

In der Lernpraxis haben sich vor allem die asynchronen Kommunikationsinstrumente *Wikis* und *Weblogs*, ergänzt um *Podcasts*, durchgesetzt (vgl. Buchem et al., 2. Aufl. 2013; vgl. Schulmeister 2010). Diese Kommunikations- und Wissensaustausch-Prozesse werden durch ergänzende Methoden, insbesondere *Social Bookmarks, Folksonomy* und *Tagging* oder *RSS* optimiert.

In der Praxis haben sich drei Optionen für die Nutzung sozialer Medien in der betrieblichen Bildungsarbeit herausgebildet (Kerres und Preußler 2013):

• *Traditionelle Kurse*: Soziale Medien werden begleitend zu Seminaren und Workshops benutzt, um den Austausch mit den Lernern zu fördern bzw. im Kontakt mit ihnen zu bleiben, ohne dass das „Lehr-"konzept"grundlegend verändert wird. Hierzu werden u. a. Microblogging-Services, z. B. Twitter, genutzt. Die Teilnehmer können dabei ihre

Überlegungen, Meinungen oder Beiträge unter bestimmten Schlagworten („#Hashtag") posten. Teilweise werden auch soziale Netzwerke, wie z. B. Facebook, dafür eingesetzt.

- *Blended Learning*: Mittels Learning Management Systemen wird das kooperative Lernen und die Kommunikation zwischen den Lernern und dem Lernbegleiter im virtuellen Raum ermöglicht. Die Lerner treffen sich in den selbstorganisierten Online-Phasen regelmäßig im Netz und bearbeiten gemeinsam Übungen und Transferaufgaben. Damit dienen die Sozialen Medien vor allem der sozialen Gruppenbildung und der thematischen Zusammenarbeit. Dies setzt voraus, dass ein „Lern"konzept umgesetzt wird, in dem die Sozialen Medien eine didaktische Funktion übernehmen.
- *Social Learning in Ermöglichungsräumen*: Angelehnt an die Struktur der cMOOC wird der Lernern ein Ermöglichungsrahmen im virtuellen Raum zur Verfügung gestellt, teilweise bauen sie ihn auch auf eigene Initiative auf, indem sie unter Nutzung Sozialen Medien individuelle Lernprozesse gestalten können. Im Mittelpunkt stehen dabei die Beiträge aller Teilnehmer, die sich über Soziale Medien mit einer teilweise hohen Dynamik selbstorganisiert und ohne lokale Bindung austauschen. Die „Lehrenden" wandeln ihre Rolle zu „Wegweisern" und „Lernbegleiter".

Folgende soziale Medien spielen in kompetenzorientierten Lernprozessen eine Rolle:

Wiki Wiki (WikiWikiWebs von hawaiianisch „Schnell, schnell") sind asynchrone und webbasierte Autorensysteme, bei welchen jeweils alle berechtigten Lerner alle Seiten verändern dürfen (Abb. 3.22, S. 108) (Brahm 2007a).

Wikis werden durch eine Gruppe von Lernern aufgrund ihrer eigenen Erfahrungen oder Erkenntnisse entwickelt. Es entsteht ein gemeinsamer Inhalt in Form eines inhaltlichen Stromes, dessen Struktur und Elemente sich durch die Beiträge aller Lerner laufend verändert. Wikis sind nicht mehr das Ergebnis eines einzelnen Autors, sondern immer eine echte Gemeinschaftsleistung. Damit entstehen gemeinsam formulierte Dokumente, mit dem sich alle identifizieren können. Deshalb können Wikis einen wichtigen Beitrag zur Entwicklung der Unternehmenskultur mit dem Ziel, die aktive Weitergabe von Erfahrungswissen zu fördern, leisten.

Wikis sind grundsätzlich durch folgende Merkmale geprägt (vgl. Klampfer 2005):

- *Offenheit*: Jedes Mitglied einer Lerngruppe kann den Text im Wiki lesen, korrigieren, kommentieren, kürzen oder erweitern. Alle Mitglieder der Lerngruppe haben grundsätzlich die gleichen Rechte zum Schreiben und Verändern von Texten.
- *Transparenz*: Über die History-Funktion eines Wikis können alle bisherigen Änderungen in einem Artikel nachvollzogen werden, so dass der Entstehungsprozess sichtbar wird. Dadurch wird das Verständnis gefördert und eine relativ hohe Qualität ermöglicht. Weiterhin gibt es Suchfunktionen, auch mit Volltextsuche.
- *Kreativität*: Aufgrund der asynchronen Kommunikation können in Wikis auch Teilnehmer zu Wort kommen, die in synchronen Szenarien eher zurückhaltend sind. Damit können auch kreative Prozesse der Ideenfindung in der Gesamtgruppe gefördert werden

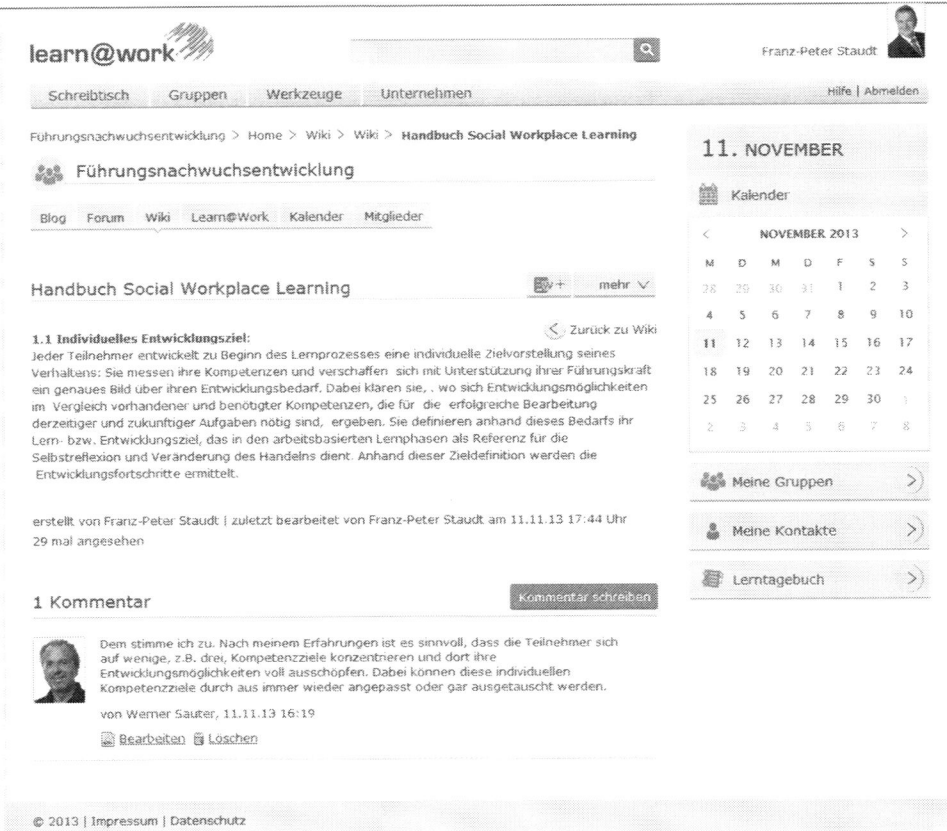

Abb. 3.22 Beispiel eines Wiki. (Quelle: www.learn-at-work.com)

- *Laufendes Feedback*: Die Autoren in Wikis erhalten regelmäßig Feedback durch die Beiträge der Lernpartner.
- *Einfachheit*:. Wikis können über eine einfache Skriptsprache ohne Schulung benutzt werden. Die Lerner können navigieren, lesen und Texte verändern, ohne dass sie ein weiteres Programm benötigen. Es sind insbesondere keine Fähigkeiten in Auszeichnungssprachen, wie z. B. HTML, notwendig.
- *Vielfältigkeit*: Wikis können über „*Tags*" verknüpft werden, so dass eine Ordnungsstruktur aufgebaut wird. Beim „*Taggen*" werden Schlagworte vergeben, die auf bestimmte Objekte verweisen, so dass jeder Nutzer durch Anklicken des Tags genau zu diesem Objekt gelangen wird.
- *Dynamik*: Wikis unterliegen einem kontinuierlichen Entwicklungsprozess mit allen Beteiligten.
- *Aktualität*: Veränderungen sind laufend möglich und können direkt online abgerufen werden.

- *Identifikation*: Im Verlauf der Wiki-Erstellung muss ein Gruppenkonsens gefunden werden. Dazu müssen sich die Teilnehmer mit ihren eigenen Vorschlägen, sowie mit den Gedanken der Lernpartner kritisch auseinandersetzen. Die Lerner identifizieren sich in diesen Lernprozessen zunehmend mit dem Wiki und dessen Inhalten. Sie teilen Wissen und lösen gemeinsam Probleme.

Wikis erfordern einen offenen und fairen Umgang miteinander. Die Lerner müssen sich an die vereinbarten Spielregeln halten, da sonst unbeabsichtigte Konflikte programmiert sind. Deshalb sind klar vereinbarte Ziele und Spielregeln, aber auch die Flankierung dieser Lernprozesse, insbesondere in der Anfangsphase, von zentraler Bedeutung. Es ist vor allem zu regeln, wer in welcher Weise

- Texte verändern darf,
- Einträge rückgängig machen darf,
- die Endfassung festlegt.

Da Wikis fast ausschließlich auf einem gemeinsamen Sprachcode aufbauen, sind regelmäßige Reflexionen über die Lernprozesse mit diesem Kommunikationsinstrument erforderlich. Daraus können wiederum Vereinbarungen, z. B. zur sprachlichen Gestaltung, zur Nutzung von Fachbegriffen oder zu Umfang und Tiefe der Erläuterungen abgeleitet werden.

Grundsätzlich können Wikis in folgender Weise in Kompetenzentwicklungsprozesse mit Blended Learning integriert werden:

- *Kurs-Wiki*: Der Trainer stellt vor dem Eröffnungsseminar in einem Wiki einen Grundstock an Dokumenten und Links zur Verfügung. Diese Basis wird dann von den Teilnehmern während des Lernprozesse gemeinsam weiter ausgebaut. In dieses Kurs-Wiki können auch Niederschriften der Seminare bzw. Workshops eingefügt und gemeinsam weiter bearbeitet werden.
- *Tandem- und Gruppenlernen*: Die Lerner entwickeln in einem gemeinsamen Prozess, evtl. in Abstimmung mit der Führungskraft oder dem Trainer, Lernziele und Inhalte für ihren gemeinsamen Lernprozess. Aus der Mitwirkung an diesen Wikis können sich jeweils problembezogen differenzierte Lerngruppen ergeben. Aufgaben werden diskutiert und bis zur Lösung gemeinsam bearbeitet.
- *Workplace-Learning*: In kollaborativen Arbeits- und Lernprozessen bilden sich auf Initiative der Lerner Wikis zu einzelnen Herausforderungen in der Praxis, die gemeinsam bewältigt werden sollen. In diesem Rahmen definieren die Teilnehmer gemeinsam Kompetenzziele, planen die Problemlösungs-Prozesse und entwickeln gemeinsam Lösungen.
- *Projektlernen*: Im Rahmen gemeinsamer, realer Lernprojekte können im Wiki Projektpläne, Aufgabenlisten, Besprechungsergebnisse und Projektergebnisse entwickelt werden. Aufgrund der Möglichkeit, Dokumente strukturiert zu speichern und zu bear-

beiten können alle Lerner immer die aktuellste Version nutzen. Grundsätzlich liegt die Verantwortung für die Pflege der Inhalte bei der gesamten Gruppe. Es hat sich jedoch bewährt, dass die Gruppen einzelnen Mitgliedern für eine begrenzte Zeit Organisations- und Kontrollfunktionen übertragen.

- *Communities of Practice*: Im Nachgang zu formellen Lernprozessen, aber auch aus Initiative der Lerner, können Wikis zum Erfahrungsaustausch und zum Aufbau eines gemeinsamen Wissenspools, insbesondere auch auf überregionaler bzw. internationaler Ebene, genutzt werden.
- *Gruppen-Lerntagebücher*: In Gruppenprojekten eignen sich Wikis zur gemeinsamen Reflexion über die Lernfortschritte. Da hier die jeweiligen Erfahrungen und Eindrücke einer bestimmten Gruppe kommuniziert werden, dürfen auch nur deren Mitglieder Veränderungen vornehmen.

Wikis setzen in Lernprozessen eine entwickelte, kollaborative Lernkultur voraus, die sich meist grundlegend von den bisherigen Erfahrungen der Trainer und Lernbegleiter unterscheiden. Deshalb sind Lernsysteme mit Wikis in einem schrittweisen Veränderungsprozess einzuführen.

Wikis eignen sich gut für die Förderung der Kompetenzentwicklung, da die Lerner auch wertbeladenes Wissen transportieren können. Sie können damit in der Kommunikation mit ihrem Netzwerk eigene Emotionen und Motivationen entwickeln. Wikis eignen sich aufgrund ihrer einfachen Handhabung aber auch zur Initiierung von kreativen Prozessen mittels Brainstorming.

Mit Wikis kann der gemeinsame Wissensbestand der Lerngruppe entwickelt und gepflegt werden. Mit diesem Instrument werden insbesondere die sozial-kommunikativen Kompetenzen gefördert, da sich die Lerner kreativ miteinander auseinandersetzen müssen. Über Wikis können auch fachlich-methodische Kompetenzen gefördert werden, da die Lerner Wissen sinnorientiert einordnen und bewerten müssen.

Wikis sind Kommunikations- und Dokumentationsinstrumente, die das Netzlernen über das Internet produktiv machen. Anstatt additiver Beiträge der Lerner, wie z. B. in Foren, können mit Wikis kollaborative Lernprozesse im engen Sinne initiiert werden. O'Reilly beschreibt den Lernprozess mit Wikis als die Nutzbarmachung der *kollektiven Intelligenz*. Das Ergebnis ist eine Potenz und nicht die Summe (vgl. O'Reilly 2005).

In Wikis fliesen die Beiträge der Teilnehmer ineinander, so dass zwar der Verlauf der Beiträge nachvollziehbar ist, im Ergebnis aber die Urheberschaft einzelner Teilnehmer nicht mehr zugeordnet werden kann.. Deshalb können Wikis nicht genutzt werden, wenn die persönliche Autorenschaft von Bedeutung ist, z. B. im Rahmen einer Prüfung. Auch bei wissenschaftlichen Arbeiten ist die exakte Zuordnung der Autorenschaft zwingend.

Insbesondere bei komplexen Wiki-Projekten besteht die Gefahr, dass die Lerner den Überblick über die Struktur verlieren. Dies lässt sich in einem begrenzten Rahmen über Suchfunktionen mildern, trotzdem muss die Gesamtstruktur, die sich eine Community am Anfang erstellt hat, der dynamischen Entwicklung der Lernprozesse angepasst werden. Deshalb sind Struktur und Inhalte der Wikis, immer wieder kritisch zu überprüfen. Dieser Prozess erfolgt sinnvoll durch die Lerngruppe selbst. Dabei werden gemeinsam neue Ordnungsstrukturen definiert und die Inhalte überarbeitet.

Wikis sind ein sehr gutes Instrument zur Förderung der Kompetenzentwicklung im Netz, die mit einem geringen organisatorischen Aufwand und niedrigen Kosten genutzt werden können. Voraussetzung für „lebendige" Wikis ist eine Bedarfsorientierung der Inhalte. Nur wenn die Lerner das Gefühl erhalten, dass sie diese Inhalte in ihren persönlichen Problemlösungs- und Entscheidungsprozessen in der Praxis nutzen können, werden sie sich dauerhaft aktiv einbringen.

Weblogs (Blogs)   Weblog ist ein Kunstwort, zusammengesetzt aus den Wörtern *Web* und *Log(buch)*.

Weblog, auch Blog genannt, ist eine persönliche Website eines Lerners, auf der eigene Inhalte, z.B. Projekterfahrungen, in rückwärts chronologischer Reihenfolge dargestellt werden.

In Blogs steht der aktuellste Beitrag stets an oberster Stelle. Jedem neuem Beitrag wird eine eigene URL (einen sog. *Permalink*) zugewiesen, über die er dauerhaft erreichbar ist. Dies macht es möglich, einzelne Beiträge gezielt zu adressieren und zu verlinken. Damit können sich andere Blogger direkt auf einen einzelnen Blog-Beitrag beziehen. Das Auffinden zeitlich nicht mehr aktueller und bereits archivierter Artikel wird erleichtert.

Blogs im Rahmen von Lernsystemen sind durch folgende *Merkmale* gekennzeichnet (vgl. u. a. Brahm 2007b):

- *Subjektivität*: *Blogs* werden im Lernprozess von einzelnen Lernern oder Kleingruppen betrieben. Die Beiträge spiegeln dabei die authentische und spontane Sichtweise der Lerner bzw. der Gruppen wider. Auch die Kommentare der Lernpartner oder –begleiter haben subjektiven Charakter.
- *Aktualität*: Ein Weblog lebt von den Beiträgen der Lerner und den Kommentaren ihrer Lernpartner. Deswegen ist durch verbindliche Vereinbarungen sicher zu stellen, dass die Lerner regelmäßig in bestimmter Form über ihre Erfahrungen, z. B. im Rahmen eines Projektblogs, berichten. Damit wird dieser Blog zu einem „Lerntagebuch",
- *Sequentielle Struktur*: Die Beiträge werden chronologisch absteigend dargestellt.
- *Vernetzung („Blogsphäre")*: Die Autoren („*Blogger*") verweisen mittels „*Tags*" auf andere Blogs oder Quellen, so dass eine Netzwerkstruktur entsteht. Über sogenannte *Trackbacks* wird die Weblog-Software andere Lerner informieren, wenn sich Beiträge auf deren Blogs beziehen („*Ping*"). Zitiert ein Blogger aus einem anderen Weblog, wird dort ein Rücklink platziert. Damit kommunizieren Blogs nahezu unbemerkt, ohne Initiierung durch den Lerner, im Hintergrund miteinander und tauschen Informationen aus. Mit dieser Trackback-Funktion entsteht im Laufe der Zeit eine komplexe „*Blogsphäre*".
- *Asynchrone Kommunikation*: Die Kommentarfunktion am Ende jedes Artikels bietet den Lesern eines Weblogs die Möglichkeit, Stellung zu den Beiträgen zu nehmen. So kann ein *netzbasiertes „Gästebuch"* entstehen. Der Blogautor kann wiederum auf die Kommentare anderer Bezug nehmen. Lernpartner können zu einzelnen Blogbeiträgen

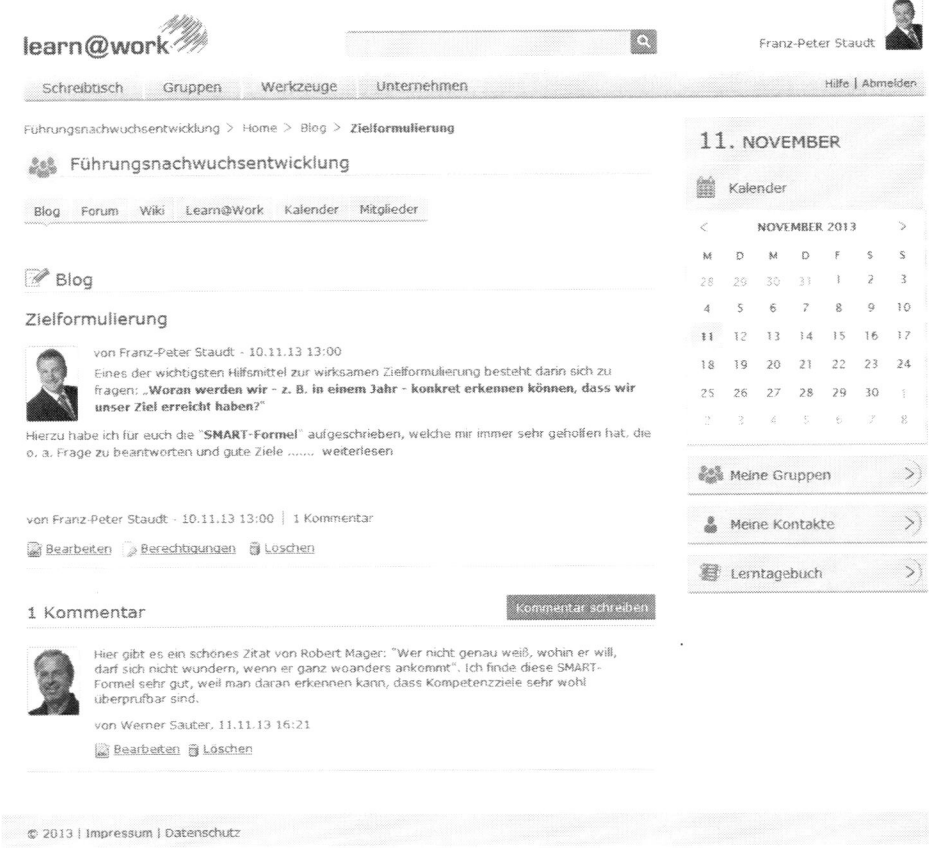

Abb. 3.23 Beispiel eines Blog-Lern-Tagebuches. (Quelle www.learn-at-work.com)

aber auch in ihrem eigenen Weblog Kommentare schreiben, die mit dem bewerteten Artikel verlinkt werden. Es ist technisch möglich, den Blog so zu gestalten, dass nur bestimmte Lernpartner Kommentare einfügen können oder dass Kommentare erst durch den Blogger freigegeben werden müssen.

- *Einfachheit*: Blogs können intuitiv aus der Lernplattform heraus genutzt werden. *RSS-Reader* machen es möglich, ausgewählte Blogs online oder auch offline zu lesen, ohne jede einzelne Blog-Seite gesondert besuchen zu müssen.
- *Öffentlichkeit*: Die Blogbeiträge werden im Learning Management (LMS) veröffentlicht und meist zusätzlich per E-Mail bekannt gemacht.

Blogs spiegeln generell die Erfahrungen der Lerner im Rahmen ihrer Lernprozesse wider. Sie sind in hohem Maße geeignet, Kompetenzentwicklung in Netzen zu fördern. Dies wird aus nachstehenden Nutzungsmöglichkeiten deutlich:

- *Lerntagebücher*: Blogs werden als webbasierte Lerntagebücher genutzt, die Lernprozesse, z. B. im Rahmen von Projekten, transparent machen. Der Lerner stellt neue Materialien und Ergebnisse vor und bereitet seine Überlegungen schriftlich in kurzen Beiträgen auf. Diese Ausarbeitungen werden wiederum von Lernpartnern kommentiert und bei Bedarf ergänzt (Abb. 3.23).
- *Reflexion*: Der Lerner kann über seine kognitiven und emotionalen Lernprozesse reflektieren. Er kann z. B. Lernprobleme oder Lernfortschritte thematisieren und mit den Lernpartnern diskutieren.
- *Transparenz*: Die Lerner legen mit Blogs ihre Wissenslücken offen, da sie gezwungen sind, ihre Lernergebnisse und ihr Erfahrungswissen schriftlich zu fassen. Die Dokumentation der Lernprozesse über einen längeren Zeitraum zeigt Verknüpfungen zwischen verschiedenen Wissenselementen. Die Inhalte können mit Hilfe der Volltextsuche oder auch über diese Kategorien leicht wieder gefunden werden.
- *Offenheit*: Blogs können von allen Mitgliedern der Lerngruppe gelesen werden. Deshalb werden Blogs auch in der Praxis meist mit hoher Sorgfalt formuliert.
- *Persönlicher Wissensspeicher*: Die Lerner können über Blogs laufend alle Informationen, Erfahrungen, Quellen oder Meinungen bündeln, die für ihren persönlichen Lernprozess relevant sind. Sie können im Regelfall Dateien hoch laden, so dass wichtige Inhalte auf Initiative einzelner Lerner schnell verteilt werden. Die Blogautoren lernen, eigenes Wissen zielgerecht zu strukturieren und Wissen der Lernpartner zu kommentieren oder zu ergänzen.

Strukturierungsbeispiel für Blogs

- Persönliche Ziele, Wertvorstellungen, Projektbeschreibungen etc.
- Aktuelle Berichte aus dem persönlichen Lernprozess bzw. Projekt
- Vereinbarungen, Protokolle
- Eigene Ausarbeitungen und Präsentationen
- Ausarbeitung und Präsentationen von Lernpartnern
- Artikel, E-Books, Interviews. . .
- Links zu relevanten Quellen, wie z. B. Blogs, Newsletter, Verbände, wissenschaftliche Organisationen, Konferenzen, Datenbanken. . . .

- *Gemeinsamer Wissenspool*: Die Summe der Blogs eines Netzwerkes bilden die Basis für einen gemeinsamen Wissenspool. Blogs sind somit auch ein Instrument des organisationalen Lernens.

Blogs sind zwar nicht interaktiv, können aber durch die Verlinkung untereinander sowie durch das Kommentieren einzelner Beiträge ein hohes Maß an Kommunikation erzeugen. Über Blogs können gemeinsame Lernprozesse organisiert werden, indem Arbeitsaufträge, Zeitpläne oder Vereinbarungen aktuell bereitgestellt werden.

- *Gruppen-Blogs*: Verschiedene individuelle Blogs einer Lerngruppe können über einen gemeinsamen Gruppenblog miteinander verbunden werden. Dabei werden vor allem auch die Gruppenprozesse in diesen Projekten transparent, so dass auf dieser Basis fundierte Reflexionen erfolgen können.
- *Kurs-Blogs*: Trainer, Tutoren oder Coaches richten diese Blogs ein und vereinbaren mit den Lernern, dass sie diese mit Inhalten füllen. Damit kann eine spezifische Sammlung von Erfahrungswissen, Meinungen und Wertungen von Materialien und Quellen entstehen. Es besteht jedoch die Gefahr, dass Kurs-Blogs rasch unübersichtlich werden. Deshalb sind eine klare Strukturierung und verbindliche Spielregeln erforderlich. Mit Kurs-Blogs wird eine hohe Verbindlichkeit erzeugt, da die Lernprozesse im Kurs transparent werden.
- *Webquest*: Blogs werden so gestaltet, dass die Lerner bei der Lösung von Problemstellungen mit Hilfe des Wissens ihres Netzwerks neues Wissen entwickeln können. Diese Methode, die insbesondere im Schulbereich, aber auch in der betrieblichen Bildung eingesetzt wird, kann frei als *„abenteuerliche Spurensuche im Netz"* bezeichnet werden. Trainer, E-Coaches oder E-Tutoren bereiten einen Gruppen-Blog vor, der die wesentlichen Elemente der Lernprozesse widerspiegelt. Dazu gehören u. a. die Problembeschreibung, konkrete Arbeitsaufträge, Materialien bzw. Links, evtl. methodische Hinweise, Reflexionsübungen oder Präsentationsaufgaben.

Weblogs fördern insbesondere die Entwicklung der *personalen Kompetenzen*, da sich die Lerner reflexiv mit sich selbst auseinander setzen müssen und dabei Werthaltungen entwickeln. Sie bieten weiter die Möglichkeit, andere Lerner an den Erfahrungen des Autors teilhaben zu lassen und dessen Aussagen mit ihren eigenen Erfahrungen in Beziehung zu setzen. Weblogs dienen damit nicht nur der Publikation sondern fördern Kompetenzentwicklungsprozesse im Netz.

Über das gegenseitige Lesen und Kommentieren von Blogs bilden sich zielorientierte Beziehungen zwischen den Lernern. Es entstehen Communities in einem „bottom-up" Prozess, die Lernprozesse im Netz ermöglichen. Aber auch *fachlich-methodische Kompetenzen* sowie *aktivitätsbezogene Kompetenzen* werden mit Hilfe von Blogs herausgebildet, denn der Weblogautor muss seine Artikel aus eigenem Antrieb methodisch kreativ gestalten und sein Vorgehen zielgerichtet strukturieren.

Blogs haben sich vor allem dann bewährt, wenn folgende Anforderungen erfüllt werden:

- *Blended Learning Arrangement*: Blogs werden in die Lernprozesse mit klarer Zielsetzung integriert.
- *Kollaborative Arbeits- und Lernprozesse*: Die Zielsetzung und die Funktionen der Blogs sind in einem gemeinsamen Prozess mit den Lernpartnern fest zu legen.
- *Spielregeln*: Die Spielregeln sind verbindlich zu definieren.
- *Rechte*: Die Zugangs- und Schreibrechte sind entsprechend der Vereinbarung mit der Lerngruppe einzurichten

Blogs ermöglichen im Rahmen der Kompetenzentwicklung die Förderung folgender Fähigkeiten:

- Eigenes Erfahrungswissen für die Lernpartner aufzubereiten und sich verständlich auszudrücken,
- mit Lernpartnern und anderen Beteiligten zielorientiert zu kommunizieren,
- aktiv kollaborative Lernprozesse gestalten,
- ein bedarfsgerechtes Netzwerk aufzubauen,
- die eigene Methoden- und Medienkompetenz auszubauen,
- den persönlichen und gemeinsamen Lernprozess zu reflektieren,
- gemeinsames Erfahrungswissen zu bewerten und weiter zu entwickeln.

Blogs sind damit ein hervorragendes Instrument zur Förderung der Kompetenzentwicklung im Netz, da sie vor allem die Entwicklung im persönlichen, aber auch in den anderen Kompetenzbereichen, fördern.

Microblogs Microblogs sind Blogs, bei der die Benutzer kurze, SMS-ähnliche Textnachrichten veröffentlichen können.

Die Länge dieser Nachrichten beträgt meist 140 Zeichen. Da deshalb Platz gespart werden muss, werden Texte, Videos, Bilder oder Fotos nicht direkt eingebunden, sondern per Hyperlink verlinkt. Die einzelnen Postings werden wie in einem Blog chronologisch dargestellt. Die Nutzer können diese Nachrichten weiterleiten ("Re-Tweeden").

Beim Micro-Videoblogging hat der Lerner die Möglichkeit hat, kurze Videos (ohne Ton) aufzunehmen und diese dann in das Lernsystem zu stellen.

Podcast Der Begriff „*Podcast*" ergibt sich aus der Zusammensetzung des Apple „*iPod*" und „*broadcasting*" (ausstrahlen).

Podcasts sind „Audio-Blogs", die ins Netz gestellt werden und zum Abspielen aus dem Web herunter geladen werden (vgl. Rennstich 2005).

Diese Beiträge können ähnlich wie private Radiobeiträge zu einem Thema, z. B. als Aufzeichnung eines Interviews, Wiedergabe einer Diskussion oder einer Rede, aber auch wie Lerntagebücher oder Kommentare zu Ausarbeitungen gestaltet sein. Podcasts können von den Lernern selbst erstellt werden. Ergänzend können geeignete Podcasts aus anderen Quellen in den Lernprozess integriert werden. Im Regelfall dauern Podcasts nicht länger als 10 min.

Innerhalb einer Lerngruppe werden Podcasts meist abonniert, so dass alle Lerner neue Beiträge automatisch erhalten. Dieses Instrument kann in Kompetenzentwicklungs-Prozessen eine ergänzende Funktion übernehmen, da es relativ einfach mit dem PC und einem Mikrophon erstellt werden kann und in der Lage ist, authentische Inhalte zu transportieren. Podcasts werden auch für formelle Lerninhalte genutzt. So bieten verschiedene Verlage auch Podcasts, z. B. für Führungskräfte, im Abonnement an.

Wird das Konzept des Podcasts noch durch bewegte Bilder optimiert, entsteht ein *Video-Podcast*, der ins Netz gestellt und heruntergeladen werden kann.

Podcasts besitzen eine hochemotional-motivationale Eindringlichkeit, so dass sie beson-
ders in den personalen sowie sozial-kommunikativen Kompetenzbereichen wirksam sind.
Bei den aktivitätsbezogenen Kompetenzen liegt ein mittleres Entwicklungspotenzial vor.

Social Bookmark Social Bookmarks sind digitale Lesezeichen, die im Netz über eine Browser-Oberfläche von verschiedenen Lernern durch gemeinschaftliches Indexieren
erschlossen und mittels eines RSS-Feeds bereitgestellt werden.

Diese Nutzer können eigene Lesezeichen hinzufügen, löschen, kommentieren sowie
mit Kategorien oder Schlagwörtern („*Tags*") versehen.

Social-Bookmark-Systeme ermöglichen es dem Lern-Netzwerk, zielgerichtet Quellen
für Ihren Lernprozess auf zu spüren. Außerhalb des Lernsystems können Lernpartner
mit ähnlichen Interessen gefunden werden, so dass neue Communities mit Bezug zu den
unternehmensbezogenen Netzwerken entstehen können.

Social Bookmarking eignet sich gut, um Quellen für den Lernprozess zu finden, zu bewer-
ten und in den eigenen Strukturen der Lerner einzuordnen. Dadurch werden vor allem die
fachlich-methodische, aber auch die aktivitätsbezogene Kompetenz gefördert.

Social Tagging und Folksonomy „Social Tagging" bezeichnet das gemeinschaftliche Indizieren mittels frei gewählter Schlagworte („Tags"). Die Summe der Tags bildet die
Folksonomy.

Die Organisationsstruktur entsteht dabei bottom-up, indem die Lerner Schlagworte
(Deskriptoren) vergeben. Dabei können sie alle Wörter oder Nummern nutzen, die sie
für sinnvoll halten. In Kompetenzentwicklungsprozessen können folgende Möglichkeiten
genutzt werden:

- *Persönlicher Wissensspeicher*: Jeder Lerner speichert die für ihn wertvollen Quellen in
  seinem Archiv ab und legt Kategorien und Schlagworte fest. Die Lernbegleiter können
  die Lernprozesse im Kurs fördern, indem sie ihr eigenes Social Bookmarking Archiv
  nutzen, um weitere Online-Lernmaterialien an zu bieten.
- *Online-Recherche*: Die Lerner können den Social Bookmarking Dienst wie eine
  Suchmaschine nutzen und die Archive der Lernpartner, aber auch das Web nach bestimmten Schlagworten durchsuchen. Weiterhin können die Archive oder einzelne
  Kategorien von Netzwerk-Partnern abonniert werden. Lerngruppen können ein gemeinschaftliches Archiv mit einer gemeinsam festgelegten Struktur anlegen, zu dem
  alle Gruppenmitglieder Zugang haben.

RSS – Really Simple Syndication RSS steht für „Really Simple Syndication" und bezeichnet ein auf XML basierendes Datenformat, das es Nutzern ermöglicht die Inhalte einer
Webseite zu abonnieren oder in eine andere Webseite zu integrieren.

Die RSS-Datei (oft auch *RSS-Feed* genannt) enthält maschinenlesbare Informationen
über die Internetseite, die von sog. Feedreadern (oft auch Newsaggregator genannt) ausgewertet werden können. In den neuen Versionen der meisten Internetbrowser sind solche

Feedreader standardmäßig integriert. Diese überprüfen die RSS-Dateien der abonnierten Webseiten regelmäßig und zeigen an, ob sich Inhalt verändert haben oder ob neue Inhalte hinzugekommen sind. Damit können die Lerner einfach und zeitsparend eine große Anzahl an Quellen verfolgen, ohne dass sie immer wieder auf jede einzelne Webseite überprüfen müssen.

Auch in Lernsystemen kann die es sinnvoll sein, Feed-Reader einzurichten, sofern es z. B. mehrere Blogs gibt Weiterhin gibt es die Möglichkeit, RSS Such-Feeds für bestimmte Inhalte zu nutzen. RSS unterstützen damit vor allem die fachlich-methodische Kompetenz.

3.4.6   Content-Entwicklung

Formelles Wissen ist die notwendige Voraussetzung für Kompetenzentwicklung. Deshalb kommt der Contententwicklung eine zentrale Bedeutung zu.

Die Verantwortung für den Content liegt im formellen Lernbereich, insbesondere wenn es um das Erstellen, Speichern, Distribuieren und Verwalten von E-Learning-Lösungen in Form von *Reusable Learning Objects (RLO)*, d. h. wieder verwendbare Lerneinheiten wie Web Based Trainings geht, bei der Personalentwicklung des Unternehmens. Im Regelfall wird sie dabei von Unternehmen unterstützt, die sich auf die Produktion von WBT, teilweise auch von Lernvidoes oder Podcasts und –audios, spezialisiert haben. Daneben werden weiterhin Printmedien, z. B. Studienbriefe oder Arbeitsblätter, eingesetzt.

In Social Learning Arrangements werden die Inhalte immer mehr von den Lernern selbst entwickelt. Deshalb werden Systeme zur Entwicklung des Contents benötigt, die es möglich machen, Erfahrungswissen verständlich und rasch durch die Lerner selbst als „*User Generated Content*" aufzubereiten.

Entwicklungstools für Web Based Trainings   Die Entwicklung von Web Based Trainings kann vor allem über LCMS oder Autorenwerkzeuge erfolgen.

Eine LCMS – Learning Content Management System – dient der Entwicklung und Pflege der Inhalte und ermöglicht die effiziente Produktion und Verwaltung der Lerninhalte.

Professionelle LCMS machen es möglich, beliebige Inhaltselemente, sogenannte Lernobjekte, wieder zu verwenden und zu neuen Trainings zusammen zu stellen. Damit vermeidet ein LCMS die mehrfache Erstellung inhaltlich gleicher Lernobjekte und beschleunigt die Generierung zielgruppengerechter Trainings. Über eine Trennung von Layout und Inhalt können Lernprogramme ohne größeren Aufwand im Erscheinungsbild der jeweiligen Unternehmen dargestellt werden. Somit werden Zeit und Kosten eingespart.

Die Anforderungen an LCMS in Hinblick auf Lernerorientierung und Wirtschaftlichkeit können nur dann erfüllt werden, wenn folgende Strukturmerkmale gesichert werden.

- Die Struktur der WBT wird über eine Sammlung differenzierter Templates für Ansichten (z. B. Hinführungen), verschiedene Aufgabentypen oder Tests definiert. Damit können Medienentwickler die Struktur der WBT definieren.
- Das System ist um neue didaktische und methodische Elemente erweiterbar.
- Inhalte in den WBT können beliebig verändert werden.
- Das Layout kann einfach an das Corporate Design des Nutzers angepasst werden.
- Inhalt und Layout werden getrennt voneinander bearbeitet.
- Die einzelnen Elemente eines WBT (Lernobjekte), z. B. Texte, Grafiken, Fotos, Flash, Tests u. a., werden in einer Datenbank für Lernobjekte (Learning Object Repository) abgelegt und können wieder verwertet werden. Ergänzt werden diese durch Metadaten, die die Lernobjekte beschreiben. Moderne LCMS können dabei einzelne Lerneinheiten bereitstellen oder individuelle Lernlösungen generieren. Weiterhin enthält die Datenbank externe Lerninhalte, z. B. aus anderen Datenträgern oder –banken sowie Anwendungsprogrammen.
- Die Bedienung des Systems ist dynamisch (Dynamic Delivery Interface), intuitiv und somit ausgesprochen benutzerfreundlich. Deshalb ist ein User-Tracking integriert, das es ermöglicht, die Lernaktivitäten mit zu verfolgen und zu protokollieren.
- Das System umfasst eine Administrationsapplikation bzw. eine Schnittstelle zum Learning Management System oder zur Sozialen Lernplattform.
- Das System berücksichtigt Industriestandards, um die Verknüpfung mit anderen IT-Systemen zu sichern.

LCMS liefern die Trainingslogik durch das System. Die Navigationsmöglichkeiten und Übersichtsseiten werden zentral definiert und auch methodisch didaktische Grundkonzepte, wie beispielsweise eine kontextsensitive Wissensbasis oder die Möglichkeit, Tests zum Einstieg oder Abschluss von Trainings einzusetzen, sind bereits vorgegeben. Teilweise ermöglichen diese Systeme heute individuell angepasstes Lernen. Auf Basis von Lernerprofilen, vereinbarten Lernzielen und dem aktuellen Wissensstand bzw. der Lernstufe, die z. B. mittels Tests ermittelt werden, kann das Lernprogramm einen personalisierten Lernpfad generieren. Aufgaben und Inhalte werden den Lernern dann zur Verfügung gestellt, wenn sie diese benötigen. Dadurch werden Kurse dynamisch gestaltet.

Alle Daten werden auf einem Server zentral gespeichert und können somit in ein sicheres Ordnungssystem eingepflegt werden. Dort sind sie jederzeit auffindbar und können von allen Berechtigten bearbeitet werden. Die Daten werden zentral gesichert und stehen deshalb allen Nutzern immer in der gerade aktuellen Version zur Verfügung. Dies ist vor allem dann wichtig, wenn der Umfang der Lernprogramme im Laufe der Zeit kräftig wachsen soll. Ein Entwicklungskonzept mit vielen internen und externen Autoren und Redakteuren ist ohne einen zentralen Content Server kaum sinnvoll umsetzbar.

LCMS setzen bei Redakteuren und Autoren Abstraktionsfähigkeit voraus. Die Produktionsprozesse werden aber deutlich verschlankt, da die Medienentwickler keine Bildschirmseiten gestalten müssen. Durch die feingranulare Erfassung der Inhalte, unabhängig von ihrer tatsächlichen Darstellung am Bildschirm, wird die Datenqualität und damit auch der Wert der Daten erhöht, da diese vielfach wieder verwertet werden können. Im LCMS müssen Inhalte nur einmal eingegeben werden. Werden sie aktualisiert oder übersetzt, werden sie nur einmal, an einer Stelle bearbeitet.

LCMS können Inhalte versionieren, so dass jede Änderung nachvollzogen und bei Bedarf rückgängig gemacht werden kann. Die Redakteure und Autoren können Benutzergruppen zugeordnet und mit entsprechenden System-Berechtigungen ausgestattet werden, um die Aufgaben und Zuständigkeiten im Produktions- und Pflegeprozess abzubilden. Dies ermöglicht die Zusammenarbeit auch bei räumlich verteilten Teams. Die Entwickler benötigen keine Programmierfähigkeiten. Obwohl dadurch manchmal die Flexibilität der Lösungen begrenzt wird, ergibt sich der Vorteil, dass alle Inhalte und Funktionen einheitlich sind.

Autorenwerkzeuge (Automated Authoring Application) sind Einzelplatz-Lösungen zur Entwicklung von Web Based Trainings, die meist auf dem PC der Medienentwickler installiert werden.

Integrierte Applikationen automatisieren die Entwicklung von WBT und machen es möglich, Objekte aus anderen Lernprogrammen zu integrieren. Bei diesen Tools muss jede Bildschirmseite, z. B. auch Übersichten, Navigationsseiten, Lernstandanzeigen oder Sitemaps, einzeln umgesetzt werden. Deshalb ist der Aufwand zur Erstellung eines qualitativ hochwertigen und funktional reichhaltigen Trainings beim Einsatz dieser Systeme wesentlich höher als bei einem LCMS.

Aktuelle Entwicklungstools für WBT sind auf vielfältigen Endgeräten verfügbar, vom Smartphone über iPhone, Tablet, iPad, Windows PC bis zum Mac. LCMS sind als Client-Server-Systeme konzipiert. Die Entwicklungssoftware und die Lernobjekte sind damit an einer zentralen Stelle, so dass mehrere Entwickler am gleichen Lernprogramm arbeiten können, ohne am selben Ort zu sein.

Hilfreich für die Praxis der Lernkonzept-Entwickler sind Gestaltungsempfehlungen für E-Learning Umgebungen, wie sie z. B. Günter Daniel Rey aufzeigt (vgl. Rennstich 2005, S. 81 ff.). Die Anwender können aus einer Vielzahl von Gestaltungsempfehlungen für (Hyper-)texte, Bilder, Animationen, Computersimulationen und Problemlösungsaufgaben wählen. Dabei werden auch unterschiedliche Lernroutinen berücksichtigt, die Einfluss auf diese Empfehlungen haben.

So wird beispielsweise empfohlen, das visuelle und akustische Arbeitsgedächtnis gleichzeitig zu nutzen. Dagegen sind geschriebene Texte, die parallel mittels Audio vorgetragen werden, für die Lerneffizienz schädlich. Die Menschen besitzen ihre eigene Lesegeschwindigkeit, die im Regelfall nicht mit der Sprechgeschwindigkeit des Audios übereinstimmt. Dadurch wird das Arbeitsgedächtnis des Menschen zusätzlich belastet, es entsteht eine Konfusion. Audios sind dagegen sinnvoll, wenn Grafiken, Ablaufschemata oder Kennziffern von einem Sprecher erläutert werden, weil dadurch sowohl das visuelle als auch das akustische Arbeitsgedächtnis unterschiedlich aktiviert werden.

Die erstellten WBT können über eine auf SCORM-Standard basierende Schnittstelle auf jeder gängigen Lern-Plattform implementiert werden. *SCORM* (Sharable Content Object Reference Model) ist ein internationaler Standard mit dem Ziel, zu ermöglichen, dass

E-Learning Inhalte in verschiedenen Umgebungen aufgerufen und Lernerdaten ausgetauscht werden können. SCORM-Kompabilität bedeutet, dass der Austausch zwischen
den Plattformen und DV-Systemen wahrscheinlich ist, garantieren kann sie nicht, dass
diese Schnittstellen passen. (Kerres, 4. Aufl. 2013, S. 476)

Das technische Grundkonzept eines LCMS ist durch die Trennung der Inhalte von
ihrer Darstellung geprägt. Zwar wird dieses Konzept auch von vielen Autorenwerkzeugen
in Form von Templates für bestimmte Aufgabentypen und Screens aufgegriffen, jedoch
bleibt der grundlegende Unterschied bestehen: Die Inhalte werden in Autorenwerkzeugen,
bezogen auf einzelne Bildschirmseiten eingegeben, in LCMS werden Lernobjekte gepflegt,
die erst in einem zweiten Schritt, meist durch die Software, zu Bildschirmseiten angeordnet
werden.

Prozess der Medienentwicklung   *„Denn wer da hat, dem wird gegeben. Wer aber nicht hat,*
von dem wird auch genommen werden, was er hat".

Matthäus 13, Vers 12

Überträgt man dieses Eingangszitat auf Lernprozesse, dann wird damit betont, dass die
Gefahr einer unzureichenden Vernetzung des neuen Wissens mit den vorhandenen Vor-
kenntnissen dann groß ist, wenn dieses lückenhaft oder schlecht organisiert ist. In diesem
Fall sind die Vergessens-Prozesse nachweislich sehr hoch. Andererseits werden Lernpro-
zesse begünstigt, wenn sie direkt an den Vorkenntnissen anknüpfen (vgl. Wahl 2011).
Deshalb ist es notwendig, Lernprogramme mit einer klaren Strukturierung zu beginnen.

Häufig begegnet uns die Forderung, Lernprogramme müssten mit vielen anregenden
Elementen angereichert werden, um die Motivation zu steigern. Dagegen zeigt die Lernforschung, dass solche „Motivationen" eine sehr geringe Auswirkung auf den Lernerfolg
haben. Klare Strukturen, Anknüpfung an den Vorkenntnissen der Lerner und eine hohe
Problemorientierung tragen dagegen wesentlich dazu bei, die Lernziele zu erreichen.

Auch die Ausrichtung von Lernprogrammen auf Lerntypen ist nicht sinnvoll. Dies wird
durch die Lernforschung und die Neurowissenschaft belegt. Jeder Mensch weist in seinem
Gehirn eine einzigartige biologische Struktur mit ganz individuellen Gedächtnisinhalten
auf. Deshalb ist die Annahme plausibel, dass die Lernstrategien von Lerner zu Lerner
und von Situation zu Situation unterschiedlich sind. Lernen ist deshalb ein hochgradig
einzigartiger Prozess (vgl. Wahl 2006). Man kann darum davon ausgehen, dass es so viele
Lerntypen wie Lerner gibt, so dass jeder Mensch seine individuelle Lernstrategie benötigt.

Die Medienentwicklung erfolgt nach folgendem Grundschema (Abb. 3.24, S. 121):

Dauer und Qualität des Entwicklungsprozesses der WBT werden insbesondere durch
folgende Faktoren bestimmt:

- Professionalität und Durchsetzungsfähigkeit des Projektmanagements
- Qualität der Zusammenarbeit von Auftraggeber und Netzwerkpartner
- Umfang und Qualität der Vorlagen der Fachautoren
- Kompetenzen der Drehbuchentwickler und Medienproduzenten
- Leistungsfähigkeit des LCMS bzw. des Autorentools
- evtl. Qualität des Netzwerkes der Multimedia-Produzenten
- Umfang des Betatest incl. Fehlerbehebung

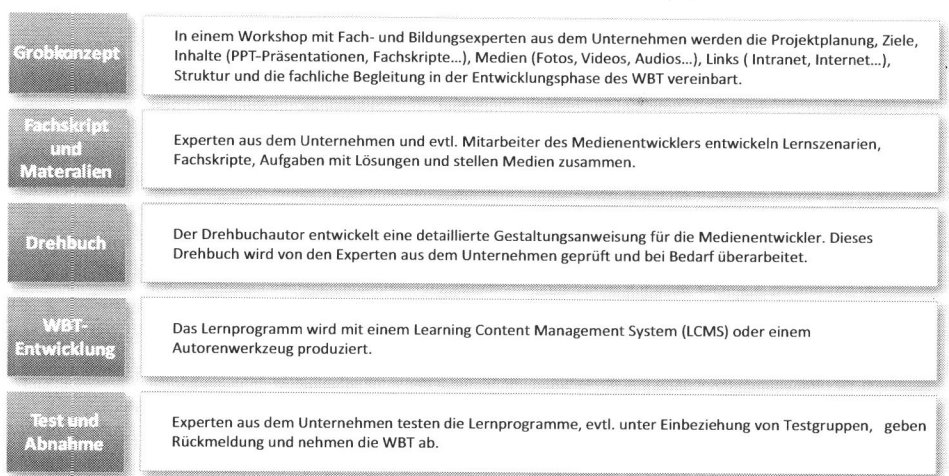

Abb. 3.24 Prozess der Medienentwicklung

Grundsätzlich sind für den Entwicklungsprozess von Lernprogrammen folgende Profile mit spezifischen Kompetenzen erforderlich (Tab. 3.5, S. 122):

- *Projektleiter* planen und steuern den gesamten Prozess, von der Bedarfserhebung bis zur Implementierung. Dies erfordert eine hohe Projektmanagementkompetenz, da viele Beteiligte koordiniert werden müssen. Werden regelmäßig WBT entwickelt, kann es sinnvoll sein, diese Kompetenz im eigenen Haus aufzubauen. Weiterhin sollte der Projektleiter nach Möglichkeit auch didaktisch-methodische Kompetenzen besitzen. Werden Lernprogramme nur sporadisch entwickelt, hat es sich bewährt, auch das Projektmanagement der WBT-Entwicklung auf erfahrene, externe Partner zu verlagern. Diese sollten als Schnittstelle zum Unternehmen einen internen Projektleiter erhalten, der die erforderlichen Informationen beschafft und die notwendigen Abstimmungsprozesse, insbesondere mit den Fachexperten, im Unternehmen koordiniert.
- *Fachautoren*: Diese Experten liefern ihre Inhalte auf der Basis eines Autorenleitfadens in gängigen Formaten, z. B. Word, Powerpoint oder Excel. Danach entwickeln sie ein Lernszenario aus Aufgaben und Lösungen und modularisieren die Fachinhalte zu Wissensbasen. Nach Fertigstellung der Betaversion testen sie die Lernprogramme und geben Hinweise für die inhaltliche Optimierung und Aktualisierung. Fachautoren können im Regelfall aus dem Kreise der unternehmensinternen Experten, insbesondere der Trainer, gewonnen werden.
- Die Erarbeitung der Fachmanuskripte erfordert von den Autoren die Kompetenz, problemorientierte Lernszenarien zu entwickeln und das erforderliche Wissen in modularisierter Form dar zu stellen. Nach dem „Primat der Ziele" bietet sich folgende Vorgehensweise an:

Tab. 3.5 Schritte zur Erstellung eines Fachmanuskriptes

Erstellung eines Fachmanuskriptes	
1. Schritt: Struktur (Advance Organizer)	Zunächst empfehlen wir, alle wesentlichen Inhalte in eine vernetzte Darstellung (Expertenstruktur) zu bringen. Dieser Advance Organizer erleichtert den Einstieg in die Lernumgebung (vgl. Wahl 2011). Lerner können damit ihre Aufmerksamkeit auf die für sie wichtigen Teile lenken, sie verstehen von Anfang an, um was es geht, erhalten eine klare Orientierung für ihre selbstgesteuerten Lernprozesse, können das neue Wissen mit ihrem Vorwissen verknüpfen, vermeiden Missverständnisse, z. B. aufgrund von Verwechslungen und erleichtern den Transfer in die Praxis.
2. Schritt: Feinziele	Auf dieser Basis können Feinziele mit Verben formuliert werden, die eine überprüfbare Handlung beschreiben, wie z. B. „. . . lösen, . . . erklären, . . . beraten, . . . analysieren". Substantivierungen, z. B. „Kenntnis, Einsicht oder Überblick. . . ." sind als Lernziele wenig geeignet, da sie sehr viel Interpretationsspielraum offen lassen.
3. Schritt: Lernszenario	Exemplarische Problemstellungen auswählen, mit denen die Lernziele am besten erfüllt werden können. Auf dieser Basis entwickelt der Fachautor ein *Lernszenario*, das den „Roten Faden" durch das Trainings-Modul und die Grundlage für die Struktur der Übungsaufgaben bildet. Dieses Lernszenario soll es dem Lerner schrittweise mit wachsender Komplexität ermöglichen, die angestrebte Qualifikation zu erreichen.
4. Schritt: Formulierung	Formulierung der Hinführung, der Wissensstruktur, der Aufgaben mit Lösungen und kontextsensitiv zugeordneten Wissensbasen, die für deren Lösung notwendig sind. Festlegung weiterer Informations- und Wissensquellen für Verlinkungen im Intranet oder Internet (aktuelle Quellen, Gesetzestexte, Behörden, Verbände. . .)
5. Schritt: Gestaltung	Vorschläge und Ideen für Bildmaterial für multimediale Elemente, z. B. Grafiken, Diagramme, Charts, Abbildungen, Prospekte, oder Links. Evtl. Einbeziehung vorhandener Tools oder Simulationen.

Es hat sich bewährt, die Manuskripte nach folgender Struktur aufzubauen (Tab. 3.6, S. 123):

- *Medienautoren*: Das Fachskript bildet die Arbeitsgrundlage der Medienautoren. Es hat sich bewährt, dass Fachautoren und Medienautoren sich von Anfang im Entwicklungsprozess regelmäßig abstimmen. Die Medienautoren entwickeln auf dieser Basis ein methodisches Konzept. Hierbei stimmen sie sich mit dem Fachautor und dem internen Projektleiter, evtl. auch mit Medienexperten (z. B. für die Erstellung von Videos oder Flashs), ab. Sie legen fest, welche methodischen Elemente, wie z. B. Aufgabentypen, genutzt werden.

  Auf der Basis der aufbereiteten Fachinhalte entwickeln Medienautoren ein Grobkonzept, das zu einem sogenannten Drehbuch weiter ausgebaut wird. Medienautoren benötigen eine didaktisch-methodische Kompetenz, die folgende Elemente umfasst:

Tab. 3.6 Struktur der Fachmanuskripte

Struktur der Fachmanuskripte
• Hinführung und Lerntipps
• Expertenstruktur
• Kapitelübersicht und Lektionsübersichten
• *Überprüfbare Lernziele,*
• *evtl. Leitfragen,* die dem Lerner als Richtschnur dienen können,
• Kapitel- und lektionsbezogen: Problemorientierter **Einstieg** in die Thematik (Hinführung),
• Lernszenarien mit praxisorientierten Aufgaben,
• *Wissensbasen,* jeweils kontextsensitiv den einzelnen Aufgaben zugeordnet,
• *Links im Intranet oder Internet* (z. B. zu rechtlichen Quellen, Verbänden oder Behörden),
• *evtl. Simulationen, Praxistools usw.,*
• *Tests*

– *Strukturierung der Lernprogramme in einem Grobkonzept:* Welche Lernziele werden auf welcher Ebene des Lernkonzeptes vermittelt? Wie werden diese miteinander verknüpft?

– *Feinkonzept der inhaltlichen Vorgaben:* Lernszenario, Einleitungen bzw. Hinführungen, Strukturierung der Inhalte, Lernziele, modularisierte Wissensbasen, Aufgaben in unterschiedlichen Typen, Rückmeldungen und Lösungen, Kommunikationsaufgaben, Verlinkungen Tests, Transferaufgaben, Grafiken, Fotos, Videos, Audios . . .

– *Drehbuch* als Vorlage für die Medienproduzenten.

• *Medienproduzenten*: Die Medienproduktion umfasst in erster Linie die Einarbeitung des Drehbuches in das LCMS bzw. Autorentool sowie die Grafikerstellung. Je nach multimedialer Ausstattung kommen noch z. B. Flashprogrammierungen, Fotoshooting, Tonaufnahmen oder Videoerstellung hinzu. Die Produktion besonderer Multimedia-Elemente, wie z. B. aufwendige Grafiken, Flash-Programmierungen, Audios oder Videos werden meist externen Spezialisten übertragen. Diese Lösungen sind im Regelfall sehr teuer, so dass die pädagogische Sinnhaftigkeit multimedialer Elemente kritisch überprüft werden muss. Bei fachlichen Beratungsthemen können z. B. aufwendige Videos oftmals durch mehrere Standfotos ersetzt werden, ohne dass der Lerneffekt spürbar beeinträchtigt wird. Kommt es dagegen auf die Darstellung der Körpersprache an, sind Videos unverzichtbar (Abb. 3.25, S. 124).

Das Projektteam des Auftraggebers erhält die entwickelten Lernprogramme zu einer ersten Durchsicht und wird jeweils zu Abnahmesitzungen eingeladen, in denen evtl. Änderungswünsche protokolliert und in Auftrag gegeben werden. Nach der Gesamtabnahme des WBT folgt ein sogenannter *Betatest,* in dem ausgewählte Nutzer die Programme bearbeiten und ihre Eindrücke zurückmelden. Auf dieser Grundlage erfolgt eine abschließende Überarbeitung der Lernprogramme, die eine optimale Qualität sicherstellen soll.

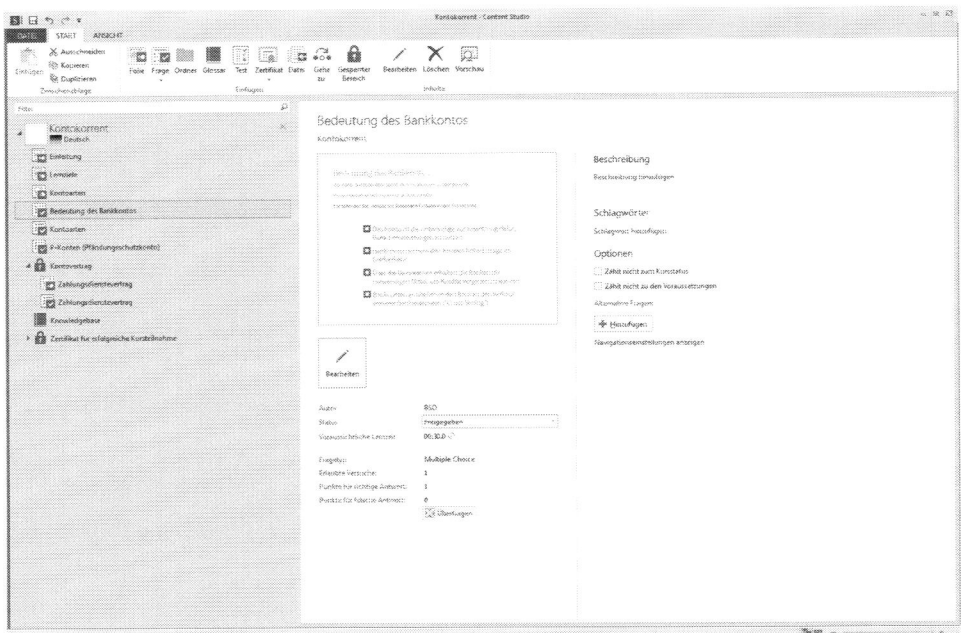

Abb. 3.25 Eingabemaske für die Medienproduktion. (Quelle: www.im-c.de)

Dieser ersten Überprüfung folgen laufende Überarbeitungen aufgrund der Rückmeldungen, die sich aus den Pilotprojekten und nach der breiten Einführung der Lernprogramme ergeben. Es muss dabei sichergestellt werden, dass berechtigte Fehlermeldungen unverzüglich verarbeitet werden. Deshalb ist es erforderlich, entweder mit dem Dienstleister einen entsprechenden Wartungsvertrag zu vereinbaren oder im eigenen Hause die Kompetenz zur inhaltlichen Bearbeitung von Lernprogrammen aufzubauen.

Die *Betatester* sollten vor allem auf folgende Kriterien achten (Tab. 3.7, S. 125):

User Generated Content Vor allem im Rahmen des Social Learning bereiten die Lerner Informationen und Erfahrungswissen für ihre Lernpartner immer mehr selbst auf. Die Nutzer Sozialer Lernplattformen sind damit nicht nur passive Rezipienten sondern auch aktive Content-Produzenten. Diese selbst entwickelten Lerninhalte bilden wiederum den Kern von Kompetenzentwicklungsprozessen. Die Inhalte, die durch Lerner generiert werden, werden als „User Generated Content" bezeichnet.

User Generated Content umfasst alle digitalen Inhalte, zum Beispiel Texte, Grafiken, Fotos, Podcasts oder Videos, die von den Lernern selbst aktiv erstellt werden. Diese Inhalte entstehen freiwillig sowie kreativ und sind (kurs- oder unternehmensintern) öffentlich (Bauer 2011, S. 11 ff.).

Tab. 3.7 Checkliste für
Betatester

Checkliste für Betatester	
Funktion	• Eindeutigkeit der Navigation • Intuitive Bedienung • Aktivität der Links • Rückmeldungen des Systems. . . .
Darstellung	• Übersichtlichkeit: Expertenstruktur • Corporate Identity: Logo, Farben. . . • Seitenaufbau • Texte • Grafiken, Abbildungen, Fotos • Videos • Audios . . .
Ziele und Inhalte	• Angemessene, überprüfbare Lernziele • Spannendes Lernszenario • Eindeutigkeit der Anweisungen • Zielgruppengerechte Aufgaben und Inhalte • Bedarfsgerechte, fachlich korrekte Inhalte • Eindeutigkeit der Anweisungen • Aktuelle Verlinkungen • Rechtschreibung und Grammatik • Stil . . .
Technik	• Ladezeiten • Stabilität • Reibungsloser Ablauf. . .

Die Lerner dokumentieren und publizieren im Rahmen ihrer individuellen Lernprozesse auf der Sozialen Kompetenzentwicklungs-Plattform mittels Social Software ihre Arbeits- und Lernergebnisse, die sie selbstorganisiert und kollaborativ entwickelt haben. Dabei reflektieren sie ihre Lernprozesse, indem sie ihr Erfahrungswissen mit eigenen Worten transparent darstellen oder Fallstudien erstellen.

In betrieblichen Lernsystemen ist es sinnvoll, die Entwicklung von User Generated Content nicht dem Zufall zu überlassen, sondern durch Vereinbarungen zu Lerntagebüchern, Austausch von Erfahrungsberichten oder konkreten Arbeitsaufträgen in der Lerngruppe zu initiieren. Dadurch verschwimmen die klassischen Grenzen zwischen Fachautoren und Lernern. So erlauben es beispielsweise Blogs jedem Mitarbeiter sein eigener Verleger zu werden, Wikis führen z. B. aus Projekten heraus zur Ad-hoc-Autorenteams oder Podcasting ermöglicht das Produzieren und Anbieten von Audio- oder Videodateien über das Internet. Die Lerner benötigen dafür die Freiheit, innerhalb ihres Ermöglichungsrahmens entsprechend aktiv zu werden und die Zuversicht, von ihren Lernpartnern oder Experten eine Rückmeldung zu erhalten (vgl. Hoberg und Gohlke 2011, S. 65). Deshalb sind Vereinbarungen im Rahmen des Co-Coaching oder in der Lerngruppe von zentraler Bedeutung.

Parallel ist es erforderlich, ein System zu entwickeln und mit den Lernern zu vereinbaren, das die Qualität der Inhalte sicher stellt. Je höher der Anspruch an die Qualität dieser Contents ist, desto mehr wird deshalb ein Entwicklungsprozess notwendig, ähnlich wie wir ihn für die Entwicklung von Web Based Trainings beschrieben haben.

Die Mitarbeiter nehmen Content von Lernpartnern nach unseren Erfahrungen anders wahr als redaktionell aufbereiteten Content. Da diese Inhalte aus dem gleichen Erfahrungsumfeld stammen, können sie für Problemlösungen als besser geeignet erscheinen als standardisierte Fachinhalte. Damit bildet User Generated Content eine wichtige Erweiterung der formellen Lerninhalte.

Rapid E-Learning Diese Wortschöpfung aus Rapid Prototyping und E-Learning bezeichnet eine einfache, schnelle und kostengünstige Entwicklungsmethode für WBT durch den Einsatz von klaren, vorgegebenen Strukturen im Layout, für die Gestaltung der Inhalte, den möglichen Darstellungen und Interaktionen sowie des Erstellungsprozesses selbst.

Die Autoren benötigen keine besonderen Kompetenzen im Bereich der Medienentwicklung, da sie nur einen begrenzten Umfang an Gestaltungsmöglichkeiten haben. Der Begriff Rapid E-Learning ist irreführend, da das Ziel nicht darin liegt, schneller zu lernen, sondern webbasierte Inhalte schneller zu produzieren.

Diese Entwicklungsmethode kann im Rahmen des User Generated Contents sinnvoll sein, aber auch wenn Experten eines Unternehmens in die Lage versetzt werden sollen, bei einem aktuellen Bedarf regelmäßig schnell webbasierte Inhalte zu erstellen. Beispiele dafür sind Produktbeschreibungen, Sicherheitsanweisungen oder neue gesetzliche Regelungen. Der Schwerpunkt von Rapid E-Learning liegt somit primär in der Informationsvermittlung. Rapid E-Learning wird deshalb meist weniger für systematische Lernprozesse genutzt, sondern ermöglicht eine hohe Aktualität im Rahmen von Qualifizierungs- und Kompetenzentwicklungssystemen.

3.5 Aktuelle Entwicklungstrends

"Learning and talent development is gradually becoming less about instruction and more about interaction. We call this the "social shift" in learning."

CIPD (http://www.cipd.co.uk/hr-resources/survey-reports/learning-talent-development-2013.aspx, abgerufen am 10. Juni 2013)

In innovativen Lernkonzeptionen im betrieblichen Bereich zeigen sich nach unserer Einschätzung bereits heute vier Entwicklungslinien, *Kompetenzaufbau, Lernkultur, Lernen im Netz* und *Lerntechnologie*, die den Wandel in der betrieblichen Bildung prägen. Die Fortschritte der Informationstechnologien ermöglichen und fördern oftmals erst diese Entwicklungen, sind aber nicht deren Hauptmerkmal. Alle diese Entwicklungslinien stehen dabei in einer engen Wechselbeziehung zueinander. Wir werden diese Struktur

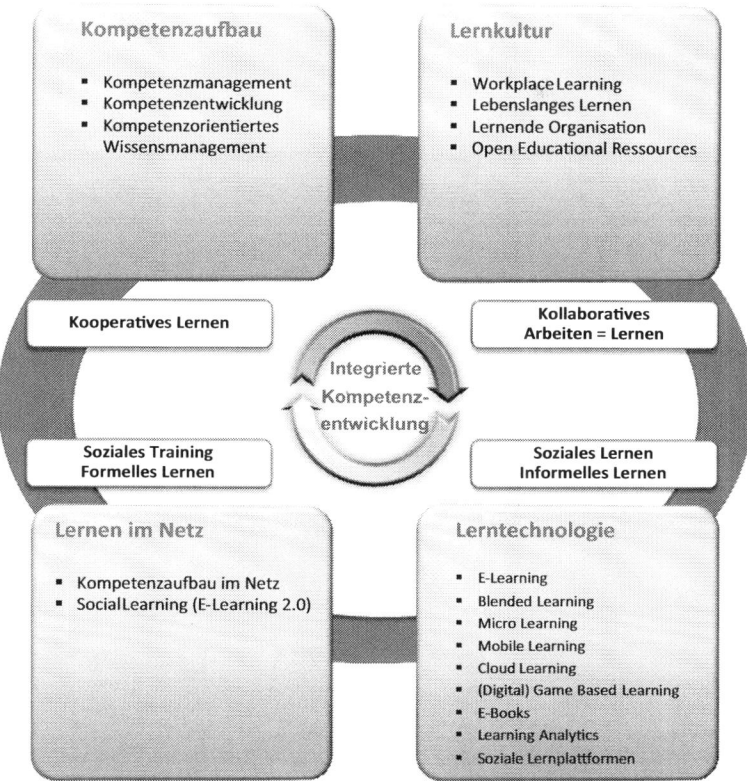

Abb. 3.26 Lernen in naher Zukunft

unseren weiteren Überlegungen zugrunde legen (Abb. 3.26) (vgl. im Folgenden Erpenbeck und Sauter 2013, S. 45 ff.).

Diese Entwicklungslinien sind im Einzelnen durch folgende Merkmale geprägt.

3.5.1   Entwicklungslinie Kompetenzaufbau

„Gefühle spielen eine besondere Rolle beim raschen Reagieren, also beim „Handeln unter Druck.“

Diethelm Wahl (Wahl, S. 216, 3. erw. Aufl. 2013)

Standen in traditionellen Bildungskonzepten Wissens- und Qualifizierungsziele, oftmals zentral vorgegeben, im Vordergrund, werden die Lernprozesse immer mehr durch individuelle, strategieorientierte Kompetenzziele gesteuert. Daraus leiten sich folgende Handlungsbereiche ab:

Kompetenzmessung Die notwendige Voraussetzung für gezielte Kompetenzentwicklungs-Prozesse bildet die Kompetenzmessung, auf der die individuellen Lernprozesse aufbauen können. Kompetenzmessungen schließen vom aktuellen Handeln auf vorhandene Handlungsfähigkeiten, nicht auf verborgene Persönlichkeitsmerkmale.

Der beste Prädiktor für zukünftiges Handeln, und damit für Kompetenzen, ist vergangenes Handeln (Erpenbeck 2012a, S. 6 f.). Das „Handbuch Kompetenzmessung" fasst etwa 50 etablierte Messverfahren zusammen (vgl. Erpenbeck und von Rosenstiel (2. Aufl. 2007). Als Königsweg zur Kompetenz erweist sich mehr und mehr die kluge Kombination qualitativer und quantitativer Verfahren (Erpenbeck 2012a, S. 7 ff.). Im Zentrum steht dabei meist ein Rating, d. h. eine skalierte Abfrage von Kompetenzen, die im jeweiligen Kompetenzmodell mit Hilfe von Handlungsankern festgelegt werden. Ist beispielsweise die Kompetenz „Teamfähigkeit" zu beurteilen, so wird auf einer Skala von 0 (nicht vorhanden) bis zum Maximalwert (in höchstmöglicher, übertriebener Ausprägung vorhanden) gemessen. Dabei wird neben Selbsteinschätzungen die Einschätzung von Lernpartnern, Kollegen oder Führungskräften erhoben.

Gegen Ratingverfahren gibt es bei klassisch psychometrisch ausgebildeten Psychologen große Vorbehalte. Aber „unter gewissen methodischen Voraussetzungen sind solche Verfahren das einwandfreie Mittel der Wahl (Wirtz und Caspar 2002, S. 3)." Ratingverfahren nutzen dabei die Fähigkeit des menschlichen Gehirns zur „Indikatorenverschmelzung", d. h. zur automatischen Integration einer Vielzahl von Einzelindikatoren, die sich in ihrer Wirkung in einer fast unentwirrbaren Weise verstärken, aufheben oder sonst in Wechselwirkung treten (Langer und Schulz von Thun 1974/2007, S. 20).

Diese Kompetenzmessverfahren haben entscheidende Vorteile. In vielen Fällen gibt es kaum eine Alternative, die dem Untersuchungsgegenstand angemessen wäre. Kein anderes psychologisch-soziologisch-pädagogisches Messverfahren kommt so nah an die Ergebnisrealität von Menschen und deren alltäglich zur Lebensbewältigung praktiziertes Einordnen ihrer Umwelt heran, wie die Rating-Methode (Langer und Schulz von Thun 1974/2007, S. 20, 10, 22).

Das methodisch am weitesten entwickelte und verbreitete Erfassungssystem ist das CeKom® Verfahren mit KODE® und KODE®X, das Volker Heyse und John Erpenbeck entwickelt haben und seit über einem Jahrzehnt laufend optimieren (vgl. Erpenbeck und von Rosenstiel 2007, 2. Aufl.; Ortmann 2012, S. 238 ff.).

- *KODE® (Kompetenz-Diagnose und -Entwicklung)* ist ein objektivierendes Einschätzungsverfahren für den Vergleich von Kompetenzausprägungen. Die Einschätzungsergebnisse werden quantifiziert und bei Bedarf in zeitlicher Entwicklung verglichen. Neben Selbst- und Fremdeinschätzungsfragebögen und dem Auswertungsraster umfasst das Erfassungssystem auch einen Katalog von Interpretationsvorschlägen der Kompetenzverteilungen, bis hin zu Vorschlägen zur Kompetenzentwicklung. Damit werden die erfassten Mitarbeiter zu Entwicklungsschritten angeregt.
- *KODE®X* baut auf dem gleichen Kompetenzmodell auf. Es verfeinert diesen Ansatz durch weiterführende instrumentelle Entwicklungen, insbesondere durch ein

Akademie » Kurse » Basic Key » Self Assessment

Erste Basic Key Kompetenzmessung
Herzlich Willkommen zur ersten Basic Key Selbstbewertung. Lesen Sie bitte die folgenden Hinweise bevor Sie mit der Kompetenzmessung beginnen. Diese sind unerlässlich für die Messung Ihrer interkulturellen Kompetenz. Die kulco Kompetenzmessung ist ein Selbsttest. Bitte schätzen Sie Ihre Fähigkeiten realistisch ein. Ihr Testergebnis wird nach dem Beantworten aller Fragen angezeigt. Dieses Ergebnis stellt lediglich Ihre Stärken und Schwächen in verschiedenen Kompetenzbereichen dar. Sie bilden die Basis für eine erfolgreiche Kompetenzentwicklung mit dem Basic Key Training.

Allgemeine Informationen zum Bewertungssystem

Ich bin fähig, kulturspezifische Perspektiven zu erkennen, einzunehmen und in Bezug zueinander zu setzen.

Beispiel anzeigen

Wenig ausgeprägt		Teilweise ausgeprägt		Ausgeprägt		Deutlich ausgeprägt		Stark ausgeprägt		Sehr stark ausgeprägt	

Ich teile meine eigenen kulturellen Erfahrungen und Einsichten nachvollziehbar und einfühlsam mit und höre anderen gut zu.

Beispiel anzeigen

| Wenig ausgeprägt | | Teilweise ausgeprägt | | Ausgeprägt | | Deutlich ausgeprägt | | Stark ausgeprägt | | Sehr stark ausgepräg |

Ich respektiere kulturell bestimmtes Verhalten, das von meinen eigenen Regel-, Wert- und Normvorstellungen und Glaubenssystemen abweicht und akzeptiere diese als in sich stimmig und gleichwertig.

Beispiel anzeigen

| Wenig ausgeprägt | | Teilweise ausgeprägt | | Ausgeprägt | | Deutlich ausgeprägt | | Stark ausgeprägt | | Sehr stark ausgeprägt |

Abb. 3.27 Auszug aus dem Fragebogen *KODE*® am Beispiel Interkulturelle Kompetenz

unternehmensspezifisches Soll-Profil mit z. B. 16 Kompetenzen für eine bestimmte Funktion, das mit dem Ist-Profil abgeglichen wird. Regelmäßig wird die Kompetenzerfassung mit KODE®X mittels einer Selbsteinschätzung und Fremdeinschätzungen durch Lernpartner, Kollegen oder Führungskräfte wiederholt.

Der Prozess der Kompetenzmessungen kann nach folgendem Schema ablaufen:

Im Rahmen von *Start-Workshops*, die nach Mitarbeitergruppen differenziert wurden, ermitteln die Mitarbeiter in einer Selbsteinschätzung (90°-Betrachtung) ihre Kompetenzen. Dieses System ermöglicht Selbst- und Fremdeinschätzungen mittels Fragebögen (Abb. 3.27).

KODE® *misst die Verteilung der Grundkompetenzen – personal-, aktivitäts-, fachlich und sozialorientiert – und bündelt sie dann nach Absicht, Verhalten, Wirkung und Ideal.*

Daraus leitet es ein Ist-Kompetenzprofil des jeweiligen Mitarbeiters ab (Abb. 3.28, S. 130).

Es gibt in diesem Messsystem kein Idealprofil, daher ist keine Manipulation der Ergebnisse möglich. Das System beurteilt Kompetenzen nur positiv, nicht negativ. Es werden also nicht Defizite ermittelt, sondern Kompetenzentwicklungsmöglichkeiten.

Abb. 3.28 Beispiel für die
Bewertung der
Basiskompetenzen in *KODE*®

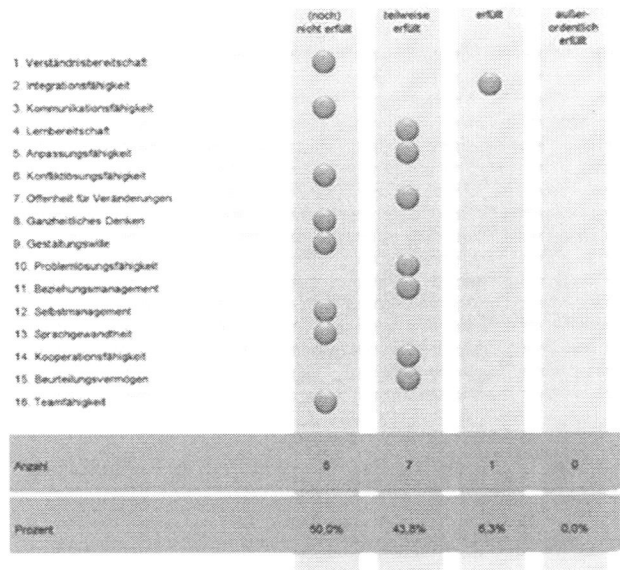

Auf der Basis der Messergebnisse können Empfehlungen für die Mitarbeiter und Füh-rungskräfte entwickelt werden. Hierbei werden Zeitvergleiche, aber auch Abgleiche von Selbst- und Fremdbild genutzt. Damit können die persönlichen Kompetenzen der erfassten Mitarbeiter, aber auch die Effizienz der Zusammenarbeit gesteigert werden. Beispielhaft kann dies mit folgender Auswertung aufgezeigt werden:

Empfehlungen im Umgang mit anderen
Frau Magdalena Maier hat im Vergleich zu den anderen persönlichen Kompe-tenzen unter günstigen Bedingungen niedrigere Werte im Bereich der sozial-kommunikativen Kompetenz. Sie sollte im Umgang mit (anderen) Führungskräften und Mitarbeitern, die hohe Ausprägungen der sozial-kommunikativen Kompetenz haben, ihnen gegenüber nachfolgende Verhaltensweisen sehr bewusst und stark zum Ausdruck bringen. Damit verringert Frau Maier ...

- die Gefahr eines aneinander Vorbeisprechens,
- erhöht die Effizienz der Zusammenarbeit und
- entwickelt die eigene Fach- und Methodenkompetenz.

Empfehlungen

Zwingen Sie sich zuzuhören; interessieren Sie sich für das, was diese Personen zu sagen haben, besonders intensiv.

Bemühen Sie sich um Verständlichkeit, insbesondere bei komplizierten Dingen. Greifen Sie vor allem bei dieser Person zum besten Mittel der Kommunikation. Machen Sie die Dinge vor.

Denken und sprechen Sie „wir" statt „ich". Anerkennen Sie das, was diese Person gut leistet spontan und vorbehaltlos.

Seien Sie freundlich. Nehmen Sie sich ein wenig Zeit (und das regelmäßig) für entspannte, informelle Gespräche mit dieser Person.

Ermutigen Sie die Person immer wieder, geben Sie ihr vor allem ein unterstützendes, bestärkendes Feedback.

Versuchen Sie geduldig, diese Person zu verstehen und lassen Sie sich bestätigen, ob Sie richtig verstanden haben.

Geben Sie der Person viele Informationen und ruhig mehr, als die Person erwartet. Sie wird Ihnen für diese Aufmerksamkeit und Zuwendung auf Grund ihrer sozial-kommunikativen Grundhaltung dankbar sein und sich Ihnen öffnen.

Wichtig für diese Person ist die Atmosphäre. Freundlichkeit und persönliches Interesse sind Schlüsselelemente.

Geben Sie der Person Aufgaben und Möglichkeiten, die es ermöglichen, neue Möglichkeiten zu erkunden und auszuprobieren.

Weisen Sie der Person, insbesondere vor anstehenden Gesprächen mit Dritten und bei strittigen Themen, klare Spielregeln und Grenzen betr. des eigenen Engagements und der eigenen Standpunkte zu.

Nutzen Sie diese Person, um neue Anforderungen und Informationen in die Arbeitsgruppe hinein zu bringen, nutzen Sie sie als Multiplikator und Begeisterer.

Suchen Sie das Gespräch mit dieser Person, um Informationen über das Arbeitsklima, die Erwartungen und Vorschläge der Mitarbeiter, aber auch ihre persönlichen Probleme zu erhalten.

Sprechen Sie frühzeitig die Ziele und die von Ihnen erwarteten Ergebnisse ab, achten Sie stets darauf, dass die Person eine hohe Zielklarheit und Orientierung erhält.

Prüfen Sie im Arbeitsprozess in kürzeren Abständen den Arbeitsverlauf und unterstützen Sie die Person dabei, Prioritäten zu setzen und sich nicht zu verzetteln. Vermeiden Sie jedoch den Eindruck eingrenzender, kleinlicher Kontrollen. . . .

KODE®X erweitert KODE® und vereint Anforderungsanalyse, Sollprofile sowie Selbst- und Fremdeinschätzungen, es ermöglicht 180°, 270° und 360° Vergleiche, d. h. unter Einbeziehung von Lernpartnern, Trainern und Führungskräften.

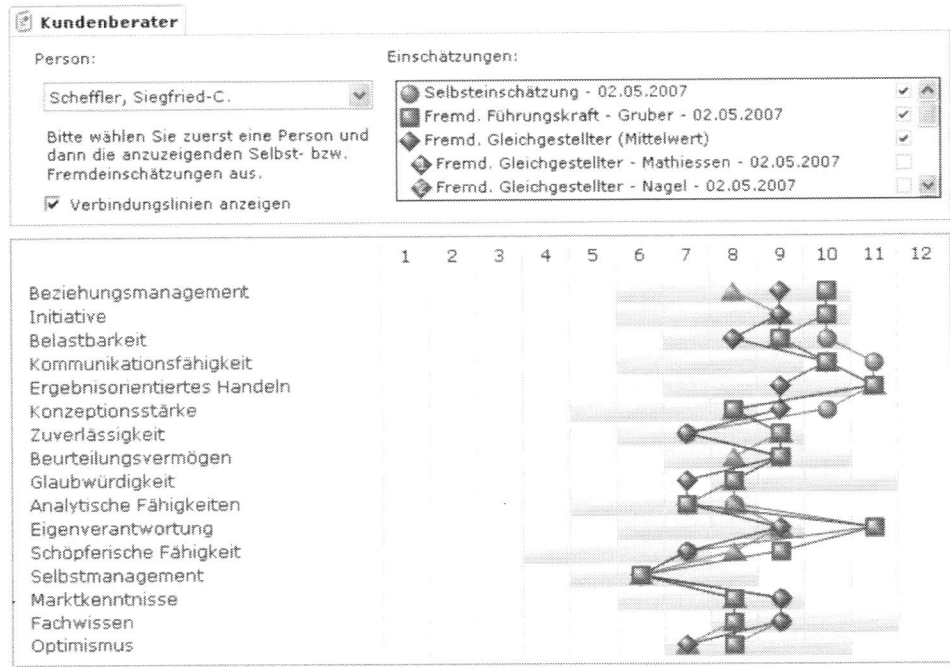

Abb. 3.29 Beispiel einer Analyse nach *KODE®X* mit Fremd- und Selbsteinschätzungen

In Kombination mit KODE® wird ein Abgleich mit dem Kompetenzprofil des Stelleninhabers oder Bewerbers vorgenommen. Auf diese Weise kann beurteilt werden, ob der Mitarbeiter die Anforderungen seiner jetzigen bzw. zukünftigen Aufgabe erfüllt. Gemeinsam mit ihm wird dann ermittelt, welche Kompetenzentwicklungsmöglichkeiten bestehen und wie die individuelle Kompetenzentwicklungsstrategie zu definieren ist. In einem Qualitätshandbuch werden die Anforderungen ausführlich beschrieben. Sie sind somit transparent und jederzeit erneut verwendbar.

Die Selbsteinschätzung des Mitarbeiters (90°) kann sukzessive um Bewertungen der Lernpartner (180°), des Trainers (270°) und der Führungskraft (360°) erweitert werden, so dass sich das Bild über die Kompetenzen des Mitarbeiters immer mehr verdichtete (Abb. 3.29).

Kompetenzen lassen sich messen und zertifizieren. Deshalb können sie auch gezielt entwickelt und gemanagt werden.

Kompetenzentwicklung Kompetenzentwicklung lässt sich kaum verhindern. In der Arbeit, beim Spiel, beim Sport, in der Familie, im Verein, sogar in Schule, Berufsbildung und Universität erwerben wir -„handelnd" – Kompetenzen. Unumstritten ist, dass die zentralen Orte der Kompetenzentwicklung heute die Arbeitsprozesse selbst, aber auch eine Reihe von Tätigkeitsfeldern im sozialen Umfeld, in Familie, Verein, Ehrenamt usw. sind.

Kompetenzen werden in vielen informellen Situationen, in der Arbeit, im sozialen Umfeld, aber auch im Netz gleichsam „nebenher", angeeignet.

Kompetentes Handeln basiert auf langfristigen Lernprozessen Diese werden insbesondere durch folgende Erkenntnisse geprägt:

- Kompetenzen bestimmen die Handlungsweisen der Menschen. Dieses zielgerichtete und bewusste Handeln unterscheidet sich deutlich vom „Verhalten", das ohne eine kritische Reflexion erfolgt (Wahl 3. erw. Aufl. 2013, S. 17). Kompetenzentwicklungsprozesse erfordern deshalb Lernprozesse, die durch regelmäßige Rückbesinnung auf die eigenen Lernerfahrungen geprägt sind.
- Handeln wird maßgeblich durch Emotionen bestimmt. Deshalb ist es für Kompetenzentwicklungsprozesse notwendig, kognitive und emotionale Strukturen und Prozesse aktiv und nachhaltig zu verändern.
- Die Menschen haben über ihr ganzes Leben hinweg für bestimmte wiederkehrende Problemstellungen Handlungsroutinen aufgebaut, die Sie bei Bedarf, auch unter Druck, abrufen können.
- Handlungsgeschehen ist hierarchisch organisiert und sequentiell gegliedert. Es ist nicht möglich, Handeln allein auf der Interaktionsebene zu trainieren, ohne zuvor die situationsübergreifenden Ziele und Pläne verändert zu haben. Deshalb müssen Kompetenzentwicklungssysteme auf der Planungsebene der Teilnehmer ansetzen, bevor die konkrete Umsetzung in der Praxis trainiert werden kann (vgl. Wahl 3. erw. Aufl. 2013, S. 17, 211 ff.).

Kompetenzentwicklung erfordert damit ein grundlegend verändertes Zielsystem:

- Die Möglichkeiten und Ziele der Kompetenzentwicklung leiten sich aus einer vorangegangenen systematischen Kompetenzerfassung ab,
- die Lernziele sind konsequent auf die jeweiligen Lerner fokussiert,
- die Definition der Kompetenz-Lernziele erfolgt im Rahmen der definierten Kompetenzprofile und liegt primär in der Verantwortung der Lerner,
- die Kompetenz-Lernziele sind Wertziele, die auf die selbst organisierte Lösung von Praxisproblemen ausgerichtet und damit handlungsorientiert sind,
- erst daraus leiten sich die Wissens- und Qualifikationsziele als notwendige Voraussetzung für die Kompetenzziele ab.

Kompetenzlernen muss deshalb Lernen und Arbeiten wieder zusammen führen. Erst bei der Lösung von Praxisproblemen, in realen Aufgaben und Entscheidungssituationen, müssen die Lerner die notwendigen Herausforderungen überwinden, die für die Kompetenzentwicklung notwendig sind.

Kompetenzen können beispielsweise nicht in Seminaren oder mit WBT vermittelt werden. Vielmehr werden sie durch die Lerner selbst organisiert erworben, indem Werte in realen Entscheidungssituationen, bei denen die Lerner „echte" Schwierigkeiten über-

Abb. 3.30 Stufen der Kompetenzentwicklung

winden, zu eigenen Emotionen und Motivationen umgewandelt und angeeignet werden. Diesen Prozess der Verinnerlichung von Werten nennt man die *Interiorisation* (Internalisation). Die Kompetenzentwicklung erfordert dabei stets die Kommunikation mit Lernpartnern (vgl. Erpenbeck und Sauter 2007).

Die Verinnerlichung von Werten ist der Schlüsselprozess jeder Wertaneignung und damit jedes Kompetenzlernens. Werte können nicht gelehrt werden. Werte entstehen erst dann, wenn Menschen ihr Wissen zu Emotionen und Motiven ihres eigenen Handelns machen. Deshalb können Werte nur durch die Lerner selbst angeeignet werden. Solche Prozesse können nur in Netzwerken erfolgen, da die Lerner die Rückmeldungen ihrer Lernpartner benötigen. Lernen wird damit zu einem Prozess der Netzwerkbildung. Kompetenzlernen erfordert damit einen vierstufigen Lernprozess (Abb. 3.30) (Kuhlmann und Sauter, S. 62):

Dieses auf den ersten Blick eher theoretisch anmutende Modell eignet sich sehr gut als strukturelle Basis für die konkrete Planung von Kompetenzentwicklungsprozessen in der Praxis. Daraus ergibt sich ein Ablaufschema, das beim Wissensaufbau beginnt und in die Kompetenzentwicklung mündet.

Die Herausforderung in der Konzipierung dieser Lernsysteme besteht darin, den Lernern eine optimale Möglichkeit zu bieten, ihre Kompetenzen selbst organisiert, in einem kommunikativen Prozess mit Lernpartnern (Netzwerk), aufzubauen (Abb. 3.31, S. 135).

Die einzelnen Stufen des Kompetenzentwicklungsprozesses stellen unterschiedliche Anforderungen an die Gestaltung der Lernprozesse bzw. des Ermöglichungsrahmens.

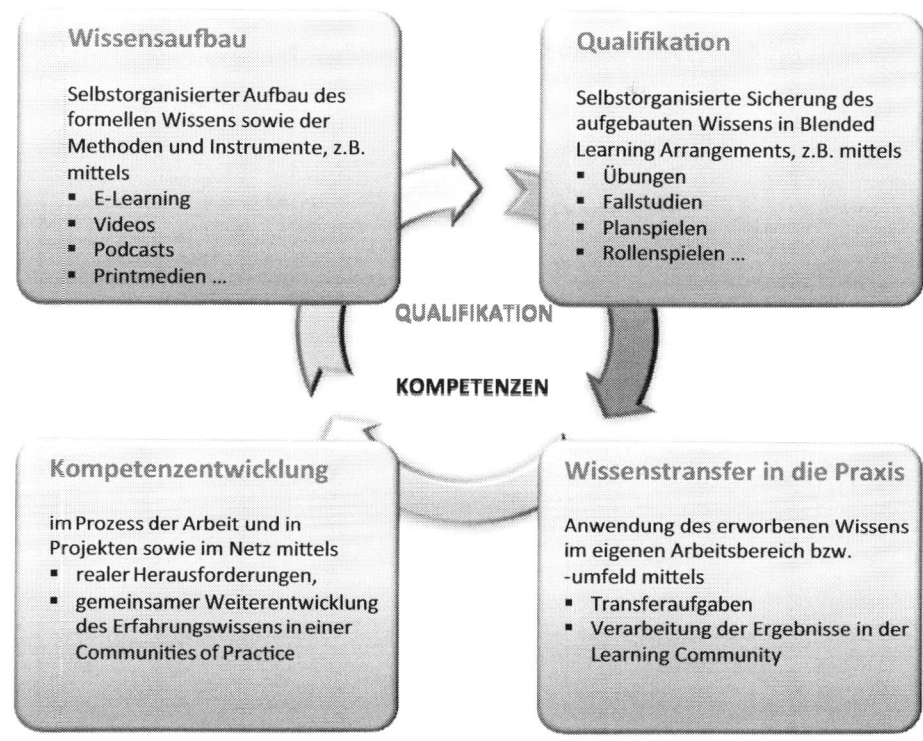

Abb. 3.31 Die Stufen des Kompetenzlernen in der Praxis

Wissensaufbau Wissensaufbau kann, entsprechend der zugrunde liegenden Lerntheorie, unterschiedlich erfolgen (Kuhlmann und Sauter 2008, S. 62 f.):

- *Instruktionales Lernen – anleiten, unterweisen*: Dieses Lernen ist passiv, aufnehmend. Dieser Ansatz wird z. B. beim Vokabeln lernen benutzt.
- *Kognitivistisches Lernen – wahrnehmen, denken, erkennen*: Die Lerninhalte werden von einem Dozenten oder Autor möglichst zielgruppengerecht aufbereitet und vom Lerner selbständig aufgenommen und verarbeitet.
- *Konstruktivistisches Lernen – Wissen selbst konstruieren*: Die Wissensaufnahme erfolgt selbst organisiert und gesteuert zur Lösung der eigenen Problemstellungen, z. B. am Arbeitsplatz oder beim Kunden. Die Lerner definieren ihre Lernziele und damit das notwendige Wissen in Abstimmung mit ihrer Führungskraft meist selbst. Für Ihren Lernprozess nutzen sie den Ermöglichungsrahmen.
- *Konnektivistisches Lernen – Erfahrungswissen anderer verarbeiten*: Der Wissenserwerb erfolgt u. a. im Rahmen der Kommunikation mit Lernpartnern, die ihr Erfahrungswissen zur Verfügung stellen und in einem gemeinsamen Lernprozess mit dem Lerner weiter entwickeln.

In der Phase des Wissensaufbaus eignet sich jeder Lerner das notwendige Wissen an, das er für die Problemlösung benötigt. Wir wissen heute, dass die Lernprozesse der Lerner äußerst differenziert sind. Nicht nur die Frage, wann und wo gelernt wird, sondern auch mit welcher Methode und welchem Tempo wird sehr unterschiedlich beantwortet. Deshalb eignet sich das klassische Seminar, in dem alle Lerner einen homogenen Lernprozess durchlaufen sollen, kaum für eine effiziente Wissensvermittlung.

E-Learning ermöglicht einen individuellen und wirtschaftlichen Wissensaufbau, weil es von jedem Lerner entsprechend seines Vorwissens und seiner Lerngewohnheiten, unabhängig von Ort und Zeit, allein oder mit Lernpartnern, in der persönlichen Lern-geschwindigkeit genutzt werden kann. Es zeigt sich dabei in der Praxis, dass die Lerner mit sehr unterschiedlichen Vorgehensweisen lernen. Ein Teil lernt beispielsweise nach dem Prinzip „Versuch und Irrtum". Diese Lerner bearbeiten zunächst im Lernprogramm Auf-gaben und stellen dabei fest, welche Wissenslücken noch vorhanden sind. Diese decken sie dann ab, indem sie die Wissensbasen, die den einzelnen Übungen jeweils kontextsensitiv zugeordnet sind, bearbeiten. Andere Lerner, die zum Teil seit Jahrzehnten gewohnt sind, mit Printmedien zu lernen, nutzen nach unseren Erfahrungen gerne Kombinationen von WBT mit diesen Medien. Sie bauen das Wissen beispielsweise zunächst in gewohnter Form mit dem Printmedium auf und sichern es anschließend, indem sie Übungen in den Lern-programmen bearbeiten und bei Bedarf die dortigen Wissensbasen nutzen. Jeder Lerner organisiert seinen Wissenserwerb damit individuell.

Qualifikation In der *Phase der Qualifikation* wird das erworbene Wissen gesichert, in-dem Übungen, Fallstudien, Planspiele oder Rollenspiele bearbeitet werden. Damit wird die Qualifizierung der Lerner entsprechend ihrer individuellen Lernpersönlichkeit ermög-licht. In dieser Phase sind, auch wenn immer wieder das Gegenteil behauptet wird, jedoch noch keine Kompetenzen entstanden. Dies kann am Beispiel der Wissensverarbeitung mit Fallstudien verdeutlicht werden. Fallstudien sollen die Möglichkeit bieten, relevante Pro-bleme, mit denen die Lerner in ihrer Praxis konfrontiert sind, im „Labor" zu bearbeiten und Lösungen zu entwickeln. Das Ziel ist, dass die Lerner ihre Handlungskompetenz bei der Lösung von Aufgaben in ihrer zukünftigen Arbeitswelt sowie ihre Entscheidungsfähigkeit entwickeln (Kuhlmann und Sauter 2008, S. 65).

Fallstudien sind naturgemäß immer vereinfachte Spiegelbilder der Praxis. Eine Fallstu-die, die auch nur annäherungsweise die Komplexität der Realität widerspiegelte, würde alle Dimensionen sprengen. Während in der Realität sowohl die Problemstellungen als auch die relevanten Fakten offen und kaum überschaubar sind, werden in Fallstudien beide Bereiche in erheblich verkürzter Form vorgegeben, so dass die Variationsmöglichkeiten nur noch einen Bruchteil der Realität ausmachen.

Die Entwicklung einer Lösung für Fallstudien erfolgt, auch wenn sie in Gruppen getrof-fen wird, in einer Laborsituation mit einer künstlichen Versuchsanordnung. Sie ist deshalb nicht mit Entscheidungsprozessen in der Realität vergleichbar. Es sind z. B. keine „echten" Interessenskonflikte auszutragen, es entstehen im Regelfall keine tiefgehenden Emotio-nen, die Folgen der Entscheidung sind normalerweise für die eigene Entwicklung der

Lerner nicht relevant und der Entscheidungsprozess erfordert nur einen Bruchteil der Zeit, die Abstimmungsprozesse in der Praxis benötigen.

Kompetenzlernen ist damit nicht möglich, die Lerner können höchstens für diese Problemlösung sensibilisiert werden und Methoden und Vorgehensweisen verinnerlichen. Es werden aber nur in einem sehr begrenztem Rahmen Dissonanzen erzeugt, z. B. im Entscheidungsprozess innerhalb der Lerngruppe. Deshalb sehen wir den Versuch vieler Business-Schools, allein über eine Vielzahl von Fallstudien Management-Kompetenz zu vermitteln, als einen Fehlweg an. Diesen Irrweg zeigt Thomas Sattelberger sehr anschaulich auf:

„Ich halte es für ein Phantasiegebilde, dass Leadership im Vorlesungssaal vermittelt oder gelernt werden kann. Lernen kann ich Managementtechniken wie Ziele setzen, Delegieren, Controlling und Marketing – aber nicht Leadership. Da kommt es darauf an, Zukunftsbilder zu schaffen, schwierigste Geschäftsprobleme zu meistern und Menschen emotional und nachhaltig für eine neue Strategie und Veränderungsprozesse zu gewinnen. Das kann man nicht kopflastig antrainieren. Man lernt es nur, wenn man im rauen Wasser der Realität Verantwortung trägt. Nicht in Fallstudienarbeit" (Sattelberger 2012).

Wissenstransfer in die Praxis   Erfahrungen können nur in Form von Erfahrungswissen und Kenntnissen weitergegeben werden, nicht aber als Erfahrungen desjenigen, der sie gewann. Deshalb ist es notwendig, den Lernern die Möglichkeit zu bieten, ihr Erfahrungswissen systematisch auszutauschen, anzuwenden und in einem intensiven Kommunikationsprozess laufend gemeinsam weiter zu entwickeln.

Die Lerner entwickeln deshalb in einem ersten Schritt der Kompetenzentwicklung Entscheidungen in realen Transferaufgaben und in kleineren Praxisprojekten. Diese Aufgaben ermöglichen eine Anwendung des Wissens im Prozess der Arbeit der Lerner und stellen sie vor spürbare Herausforderungen. Die Lerner haben dabei Hürden zu überwinden und ihre Lösungen mit ihrem Netzwerk zu optimieren. Sie bauen bei der Lösung schwieriger Transferaufgaben damit selbstorganisiert ein Wissen im weiteren Sinne mit Werten, Emotionen und Motivationen einschließenden Sinne auf.

Neben den Merkmalen aus der Wissensverarbeitung sind insbesondere folgende Aspekte hervorzuheben:

- *Individualisierung*: Anwendung auf Problemstellungen und Projekte der persönlichen Erfahrungswelt. Lernen und Arbeiten wachsen zusammen.
- *Professionalisierung*: Kontinuierliche Entwicklung der eigenen Kompetenzen und des persönlichen Planungs- und Interaktionshandelns in zunehmend komplexer werdenden Labilisierungsprozessen.

Der Wissenstransfer in die Praxis kann auch durch E-Learning initiiert werden, sofern die Web Based Trainings folgenden *Kriterien* genügen:

- Verknüpfung formellen Wissens mit dem Erfahrungswissen aller Lerner.
- Konsequente Trennung von Übungs- und Wissensbereich.

- Über den *Übungsbereich* wird der formelle Lernprozess der Lerner anhand exemplarischer, problemorientierter Aufgaben gesteuert.
- Differenzierte Aufgabentypen zum Wissensaufbau, zur Wissensverarbeitung und zum Wissenstransfer werden verknüpft.
- Komplexes Wissen wird über die Anwendung in *realen Problemstellungen* aufgebaut.
- Erfahrungswissen aus den Transferaufgaben wird in einem kompetenzorientierten Wissensmanagement gemeinsam bewertet und weiter entwickelt.

Kompetenzentwicklung in realen Entscheidungssituationen Kompetenzentwicklung erfordert echte Herausforderungen, die den Lerner nicht nur wissensbezogen, sondern auch emotional fordern. Voraussetzung dafür sind selbst organisierte Lernprozesse, die durch die Einbindung in ein entsprechendes Lernsystem mit einem Netzwerk aus Lernpartnern, Trainern, E-Tutoren und E-Coaches geprägt ist.

Methoden der Kompetenzentwicklung weisen gemeinsame Merkmale auf (vgl. Erpenbeck und Sauter 2007):

- Die Wirklichkeit, d.h. das Lernen am Arbeitsplatz und in Projekten, ist zwingend notwendiges Instrument der Kompetenzentwicklung,
- die Verinnerlichung von Werten bildet den Kern der Lernprozesse,
- Handlungs- und Kommunikationsprozesse in realen Entscheidungssituationen sichern den Kompetenzerwerb,
- die Kommunikation über diese Entscheidungsprozesse mit Lernpartnern, Trainern, E-Coaches und E-Mentoren flankiert diese Lernprozesse. Hierbei fördern Web 2.0 Instrumente den Austausch des Erfahrungswissens und die gemeinsame Weiterverarbeitung des Wissens aktiv.

Kompetenzentwicklung nutzt damit eine breite Palette an Methoden, die jeweils bedarfsgerecht zu einem Lernarrangement zusammengefasst werden. Intendierte, d. h. beabsichtigte Kompetenzentwicklung findet dabei stets in einer kommunikativen Situation statt.

Kern der Kompetenzentwicklung ist der Aufbau von *Werten*. Damit meinen wir nicht die Weitergabe von Wertwissen, also der ausformulierten Regeln, Werte und Normen individuellen und sozialen Handelns. Werte entstehen vielmehr in Wertungsprozessen. Sie werden in realen Entscheidungssituationen zu eigenen Emotionen und Motivationen umgewandelt und angeeignet. Diesen Vorgang bezeichnet man als Interiorisation (Internalisation) von Werten.

Grundsätzlich können drei Lernrahmen für die selbstorganisierte Entwicklung der Kompetenzen genutzt werden, die sich gegenseitig ergänzen (vgl. Erpenbeck und Sauter 2007, S. 91 ff.):

- *Kompetenzentwicklung auf der Praxisstufe ist* immer *Handlungs- und Erlebnislernen* am Arbeitsplatz, beim Kunden oder im Netz. Das Handeln im realen Arbeitsprozess oder im sozialen Umfeld kann dabei mehr oder weniger kompetenzförderlich sein, je nachdem wie der Lernrahmen gestaltet ist. *Werte* werden dabei stets erfahren, nicht „bloß gelernt". *Erfahrungen* werden stets bewertet, sind nicht bloße Erweiterungen von Sachwissen.

Erfahrung bezeichnet Wissen, das durch Menschen in ihrem eigenen Handeln selbst gewonnen wurde und unmittelbar auf einzelne emotional-motivational bewertete Erlebnisse dieser Menschen zurückgeht.

Erfahrungen lassen sich nur in Form von Wissen und Kenntnissen weitergeben, nicht als Erfahrungen desjenigen, der sie gewann. Jedes selbst und unmittelbar gewonnene Wissen eines Menschen ist durch die Ausbildung von Emotionen, Motivationen, Willensentscheidungen, Werten und individuellen Kompetenzen, die in Lebens- und Erlebensprozessen vor sich gehen, flankiert. Jeder selbst und unmittelbar durch Teams und Gruppen erzielte Wissensgewinn ist von einer in Lebens- und Erlebensprozessen gegründeten Ausbildung von Werten, Normen, Regeln und supraindividuellen Kompetenzen – beispielsweise Team-, Unternehmens- oder Organisationskompetenzen – begleitet.

Arbeiten und Lernen im Netz erfordert Erfahrungen, Emotionen, Motivationen und Werthaltungen. Der Spaß am gemeinsamen Kommunizieren, Arbeiten oder Projekteentwickeln im Netz ist hoch wertbesetzt. Dies fließt unmittelbar in die personalen und sozial-kommunikativen Kompetenzen der Beteiligten ein.

Kompetenzaufbau auf der Praxisstufe wird insbesondere durch folgende Merkmale geprägt:

- *Subjektivierendes Handeln*, das auf Erfahrungen und Erlebnissen einzelner Menschen aufbaut, spielt in realen beruflichen Tätigkeiten und damit für den Kompetenzaufbau eine stark zunehmende Rolle. Deshalb ist es notwendig, einen Lernrahmen zu schaffen, der diese Gelegenheiten im Prozess der Arbeit bietet.
- *Informelles Lernen* in Form selbstorganisierter, erfahrungsgeleiteter Kooperation und Kommunikation spielt im betrieblichen Lernen eine zunehmende Rolle. Es findet im Alltag, am Arbeitsplatz, im Familienkreis oder in der Freizeit statt und ist in Bezug auf Lernziele, Lernzeit oder Lernförderung nicht strukturiert. Es kann zielgerichtet sein, ist aber in den meisten Fällen nicht zielgerichtet (intentional) und eher beiläufig (inzidentiell).
- *Situiertes Lernen* im Rahmen möglichst authentischer Problemsituationen im Prozess der Arbeit, in herausfordernden Projekten oder in Communities of Practice. Dies bedeutet die Abkehr von bloß fachsystematisch strukturierten Qualifizierungen, beispielsweise von beruflichen Bildungsgängen, und die Konzentration auf Entwicklungsaufgaben.
- *Expertiselernen*: Expertise ist das, was Könner zu Könnern macht. Einziger Indikator für ihre Könnerschaft ist ihre Leistung beim Ausüben einer Tätigkeit. Untersucht man die tieferliegenden Gründe für die Könnerschaft, wird deutlich, dass Könner sowohl von anderen kognitiven Fähigkeiten, wie z. B. Beherrschung von Komplexität oder Entwicklung von Metastrategien, als auch von anderen wertend-motivationalen Grundlagen als durchschnittlich Handelnde ausgehen. Insbesondere verfügen sie

über Regeln, Wissen und spezifische motivationale Merkmale, die es ihnen ermöglichen, auch dann zielgerichtet zu handeln, wenn ihnen nicht alle Informationen vorliegen. So stützt der erfahrene Arzt seine Expertise nicht auf mehr Fachwissen, sondern vor allem auf Werte, die er in problematischen, oft existenziellen Situationen verinnerlicht hat. Er hat dabei gelernt, seine Emotionen und Motivationen einzubringen und in ärztliches Handeln umzusetzen.

- *Kompetenzentwicklung auf der Coachingstufe* findet in realen betrieblichen Prozessen oder Projekten statt und ergänzt damit die Praxisstufe.

  Coaching ist die professionelle Beratung und Begleitung einer Person (Coachee, Gecoachter) oder mehrerer Personen durch eine oder mehrere andere Experten oder Lernpartner (Co-Coaching), den Coach, die Coaches.

  Der Coach soll den Gecoachten bei der Ausübung von komplexen Handlungen befähigen, optimale Ergebnisse selbstorganisiert hervorzubringen. Das heißt nichts anderes, als Selbstorganisationsfähigkeiten des Handelns, also Kompetenzen zu entwickeln. Folgerichtig stärkt Coaching in beruflichen Entwicklungsprozessen die Fähigkeit des Coachee zur Selbststeuerung, zur Selbstorganisation im Sinne einer "Hilfe zur Selbsthilfe". Der Coaching – Begriff wird ebenso wie andere vielfältig nutzbare Begriffe heute fast inflationär verwendet wird und entwickelt sich zu einem allgegenwärtigen Begriff, der manchmal zum Deckmantel für altbewährte Konzepte wie Schulung oder Beratung gebraucht wird.

  Coaching ist in der Regel nicht inhaltsorientiert (*was wird gelernt?*) sondern prozessorientiert (*wie wird gelernt?*); es geht nicht davon aus, dass Lernen, insbesondere Wert- und Kompetenzlernen durch einen Experten gesteuert werden muss, sondern dass es durch die Fragen, Ziele und Werte des Lerners selbst vorangetrieben wird; der Lernprozess wird nicht primär vom Wissen, sondern von Reflexion, Wertung und Handlung angetrieben.

  In Prozessen der Kompetenzentwicklung kann man entsprechend des Kompetenzatlas folgende Formen des Coaching unterscheiden und kombinieren: Persönlichkeitscoaching, Aktivitätscoaching, Fach- und Methodencoaching sowie Teamcoaching oder auch Kombinationen davon. Coaching setzt dabei die Ziele von Aktivität und Engagement in der Regel nicht selbst, sondern nutzt die im beruflichen oder auch persönlichen Alltag vorkommenden Aufgabenstellungen, um diese Kompetenzen zu entwickeln und Handlungsfähigkeiten der Coachees zu erhöhen.

  Coaching erfolgt auf freiwilliger Basis, als zielgerichtetes, gemeinsam abgestimmtes Vorgehen zwischen Coach und Gecoachten und ist gekennzeichnet durch Akzeptanz, Vertrauen und Kooperation auf beiden Seiten.

  Der Lernprozessbegleiter wird mehr und mehr zum Kompetenzcoach und wächst aus der Rolle des traditionellen Lehrers oder Ausbilders heraus. Die Methoden der Begleitung von Kompetenzentwicklungsprozessen durch Coaches lassen sich in sechs Schritten charakterisieren:

1. Kompetenzentwicklungsziele klären und den individuellen Kompetenzentwicklungsbedarf festlegen.
2. Wege der Kompetenzentwicklung im Gespräch gemeinsam festlegen.
3. Kompetenzentwicklungsaufgaben in der Praxis und in Projekten gemeinsam definieren.
4. Die Kompetenzentwicklung beobachten und unterstützen, über Lernklippen hinweghelfen.
5. Auswertungsgespräche führen.
6. Den Kompetenzentwicklungsprozess und seine Ergebnisse dokumentieren, gemachte Erfahrungen weitergeben.

• *Kompetenzentwicklung auf der Trainingsstufe* erfolgt in einem didaktisch-methodisch durchdachten Lernkonzept, das die Realität nutzt, um Kompetenzentwicklung zu ermöglichen. Der Trainer reflektiert die Kompetenzentwicklungsprozesse, nimmt die Wertkommunikation bewusst wahr und verortet sie (vgl. Arnold 2005).

Training in Kompetenzentwicklungsprozessen ist die professionelle, selbstorganisierte Entwicklung der Kompetenzen eines Lerners (Trainee, Trainierter) oder einer Lerngruppe.

Deshalb weicht der Begriff des Kompetenztrainings, wie wir ihn hier benutzen, deutlich von tradierten Trainingsmaßnahmen ab, die ausschließlich der Qualifizierung oder gar Informationsvermittlung dienen. Insbesondere rechnen wir Fallstudien, Rollenspiele oder Planspiele nicht zum Kompetenztraining, weil sie für die Lerner keine realen Herausforderungen bilden und damit keinen Prozess der emotionalen Labilisierung bewirken. Sie können jedoch dazu beitragen, die notwendigen Voraussetzungen für die Kompetenzentwicklung im Bereich des Wissens und der Qualifizierung zu schaffen. Das Kompetenztraining kann dagegen nur über die Lösung von Problemstellungen aus der Praxis erfolgen. Deshalb können auch formelle Lerninstrumente, wie z. B. E-Learning Programme zum Kompetenztraining, nur die notwendigen Voraussetzungen für den Kompetenzaufbau schaffen, die Kompetenzentwicklung selbst erfordert dagegen die Bearbeitung reale Herausforderungen aus der Praxis der Lerner oder in Projekten.

Die Entwicklungsprozesse in Kompetenztrainings werden durch folgende Anpassungen ausgelöst:

– Veränderung von Einstellungen, Emotionen oder Motivationen,
– Erhöhung des Aktivitätsniveaus: Aufmerksamkeit, Aufgewecktheit oder Neugier,
– Erweiterung der kreativ anwendbaren Wissensbestände: Fachwissen, überfachliches Wissen oder Methodenwissen,
– Erweiterung der sozialen und kommunikativen Beziehungen: Ausdrucksfähigkeit, Kommunikationsfähigkeit oder Kooperationsfähigkeit entstehen.

Kompetenztraining zielt darauf, möglichst langfristig stabile Entwicklungseffekte zu erreichen. Das gelingt nur, wenn die Entwicklungsbedingungen selbst reflektiert und systematisch gestaltet werden.

Für jede Kompetenz ist der Einsatz eines ganzen Arsenals von Trainingsmethoden zur Kompetenzentwicklung vorstellbar (vgl. Heyse und Erpenbeck 2004). Diese können

eher in der realen Handlungsumgebung verankert sein, sich an den Kommunikationsmitteln, ihrer Reflexion und Optimierung ausrichten, mehr dem Individualtraining
oder dem Gruppentraining dienen, auf mehrere bzw. viele Einzelkompetenzen oder
auf einzelne Kompetenzen bezogen sein, auf unterschiedliche Einsatzbereiche, wie Persönlichkeit, Unternehmen oder Weiterbildungseinrichtungen ausgerichtet sein sowie
unterschiedliche Wege der Wertkommunikation, z. B. sprachliche, symbolische oder
multimediale nutzen.

*Kompetenzentwicklung via Praxis, Kompetenzcoaching und Kompetenztraining weisen eine
große potenzielle Methodenvielfalt auf, die bedarfsgerecht in den jeweiligen Lernrahmen
verankert werden kann. Die Auswahl der Methoden liegt letztendlich in der Verantwortung
des Lerners, der sich dabei an seinen individuellen Kompetenzzielen orientiert und von
seinem Lernbegleiter oder seiner Führungskraft beraten wird. In Kapitel 4 und 5 werden wir
entsprechende Lernarrangements mit ausgewählten Methoden herleiten. Dabei werden wir
uns von folgenden Leitfragen leiten lassen.*

Leitfragen Kompetenzentwicklung

- Für welche Zielgruppe wollen wir das Lernarrangement entwickeln?
- Mit welcher strategischer Zielsetzung?
- Welches Soll-Profil soll angestrebt werden?
- In welchen Praxisbereichen soll die Kompetenzentwicklung vor allem stattfinden?
- Soll die Kompetenzentwicklung vorwiegend als gecoachter Prozess stattfinden –
  in der Praxis oder im Gespräch, als Einzelcoaching oder in Lerngruppen, durch
  Experten oder durch Lernpartner?
- Soll die Kompetenzentwicklung mit Hilfe von Trainings im Rahmen von herausfor-
  dernden Projekten oder Transferaufgaben erfolgen?
- Welche Mittel der Wertkommunikation wollen wir einsetzen – sprachliche, symbo-
  lische oder multimediale?

Kompetenzorientiertes Wissensmanagement (Knowledge-Management): Wissen im engeren und im weiteren Sinne ist die wesentliche Voraussetzung für Kompetenzentwicklungsprozesse. Auch das Wissensmanagement kann wie das Wissen selbst in einem engeren
und einem weiteren Sinn definiert werden. Dies hat Konsequenzen für die jeweiligen
Lernprozesse (vgl. Reinmann 2009).

   *Wissensmanagement im engeren Sinne ist Informationsmanagement. Dabei werden un-
ternehmensrelevante Informationen durch Experten den meist passiven Nutzern des Systems,
z. B. Mitarbeitern und Führungskräften, zur Verfügung gestellt.*

   Der Prozess der Wissensentwicklung erfolgt nach Nonaka und Takeuchi in vier Stufen
(Abb. 3.32, S. 143) (vgl. Nonaka und Takeuchi 1995):

Abb. 3.32 Prozess der
Wissensentwicklung

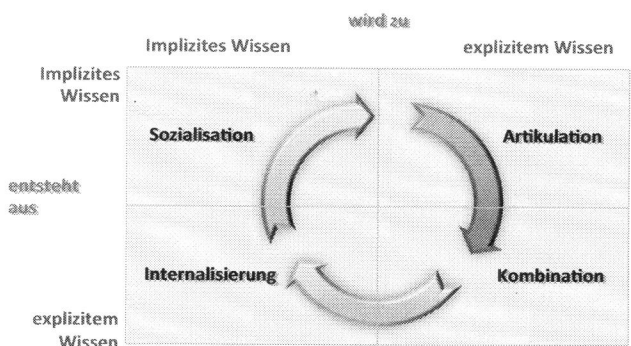

1. *Sozialisation – vom implizitem zu implizitem Wissen*: Im Prozess der Sozialisation wird Erfahrungswissen geteilt, so dass implizites Wissen in Form mentaler Modelle oder technischer Kompetenzen erzeugt wird. Dies kann mit Sprache, durch Imitation, Beobachtung oder Übung erreicht werden.

2. *Artikulation (Externalisierung) – von implizitem zu explizitem Wissen*: In diesem Prozess wird implizites Wissen artikuliert und in explizite Konzepte umgewandelt. Dies erfolgt über das Bilden von Metaphern, Analogien, Konzepten, Hypothesen oder Modellen. Diese Phase ist der Schlüsselprozess bei der Wissensumwandlung, da neue explizite Konzepte aus implizitem Wissen geschaffen werden.

3. *Kombination – vom explizitem zu explizitem Wissen*: In dieser Phase werden Konzepte in ein Wissenssystem eingeordnet. Damit werden isolierte Teile zu einem gemeinsamen Ganzen verbunden. Die Mitarbeiter tauschen und kombinieren Wissen durch Dokumente, in realen oder virtuellen Treffen, über Telefonate oder soziale Medien. Neues Wissen kann vor allem durch Kombinieren, Hinzufügen, Sortieren oder Kategorisieren entstehen.

4. *Internalisierung – vom explizitem zu implizitem Wissen*: In dieser Phase wird explizites Wissen zu implizitem Wissen verinnerlicht.

Entscheidend ist laut dem Modell der Wissensspirale die kontinuierliche Transformation individuellen Wissens in kollektives Wissen (ontologische Dimension) und die Überführung personengebundenen Wissens in allgemein zugängliches Wissen (epistemologische Dimension). Damit eine gemeinsame Wissensbasis der Organisation entsteht, muss das Wissen über Sozialisation auch den anderen zugänglich gemacht werden. Die Spirale beginnt wieder von neuem.

Die Idee des Wissensmanagements im engeren Sinne hat nach einem euphorischen Beginn zu Anfang der Neunzigerjahre ein langes Tal der Desillusionierung durchschritten. Häufig waren die Wissensmanagementprojekte damals in starkem Maße technikgetrieben, so dass der kulturelle Aspekt vernachlässigt wurde. Dies hatte oftmals zur Folge, dass die Mitarbeiter die zentral geplanten Systeme nicht nutzten, weil sie nicht bereit waren, ihr Wissen offen weiter zu geben.

Voraussetzung für den Kompetenzaufbau ist, dass sich Menschen elementare kulturelle Inhalte, also Wissen im weiteren Sinne, erschließen. Für die Kompetenzentwicklung und das Kompetenzmanagement ist demnach der Wissensbegriff im weiteren Sinne relevant, weil er auch Normen und Werte umfasst.

Wissensmanagement im weiteren Sinne ist kompetenzorientiert und umfasst neben dem Wissen im engeren Sinn Werte, Regeln, Normen und Erfahrungen. Hinzu kommen Gefühl, Intuition und Kreativität beim Umgang mit Information und Wissen. Wissen wird mit Werthaltungen verknüpft.

Stand in der ersten Phase dieses Wissensmanagements die Wissensspeicherung und –verteilung im Vordergrund, gewinnen im Zuge der Entwicklung zur Enterprise 2.0 die Aspekte

- effiziente und zielorientierte Mitarbeiterkommunikation,
- bedarfsgerechter Wissenstransfer,
- Partizipation der Mitarbeiter und Schaffung einer offenen Unternehmenskultur,
- gesteigerte Wahrnehmung und Transparenz,
- erhöhtes Innovationspotenzial und Zukunftsfähigkeit

an Bedeutung. Nicht mehr die Wissensspeicherung, sondern der Wissensfluss kennzeichnet die aktuellen Wissensmanagementsysteme. Damit werden Wissensmanagementsysteme der zweiten Generation zu einer wesentlichen Voraussetzung für Kompetenzmanagementsysteme.

Im Rahmen von Kompetenzentwicklungssystemen besteht die Chance, kompetenzorientiertes Wissensmanagement „bottom-up" im Unternehmen durch zu setzen. Die Chancen dafür sind gut, weil die Mitarbeiter in überschaubaren Projekten und Kommunikationsbereichen den Nutzen der Weitergabe und der gemeinsamen Verarbeitung von Wissen erfahren. Damit bauen sie schrittweise in diesen Lernmaßnahmen ihre persönlichen Blockaden gegen den Austausch von Wissen ab.

3.5.2   Entwicklungslinie Lernkultur

Das Bildungsmanagement kann sich nicht mehr darauf beschränken, in wechselnden Projekten einzelne Dienstleistungen zu erbringen, sondern muss die Führungskräfte und Mitarbeiter dabei unterstützen, die notwendigen Rahmenbedingungen für Kompetenzentwicklungsprozesse zu schaffen. Damit wird Bildungsmanagement zum *Veränderungsmanagement,* das zu einer Weiterentwicklung der Lernkultur führt.

Die Lernkultur in den Unternehmen wird aus unserer Sicht vor allem in folgenden Handlungsbereichen grundlegend weiter verändern.

Lernende Organisation   Peter Senges Entwurf eines neuen Management-Denkens, mit dem er den Begriff und das Prinzip der "*Lernenden Organisation*" prägte, ist bereits 1990 zum

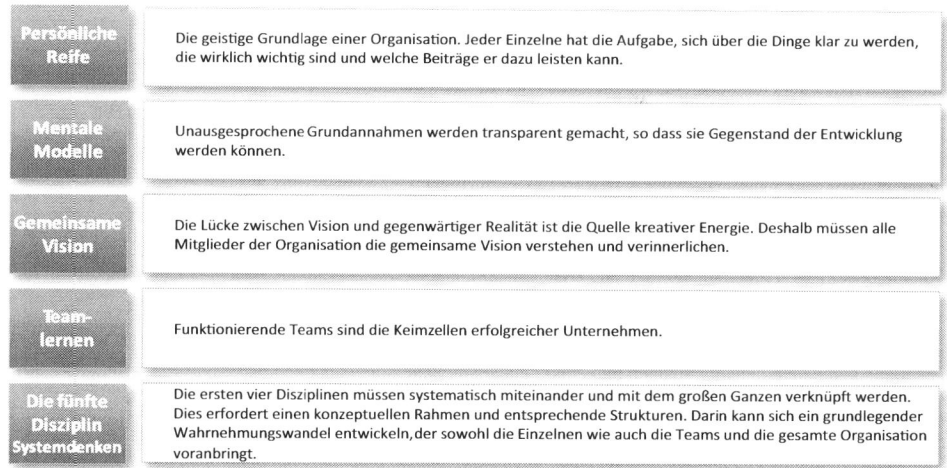

Abb. 3.33 Fünf Disziplinen der Lernenden Organisation

ersten Mal erschienen und längst zum Klassiker avanciert (vgl. Senge 11. Aufl. 2011). Senge postuliert, dass durch die zunehmende Globalisierung und die sich rasch wandelnden Umweltbedingungen die Anforderungen an die Mitarbeiter einer Organisation steigen. Deshalb ist eine permanente Weiterentwicklung der Mitarbeiter notwendig. Aber auch die Organisation selbst muss vor allem ein hohes Maß an Flexibilität und Wandlungsfähigkeit aufweisen, sie muss lernen.

Senge beschreibt *fünf Disziplinen*, die für Lernende Organisationen die Voraussetzung bilden. Darunter versteht er ein Set bestimmter Abläufe als Methoden, die erlernt und eingeübt werden müssen (Abb. 3.33).

Diese Disziplinen sind Gestaltungsempfehlungen im Sinn von leitenden Ideen. Sie sind kein „Handbuch", das einfache Rezepte oder konkrete Strategien zum Umsetzen liefert. Es gibt keine Patentrezepte für den Aufbau der Lernenden Organisation, aber viele Erkenntnisse darüber, wie ein Arbeitsumfeld aussehen muss, das bessere Leistungen ermöglicht und die Arbeitszufriedenheit steigert.

Senge definiert zwei Ebenen des Lernens:

* Was kann der Lerner tun, welche Ergebnisse erreicht er?
* Welche Fähigkeiten hat er, zuverlässig eine bestimmte Qualität von Ergebnissen zustande zu bringen.

Es geht also letztendlich um Kompetenzziele, die sich immer in Handlungen niederschlagen. Daraus leitet Senge die Frage ab, wie das Lernumfeld, die „strategische Architektur", die dafür notwendig ist, aussieht. Dieser Lernzyklus umfasst Ansichten und Annahmen, etablierte Praktiken, Fertigkeiten und Fähigkeiten, ein Beziehungsnetzwerk sowie

Bewusstsein und Empfindlichkeiten. Deshalb fördern wir in unseren Blended Learning Arrangements die *Netzwerkbildung* („Konnektivismus") über Tandem- und Gruppenkonzepte, die *Kommunikation* über das Learning Management System (z. B. über Foren) oder über Soziale Lernplattformen durch die konsequente Einbeziehung von *Social Software*, z. B. mittels Projekttagebüchern (Blogs) und Wikis.

Die größte Herausforderung zur Entwicklung der Lernenden Organisation ist die Gestaltung einer effektiven Infrastruktur, die den Menschen helfen kann, Lernen und Arbeiten zu integrieren. *Lernende Infrastrukturen* (Reflexionen, Übungsfelder, Kommunikationstechnologien) sind damit ein Schlüsselelement für die Entwicklung effizienter Lernstrategien. Stabile Lerninfrastrukturen benötigen *„Praxis- und Übungsfelder"*, die reale Herausforderungen für die Lerner darstellen. Das Lernen im Sinne der Kompetenzentwicklung wird deshalb in unseren Blended Learning Arrangements nicht dem Zufall überlassen, sondern über die Aufgaben im Prozess der Arbeit sowie Transfer- und Projektaufgaben konsequent initiiert. Echte Lernprozesse sind dadurch gekennzeichnet, dass man neue Herausforderungen bewältigt und dabei auch Fehler machen kann.

Aus der systematischen Diskussion und Weiterentwicklung des dabei gewonnen Erfahrungswissens entwickelt sich die Lernende Organisation. Es werden Strukturen benötigt, die es ermöglichen, entwickelte Fähigkeiten an andere weiter zu geben, um deren Kompetenzentwicklungsprozesse zu ermöglichen. Deshalb kommt der *Kommunikation und Dokumentation von Erfahrungswissen* in unseren Lernkonzeptionen eine zentrale Bedeutung zu.

Für die Förderung organisationalen Lernens gibt es zwei Ansatzpunkte, die Sonja Radatz schlüssig hergeleitet hat (vgl. Radatz 2011):

- *Lernrahmen*: Welche Richtung und was soll gelernt werden, welches Lernen und welche Lernergebnisse werden belohnt, welche Regeln sind dabei zu beachten und welche Ziele werden verfolgt?
- *Struktur der Lernenden Organisation*: Die Selbstbeschreibung, die Identität, Ziele und Strategien, Prozesse, Kommunikationsstrukturen und operative Handlungen. Diese Entwicklungen verändern die Organisation und darüber hinaus auch die Individuen, die beteiligt sind.

Im Gegensatz zu den gängigen Modellen der Lernenden Organisation ist das Ziel dabei bewusst offen gehalten und kann sich im Zeitablauf immer wieder verändern. Damit die Beiträge der Mitarbeiter zur Lernenden Organisation gefördert werden, sind neue Lernformen erforderlich, die Selbstreflexion, Wertschätzung, den Aufbau von Spirit und eine positiven Fehlerkultur fördern. Diese Anforderungen können in kompetenzorientierten Blended Learning Arrangements sehr gut erfüllt werden, weil diese auf Selbstorganisation und Lernen in Netzwerken basieren. Die Führungskräfte müssen lernen, mit der „Unlenkbarkeit" dieses Systems umzugehen, sie müssen akzeptieren, dass Einzelne Macht an die Organisation abgeben und dass sich die Definition von Kompetenz verändert. Die Lernziele verschieben sich von Tools und fachlichen Inhalten zu kombinatorischem Wissen, Netzwerkwissen und Relevanzwissen und letztendlich zu Kompetenzen.

Abb. 3.34 Die Stufen des Workplace Learning nach Hart

In Umfragen verzeichnet das Thema der Weiterentwicklung von Unternehmen zur Lernenden Organisation eine zunehmend hohe Bedeutung. Trotzdem wurde sie bisher kaum umgesetzt (vgl. Diesner und Seufert 2010). Offensichtlich bildet dieser Ansatz für die Unternehmen eine wichtige Vision, die sie in naher Zukunft umsetzen wollen.

Workplace Learning (Collaborative Working and Learning):   Kompetenzentwicklung am Arbeitsplatz und in Arbeitsprozessen gewinnt zunehmend an Bedeutung. Definiert man Work Place Learning in diesem Sinne, verändern sich nicht nur die Lernorte, sondern vor allem die Ziele und Inhalte, aber auch die Lernmethodik (vgl. Trost und Jenewein 2012, S. 109 ff.). Folgt man der Darstellung von Jane Hart (vgl. 2011), dann ist die Entwicklung zu diesem arbeitsplatznahen Lernen durch fünf Stufen geprägt (Abb. 3.34).

In den einzelnen Entwicklungsstufen sind insbesondere folgende Merkmale hervor zu heben:

- *Stufe 1 Classroom training*: Seminare und Workshops sollen das notwendige Fach- und Produktwissen „vermitteln" und über Übungen dazu beitragen, dass die Lerner Wissen aufbauen. Dieses Lernen ist vor allem formeller Art und tendenziell fremdgesteuert.

- *Stufe 2 E-Learning*: Mittels Web Based Trainings wird der notwendige Wissensaufbau in den selbstgesteuerten Lernprozessen ermöglicht. Dabei eignen sich die Lerner das Wissen eigenverantwortlich und selbstgesteuert an, überprüfen ihren Wissensstand und wenden ihr Wissen mittels Transferaufgaben in ihrer Praxis an. Dieses Lernen wird nur ausnahmsweise am Arbeitsplatz stattfinden, weil dort im Regelfall nicht die notwendigen Voraussetzungen, wie angemessene Zeit, Ruhe oder Lernatmosphäre, für systematisches Lernen gegeben sind.
- *Stufe 3 Blended Learning*: Stufe 1 und Stufe 2 wurden zu einem Blended Learning Konzept verknüpft, das einen weitgehend selbstgesteuerten Wissensaufbau und eine eigenverantwortliche Qualifizierung ermöglicht. In dieser Stufe wird das formelle Lernen der Lerner optimiert. Über Transferaufgaben und Projektaufträge wird die Kompetenzentwicklung der Lerner initiiert.
- *Stufe 4: Social Learning*: Dieses Lernen umfasst nach unserem Verständnis ein breites Spektrum, vom gezielten Erlernen sozialen Handelns, z. B. in Rollenspielen oder in Praxisanwendungen, bis zu kooperativem Lernen in der Learning Community mit Blogs, Wikis oder in virtuellen Klassenräumen. Gleichzeitig ist „Soziales Lernen" die Basis selbstorganisierter Lernprozesse.
- *Stufe 5: Collaborative Learning*: Kompetenzentwicklung am Arbeitsplatz und in Arbeitsprozessen wird auf dieser Stufe durch die Bewältigung von Herausforderungen im Prozess der Arbeit selbst und evtl. über herausfordernde Praxisprojekte systematisch ermöglicht. Dabei werden langfristige, meist informelle Lernprozesse aller Lerner einer Gruppe initiiert, indem ihr Erfahrungswissen für die gesamte Lerngruppe, z. B. über Projekt- und Ausbildungstagebücher, nutzbar gemacht wird. Hierbei kommt den sozialen Medien eine besondere Bedeutung zu. Die Lernprozesse finden in kollaborativer Form im Rahmen einer Sozialen Lernplattform über selbst organisierte *Communities of Practice* statt. Damit werden Lernziele und Lernkonzepte möglich, die im „klassischen" Lernkontext nicht erreichbar sind (vgl. dazu auch Eisfeld-Reschke et al. 2013).

Diese Entwicklung zum Workplace Learning erfordert einen langfristigen Veränderungsprozess, da alle Beteiligten ihre Denk- und Handlungsweisen schrittweise verändern müssen (vgl. Reuther 2007). Bereits heute kann eine Kombination der Stufen 3 bis 5 realisiert und zu einem kulturgerechten Gesamtkonzept verknüpft werden. Dies wird in den verschiedenen Unternehmen mit unterschiedlicher Geschwindigkeit stattfinden. Das Ziel ist dabei, sukzessive den Anteil der Kompetenzentwicklung zu steigern und die betriebliche Bildung damit immer mehr bedarfsgerecht zu gestalten.

Erst auf dem Weg in die 5. Stufe wird aus einem Unternehmen eine Lernende Organisation im "Social Business". Nicht die Technologie macht dabei den Unterschied, sondern ein neuer Ansatz des Lernens und Arbeiten (vgl. Hart 2012).

Lebenslanges Lernen Die vielbeschworene Vision des Lebenslangen Lernens baut darauf auf, dass die Menschen die Motivation und die Kompetenz erwerben, eigenständig fast über ihre gesamte Lebensspanne hinweg zu lernen. Sie umfasst damit alle Gelegenheiten zum Lernen, im Alltag, in der Arbeit, in sozialen Netzwerken, in Projekten, in Seminaren, im E-Learning, Blended Learning oder Social Learning. Dieser Begriff ist somit nicht nur auf die Länge des Lebens, sondern auf seine vielfältige Weite bezogen (vgl. Baethge-Kinsky und Döbert 2010).

Die Politik hat diesen Bedarf in ihren Vorhaben, z. B. Fördermaßnahmen, aufgegriffen. So definiert die Bund-Länder-Kommission für Bildungsplanung und Forschungsförderung die Entwicklungsschwerpunkte dieser Strategie wie folgt (Bund-Länder-Kommission für Bildungsplanung und Forschungsförderung 2004):

- Einbeziehung informellen Lernens
- Selbststeuerung
- Kompetenzentwicklung
- Vernetzung
- Modularisierung
- Lernberatung
- Neue Lernkultur/ Popularisierung des Lernens
- Chancengerechter Zugang.

Lebenslanges und lebensweites Lernen durchbricht damit die Grenzen vorhandener Lern- und Bildungssysteme sowie strikt aufeinander folgender Schul- oder Hochschulkarrieren. Die *Vision des lebenslangen, lebensweiten Lernens* ist im betrieblichen Kontext durch folgende Merkmale geprägt (zum heutigen Stand vgl.: Hoskins et al. 2010):

- *Individuelle, strategieorientierte Kompetenzziele* statt standardisierter Wissens- und Qualifizierungsziele (Curricula)
- *„Ermöglichungsdidaktik"* statt fest vorgegebene Lernpfade
- *Selbstorganisation* statt Fremdsteuerung
- *Lernbegleitung* statt Lehre
- Konsequente, zielorientierte Nutzung *innovativer Lerntechnologien*

Dies bedeutet, die Aufgabe liebgewonnener und vordergründig erfolgreicher Lernkonzepte und jahrzehntelang entwickelter Lernmaterialien, einen grundlegenden Kulturwandel im betrieblichen Lernbereich und eine fundamental veränderte Rolle der Personalentwicklung, der Führungskräfte, der Trainer und der Mitarbeiter. Dies erklärt zu einem großen Teil das hohe Beharrungsvermögen im betrieblichen Bildungssektor.

Open Educational Resources (Offenes Online-Lernen): Die Open Educational-Resources-Bewegung entstand 2001 durch die Open Course Ware-Initiative des MIT und 2002 auf Anstoß der OECD. Mittlerweile werden auch in Deutschland eine Vielzahl von offenen Lernangeboten zur Verfügung gestellt (vgl. dazu beispielhaft „Open Course 2012" (http://de.wikibooks.org/wiki/Hauptseite). Beim offenen Onlinelernen greifen einzelne Personen auf frei verfügbare Lernressourcen im Netz zurück. Die Lerner können mit oftmals mehreren hundert Lernpartnern gemeinsam über die ganze Welt verteilt lernen und kommunizieren.

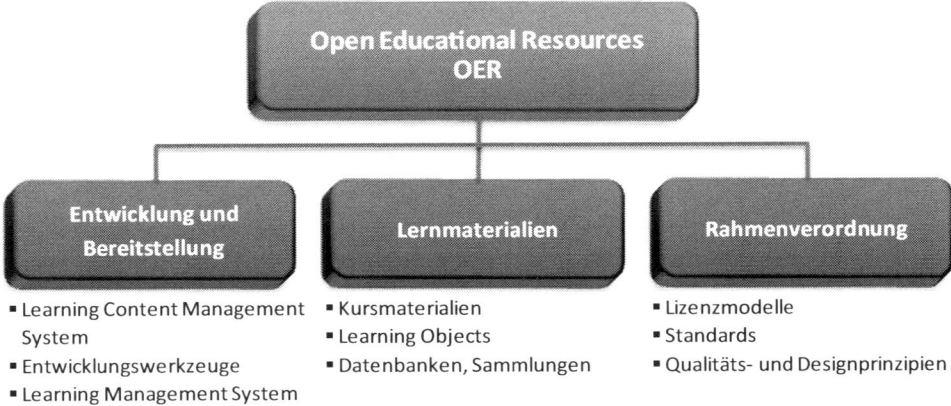

Abb. 3.35 Open Educational Resources – OER. (In Anlehnung an OECD 2007)

Open Educational Resources (OER) sind digitalisierte Lehr- und Lernmaterialien, die im Internet zur freien Verfügung stehen. Die Lerner sind frei, Ziele und Inhalte sowie Wissensquellen selbst zu bestimmen und ihre Lernprozesse zu organisieren (Bergamin und Filk 2012, S. 25 ff.; Deimann 2012; Robes 2012a).

Damit ist offenes Onlinelernen eine Ausprägung des Learning on Demand. Es gibt keine Prüfungen. Vielmehr wird davon ausgegangen, dass sich die Lernergebnisse im persönlichen Nutzen der Lerner niederschlagen (Bergamin und Filk 2012, S. 25 ff.). Open Educational Resources umfassen folgende Bereiche (Abb. 3.35):

Damit können OER beispielsweise in Form von Kursen, Textdateien, Bildern, Audios, Videos oder Simulationen, aber auch als Lerninfrastruktur oder Rahmenordnung, bereit gestellt werden. Die UN-Organisation für Erziehung, Wissenschaft und Kultur (UNESCO), hat im November 2011 gemeinsam mit dem Commonwealth of Learning (COL) eine Sammlung von "Guidelines on Open Educational Resources (OER) in Higher Education"herausgebracht (http://unesdoc.unesco.org/images/0021/002136/213605e.pdf).

MOOC (Massive Open Online Course) MOOC (sprich „Muhk") – Massive Open Online Courses – sind offene („open"), im Netz angebotene Kurse („online") mit Open Resources und einer teilweise sehr großen Teilnehmerzahl („massive"), die jedem Lerner ohne Kosten offenstehen und im Netz stattfinden (vgl. Robes 2012a; Bremer und Thillosen 2013, S. 15–27).

MOOCs erstreckten sich meist über einen Zeitraum 6–12 Wochen. Präsenz-Workshops bilden eher die Ausnahme. Das Konzept sieht regelmäßige Input-Phasen, die zur Diskussion anregen, sowie Elemente zur Vertiefung und Weiterbearbeitung der Inhalte im Netz vor. Die Lerner organisieren sich selbst online und legen gemeinsam die Ziele und wechselnde Themen, aber auch die Tiefe ihrer Bearbeitung, fest. Das primäre Ziel ist nicht, das

Wissen einzelner Lerner, sondern das Wissen des Netzwerkes zu entwickeln. Damit baut diese Lösung auf dem Ansatz des *Konnektivismus* auf.

Massive Open Online Courses besitzen meist eine feste Agenda mit verschiedenen Themen, die im Wochenrhythmus wechseln (vgl. beispielhaft Management 2.0 MOOC http://www.cogneon.de/mgmt20). Häufig geben die Gastgeber Lektüreempfehlungen für die einzelnen Themen, organisieren regelmäßige Live-Events mit Referenten und schlagen den Teilnehmenden konkrete Aktivitäten und Aufgaben vor, um sich mit dem Thema der Woche auseinanderzusetzen (Bremer 2012, S. 153 ff.; Bremer und Thillosen, 2013, S. 15 ff.; Robes 2013). Vor allem aber machen sie die Teilnehmenden mit ihrer Rolle als Lernende im Rahmen eines MOOC vertraut: wie sie sich in der für viele anfangs unübersichtlichen Struktur eines MOOC orientieren; wie sie für sich Routinen des selbst organisierten Lernens entwickeln, sich mit ihren Aktivitäten im Kurs vernetzen und welche Möglichkeiten der Partizipation sie besitzen (Robes 2012a, S. 2).

Diese Lernangebote entstanden überwiegend im universitären Bereich. Dabei haben sich u. a. folgende Grundformen heraus gebildet (vgl. Tacke 2013):

- *cMOOC (connectivist MOOC)* basieren auf dem Ansatz des Konnektivismus nach dem das Lernen im Netz stattfindet. Sie sind relativ offen und frei im Sinne virtueller Workshops oder Barcamps gestaltet, in denen die Teilnehmer *aktiv gemeinsam Wissen erarbeiten.*
- *xMOOC ("x" steht für Extension),* orientieren sich an traditionellen Kurskonzepten, in denen die Themen festgelegt sind und die Lernmaterialien (häufig Videos) von den Veranstaltern zur Verfügung gestellt werden. Die Teilnehmer sind eher *passiv* und nicht in die Gestaltung der Kurse eingebunden. Sie bearbeiten die vorgegebenen Materialien um ihr persönliches Wissen aufzubauen und unterstützen sich meist gegenseitig.

Wir sind davon überzeugt, dass MOOCs bereits wesentliche Elemente einer Lernlandschaft beinhalten, die in der Zukunft auch die betrieblichen Lernsysteme prägen werden. Es stellt sich damit die Frage, welche Merkmale von MOOC betriebliche Lernkonzeptionen voranbringen können.

MOOC im betrieblichen Kontext werden durch Lernbegleiter („Facilitator") organisiert, die zu bestimmten Problembereichen eine Agenda vorschlagen, Verknüpfungen zu internen und externen Wissensquellen organisieren, in Präsenz oder virtuell Veranstaltungen mit Experten planen und Transferaufgaben oder Projekte initiieren, um kompetenzorientierte Lernprozesse zu ermöglichen. Sie begleiten die Lernprozesse indem sie den Mitarbeitern und Führungskräften Orientierung geben, sie bei der Strukturierung und Organisation ihrer individuellen Lernprozesse unterstützen, Lerntagebücher anregen und das Lernen im Netz ermöglichen. Sie reduzieren die Komplexität der internen und externen Wissensangebote und empfehlen Systeme, Tools und Zugänge zur individuellen Nutzung durch die Lerner.

Damit wandelt sich die Rolle des E-Tutors zum *E-Mentor* oder *Community-Manager*, der Erfahrungswissen und Eindrücke meist online an Lerner mit dem Ziel weitergibt, ihn in seiner persönlichen oder beruflichen Kompetenzentwicklung innerhalb oder außerhalb

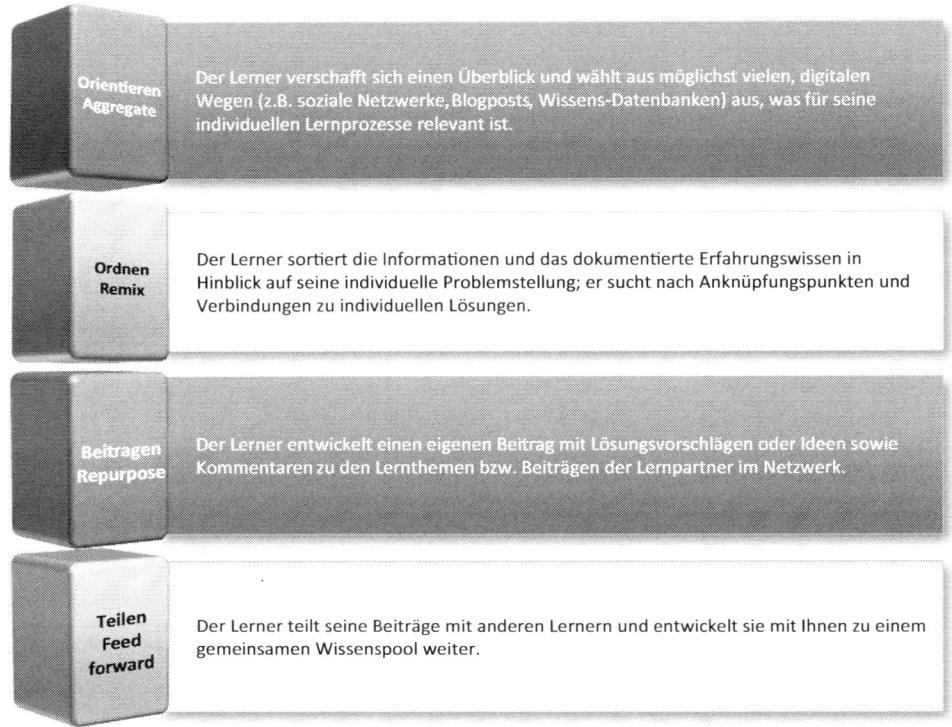

Abb. 3.36 Lernaktivitäten in MOOC

des Unternehmens zu fördern. Die Verantwortung für die Lernprozesse geht voll auf die Lerner über. Für die Steuerung und Flankierung der Lernprozesse bietet sich das bewährte KOPING-Konzept mit Lernpartnerschaften und Lerngruppen an, das sich in diesem Rahmen zu einem *Co-Coaching-Konzept* weiter entwickelt.

In einem MOOC-Lernarrangement werden die Lernprozesse durch folgende Aktivitäten geprägt (Abb. 3.36) (vgl. Robes 2012c, S. 3 ff.; Robes 2012d, S. 219–244):

MOOC *im betrieblichen Kontext* werden durch Grundprinzipien geprägt, die wesentliche Elemente der Kompetenzentwicklung umfassen. Sie sind

- *offen* für alle Mitarbeiter und Führungskräfte, evtl. auch Stakeholders, und setzen *selbstorganisiertes und problemorientiertes Lernen* voraus,
- bauen auf der *dezentralen Infrastruktur* des Intranets und Internets auf,
- vernetzen die Lerner mit Hilfe von *Communities of Practice, Social Media, Social Networks oder RSS,*
- bieten aber auch *geschlossene Räume,* um Lernprozesse im vertraulichen Rahmen zu ermöglichen,
- bieten die persönliche Lerndokumentation im Rahmen von *E-Portfolios,*
- fordern die *aktive Mitwirkung aller Lerner.*

MOOC entsprechen damit dem Ansatz der *„Ermöglichungsdidaktik"*, die wiederum die Voraussetzung der Kompetenzentwicklung bildet. Die Lerner werden entlastet, weil sie ihre Netzwerkkompetenzen laufend weiter entwickeln und in diesem Lernrahmen gezielt Wissen zur Lösung ihrer Praxisprobleme aufbauen können. Dabei bauen sie auf dem Erfahrungswissen und den Lösungsansätzen auf, die bereits im Vorfeld entwickelt worden sind (kompetenzorientiertes Wissensmanagement bottom-up).

Mit Hilfe von *Badges*, d. h. Kennzeichen oder Plaketten, werden Indikatoren für die Leistungen der Lerner genutzt. Sie sollen helfen, Ziele zu setzen und das informelle Lernen anzuerkennen. Diese Ansätze befinden sich jedoch noch in der Entwicklungsphase, sind aber nach unserer Einschätzung für das betriebliche Lernen mit Kompetenzzielen und -messungen weitgehend ohne Relevanz (z. B. http://opco12.de/anerkennung/).

Der langfristige Erfolg der Open-Educational-Resources-Bewegung wird in hohem Maße davon abhängen, ob es gelingt, die Qualität der Inhalte zu sichern, vor allem dann, wenn die Lernmaterialien in einem OER-Projekt frei editierbar sind. Deshalb sind interne Qualitätssicherungsprozesse, Peer-Review-Modelle oder Nutzerbewertungen notwendig, die sicherstellen, dass die Lerner Vertrauen in die Qualität der Inhalte erlangen. Hinzu kommt die Erfordernis, die Inhalte in eine Lernkonzeption einzubetten, die *Kompetenzlernen* ermöglicht. Wir sehen gute Chancen, diese Voraussetzungen gerade in einem überschaubaren betrieblichen Kontext, eher noch als im Hochschulbereich mit einem weltweiten „Lernraum", zu schaffen.

Auch für die beruflichen Bildungsanbieter werden MOOCs an Bedeutung gewinnen. Offen ist hierbei noch die Frage, wie ein tragfähiges Geschäftsmodell aussehen könnte. Grundsätzlich sehen wir hierfür folgende Ansätze (vgl. Meier 2013; Bershadsky, Bremer und Gaus 2013):

- Kostenpflichtige ergänzende Leistungen (z. B. Tutoring oder Coaching) als Ergänzung zu kostenfrei angebotenen Kursen
- Kostenpflichtige Prüfungen und Zertifizierungen
- Kostenpflichtiger Zugang für Unternehmen, die Mitarbeitende rekrutieren möchten, zu Daten der Kursteilnehmer, die von diesen freigegeben wurden (z. B. zum Erfolg von Studierenden in bestimmten Kursen)
- Kostenpflichtiger Zugang für Unternehmen zu den Kursen mit der Möglichkeit, diese in ihr eigenes Lernsystem zu integrieren
- Sponsoring von einzelnen Kursen durch Unternehmen
- Teilnahmegebühren für Studierende.

3.5.3   Entwicklungslinie Lernen im Netz

Netzwerke fördern die Kommunikation zwischen Wissensträgern und die kollaborative Lösung von Herausforderungen. Daraus kann neues, gemeinsames Wissen für die Problembewältigung im Prozess der Arbeit generiert werden, sofern der passende Ermöglichungsrahmen geschaffen wird und die Kommunikation zielgerichtet unterstützt wird.

Der Begriff „*Lernen im Netz*" ist von uns bewusst doppeldeutig gewählt (vgl. dazu Erpenbeck und Sauter 2007). Einerseits zielt er auf das netzbasierte Lernen im Sinne des Konnektivismus, andererseits meint er das Lernen im Web mit Social Software. Beide Ausprägungen des Lernens basieren auf dem sozialen Lernen.

Kompetenzaufbau im Netz Kompetenzentwicklung im Netz ist unter bestimmten Voraussetzungen möglich, sofern in echten Entscheidungssituationen Kompetenzaufbau ermöglicht wird. Dies zeigen viele Praxisbeispiele (vgl. Erpenbeck und Sauter 2013).

Social Software-Instrumente ermöglichen Kompetenzentwicklung im Netz, wenn sie die kollaborative Bearbeitung von Herausforderungen im Prozess der Arbeit und offener Entscheidungsprobleme mit Kommunikationsformen unterstützt, bei denen innere Widersprüche, Erfahrungen und Informationen, die zur persönlichen Einstellung oder getroffenen Entscheidung in Widerspruch stehen (Dissonanzen) erlebt und bewältigt werden (Labilisierung).

Kompetenzaufbau im Netz ist vor allem auch dann möglich, wenn die realen Herausforderungen in der Praxis oder in Projekten ebenfalls online stattfinden. Nachdem in den Unternehmen immer mehr Geschäftsprozesse online gestaltet und gesteuert werden, bieten sich auch dort ähnliche Lernkonzepte an. Während im „klassischen" E-Learning mit Web 1.0 der Wissensaufbau und die Qualifikation im Vordergrund stehen, hat *kompetenzorientiertes E-Learning* zum Ziel, die Fähigkeit zur selbstorganisierten und kreativen Problemlösung in der Praxis zu fördern. Die Trennung von Experten und Lernern wird aufgehoben, weil alle Beteiligten ihr Erfahrungswissen einbringen, Inhalte bewerten und sich mit unterschiedlichen Sichten und Anschauungen auseinandersetzen. Statt rückgekoppelter Monologe entsteht eine lebendige Kommunikation im Netzwerk, bei der das Wissen gemeinsam weiter entwickelt wird. Sowohl Lernbegleiter als auch Lernende pflegen eine wertende Selbstreflexion. Die Grundlage der Lernprozesses bildet nicht mehr allein das Wissen der Experten, sondern die wertende „Weisheit des Netzwerkes" („Wisom of Crowds"). Die Menge entscheidet in der Regel intelligenter und effizienter als der klügste Einzelne in ihren Reihen. Vorausgesetzt, jeder Einzelne denkt und handelt unabhängig, die Gruppe ist groß und vielfältig und sie kann darauf vertrauen, dass ihre Meinung wirklich zählt (vgl. Surowiecki 2005).

Die Inhalte sind dabei eher dynamisch und wertend (z. B. in Wikis) oder meinungsorientiert (z. B. in Blogs), aber auch tendenziell kleiner und überschaubarer („microcontents"). Social Software ist durch Offenheit gegenüber Veränderungen und Wertungen der Lerner geprägt, laufende Veränderungen sind ein wesentliches Merkmal. Dadurch entwickelt sich das „Netzwerk-Gedächtnis" aus dem Erfahrungswissen der Lerner.

Da Kompetenzentwicklung auf der Selbstorganisation der Lerner gründet, eignet sich Social Software in idealer Weise, diese Lernprozesse zu ermöglichen. Weil die meisten Lerner über viele Jahre oder Jahrzehnte durch „klassische" Lernsystem geprägt wurden, wäre es aber naiv zu glauben, dass die Bereitstellung von Social Software zu einem intensiven Austausch von Erfahrungswissen führen würde. Wir haben die Erfahrung gemacht, dass wir die Lerner in ihrer gewachsenen Lernkultur abholen müssen. Bewährt haben sich hierbei Kombinationen aus Blended Learning für den Wissensaufbau und die Qualifikation mit praxis-/projektorientiertem Lernen, bei dem die Lerner ihr Erfahrungswissen über Blogs oder Wikis mit ihren Lernpartnern austauschen und weiter entwickeln. Wir beobachten hierbei immer wieder, dass am Anfang die Konzentration der Lerner vor allem auf das formelle Lernen, z. B. mit Web Based Trainings gerichtet ist, während die zu bearbeitenden realen Projekte in der Kommunikation eher eine untergeordnete Rolle spielen. Im Laufe der Lernprozesse verändern sich jedoch die Gewichte grundlegend, das Web Based Training wird zunehmend als Hintergrundwissen gezielt genutzt, während die Lösung der praktischen Problemstellungen immer mehr in den Vordergrund rückt.

Soziale Netzwerke sind dynamische Vernetzungen von Menschen im Netz (Communities), die freiwillig zusammen kommen und durch gemeinsame Interessen verbunden sind. Sie sind gleichberechtigt, tauschen Ideen aus und unterstützen sich gegenseitig.

Lernen in Netzen bzw. Netzwerken führt dazu, dass soziale und kulturelle Aspekte des Lernens an Bedeutung gewinnen. Kognitionsprozesse in Gruppen werden dabei durch folgende Merkmale geprägt (vgl. de Laat und Simons 2007, S. 15 ff.):

- Wissen entsteht in einem sozialen Kontext,
- Lernen in Netzwerken verbindet sowohl intellektuelle als auch soziale Prozesse und fördert damit die Verinnerlichung (Interiorisation) von Werten,
- Interaktionen innerhalb der Gruppe sind die treibende Kraft für gemeinsame Lernprozesse,
- Lerner verknüpfen neu erworbenes Wissen mit ihrem bisherigen Wissensschatz (Kumulativer Lernprozess); dabei bewerten und ordnen sie dieses Wissen auf der Basis ihrer bisherigen Erfahrungen,

Kompetenzentwicklung im Netz ist der selbstorganisierte Aufbau von Kompetenzen mittels Social Software-Instrumenten in kollaborativen Lernprozessen mit Entwicklungspartnern.

Lernen im Netz findet nicht ausschließlich im Kopf des Lernenden statt, sondern basiert auf gemeinsamen Aktivitäten. Es bezieht den ganzen Menschen und seine Umwelt mit ein. Lernen ist damit ein Prozess des kulturellen Austausches, durch den kognitive Aktivitäten strukturiert und geformt werden. Diese bedingt aber, dass die Lerner gemeinsam Lernziele formulieren, Lernpläne entwickeln, Erfahrungswissen austauschen und gemeinsam Entscheidungsprozesse erleben.

Die Voraussetzungen für Kompetenzentwicklung im Netz sind:

- „Grenzenlose" Kommunikation: Netzwerke überwinden räumliche und hierarchische Barrieren
- Konsequente Nutzung der Netzwerktreffen: Die Teilnehmer suchen im Netz gezielt Lösungen für ihre Herausforderungen,
- Offenheit für neue Lösungen, Alternativen und „Querdenken"
- Aufbau einer dauerhaften Vertrauensbasis
- Informeller Teil zum zwanglosen Austausch

Deshalb wird eine Lernumgebung benötigt, über die Netzwerke ihre Erfahrungen austauschen, bewerten und gemeinsam weiterentwickeln können. Sie können sich dort gegenseitig unterstützen, aber auch motivieren. Menschen, die ihr Wissen teilen, fühlen sich besser in ihr Umfeld integriert, treffen im Netz Menschen, denen sie sonst nicht begegnen würden und können besser vermitteln, wer sie sind und über was sie sich Gedanken machen.

Kompetenzentwicklung ist mit Social Software vorzüglich möglich. Social Software ist damit Kompetenzlernsoftware. Dieses kompetenzorientierte E-Learning ist durch eine Selbstorganisation der Lerner mit Werten als Ordner sowie dynamische und wertende Inhalte (z.B. über Wikis und Blogs) geprägt. Die Lerner können ihre Interessen in die Lernprozesse einbringen (Two-way-access), die durch eine wertende Selbstreflexion und Diskussion aller Beteiligten geprägt sind. Daraus entwickelt sich ein kompetenzorientiertes Wissensmanagement. Der Kompetenzaufbau im Netz ist deshalb ein „bottom-up-Lernen".

Social Learning (E-Learning 2.0) Nach unserem Verständnis ist Social Learning im betrieblichen Kontext durch folgende Merkmale gekennzeichnet:

Social Learning (E-Learning 2.0) ist kompetenzorientiertes E-Learning mit Social Software (Social Media), das informelles, selbstorganisiertes und vernetztes Lernen umfasst (vgl. Robes 2012c, S. 3).

Es kann ein alltäglich, bewusst oder unbewusst ablaufender Prozess sein, oder integrierter Teil eines Lernarrangements. Social Learning hilft Menschen, nach eigenen Bedürfnissen und Interessen Social Media auszuwählen und zu nutzen, um online zusammenzuarbeiten und Informationen zu teilen (vgl. Back et al. (Hrsg.), 3., vollständig überarbeitete Aufl. 2012). Der Zugang zu diesen Medien erfolgt über eine Soziale Lernplattform oder zukünftig immer mehr über eine persönliche Lernumgebung, ein Personal Learning Environment.

Dieses soziale Lernen kann sowohl Inhalt des Lernens als auch Gestaltungselement sein:

- *Didaktik (Lernziele und –inhalte)*: Entwicklung der sozialen Kompetenz zum sozialen Handeln mit Empathie, Respekt und Verantwortung.
- *Methodik*: Kooperative und kollaborative Lernformen, die das gemeinschaftliche Lernen in Gruppen fördern.
- *Lerntechnologie*: Medien und Werkzeuge, die kooperative und kollaborative Lernprozesse ermöglichen.
- *Lernorganisation*: Lernen im sozialen Kontext, z. B. Peer-to-peer Konzepte.

Social Learning wird durch den Trend zum Social Business wesentlich gefördert. Zwischenzeitlich nutzt nach einer Studie der Bitkom etwa knapp die Hälfte der Unternehmen, weitgehend unabhängig von der Größe, Social Media (Bitkom 2012a, S. 6). Gleichzeitig garantiert aber Social Media noch kein Social Learning.

Nach Etienne Wenger kann Lernen unter vier Aspekten in einen sozialen Kontext eingebunden sein (Abb. 3.37, S. 157) (vgl. Wenger 1998).

Social Learning setzt soziale Gruppen voraus. Diese lassen sich durch folgende Merkmale kennzeichnen (Kerres 2012, S. 169):

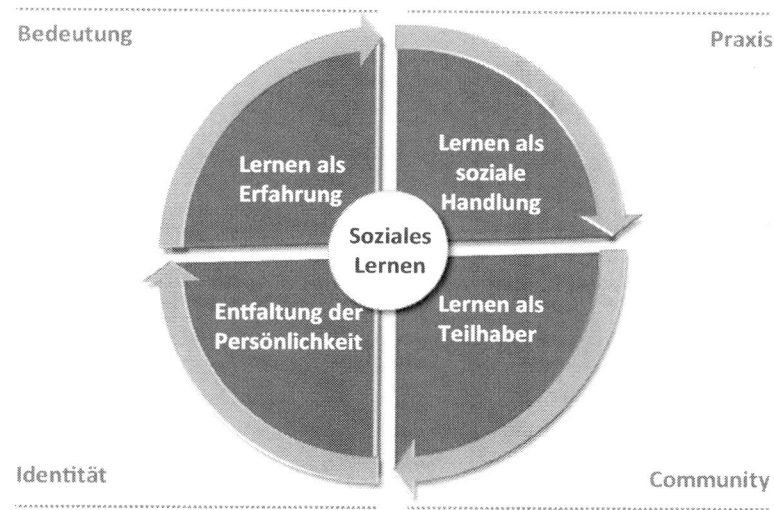

Abb. 3.37 Soziales Lernen nach Wenger

- Es gibt grundsätzlich eine *definierte Zahl von Mitglieder*, die sich zumindest potenziell kennen,
- alle Gruppenmitglieder verfolgen ein *gemeinsames Ziel*,
- es bilden sich *gemeinsame Werte und Normen*,
- die Gruppe besteht über einen gewissen, meist *definierten Zeitraum*,
- die Gruppenmitglieder *kommunizieren* und *interagieren* miteinander,
- es besteht eine *emotionale Bindung* („Wir-Gefühl"),
- es entstehen *Strukturen* in der Gruppe, die mit unterschiedlichen Aufgaben und Rollen einhergehen,
- die Gruppe kann deutlich von anderen *abgegrenzt* werden.

Grundsätzlich kann Social Learning in folgenden Ausprägungen in die Lernkonzepte integriert werden (vgl. Robes 2012c, S. 3 f.):

- *Wissensaufbau und Qualifizierung*: Die Lerner gestalten ihre Lernprozesse im Rahmen vorgegebener Lernarrangements selbstorganisiert. Sie bringen sich mit ihrem Profil ein und stellen Lösungen, Literatur- oder Linklisten, Forumsdiskussionen, Wikis, Blogs oder Microblogs der aktuellen und der zukünftigem Lerner-Community zur Verfügung. Sie verfolgen im Netz Diskussionen und Konferenzen über entsprechende Hashtags, abonnieren für sie interessante Blogs und fassen diese in Newsreader zusammen, nutzen Bildungskanäle auf YouTube oder TED oder suchen gezielt Lernvideos. Die Lerner bringen sich aktiv in das soziale Netzwerk ein und tauschen dort ihre Lernerfahrungen aus. Auf dieser Basis entwickeln sie ihr persönliches Wissensmanagement.

Tab. 3.8 Netze im Web 2.0 und im Unternehmen

Merkmal	Offenes Netz des Web 2.0	Netz im Unternehmen
Hierarchien	Nicht vorhanden	Vorgegeben
Nutzerzahl	Nahezu unbegrenzt	Begrenzt
Motivation	Intrinsisch	Im Regelfall Suche nach Problemlösungen
Eigentümer der Informationen	Alle	Bestimmte Personen oder Gruppen
Identifizierung der Teilnehmer	Freiwillig	Vorgegeben
Prüfung der Inhalte	Selten	Teilweise redaktionelle Prüfung
Verhaltensregeln	Netiquette	Eindeutige Verhaltensregeln mit Sanktionsmöglichkeiten

- *Kompetenzentwicklung*: Die Lerner erweitern ihre Lernprozesse um den Kompetenzaufbau, indem sie ihre Lernziele und ihre Lernorganisation eigenverantwortlich selbst
  organisieren, Erfahrungswissen einbringen und mit Netzwerkpartnern analysieren, diskutieren und weiterentwickeln, in kollaborativer Form Aufgabenstellungen aus der
  Praxis selbstorganisiert bearbeiten, Texte bearbeiten oder kreative Ideen entwickeln.
  Dazu benutzen sie Blogs, Wikis, Gruppenchats, Webinar-Systeme oder Whiteboards.
  Für den Wissensaufbau und die Qualifizierung, die für die Kompetenzentwicklung
  notwendig sind, nutzen sie bei Bedarf die entsprechenden Tools und Open Resources.

Viele Unternehmen führen zurzeit organisationsweit Social Media Plattformen ("Facebook
fürs Büro") ein, die den Austausch von Informationen und Erfahrungswissen, aber auch
die Kommunikation und die Zusammenarbeit mittels Social Media ermöglichen. Damit
entwickeln sich diese Systeme zu Lernsystemen.

Social Learning verändert das Workplace Learning, weil damit persönliche Netzwerke
des kollaborativen Arbeitens und Lernens im täglichen Arbeitsprozess geschaffen werden
(vgl. Hart 2013c). Die Mitarbeiter können laufend relevante Informationen aus ihrem
beruflichen Umfeld erfahren und entwickeln ihren Wissensstand aktuell, sie arbeiten und
lernen kollaborativ indem sie im Netz Lösungen für ihre beruflichen Herausforderungen
erarbeiten, teilen ihr Erfahrungswissen und Erkenntnisse mit anderen und erweitern damit
ihre Lernmöglichkeiten. Dabei nutzen sie zunehmend private Notebooks, Tablets oder
Smartphones ("Consumerization of IT and Learning").

Grundsätzlich unterscheidet sich Social Learning im offenen Netz des Web 2.0 vom
Netz im Unternehmen (Rohs 2012, S. 41) (Tab. 3.8).

Social Learning ist dabei offen für verschiedene Quellen der Lerninhalte, die auch
widersprüchlich sein können, für unterschiedliche Medienformate bis zu User Generated
Content, eine Vielfalt von Kommunikationsmöglichkeiten und Kontakten zu möglichen
Lernpartnern.

Diese informelle Bildung im Netz in Form von Social Learning erfordert dabei eine grundlegende veränderte Lernkultur, aber auch eine neue Rolle der Trainer und Tutoren, die sich zum Lernbegleiter wandeln.

Social Learning im Unternehmen ermöglicht netzbasiertes Workplace Learning durch die Verknüpfung von kollaborativem Arbeiten und Lernen, fördert die Netzwerkbildung und unterstützt den individuellen Kompetenzaufbau der Mitarbeiter. Da auch hierbei veränderte Handlungsweisen aller Beteiligten erforderlich sind, wird dieser Veränderungsprozess langfristig sein.

3.5.4   Entwicklungslinie Lerntechnologie

Die Entwicklung der der Lerntechnologie orientiert sich an der Entwicklung der Webtechnologie und der Unternehmens-IT. Die Lerntechnologie schafft in vielen Fällen erst die Voraussetzung dafür, dass innovative Lernkonzeptionen umgesetzt werden können. Gleichzeitig entfalten diese Lerntechnologien ihre Wirkung erst, wenn sie in eine bedarfsgerechte Lernkonzeption eingebettet werden.

E-Learning: Die Bandbreite der Deutungen des Begriffes E-Learning ist groß: *Self-paced content (selbstgesteuertes Lernen), live online sessions, Online distance learning, Simulations and virtual worlds, Computers in the classroom, mobile learning oder ubiquitous learning (Lernen unabhängig von Ort und Zeit, z. B. mittels Smartphones), micro-learning (kleine Informationseinheiten, z. B. mittels Videos, und Tests über PC oder Smartphone), Game based learning (Verknüpfung von Qualifikation und Spielen), Cloud Learning (mobiles und vernetztes Lernen mit virtualisierter Rechen- und Speicherressourcen in Verbindung mit innovativen Web-Technologien) sowie Social-Learning (Lernen durch soziale Vernetzung, Lernen in Netzwerken).* Daneben wird zwischen formellem und informellem E-Learning, institutionellem und individuellem E-Learning oder „reinem" E-Learning und Blended Learning unterschieden.

Es bietet sich an, diese Ausprägungen des E-Learning nicht technologisch, sondern nach den Zielebenen der Lernkonzepte zu gliedern. Diese Gliederung entspricht weitgehend auch der historischen Entwicklung des E-Learning seit dem Ende des vergangenen Jahrhunderts (Abb. 3.38, S. 160).

Die Basis für E-Learning bilden meist Web Based Trainings (WBT), teilweise auch Lern-Videos oder Podcasts.

Web Based Training sind interaktive Lernprogramme, die multimedial aufbereitet und im Netz bearbeitet werden

Während die 1. Entwicklungsstufe des E-Learning mit meist sehr aufwendigen Lernprogrammen, die durch eine hohe Grafikanimation geprägt waren, heute keine Rolle mehr spielt, werden die anderen Ausprägungen des E-Learning, je nach Zielsetzung, die verfolgt wird, in den Unternehmen, teilweise auch in Kombination, zunehmend genutzt (vgl. MMB-Institut 2012a).

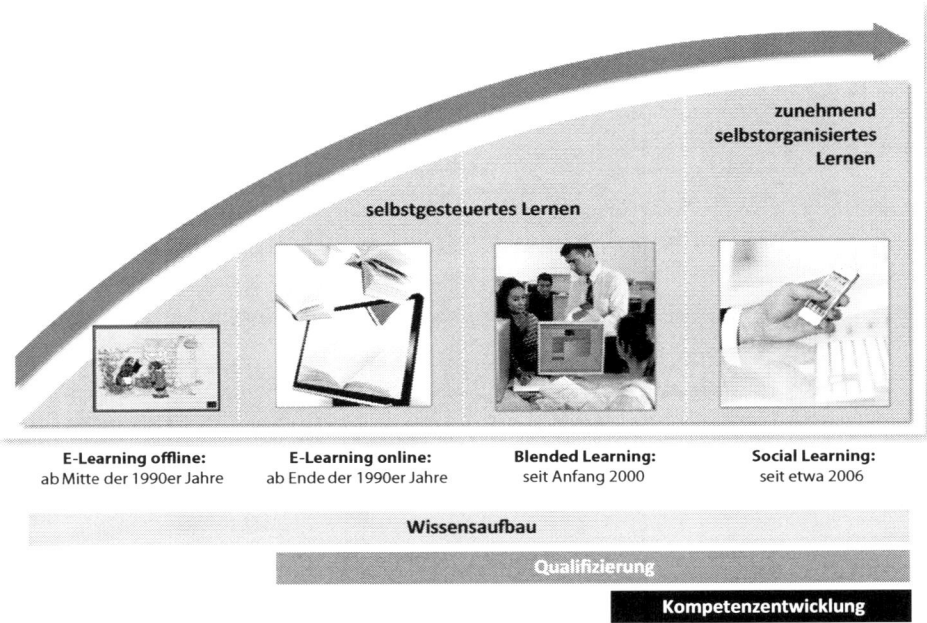

Abb. 3.38 Entwicklungsstufen des E-Learning

- *Wissensaufbau*: Diese Lernkonzepte verlagern das Prinzip des Frontalunterrichts und des Fernlernens in das Netz. Es handelt sich dabei um formelles, institutionelles Lernen, also mit vorgegebenen Lernzielen und –inhalten und einer strukturierten Lernprozesssteuerung. Die individuellen Lernprozesse sind dabei selbstgesteuert, d. h. sie erfolgen im Rahmen der Vorgaben im Lernprogramm oder durch den Trainer bzw. E-Tutor in Eigenverantwortung der Lerner. Ob dies dann als *„reines" E-Learning* über Computer in einem Klassenraum, zuhause oder über Smartphones *„mobile"* und in kleinen Häppchen *„micro"* erfolgt, ist dann eher eine organisatorische und kulturelle Frage.
- *Qualifikation*: Auch hier handelt es sich um formelles, institutionelles Lernen, bei dem das Prinzip des Seminarlernens mit dem Wissensaufbau und der Qualifikation ins Netz übertragen wird. Hierbei werden klar umrissene Komplexe von Kenntnissen, Fertigkeiten und Fähigkeiten in handlungszentrierter Form und in Verbindung mit Zertifizierungsprozeduren aufgebaut. Dieses Prinzip kann als *„reines" E-Learning mit aufgabenorientierten Web Based Trainings*, aber vor allem im *Blended Learning* umgesetzt werden, bei dem ein selbstorganisierter Wissensaufbau mittels E-Learning mit Übungsphasen im Rahmen von Web Based Trainings, aber insbesondere auch in Workshops, verknüpft wird. Diese Workshops können auch als live online Sessions in virtuellen Welten gestaltet werden und durch Simulationen oder *game based learning* angereichert werden.

- *Kompetenzentwicklung*: Diese Lernkonzepte orientieren sich an individuellen Kompetenzzielen der Lerner in Hinblick auf reale Herausforderungen in der Praxis und sind damit selbstorganisiert (Selbstorganisationdisposition). Die Lerner gestalten ihre Lernprozesse, z. B. über reale Projekte, selbst und legen ihre Ziele, Inhalte, aber auch Lern- und Sozialformen, Medien und Zeiten sowie Lernorte, häufig in Abstimmung mit Lernpartnern, Coaches oder Führungskräften, selbst fest. Damit bestimmen sie auch selbst über die Formen des E-Learning. Das formelle E-Learning wird um das informelle Lernen im Netz erweitert. Die Lernprozesse werden dadurch immer individueller, auch in Hinblick auf Ziele und Inhalte. Das Lernen findet dabei im Rahmen der Entwicklung zur Enterprise 2.0 immer mehr im Netz statt und wird zum *Social Learning*. Es findet zunehmend „vor Ort" am Arbeitsplatz beim Lösen von realen Problemstellungen statt (*Workplace Learning*). Dabei werden die Möglichkeiten des *Cloud Learning* mit seinen nahezu unbegrenzten Wissensquellen *(„Open Educational Resources")* zunehmend genutzt. Den Lernern wird ein „Lernraum" im Sinne der „Ermöglichungsdidaktik" zur Verfügung gestellt, den sie nach ihrem individuellen Bedarf nutzen können.

Blended Learning Seit der Jahrtausendwende haben sich vor allem in größeren Unternehmen Blended Learning Konzepte, zunächst „Hybrides Lernen" genannt, durchgesetzt. Sie ersetzen in vielen Unternehmen die „klassischen" Seminare und sind damit ein unverzichtbares Element der Qualifizierungskonzeption geworden.

Blended Learning (engl. Blender = Mixer) ist ein internet- bzw. intranetgestütztes Lernsystem, das problemorientierte Workshops mit meist mehrwöchigen Phasen des selbstgesteuerten Lernens auf der Basis von Web Based Trainings und der Kommunikation über ein Learning Management System bedarfsgerecht miteinander verknüpft.

Blended Learning ist ein integriertes Lernarrangement, in dem die heute verfügbaren Möglichkeiten der Vernetzung über Internet und Intranet in Verbindung mit „klassischen" Lernmethoden und –medien optimal genutzt werden. Dabei werden Wissensaufbau und Qualifizierung mittels Web Based Trainings oder Lernvideos mit Wissensmanagement, Training, E-Tutoring und E-Coaching zielgruppengerecht miteinander kombiniert (Abb. 3.39, S. 162).

Blended Learning Konzeptionen zur Qualifizierung der Mitarbeiter ermöglichen es den Lernern, ihren Lernprozess individuell zu organisieren. Voraussetzung dafür ist, dass sie durch flankierende Maßnahmen unterstützt werden. Werden diese im Rahmen der Zielvereinbarungen weitgehend selbst organisierten Lernprozesse mit einer hohen Verbindlichkeit und einem geeigneten Flankierungskonzept gestaltet, weisen diese Lernkonzeptionen eine sehr hohe Erfolgsquote auf.

Da zukunftsorientierte Lernsysteme auf der Selbstorganisation der Lerner basieren, empfiehlt es sich, bereits heute den Wissensaufbau in die Selbststeuerung der Lerner zu verlagern, um schrittweise diese notwendige Kulturveränderung zu initiieren. Blended Learning Konzepte bilden damit die notwendige Basis für zukunftsorientierte Lernkonzeptionen (vgl. Pachner 2009).

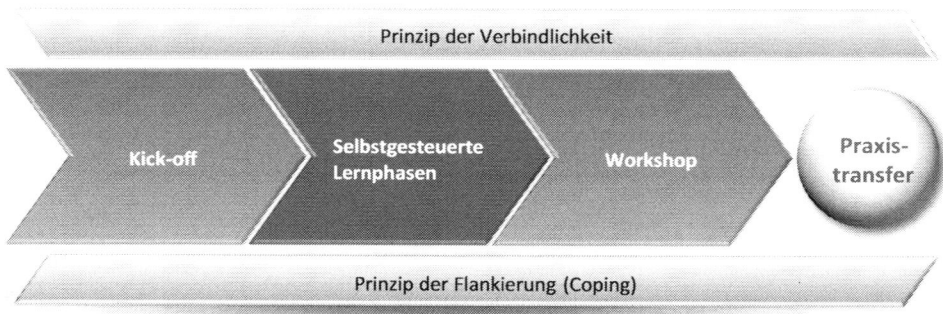

Abb. 3.39 Blended Learning Prozess

Micro-Learning Micro-Learning umfasst kurze formelle Lerneinheiten, die „on demand" zwischen selbstorganisierte, kompetenzorientierte Lernphasen eingeschoben werden und die mit einem unmittelbaren Feedback für die Lernenden versehen sind (in Anlehnung an Baumgartner 2013).

Diese Lernaktivitäten basieren auf einer Vielzahl von modularisierten Wissens-und Übungselementen, sogenannten „Wissensnuggets". Das Ziel ist, Informationen bedarfs-gerecht zur Verfügung zur Stellung. Damit eignet sich Microlearning sehr gut dazu, Wissen in kleinen Häppchen aufzubauen und zu sichern (vgl. Lindner 2007). Mit sogenannten Mi-crosteps von ca. 3 bis 15 min Dauer, die vom System vorgeschlagen werden, wenn der PC oder das Mobiltelefon nicht genutzt werden ("Push-System"), können Lernschritte zwi-schendurch absolviert werden, ohne dass eine spezielle Lernumgebung oder ein größerer Zeitaufwand nötig wären (vgl. Bruck 2006).

Dieser Ansatz erinnert an das „Sandwich"-Prinzip, das Diethelm Wahl für die Gestal-tung von Lernprozessen vorschlägt (Wahl, S. 97 ff., 3. erw. Aufl. 2013). Damit in der Phase des Wissensaufbaus kein „träges Wissen" vermittelt wird, ist es notwendig, bei Bedarf in die Kompetenzentwicklungsprozesse Phasen der subjektiven Aneignung von Wissen einzuschieben. Aber erst in Verbindung mit direkten Rückmeldungen werden aus diesen Elementen Lerneinheiten, da Lernen voraussetzt, dass der Lerner weiß, wo er steht.

In Anlehnung an Peter Baumgartner leiten sich daraus folgende didaktisch-methodische Herausforderungen ab (vgl. Baumgartner 2013):

- *Arrangement der Lernumgebung*: Robuste, störungs- und ablenkungsresistente Ge-staltung, so dass das System auch in turbulenten und kurzfristigen wechselnden Umgebungen, möglichst auch mobil, genutzt werden kann.
- *Abwechslungsreiche Interaktion*: Vielfältige Aufgaben- und Rückmeldeformen.
- *Social Learning*: Kooperative und kollaborative Entwicklung von Lösungen.

In der Praxis findet man vor allem folgende Anwendungen (vgl. Robes 2010):

- Autonome Bausteine einer Qualifizierung, z. B. Podcasts zur Vertriebsschulung,
- Initiierung kurzfristigen Lernens, z. B. über regelmäßige SMS-Nuggets („Die Frage des Tages"),
- Förderung des informellen Lernens, z. B. über den Zugriff auf Erfahrungsberichte,
- Integration in eine kompetenzorientierte Blended Learning Konzeption.

Nach unserer Einschätzung greift diese Eingrenzung von Microlearning zu kurz. In kompetenzorientierten Lernsystemen steht nicht der Wissensaufbau im Vordergrund, sondern die Veränderung der Handlungsweisen der Lerner in Hinblick auf die Kompetenzziele. Das erforderliche Wissen, zur rechten Zeit am rechten Ort ist die notwendige Voraussetzung für diese Lernprozesse. Wir sehen dabei in Microlearning ein großes Potenzial für kompetenzorientiertes Lernen, wenn folgende Anforderungen erfüllt werden:

- *Learning on demand*: Das System liefert dem Lerner bei Bedarf das erforderliche Wissen, damit er seine Problemstellungen in der Praxis oder in Projekten zeitnah und fundiert lösen kann. Dabei wird ihm nicht nur das formelle Wissen, sondern auch das Erfahrungswissen, das von Kollegen in Form von Fallstudien, Projekttagebüchern oder Diskussionsbeiträgen eingebracht wurde, passgenau zur Verfügung gestellt.
- *User generated content*: Die Inhaltserstellung für Microlearning ist in den meisten aktuellen Systemen sehr einfach gestaltet, so dass die Lerner ihre Inhalte selbst aufbereiten können. Damit wird die Grenze zwischen formellem und informellem Wissen aufgeweicht. Der Wissenspool der Unternehmung erhält einen dynamischen Charakter.
- *Lernerorientierte Administration*: Bereits heute ist über ein Administratoren-Cockpit eine unmittelbare Zuordnung von Nutzern und Kursen, das Anlegen von neuen Nutzern und Gruppen sowie die Korrektur von Inhalten möglich.

Wir sehen Microlearning erst am Anfang einer hoffnungsfrohen Entwicklung. Erfüllen die Microlearning-Systeme mit Hilfe semantischer Systeme in naher Zukunft die skizzierten Anforderungen, können sie zu einer wertvollen Optimierung selbstorganisierter Kompetenzlernprozesse beitragen.

Mobile Learning Gerade Kompetenzentwicklung erfordert bedarfsorientiertes Lernen aus aktuellem Anlass, Reflexionen zur Weiterentwicklung des eigenen Wissens, Austausch von Erfahrungswissen mit anderen Personen und die Selbstorganisation der Lerner im Bereich der Lernmethoden, der eingesetzten Medien sowie der Einbeziehung von Lernpartnern oder Experten (vgl. Witt 2013, S. 18). Daraus leitet sich unsere Definition von Mobile Learning ab:

Mobile Learning (Wireless Learning, Ubiquitous Learning, Seamless Learning, Nomadic Learning…) beschreibt Lernprozesse, die in maßgeblichem Umfang mobile Computertechnologie in mobilen Kontexten nutzen, um einen deutlichen Mehrwert im Bereich der Kompetenzentwicklung zu bewirken (vgl. Frohberg (Diss. 2008); Witt 2013; Stoller-Schai 2010; vgl. O'Malley et al. 2005).

Abb. 3.40 Mobile-Learning.
(Quelle: Blended Solutions
GmbH Berlin)

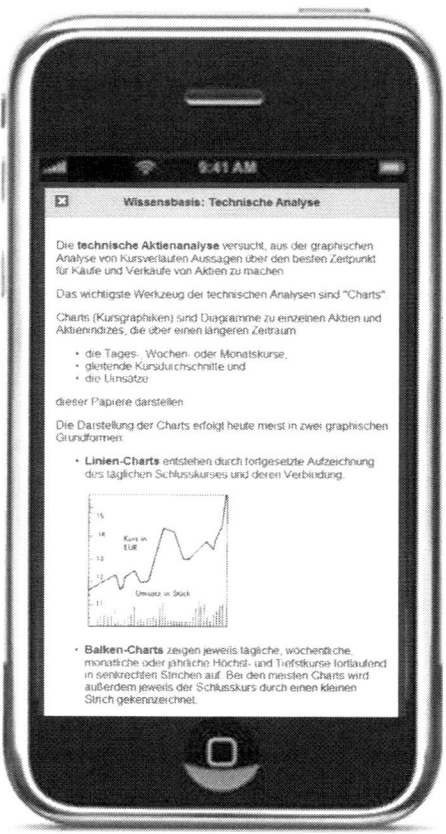

Mobile Learning ist keine eigenständige Lernkonzeption. In Kompetenzentwicklungs-prozessen können mobile Geräte eine, zunehmend wichtiger werdende, Rolle im Rahmen des Workplace Learning übernehmen, indem Sie die Möglichkeiten der Kommunikation und der Informationsabfrage an den Arbeitsplatz bringen und beschleunigen. Damit wird vor allem die Entwicklung der fachlich-methodischen Kompetenz, in geringerem Maße auch der Aktivitätskompetenz gefördert. Dabei genügt es nicht, bestehende E-Learning-Angebote einfach eins zu eins auf die Möglichkeiten mobiler Technologien zu überführen, vielmehr muss eine Lernarchitektur entworfen werden, innerhalb derer Mobiles Lernen im Prozess der Arbeit seine Stärken ausspielt und so ein umfassendes, den jeweiligen Lernbedingungen angepasstes Angebot entsteht (Witt 2013, S. 16). Dabei wird im Rahmen der Kompetenzentwicklung eine Personalisierung, die eine automatisierte Auswahl von Informations-, Lern- und Kommunikationsangeboten entsprechend der aktuellen Bedarfe, der vorhandenen Kompetenzen und der individuellen Kompetenzziele ermöglicht, immer wichtiger (Abb. 3.40).

Die Leistungsmöglichkeiten dieser Geräte nehmen rasch zu, so dass ihre Bedeutung im Rahmen von Kompetenzentwicklungsprozessen wachsen wird. Neben allgemeinen Informationen, wie Nachrichten, Wettermeldungen und Börsennachrichten, können heute vielfältige, differenzierte Informationen, aber auch Bank- oder Gesundheitsdienstleistungen, losgelöst von Ort und Zeit abgerufen werden. Unternehmen nutzen diese Systeme, um z. B. Prozesse weltweit zu steuern. Die wichtigste Funktion liegt im Bereich der Kommunikation, die neben Telefonieren den E-Mail-Verkehr, aber auch die Dokumentenbearbeitung und -verwaltung zulässt.

Grenzen zeigt das Mobile Learning, wenn es um das Lernen in komplexen Zusammenhängen oder die Entwicklung neuer Lösungen geht, da hierbei Konzentration und Abstand erforderlich sind (Witt 2013, S. 16, 19). Der relativ kleine Bildschirm und die erschwerten Eingabemöglichkeiten schränken den Einsatz in Lernszenarien weiter ein. Unproblematisch ist der Zugriff auf Wissensbasen oder Informationsquellen, dagegen sind die Möglichkeiten der interaktiven Bearbeitung von Übungen sowie der schriftlichen Kommunikation zumindest in einzelnen Zielgruppen begrenzt (vgl. MMB-Institut 2012 E-Paper).

Mobile Learning ist eine wesentliche Voraussetzung für die Entwicklung zum Workplace Learning, zur Verknüpfung von Arbeit und Lernen.

Cloud Learning   Learning in the Cloud bezeichnet mobiles und vernetztes Lernen, bei dem virtualisierte Rechen- und Speicherressourcen (Clouds) genutzt werden (vgl. Kaufmann 2011).

In der Praxis haben sich zwei Ausprägungen dieses Ansatzes herausgebildet:

- *Lernen mit WBT und Diensten, die im Internet („Cloud") liegen.* Beispiele dafür sind Learning Management Systeme (LMS), die von Google und anderen Anbietern, z. B. CloudCourse oder HootCourse, angeboten werden. In diesem Sinne ist Cloud Learning vor allem durch eine veränderte Lern-Infrastruktur geprägt.
- *Lernen in und von der „Wolke".* Die Lerner erhalten die Möglichkeit, nach Bedarf vielfältige Lernangebote im Netz zu nutzen. Ein Beispiel dafür ist die frei zugängliche Kursammlung des Massachusetts Institute of Technology – MIT – (http://ocw.mit.edu/index.htm). Damit entspricht Cloud Computing dem Ansatz des Open Course Ware. Die Lerner arbeiten nicht nur mit Lernmedien der eigenen Institution, sondern können die Breite der Open Resources nutzen.

Cloud Learning ist keine neue Lernkonzeption, erweitert aber die Möglichkeiten und Chancen von Bildungssystemen. Insbesondere folgende Aspekte sind dabei von Bedeutung:

- *Individualisierung*: Die Lerner können sich nach ihren individuellen Lernzielen Lernlösungen aus einem breiten Angebot zusammenstellen (Learning on Demand). Damit bildet Cloud Learning die ideale Grundlage für *Lebenslanges Lernen*.

- *Lernen im Netz*: Die Lerner können unabhängig von ihrer Position, ihren Lernzeiten oder ihren Geräten auf das Lernsystem zugreifen und mit Lernpartnern kommunizieren und Erfahrungswissen austauschen.
- *Kostenersparnis*: Die Kosten und damit die Barrieren für einen Einstieg in online-basiertes Lernen sinken, da keine zusätzlichen Investitionen in die Lern-Infrastruktur erforderlich sind. Cloud Computing bietet gleiche oder bessere Angebote für Speicherplatz, Lernplattformen oder Anwendungsprogramme zu wirtschaftlichen Bedingungen.
- *Skalierbarkeit*: Das Lernsystem passt sich den Besucherzahlen an und reduziert die erforderliche Rechenleistung, wenn diese nicht gebraucht wird.
- *Innovation*: Das Lernsystem entwickelt sich laufend weiter.
- *Verfügbarkeit*: Durch mehrfach redundante Rechenzentren garantiert dieser Ansatz eine hohe Kontinuität.
- *Flexibilität*: Die Angebote passen sich den aktuellen Bedürfnissen an.
- *Sicherheit*: Cloud Computing Provider garantieren die Datensicherheit.

Cloud Learning ist damit in Verbindung mit Mobile und Micro Learning die Grundlage für die zukünftige Kompetenzentwicklung im Netz.

(Digital) Game-based Learning (Serious Games) Mit der zunehmenden Verbreitung von Smartphones und Tablets nehmen Computerspiele, insbesondere in Form von Browser- und Social-Games, immer mehr zu (vgl. MMB-Institut 2012). Für die betriebliche Bildung erhalten diese Lernkonzeptionen eine wachsende Bedeutung, je realitätsnäher die Spielsituationen gestaltet sind (vgl. Son Le und Weber 2011; vgl. Lampert et al. 2009).

Der Begriff Game based Learning wird nicht einheitlich definiert. Wir bevorzugen für den Bereich der betrieblichen Bildung folgende Definition:

(Digital) game-based Learning (Serious Games, Educational Games u. a.) ist eine Lernkonzeption, die den Spielmechanismus in einem virtuellen, interaktiven Rahmen für die Qualifikation der Lerner nutzt, indem sie diese emotional bindet (Son Le und Weber 2011, S. 2).

Seit der Jahrtausendwende haben sich auch im Arbeitskontext hoch komplexe Anwendungs- und Nutzungsstrukturen in Form kollaborativer Spielformen in virtuellen Welten entwickelt (Müller-Lietzow 2012). Zunehmend werden Serious Games auch im Recruiting großer Unternehmen eingesetzt (MMB-Institut 2012, S. 2). Einige Unternehmen nutzen diese Spiele auch als Marketinginstrument für die breite Öffentlichkeit. Ein Beispiel hierfür ist das Online-Game „GATSCAR" von Volkswagen, das sich an junge Leute richtet, die sich für den Beruf des Mechatronikers interessieren. Durch den Spielcharakter schafft das Unternehmen eine höhere Aufmerksamkeit als mit reinen Werbebannern oder Sachtexten auf einer Website (MMB-Institut 2012, S. 2, 3).

Lernspiele werden wie Unterhaltungsspiele konzipiert. Die Lerner werden durch die Spielsituation kontinuierlich motiviert, weiterzuspielen. Sie sollen in einen „flow" geraten und sich den Lerngegenstand aneignen, ohne es zu merken („stealth learning"). Dies wird erreicht, indem die Lerner in eine virtuelle Welt und in Geschichten eintauchen und die vom Spiel vorgegebenen Ziele verfolgen, Aufgaben lösen, Hindernisse überwinden und sich mit Freunden verbünden. Teilweise vermischen sich Spielfiktion und Realität. So ging es beispielsweise beim Lernspiel ARG World without Oil darum, die ersten 32 Wochen einer weltweiten Erdölkrise so durchzuspielen, als ob sie tatsächlich stattfinden würde (vgl. Kaufmann 2011). Um den finanziellen Aufwand zu verringern, aber auch um die Anpassung an den Bedarf zu fördern, können Unternehmen mit neuen Tools einfache Serious Games selbst erstellen. Sie können damit beispielsweise „Avatare", die als grafischer Stellvertreter des Lerners in der virtuellen Spielwelt agieren, in einem computeranimierten Büro Dialoge agieren lassen.

Diese Lernkonzeptionen können nach der Spieldynamik, der Symbolstruktur und den Handlungsforderungen unterschieden werden (Son Le und Weber 2011, S. 6). Hierbei kommen vor allem folgende Varianten vor:

- *Actionspiele,* in denen die Reaktionsgeschwindigkeit entscheidend ist,
- *Adventurespiele,* in denen das Lösen von Rätselaufgaben die Rahmengeschichte fortführt,
- *Casual Games,* deren Spielrahmung weniger komplex und deren Spielregeln schnell erlernbar sind, so dass sich die Spiele gut für eine „gelegentliche" und beiläufige Nutzung eignen,
- *Rollenspiele,* in denen sich die Spielfiguren durch Aktionen in ihrer Handlungskompetenz weiterentwickeln;
- *Simulationsspiele,* in denen die Spielenden realitätsnahe Erfahrungen sammeln,
- *Sportspiele,* die in ihren Regeln echten Sportarten nachempfunden sind;
- *Strategiespiele,* die hohe Anforderungen an das Management von Ressourcen und Einheiten stellen.

Dabei werden Kontext und Inhalt so miteinander verbunden, dass sich der Lerner nach Möglichkeit die ganze Zeit über wie ein Spieler und nicht wie ein Lernender fühlt. Es ist deshalb ein Gleichgewicht aus Engagement und Lernen anzustreben, da das Spiel sonst entweder zum Lernprogramm oder aber zu einem Entertainment-Game (Unterhaltungs-Computerspiel) wird.

Wesentliche Voraussetzungen für den Lernerfolg sind folgende Elemente des game based Learning (nach Klimmt 2008):

- *Selbstwirksamkeitserfahrung*: Der Lerner erhält auf seine Aktivität hin eine unmittelbare Reaktion, so dass er das Gefühl hat, einen direkten Einfluss auf die Handlung in der Spielumgebung zu haben.
- *Spannung*: Der Lerner muss immer wieder handeln, weil das Spiel dies erfordert. Er verbindet sich emotional mit der Spielfigur, die immer mehr ein Spiegelbild von ihm selbst wird. Das Spiel kann Stolz und gesteigerte Selbstwertgefühle, aber auch Frust und Enttäuschungen bewirken.

Abb. 3.41 Lernspiel „adidas IT-Security", © Adidas AG, © Zone 2 Connect GmbH

- *Lebens- und Rollenerfahrungen*: In den Spielen werden häufig Realitäten in multimedialer Form simuliert.
- *Lernfähigkeit*: Spielzyklus aus Spielerverhalten, Rückmeldungen des Programms und der daraufhin von Spielenden vorgenommenen Beurteilung des Spielfeedbacks und des eigenen vorherigen Verhaltens (vgl. ebenso die Ausführungen von Kerres et al. 2009). Hierbei ist eine abgestimmte Balance von Herausforderungen und Erfolgserlebnissen für den Lernerfolg förderlich.

Mit realitätsnahen digitalen Lernspielen können in der betrieblichen Bildung folgende Lernbereiche gefördert bzw. initiiert werden (vgl. Meier und Seufert 2003):

- *Aktives Lernen*: Die Lerner müssen in den Spielzyklen kontinuierlich handeln. Deshalb besteht die wesentliche Herausforderung für das Spieldesign darin, Lernprozesse beim Spielen anzuregen, das Spiel aber auch so zu gestalten, dass der Lernprozess im Spiel stattfindet.
- *Konstruktives Lernen*: Handlungsalternativen werden nach dem Versuch-und-Irrtum-Prinzip und durch die Auswertung eigener Erfahrungen entwickelt.
- *Selbstgesteuertes Lernen*: Es wird eine intensive Interaktion geboten, die das Gefühl der Selbstwirksamkeit der Lerner ermöglicht. Diese Spiele können hoch motivierend sein, passen sich an das Niveau der Spieler an und führen so zu spürbaren Erfolgserlebnissen.

Die Erfahrungen, die im Spiel gesammelt werden, können sich in den Handlungen der Lerner niederschlagen.

- *Soziales Lernen*: Viele Lernspiele erfordern ein kooperatives, aber auch wettbewerbsorientiertes Zusammenwirken der Lerner.
- *Emotionales Lernen*: Die Lerner identifizieren sich persönlich und werden im Spielverlauf emotional gefordert.
- *Situiertes Lernen*: Die Spieler versetzen sich in unterschiedliche Rollen und Spielsettings mit entsprechenden Problemen und Aufgaben.

Grundsätzlich können Spiele auf zwei Wegen mit einer Lernkonzeption verknüpft werden:

- *Integration in eine Lernkonzeption*: Das Spiel wird in eine didaktisch aufbereitete Lernkonzeption eingebettet. Während das Spiel der Motivierung, der Emotionalisierung und der Selbsterfahrung dient, findet der wesentliche Lernprozess in der anschließenden Reflexion der Erfahrungen statt (Kerres 2012, S. 9).
- *Einbettung einer Lernaufgabe in das Spiel*: Die Lerner müssen im Rahmen des Spieles didaktisch aufbereitete Aufgaben lösen, um weiterspielen zu können, um das nächste Spiel-Level zu erreichen oder andere Vergünstigungen oder Punkte zu erzielen. Damit wird das Lernspiel quasi zur Anwendungsumgebung.

Natürlich wird auch in Entertainment-Games gelernt, jedoch in informeller Form. Deshalb ist es denkbar, dass solche Elemente auch in formelle Lernprozesse integriert werden. Komplexe Ausgangslagen, Authentizität und Situiertheit, soziale Verankerung und multiple Perspektiven ermöglichen in Serious Games situiertes Lernen (vgl. Gebel et al. 2005).

Kritisch ist anzumerken, dass bei den heutigen Möglichkeiten der Spielentwicklung im Regelfall keine Kompetenzentwicklung ermöglicht wird, wie dies beim Lösen realer Problemstellungen ist (vgl. Wagner 2009). Im Vordergrund steht bei den aktuellen Spielen der wertfreie Transfer von Wissen im engeren Sinne über den Avatar zum Spieler bzw. Lerner. Eine Ausnahme bilden lediglich Systeme wie Flugsimulatoren der Fluggesellschaften, bei denen der Lerner Realität und Fiktion nicht mehr auseinander halten kann. Mit der Entwicklung semantischer Systeme werden sich die Lernspiele zukünftig immer mehr der Realität angleichen, so dass in einigen Jahren auch Kompetenzentwicklungsprozesse mit Game Based Learning möglich sein werden, weil sie dann emotional-motivationale Labilisierungsprozesse in *„fiktiver Realität"* ermöglichen.

Unter der Bezeichnung Gamification wird versucht, Spielelemente und Spielmechanismen in nicht-spielerische Lernkontexte zu übertragen, um dort die Spielfreude zu nutzen, um den Lernerfolg zu erhöhen (Kienbaum 2013).

Beispiele dafür sind

- *Punktevergabe*: Fortschritt des Lerners und Vergleichsmaßstab Belohnung für Leistungen
- *Rating*: Direkter Vergleich mit anderen Lernern einer Gruppe

- *Badges*: Kennzeichen oder Plaketten, die als Indikatoren für die Leistungen der Lerner in informellen Lernprozessen genutzt werden. Sie sollen helfen, Ziele zu setzen und das informelle Lernen anzuerkennen.

Hinter dem Ansatz der Gamification steht die meist nicht hinterfragte Annahme, Motivation sei der bedeutsamste Faktor im Lernprozess. Nach dem derzeitigen Stand der Forschung ist dies falsch. In der Rangfolge wichtiger, den Lernprozess beeinflussender Faktoren steht die Motivation weit hinten, gerade noch unterboten von den Lernstrategien. Viel wichtiger ist eine klare Struktur am Anfang des Lernprozesses, die die Vorkenntnisse des Lerners mobilisiert, die sinnvolle Verknüpfungen zwischen schon vorhandenem und neuem Wissen ermöglicht und die Prozesse des Verstehens anbahnt (vgl. Wahl 2011).

Wir halten diese „Belohnungen" deshalb vor allem in Kompetenzentwicklungsprozessen für nicht nützlich, insbesondere auch, weil sich dort die Motivation bereits aus der Lösung schwieriger Herausforderungen ergibt.

E-Books Diese Weiterentwicklung des Print-Buches wird einmal als downloadbare Version von Büchern verstanden (vgl. Kaeder und Riedl 2013). Die Downloads werden in verschiedenen Formaten, meist aber zumindest als PDF angeboten.

Vermehrt werden auch Formate für sog. E-Reader-Endgeräte angeboten (vgl. Nagler et al. 2012). E-Reader sind mobile Endgeräte (z. B. Kindle), die zum Lesen der E-Books genutzt werden. Viele mobile Endgeräte, wie z. B. das iPad, können heute ebenfalls spezielle E-Reader-Formate lesen. Einen echten Zusatznutzen bieten E-Books, wenn sie interaktiv und multimedial online genutzt werden können. Dann sind beispielsweise digitale Notizen des Lesers zu einzelnen Inhalten oder auch eine synchrone Diskussion in einem inhaltsbezogenen Chat möglich.

Learning Analytics Während ihrer Lernprozesse hinterlassen die Lerner, vor allem in technologiegestützten Lernprozessen, fortlaufend Datenspuren, quasi als Nebenprodukt bei der Nutzung von Web Based Trainings, Learning Management Systemen oder Sozialen Medien. Vor allem in Sozialen Lernplattformen mit E-Portfolios entstehen individuelle, personalisierte Lerndaten, z. B. über erledigte Aufgaben, gelöste Praxisherausforderungen, erreichte Kompetenzziele oder über die Kommunikation mit Lernpartnern, Lernbegleitern oder Experten.

Learning Analytics (LA) speichert die Daten, die sich aus den individuellen Lernprozessen ergeben, führt sie zielgerichtet zusammen, analysiert, interpretiert und visualisiert die Ergebnisse mit dem Ziel, die Lernprozesse zu optimieren. Die Auswertungen werden nach Vorgabe des Lerners an Lernpartner, Lernbegleiter oder Führungskräfte weitergeleitet (in Anlehnung an Ebner et al. 2013).

Während Learning Analytics in vielen Ansätzen als ein Instrument der Lehrenden gesehen wird, sehen wir die Möglichkeiten dieses Instrumentes vor allem in der selbstorganisierten Lernprozess-Optimierung. Das System entwickelt individuelle Lernerprofile weiter, analysiert die Kommunikation, insbesondere in sozialen Netzwerken, identifiziert Signale, die auf Erfolge oder Misserfolge hinweisen und gibt damit wertvolle Hinweise

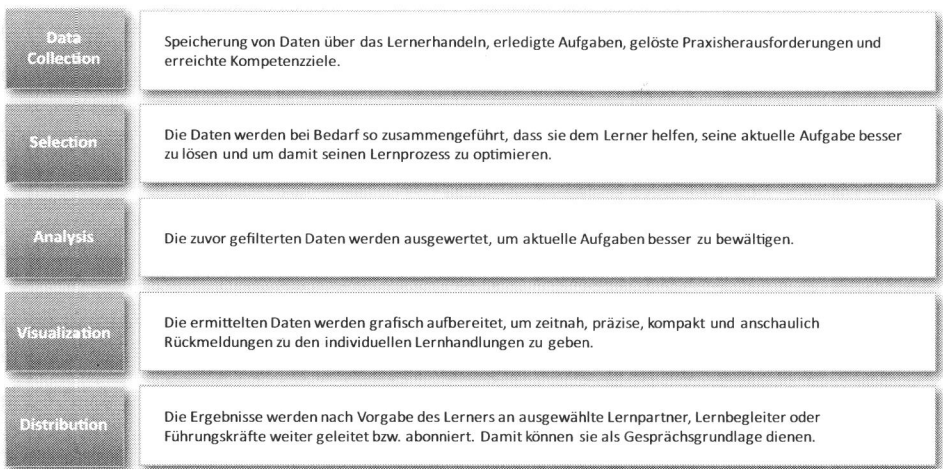

Data Collection Speicherung von Daten über das Lernerhandeln, erledigte Aufgaben, gelöste Praxisherausforderungen und erreichte Kompetenzziele.

Selection Die Daten werden bei Bedarf so zusammengeführt, dass sie dem Lerner helfen, seine aktuelle Aufgabe besser zu lösen und um damit seinen Lernprozess zu optimieren.

Analysis Die zuvor gefilterten Daten werden ausgewertet, um aktuelle Aufgaben besser zu bewältigen.

Visualization Die ermittelten Daten werden grafisch aufbereitet, um zeitnah, präzise, kompakt und anschaulich Rückmeldungen zu den individuellen Lernhandlungen zu geben.

Distribution Die Ergebnisse werden nach Vorgabe des Lerners an ausgewählte Lernpartner, Lernbegleiter oder Führungskräfte weiter geleitet bzw. abonniert. Damit können sie als Gesprächsgrundlage dienen.

Abb. 3.42 Prozess der Learning Analytics in selbstorgansierten Lernprozessen. (in Anlehnung an Ebner et al. 2013)

für die Gestaltung des persönlichen Lernrahmens. Daraus ergeben sich Chancen für eine Optimierung der selbstorganisierten Lernprozesse durch individuelle, zeitnahe, präzise, kompakte und anschauliche Rückmeldungen zu den einzelnen Lernhandlungen.

Der Prozess zur Optimierung selbstorganisierter Lernprozesse unter Nutzung von Learning Analytics kann folgende Struktur aufweisen (Abb. 3.42).

Learning Analytics weist große Ähnlichkeiten mit „*Educational Data Mining (EDM)*" auf. Während Learning Analytics durch möglichst verständliche, visuelle Darstellungen versucht, Entscheidungen der Lerner zu erleichtern und zu begründen, wird in EDM großer Wert auf das automatische Erkennen von Veränderungen gelegt, um daraus maschinell gesteuerte Folgeprozesse auszulösen (Ebner et al. 2013, S. 4). Wir gehen davon aus, dass beide Ansätze zukünftig zusammenwachsen, wenn sich die Leistungsfähigkeit der Lerntechnologie, insbesondere durch humanoide Computer, verbessert.

3.5.5 Gemeinsame Merkmale innovativer Ansätze

Die Veröffentlichungen zu diesen aktuellen Ansätzen des Lernens sind teilweise aufgrund der Vielfalt der Begriffe verwirrend. Analysiert man diese Konzepte fällt auf, dass sie im Wesentlichen in eine Grundrichtung zeigen und viele Überschneidungen aufweisen. Wir haben aus der Analyse innovativer Lernansätze sieben zentrale Merkmale identifiziert, die diese Konzptionen tendenziell kennzeichnen, auch wenn teilweise die Begriffe unterschiedlich genutzt werden (Abb. 3.43):

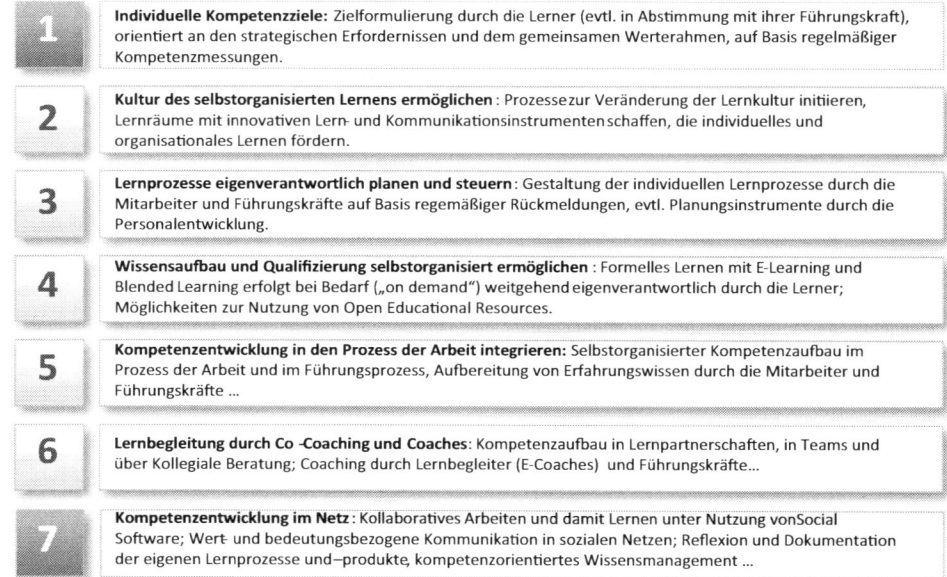

1   **Individuelle Kompetenzziele:** Zielformulierung durch die Lerner (evtl. in Abstimmung mit ihrer Führungskraft), orientiert an den strategischen Erfordernissen und dem gemeinsamen Werterahmen, auf Basis regelmäßiger Kompetenzmessungen.

2   **Kultur des selbstorganisierten Lernens ermöglichen** : Prozesse zur Veränderung der Lernkultur initiieren, Lernräume mit innovativen Lern- und Kommunikationsinstrumenten schaffen, die individuelles und organisationales Lernen fördern.

3   **Lernprozesse eigenverantwortlich planen und steuern**: Gestaltung der individuellen Lernprozesse durch die Mitarbeiter und Führungskräfte auf Basis regemäßiger Rückmeldungen, evtl. Planungsinstrumente durch die Personalentwicklung.

4   **Wissensaufbau und Qualifizierung selbstorganisiert ermöglichen** : Formelles Lernen mit E-Learning und Blended Learning erfolgt bei Bedarf („on demand") weitgehend eigenverantwortlich durch die Lerner; Möglichkeiten zur Nutzung von Open Educational Resources.

5   **Kompetenzentwicklung in den Prozess der Arbeit integrieren:** Selbstorganisierter Kompetenzaufbau im Prozess der Arbeit und im Führungsprozess, Aufbereitung von Erfahrungswissen durch die Mitarbeiter und Führungskräfte ...

6   **Lernbegleitung durch Co -Coaching und Coaches**: Kompetenzaufbau in Lernpartnerschaften, in Teams und über Kollegiale Beratung; Coaching durch Lernbegleiter (E-Coaches) und Führungskräfte...

7   **Kompetenzentwicklung im Netz**: Kollaboratives Arbeiten und damit Lernen unter Nutzung von Social Software; Wert- und bedeutungsbezogene Kommunikation in sozialen Netzen; Reflexion und Dokumentation der eigenen Lernprozesse und –produkte, kompetenzorientiertes Wissensmanagement ...

Abb. 3.43 Merkmale innovativer Lernkonzeptionen heute

Diese sieben Anforderungen an innovative Lernsysteme eignen sich deshalb als Leitlinie für die konzeptionelle Umsetzung. Wir werden uns im Folgenden bei der Entwicklung und Diskussion innovativer Lernlösungen an dieser Struktur orientieren.

Wissensaufbau und Qualifikation mit Kompetenzentwicklung

4

Formelles Lernen dient dem Wissensaufbau und die Qualifizierung in zentral geplanten Lernprozessen mit vorgegebenen Lernzielen, -inhalten und –zeiten, meist in Verbindung mit einer Zertifizierung. Es bildet das notwendige Fundament der betrieblichen Lernsysteme, weil es sicherstellt, dass Mitarbeiter und Führungskräfte die notwendigen fachlichen Voraussetzungen für ihre Kompetenzentwicklung aufbauen können.

In innovativen Lernsystemen kann die Kompetenzentwicklung ergänzend mittels Transferaufgaben oder realen Praxisprojekten initiiert bzw. ermöglicht werden (Abb. 4.1, S. 174).

Nach dem Primat der Didaktik weist dieser didaktisch-methodische Entwicklungskreislauf von Lernsystemen mit dem Schwerpunkt des Wissensaufbaus und der Qualifikation folgende grundlegende Struktur auf (Abb. 4.2, S. 174):

In der *didaktischen Analyse* werden die Wissens- und Qualifikationsziele sowie die Inhalte, häufig im Rahmen eines vorgegebenen Curriculums, definiert. Die formellen Lernziele sind deshalb für alle Teilnehmer identisch, die entsprechenden Lerninhalte sind standardisiert. Ergänzend können die Lerner im Rahmen von Transferaufgaben oder herausfordernden Praxisprojekten individuelle Kompetenzziele formulieren.

Auf dieser Grundlage erfolgt die *methodische Analyse*, die den Lehr-/Lernprozess, die Medien und die Erfolgsmessung festlegt. Dabei steht vor allem die Frage im Vordergrund, wie die Lernumgebung und die Lernprozesse gestaltet werden können, so dass sie den Wissensaufbau und die Qualifikation ermöglichen und eine möglichst hohe Lerneffizienz aufweisen. Hierbei kommt dem Aspekt der Selbststeuerung eine besondere Bedeutung zu. Kompetenzentwicklungsmaßnahmen können diese Lernprozesse ergänzen und über Projekttagebücher u. ä. in die Lernprozesse integriert werden. Bei wissens- und qualifikationsorientierten Lernarrangements überprüft man den Erfolg meist mit Tests, evtl. ergänzt um Kompetenzmessungen.

Die drei Fallstudien selbstgesteuerten Lernens mit E-Learning, Blended Learning und projektbezogenem Blended Learning haben wir in diesem Kapitel jeweils in einem

Abb. 4.1 Aspekte des
formellen Lernens mit Neuen
Medien

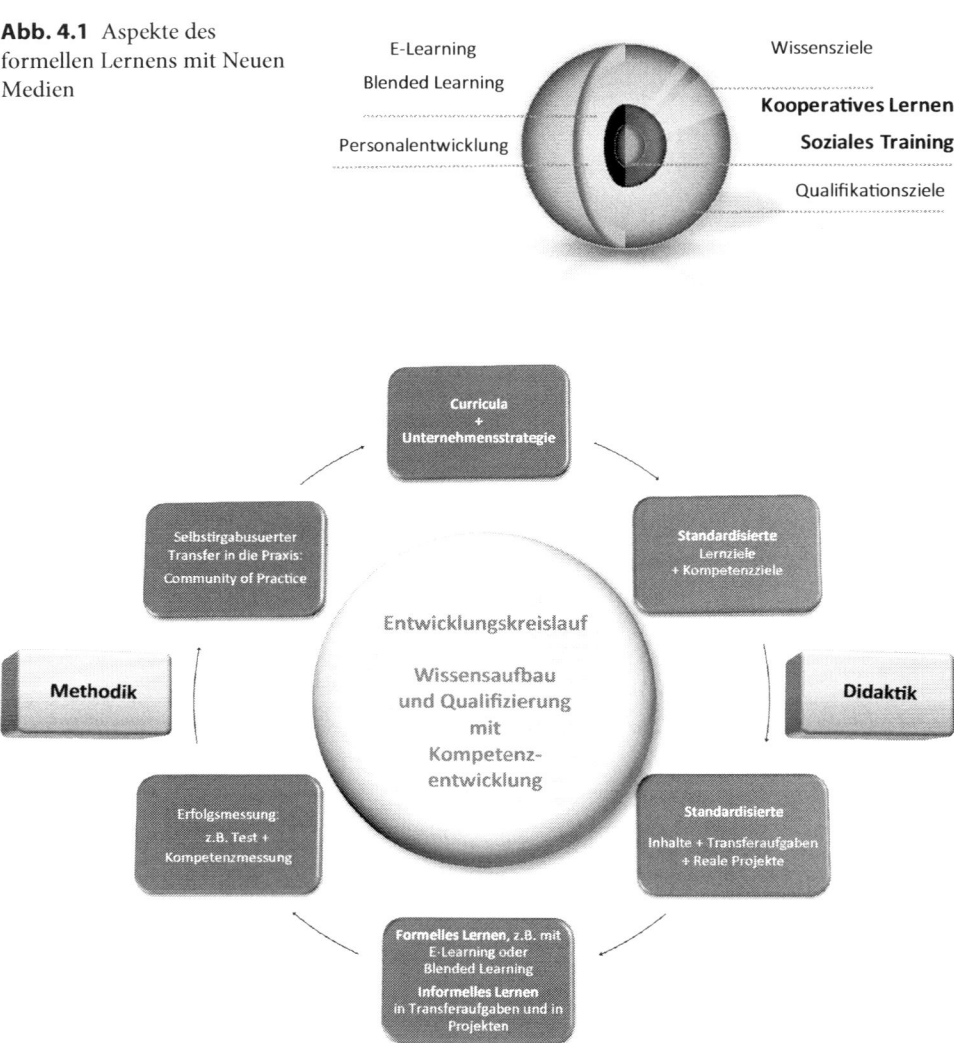

Abb. 4.2 Didaktisch-methodischer Kreislauf des betrieblichen Lernens mit dem Schwerpunkt
Wissensaufbau und Qualifizierung

didaktisch-methodischen Entwicklungsprozess gestaltet, der nach folgenden Schritten
erfolgt (Abb. 4.3, S. 175):

Um Wiederholungen zu vermeiden, gehen wir in den folgenden Fallstudien jedoch
jeweils nur auf die wesentlichen bzw. neuen Aspekte der einzelnen Lernkonzeptionen ein.

In selbstgesteuerten Lernprozessen spielt die gegenseitige Unterstützung der Lernpartner eine zentrale Rolle. Wir bauen deshalb unsere Lernarrangements auf dem
KOPING-Konzept auf. Das von Diethelm Wahl ursprünglich für den schulischen Bereich
und die Weiterbildung entwickelte KOPING-Verfahren, das wir in vielfältigen Projekten
für die Anforderungen des E-Learning und des Blended Learning weiter entwickelt haben,

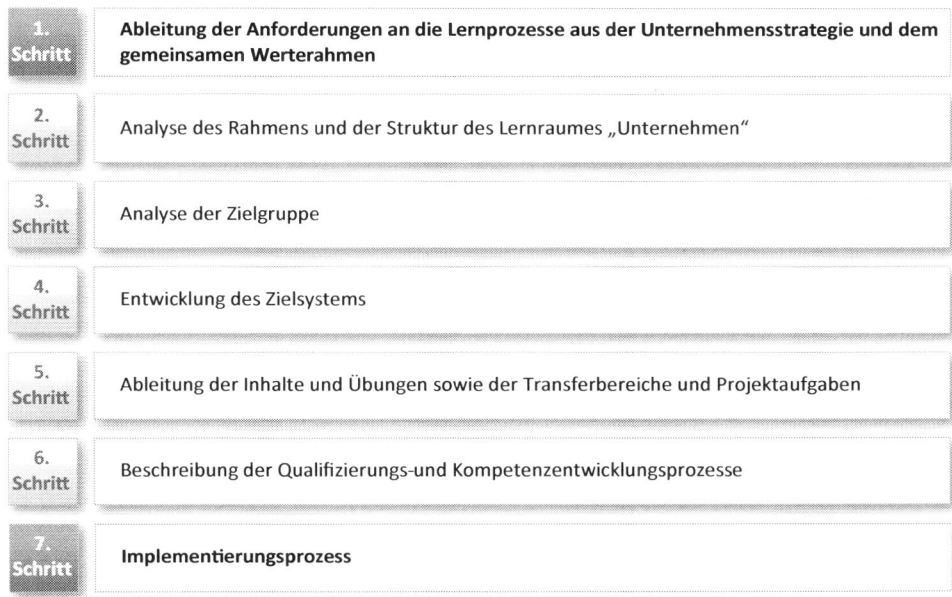

1. Schritt	Ableitung der Anforderungen an die Lernprozesse aus der Unternehmensstrategie und dem gemeinsamen Werterahmen
2. Schritt	Analyse des Rahmens und der Struktur des Lernraumes „Unternehmen"
3. Schritt	Analyse der Zielgruppe
4. Schritt	Entwicklung des Zielsystems
5. Schritt	Ableitung der Inhalte und Übungen sowie der Transferbereiche und Projektaufgaben
6. Schritt	Beschreibung der Qualifizierungs-und Kompetenzentwicklungsprozesse
7. Schritt	Implementierungsprozess

Abb. 4.3 Konzeptionelle Entwicklungsschritte

soll gewährleisten, dass selbstgesteuerte Lernprozesse erfolgreich ablaufen (Wahl, S. 256 ff., 3. erw. Aufl. 2013).

4.1   KOPING – die Ermöglichung selbstgesteuerten Lernens

KOPING ist ein Kunstwort, das an das englische Wort „coping" (= „bewältigen", „mit etwas fertig werden") angelehnt ist. Gleichzeitig bedeutet der Begriff „KOmmunikative Praxisbewältigung IN Gruppen".

Das KOPING-Verfahren beinhaltet in der Ausprägung, die sich in unseren E-Learning und Blended Learning Konzeptionen bewährt hat, drei Sozialformen – Lerntandems, Lerngruppen und Kurse-, die in die vorgegebene Lernorganisation der Unternehmung eingebettet sind. Die Lerner bewegen sich grundsätzlich in einem geschlossenen System. Teilweise nutzen Sie die Möglichkeiten der Suche und Klärung offener Fragen im Internet sowie im Intranet.

In der Stressforschung werden mit dem Begriff *„coping"* die Anstrengungen oder Bemühungen einer Person bezeichnet, die diese zur Bewältigung von Anforderungen, Belastungen oder Konflikten unternimmt. Somit gibt dieser Begriff exakt die Zielsetzung betrieblicher Lernmaßnahmen mit dem Schwerpunkt des Wissensaufbaus und der Qualifikation wider. Die Lerner sollen befähigt werden, ihre formellen Lernprozesse sowie den Transfer in die Praxis als Mitarbeiter oder Führungskraft zu bewältigen.

In einer Reihe von Untersuchungen wurde nachgewiesen, dass Belastungen und Stresssituationen besser bewältigt werden können, wenn die Menschen in ein Netzwerk aus gut funktionierenden sozialen Beziehungen integriert sind, emotionalen Austausch erfahren und sich potentieller Hilfeleistung sicher sind (Schmidt 2005, S. 176 ff.). Das Ziel ist deshalb, dass sich die Netzwerkmitglieder in ihren Entwicklungsprozessen gegenseitig unterstützen.

Aus der Social Support Forschung ergeben sich die Anforderungen an wirksame Lern-Netzwerke:

- Überschaubares System in Form von Lern-Partnerschaften (Tandems) und Lern-Gruppen mit drei bis vier Tandems,
- die Lernpartner wählen sich nach dem *Prinzip der Sympathie*, d. h. beide sollen sich akzeptieren und verstehen, sowie nach dem *Grundsatz der Symmetrie*, d. h. beide sollen gleich „mächtig" sein,
- dichte, direkte Beziehungen, die intensiv sowie vielartig sind und über einen längeren Zeitraum dauern,
- einfache und unkomplizierte Kommunikationsmöglichkeiten,
- homogener Erfahrungshintergrund,
- Bereitschaft, sich anderen anzuvertrauen und auch evtl. Schwächen zu offenbaren,
- Geben und Nehmen ist in etwa im Gleichgewicht,
- verpflichtende, regelmäßige persönliche oder virtuelle Treffen,
- vertraulicher Rahmen.

Deshalb können sich wirksame Lerntandems und KOPING-Gruppen nur selbst, oh-ne Einflussnahme von außen, finden. Die soziale Unterstützung in Lerntandems und KOPING-Gruppen weist dabei zwei Dimensionen auf (Schmidt 2005, S. 177 ff.):

- *Sozio-emotionale Stabilisierung:* Die Lernpartner bzw. die Gruppe vermitteln das Ge-fühl, aufgehoben und umsorgt zu seine und Anteilnahme zu erfahren. Die Lerner werden dadurch motiviert, Verhaltensweisen zu ändern und verpflichten sich auf ge-meinsame Ziele, Werte und Normen (vgl. Miyashiro 2013). Wie bedeutend diese Aspekte für den Lernerfolg sind, wurde in den umfassenden Untersuchungen von John Hattie auf der Basis von 50.000 Studien deutlich, die zeigten, dass Zuwendung, Empathie, Ermutigung, Respekt, Engagement und Leistungserwartungen sowie das so-ziale Miteinander eine zentrale Rolle in den Lernprozessen spielen (vgl. Hattie 2009). Damit bestätigte Hattie einen großen Teil der in den letzten Jahrzehnten gewonnen lernpsychologischen Erkenntnisse (Wahl, S. 103, 3. erw. Aufl. 2013).
- *Konkrete Hilfe:* Die Lernpartner bzw. die -gruppe beraten sich bei Problemen und Vor-haben gegenseitig, diagnostizieren Herausforderungen, brechen Handlungsroutinen auf, suchen Alternativen und verdichten gemeinsames, auch wertbeladenes Wissen. Sie entwickeln Ideen, tauschen Erfahrungswissen und Informationen aus und nutzen gemeinsam ihre Materialien. In gegenseitiger Absprache übernehmen die Lernpartner konkrete Aufgaben, z. B. Recherchen, deren Ergebnisse sie gemeinsam verarbeiten (vgl. Wahl 1991).

Damit besitzen KOPING-Gruppen eine deutlich andere Qualität als beispielsweise Communities im Netz. Es handelt sich um enge Partnerschaften für einen bestimmten oder unbegrenzten Zeitraum.

Das KOPING-Verfahren hat sich in der Praxis seit nunmehr weit über 20 Jahren, zunächst ohne Neue Medien, in selbstorganisierten Lernprozessen hervorragend bewährt. Es bildet letztendlich die Grundlage dafür, dass diese eigenverantwortlichen Lernprozesse der Teilnehmer mit einer sehr hohen Erfolgswahrscheinlichkeit behaftet sind. Hinzu kommt, dass die gegenseitige Unterstützung im KOPING-Verfahren wesentlich dazu beiträgt, die notwendige Kultur des Lernens in Netzwerken aktiv zu fördern. Gleichzeitig wird der Aufwand für das E-Tutoring und des E-Coachings erheblich reduziert, da die Lerner zunächst versuchen, ihre Lernprobleme mit Lernprogrammen allein, mit Lernpartnern, in der Lerngruppe sowie im Netzwerk zu lösen. Der E-Tutor verändert deshalb seine Rolle tendenziell vom Fachexperten zum Lernbegleiter, der insbesondere methodische Unterstützung gibt, bis hin zum E-Coach.

E-Learning Lernumgebungen und Blended Learning Arrangements verlangen von den Lernern weitaus höhere Kompetenzen, als dies in klassischen Lernumgebungen, auch mit teilnehmerzentrierten Lernszenarien, der Fall ist. Lerner sind es seit ihrer Kindheit gewohnt, die Steuerung von Lernprozessen den Lehrenden zu überlassen. Sie müssen viele Funktionen, die bisher die Lehrenden gesteuert und überwacht haben, selbst gestalten.

4.1.1   KOPING in E-Learning-Umgebungen

In E-Learning-Umgebungen übernehmen E-Tutoren als Entwicklungspartner der Lerner die Aufgabe, ihnen zu helfen, bisherige handlungssteuernde Prozesse und Strukturen entsprechend der Lernziele aufzubrechen bzw. zu verändern. Sie planen die jeweiligen einzelnen Lern-Arrangements, moderieren evtl. Kick-off Veranstaltungen, häufig als Webinar gestaltet, und flankieren die selbst organisierten Lernprozesse.

E-Tutoring bezeichnet die sozio-emotionale und fachliche Flankierung, Betreuung und Überwachung der Lerner in E-Learning Systemen im persönlichen Kontakt, per Telefon und vor allem über digitale Kommunikationsformen.

Als Lernbegleiter initiieren die E-Tutoren Lernprozesse, geben Hilfestellungen bei Problemen und fördern die Kommunikation in der Gruppe. Die Flankierung von Lernprozessen ist ein kommunikativer Prozess, der insbesondere in den selbstgesteuerten Lernphasen unter erschwerten Bedingungen abläuft. Die E-Tutoren benötigen deshalb die Kompetenz, den Wissensaustausch mit den Teilnehmern und zwischen Teilnehmern anzuregen. Dies erfordert die Fähigkeit, bei Kommunikationsstörungen gezielt einzugreifen. Sie müssen deshalb die Ursachen für Störungen in den Lernprozessen und Konflikten innerhalb der Tandems und Gruppen erkennen und beheben. Dies stellt besonders hohe Anforderungen an ihre sozial-kommunikativen Kompetenzen (vgl. Wahl 1995, 4. Aufl.; Sauter 1994).

Die E-Tutoren organisieren und überwachen die Lernprozesse der Teilnehmer und geben ihnen Rückmeldung. Parallel dazu evaluieren sie die Qualifizierungsmaßnahme.

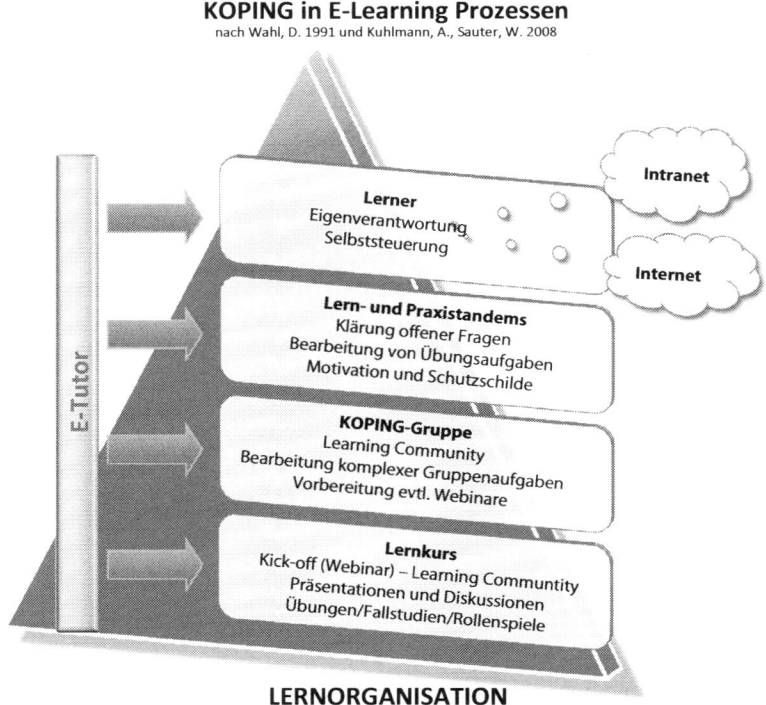

Abb. 4.4 KOPING in E-Learning Umgebungen

Mittels Reflexions- und Transferaufgaben können sie Kompetenzentwicklungsprozesse in der Praxis initiieren. Aufgrund des engen Kontaktes zu den Teilnehmern und ihrer praktischen Erfahrung mit den jeweiligen E-Learning Systemen übernehmen E-Tutoren in der didaktisch-methodischen Planung und Weiterentwicklung von Qualifizierungsmaßnahmen eine zentrale Rolle. Dafür benötigen diese Lernbegleiter eine umfassende Handlungskompetenz als Moderator und Lernbegleiter, die im Einzelnen folgende Elemente umfasst:

• Erweiterter Handlungsspielraum durch die Beherrschung vielfältiger Methoden zur Aktivierung der Lerner,
• psychische Sicherheit und Risikobereitschaft im Umgang mit Lerngruppen,
• zielgerichtetes Planungshandeln für Kickoffs und evtl. Webinare, selbst organisierte Lernphasen und evtl. Coachinggespräche,
• die Fähigkeit eine Lernkultur aktiv zu fördern, die durch Eigenverantwortung und Selbstorganisation der Lerner geprägt ist.

In E-Learning Umgebungen umfasst ein Kurs im KOPING-System im Regelfall vier soziale Ebenen (Abb. 4.4):

Im Einzelnen übernehmen die Beteiligten folgende Aufgaben im KOPING-System:

- *Einzelne Lerner* sind im KOPING-Verfahren das störanfälligste Element, da ihre Lernprozesse meist eine lange Zeit erfordern. Es besteht deshalb die große Gefahr, dass die anfängliche Motivation aufgrund ungünstiger Rahmenbedingungen, mangelnder Unterstützung durch Führungskräfte oder Kollegen, menschlicher Bequemlichkeit, anfänglicher Misserfolge oder Fehleinschätzungen nachlässt und im Endeffekt dazu führt, dass sich der Lernerfolg nicht einstellt. Mutzeck bezeichnet diese negativen Faktoren als *„Giftpfeile“*. Die Lerner benötigen deshalb *„Schutzschilde“*, die den Lernprozess flankieren, Störgrößen ausschalten und den Transfer sichern (Mutzeck 2005, S. 79 ff.). Als wichtigstes Schutzschild haben sich in der Praxis, Lerntandems erwiesen. Auch in dieser Entwicklungsstufe nutzen einzelne Lerner aus Eigeninitiative das Internet oder Intranet, um zu recherchieren oder Informationen abzurufen.
- *Lerntandems* bestehen aus zwei, manchmal drei, Lernern, die auf Dauer kooperieren wollen. Durch die Zusammenarbeit mit einer vertrauten Person können es die Lernpartner leichter schaffen, ihre Handlungsroutinen zu unterbrechen und ihre Aufgaben in ihren individuellen Lernprozessen zu lösen. Sie stabilisieren sich sozi-emotional und helfen sich gegenseitig.
- Die *KOPING-Gruppen* bestehen aus meist drei, maximal vier Tandems. Die Gruppen treffen sich online regelmäßig oder bei Bedarf, um sich gegenseitig zu motivieren und um ihre Lernprozesse gegenseitig zu unterstützen. Sie organisieren sich entweder im Rahmen von Handlungsanleitungen der Tutoren oder handeln selbst organisiert. Bei offenen Fragen, die die Lerntandems nicht allein lösen können, unterstützen die Lerngruppen nach Möglichkeit die einzelnen Tandems. Sehr bewährt haben sich komplexe, transferorientierte Arbeitsaufträge für die Lerngruppen, die arbeitsteilig bearbeitet werden und deren Ergebnisse im Regelfall in der Learning Community präsentiert und diskutiert werden.
- Der *Lernkurs* tauscht in der Learning Community und evtl. in Webinaren Lösungen zu offenen Aufgaben aus und gibt sich gegenseitig dazu Rückmeldungen.

Learning Communities sind virtuelle, geschlossene Lerngemeinschaften im Rahmen eines formell geplanten Qualifizierungspfades, die online über ein Learning Management System miteinander kommunizieren.

Sie werden durch den Trainer bzw. E-Tutor über Übungen, Fallstudien oder Transferaufgaben initiiert und gesteuert. Im Regelfall begleitet der E-Tutor diese Lernprozesse, indem er Lösungen der Lerner kommentiert oder ergänzt. In den Präsenzseminaren werden Übungen, Fallstudien oder Rollenspiele bearbeitet, Ergebnisse von Gruppenarbeiten präsentiert und diskutiert und bei Bedarf Wissenslücken gefüllt.

Webinare (Live E-Learning, Live Lessons) sind Online-Treffen, die jeweils zu einem definierten Termin im Web durchgeführt werden.

Der E-Tutor verwendet ein Headset sowie eine spezielle Kommunikations-Software, um sich mit den Teilnehmern über seinen PC auszutauschen. Außerdem nutzt er Präsentationssoftware – wie Powerpoint –, um Inhalte zu veranschaulichen. Die Lerner hören und sehen am PC zu. Über ein Kommunikationsfenster können jederzeit Fragen an den Dozenten gestellt oder eine Diskussion geführt werden.

Notwendige Voraussetzung für selbst organisiertes Lernen ist die *Vorsatzbildung*. Jeweils am Ende des Kickoffs, der Gruppenmeetings und der Tandemmeetings treffen die Lerner verbindliche Vereinbarungen, die im Regelfall schriftlich oder im LMS fest gehalten werden.

Der Erfolg von E-Learning-Systemen hängt wesentlich von der Qualität der WBT, aber auch der Lernbegleitung und damit von der Kompetenz und dem Engagement der E-Tutoren ab. Besitzen sie nicht die erforderliche Fachkompetenz und fehlt ihnen die notwendige didaktisch-methodische Kompetenz, kann auch ein gut geplantes E-Learning-Konzept nur mit mangelndem Erfolg enden.

Begleitend können folgende Personen die selbstgesteuerten Lernprozesse unterstützen:

- *Experten* übernehmen die Aufgabe, das erforderliche Fachwissen, z. B. für die Entwicklung von WBT, aufzubereiten. Sie müssen in dieser Rolle in der Lage sein, mit einem hohen Praxisbezug Lernszenarien zu entwickeln, die den Lerner vom Wissensaufbau bis zum Praxistransfer führen. Sie verknüpfen dabei praxisbezogene Übungsaufgaben mit klar strukturierten Wissensmodulen und Transferaufgaben sowie aktuellen Links im Internet oder Intranet. Bei Bedarf beantworten sie aber auch Fachfragen im Themenspeicher oder bringen sich in Fachdiskussionen mit ein. Über aktuelle, unternehmensbezogene Beiträge zur Learning Community können sie dazu beitragen, den Praxistransfer zu fördern.
- *Coaches,* meist Führungskräfte oder erfahrene Kollegen, können in der Phase des Praxistransfers eine wichtige Rolle übernehmen. Sie handeln dabei als Entwicklungspartner ihrer Mitarbeiter, die dazu beitragen, die angestrebte Lernkultur im Arbeitsbereich aktiv zu entwickeln, den Mitarbeitern eine zielorientierte Qualifizierung und Kompetenzentwicklung zu ermöglichen und sie bei der Lösung ihrer Transferaufgaben zu unterstützen.

4.1.2   KOPING in Blended Learning Arrangements

In Blended Learning Arrangements bietet sich das KOPING-Modell in einer weiter entwickelten Form an, weil häufig nicht nur Lernprozesse im Rahmen der Qualifizierung, sondern auch selbstorganisierte Lernprozesse im Rahmen von Transferaufgaben oder innerhalb von herausfordernden Praxisprojekten begleitet werden müssen. Wenn die Gestaltung der Lernprozesse zunehmend in die Eigenverantwortung der Lerner gelegt wird, ändert sich auch die Rolle der Lernbegleiter. Das Tutoring wird in Blended Learning Systemen immer mehr durch die Lerner mit ihren Lernpartnern selbst übernommen.

Für die Bearbeitung von Transferaufgaben oder Herausforderungen in Praxisprojekten werden Lernbegleiter benötigt, die die Rolle eines Entwicklungspartners übernehmen.

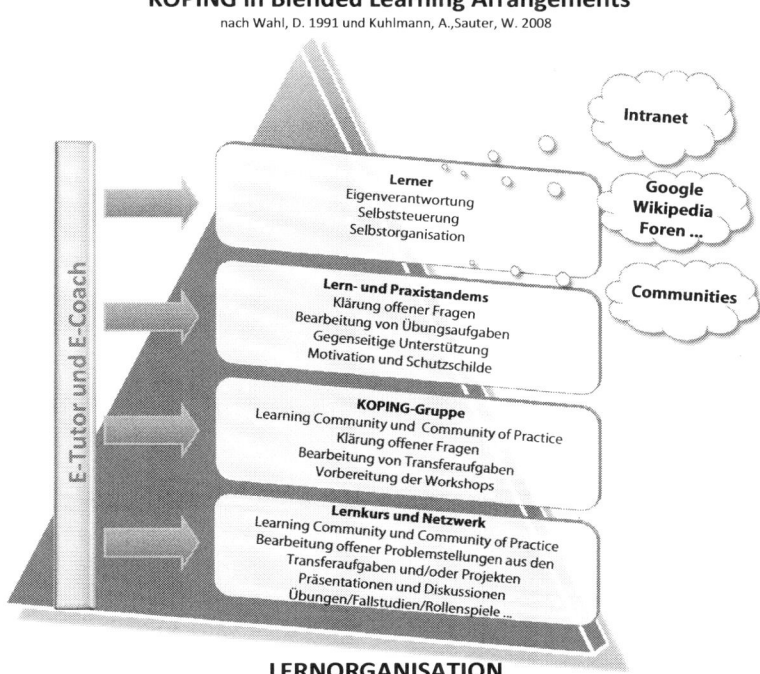

KOPING in Blended Learning Arrangements
nach Wahl, D. 1991 und Kuhlmann, A.,Sauter, W. 2008

Abb. 4.5 KOPING in Blended Learning Arrangements

Die E-Tutoren verändern ihre Rolle deshalb in den Phasen des Praxistransfers und der Projektarbeit zum *E-Coach* bzw. werden durch solche Experten bei ihrer Lernbegleitung unterstützt. Im Qualifizierungsbereich verbleiben diese Lernbegleiter wie im E-Learning-Bereich in der Rolle des E-Tutors.

E-Coaching ist die mediengestützte, aktive Entwicklungspartnerschaft von Lernbegleitern mit einzelnen Lernern oder Lerngruppen mit dem Ziel der Kompetenzentwicklung. Diese Unterstützung kann synchron oder zeitversetzt erfolgen.

In Blended Learning Arrangements ergibt sich dadurch folgende Struktur des KOPING (Abb. 4.5).

Die Anforderungen an einen *E-Coach* sind in diesem Lernarrangement hoch. Es wird von ihm die professionelle Prozessberatung und Begleitung einer Person (Coachen) oder mehrerer Personen im Rahmen einer strukturierten, online-basierten Kommunikation erwartet. Er soll den Gecoachten bei der Ausübung von komplexen Handlungen bei der Bearbeitung von Transferaufgaben in der Praxis und in Projekten befähigen, um optimale Ergebnisse selbstorganisiert zu erreichen.

Grundsätzlich kommen folgende Formen in Frage:

- *Einzelcoaching* zielt auf Lernprozesse in persönlicher, aktivitätsbezogener, fachlich-methodischer und sozial-kommunikativer Hinsicht. Der E-Coach klärt zu Beginn mit dem Lerner die Erwartungen und Ziele für seinen Lernprozess. Er ermöglicht ihm seinen persönlichen Lernprozess, indem er für die erforderlichen Rahmenbedingungen sorgt und als „Sparringspartner" bei der Entwicklung von Lösungsansätzen dient.
- *Gruppencoaching* unterstützt die Lerner einer Gruppe oder die Mitglieder eines Projektes. Der E-Coach begleitet die Gruppen, sichert die Rahmenbedingungen, gibt Feedback und bringt Anregungen ein.

Die Erfahrungen zeigen, dass beim virtuellen Coaching die Hemmschwellen der Lerner aufgrund der tendenziell eher anonymen Kommunikation niedriger sind, das Coachingangebot zu nutzen, als in persönlichen Coaching-Gesprächen. Dies ist insbesondere dann der Fall, wenn mit geeigneten Lernmaterialien, z. B. Reflexionen, den Lernern ein Zugang zu dieser Entwicklungspartnerschaft geschaffen wird. Das E-Coaching findet eher „on-demand" statt, d. h. dann, wenn der Lerner Unterstützung benötigt. Dagegen gehen gegenüber dem Face-to-Face Coaching nonverbale Signale verloren, die unter Umständen sehr wichtig sein können. Weiterhin besteht die Gefahr, dass die Fragestellungen, insbesondere bei schriftlicher Kommunikation, eher oberflächlich behandelt werden. Deswegen empfehlen wir, auch hier den Blended Learning Ansatz zu nutzen, d. h. das E-Coaching regelmäßig durch persönliche Treffen, z. B. im Rahmen der Workshops, zu ergänzen. Damit kann der E-Coach einen persönlichen Kontakt aufbauen, die zwingend notwendige Verbindlichkeit der Vorsätze wird erheblich gesteigert.

Während beim E-Tutoring die Lernziele und –inhalte, aber auch die methodischen Schritte, durch das Curriculum bzw. den Tutor bestimmt werden, definieren die Lerner in Transferaufgaben ihre individuellen Kompetenzziele, evtl. mit Unterstützung des E-Coaches, selbst und übernehmen auch die Verantwortung für die Gestaltung der Kompetenzentwicklungsprozesse. Sie ermöglichen ihren Praxistransfer dabei durch eine strukturierte Selbstreflexion, bei der sie wiederum durch den E-Coach beraten werden können.

Überträgt E-Tutoring eher das Bild des Lehrer-Schüler-Verhältnisses in den virtuellen Raum, bildet E-Coaching Prozesse der Kompetenzentwicklung in der betrieblichen Praxis ab. E-Tutoring wird deshalb in erster Linie durch den E-Tutor, E-Coaching aber durch die Lerner initiiert. E-Coaching unterstützt selbstorganisiertes Lernen, das durch die Lerner selbst verantwortet wird und fördert Prozesse des Selbst-Coaching und der Hilfe zur Selbsthilfe. Damit ist der Lerner Partner des Coaches und kommuniziert mit ihm auf gleicher Augenhöhe, anders als bei einem „Lehrer-Schüler-Verhältnis" im E-Tutoring. Im E-Coaching-Prozess kommt der Balance aus Unterstützung und Ermutigung zur Selbsthilfe eine besondere Bedeutung zu. Der E-Coach sollte deshalb zwar eine vertrauensvolle Beziehung zu seinem Coachen aufbauen, aber gleichzeitig einen professionellen Abstand wahren.

4.2 Wissensaufbau mit E-Learning

> E-Learning bezeichnet das prozessorientierte Lernen in Szenarien, das mit Informations- und Kommunikationstechnologien sowie mit darauf aufbauenden (E-Learning-) Systemen unterstützt bzw. ermöglicht wird. Das wesentliche Element sind hierbei WBT – Web Based Trainings.

Der Begriff „E-Learning" ist aber keineswegs auf diese technologischen Ebenen beschränkt, sondern umfasst vielfältige konzeptionelle Elemente des Lernens mit dem Ziel, selbst gesteuerte oder organisierte Lernformen zu fördern.

Die einfache und einheitliche „Übertragung" des Wissens von Trainern oder Medien auf den Lerner ist nicht möglich, außer man hätte einen „Nürnberger Trichter" zur Verfügung; die „Wissensvermittlung" ist ein Mythos. Die Lerngewohnheiten und die kognitiven Strukturen jedes Lerners, aber auch jedes Lehrenden, sind sehr unterschiedlich. Hinzu kommt, dass die Lerngeschwindigkeiten auch in vordergründig homogen wirkenden Gruppen von erwachsenen Lernern bis zum Faktor 1 zu 9 voneinander abweichen können. Deshalb werden Systeme des Wissensaufbaus und der Qualifizierung benötigt, die den Lernern individuelle, selbstgesteuerte Lernprozesse ermöglichen (Wahl, S. 105, 3. erw. Aufl. 2013).

„Reine" E-Learning-Systeme, d. h. ohne Präsenzphasen, können nach den evaluierten Erfahrungen eine hohe Lerneffizienz aufweisen, sofern sie sich auf die Lernzielebene des Wissensaufbaus und der Qualifikation beschränken und die methodische Gestaltung eine hohe Problemorientierung besitzt.

4.2.1 E-Learning Prozess

Web Based Trainings sind im Regelfall Elemente formeller Lernprozesse, die vor allem die Aufgabe haben, den Aufbau gesicherten Wissens zu ermöglichen und über Übungen und evtl. Transferaufgaben zu festigen. In selbstorganisierten Lernprozessen können sie dazu dienen, die Strukturierung der individuellen Lernprozesse zu unterstützen, den Lernern die erforderliche Orientierung und die Lernmöglichkeiten zu bieten, Informationen über ihre Lernprozesse und Entwicklungsstände zu geben sowie aktivierende Lernstrategien zu fördern. Diese Aspekte haben sich als wesentliche Erfolgsfaktoren für Lernen erwiesen (vgl. Hattie 2009).

In der Praxis werden Web Based Trainings häufig den Lernern als „Stand-alone-Lösung", ohne Einbettung in ein Lernarrangement, zur Verfügung gestellt. Dabei wird dann oftmals unterstellt, dass die Bearbeitung der Lernprogramme einem Lernerfolg gleich zu setzen ist. Damit kann man vielleicht Controller oder Hausjuristen überzeugen, aber die Bewertung der Mitarbeiterentwicklung eines Unternehmens kann nicht auf eine solche Zahl reduziert werden.

Es ist eine Binsenweisheit, dass vor allem bei großen Mitarbeiterzahlen beispielsweise eine Compliance Schulung mit Web Based Trainings billiger ist als mit Seminaren. Aber

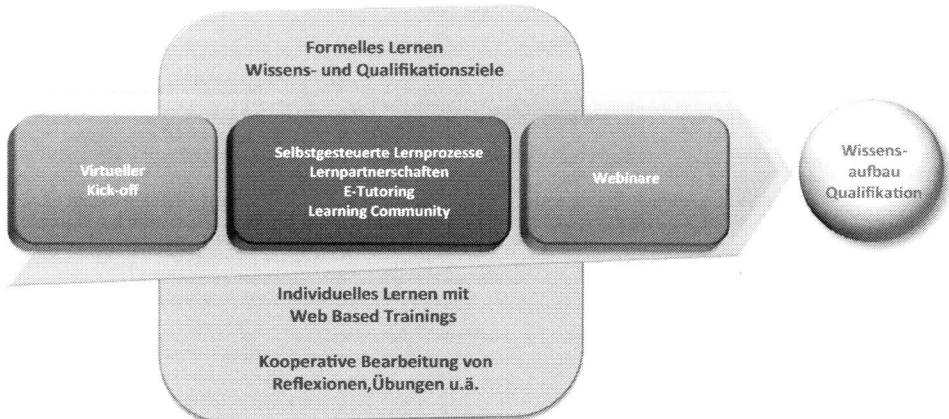

Abb. 4.6 Vorschlag für ein E-Learning Arrangement

in beiden Fällen wird sich die Unternehmenskultur mit hoher Wahrscheinlichkeit nicht verändern. Damit wird das eigentliche Ziel dieser Maßnahmen, z. B. rechtskonformes Handeln aller Mitarbeiter zu bewirken, nicht erreicht. Sie sind somit nutzlos, d. h. in beiden Fällen wurde das Geld mehr oder weniger zum Fenster rausgeworfen. Aber zumindest hat man Aktivität gezeigt und unternehmensweit dokumentiert, wer, evtl. mit welchem „Lernerfolg" in einem Wissenstest, die WBT bearbeitet hat. Dies kann in einem möglichen Rechtsstreit später nützlich sein, hat aber mit Lernen wenig zu tun.

Die Mitarbeiterentwicklung soll dazu beitragen, die strategischen Ziele der jeweiligen Unternehmung zu erreichen. Deshalb muss in der didaktischen Analyse zur Entwicklung einer Lernkonzeption immer die Frage am Anfang stehen, welche Anforderungen sich aus der Unternehmensstrategie für die Mitarbeiterentwicklung herleiten. In diesem Kontext sind Curricula, die von zentralen Institutionen, z. B. dem DIHK, vorgegeben werden, nicht hilfreich, auch wenn sich viele Unternehmen sowohl in der Aus- als auch in der Weiterbildung immer noch daran orientieren (müssen?).

Auch wenn, wie z. B. in der Berufsausbildung, standardisierte Lernziele zu berücksichtigen sind, ist eine didaktische Analyse erforderlich, die darüber hinaus die Definition unternehmensspezifischer Lernziele und –inhalte ermöglicht. In diesem Fall bilden die vorgegebenen Lernziele den notwendigen Kern, der um unternehmens- bzw. mitarbeiterspezifische Lernziele zu erweitern ist. Diese werden sich im Regelfall auf die angestrebten Handlungsweisen der Mitarbeiter konzentrieren und sind damit kompetenzorientiert. Dies hat wiederum Konsequenzen für die Gestaltung der Lernarrangements sowie der Web Based Trainings (Abb. 4.6).

Selbstgesteuertes Lernen, insbesondere auch mit WBT, wird erfolgreich sein, wenn folgende Bedingungen erfüllt werden:

- *Struktur*: Längere, selbstgesteuerte Lernprozesse werden nur dann erfolgreich sein, wenn die Lerner eine klare Orientierung erhalten. Die pädagogische Forschung hat nachgewiesen, dass die Motivation für den Lernerfolg eine nachgeordnete Bedeutung hat, während die die Mobilisierung der Vorkenntnisse, die Herstellung von Verknüpfungen zwischen schon vorhandenem und neuem Wissen und die Anbahnung des Verstehens Lernprozesse nachweisbar fördert. Es ist deshalb günstiger für den Lernerfolg, wenn nicht mit grafisch aufwendig gestalteten, „motivierenden" Elementen begonnen wird, sondern der Lerner von Anfang an eine klare Struktur der Ziele und Inhalte vermittelt bekommt. Diethelm Wahl nennt dies „Advance Organizer". Damit sind im Voraus gegebene Lernhilfen in Form einer Expertenstruktur gemeint, die die Inhalte organisieren und strukturieren („organizer"). Diese bewirken nachweislich einen höheren Lernerfolg sowie eine besser Motivation und Orientierung, insbesondere auch bei „schwierigen" Themen. Dieser Ansatz hat sich vor allem in Lernarrangements bewährt, die kooperativ und selbstgesteuert sind (vgl. Wahl 2011).
- *Verbindlichkeit*: Die Lernprozesse müssen mit einem hohen Verbindlichkeitsgrad vereinbart werden, weil sonst die Gefahr besteht, dass sich die ursprünglichen Vorsätze zum Lernen mehr oder weniger in Luft auflösen. Deshalb empfehlen wir auch bei reinen E-Learning-Lösungen mit einem *Kickoff*, evtl. als Webinar gestaltet, zu starten. In diesem Rahmen können grundlegende Lernschritte („Meilensteine") vereinbart und Lernpartnerschaften gebildet werden. Damit wird es möglich, die selbstorganisierten Lernphasen durch Jour-fixe der Lerntandems in weitere, meist wöchentliche, Abschnitte zu unterteilen. Die Praxis zeigt, dass sich durch diese regelmäßigen Vereinbarungen in kurzen Zeitabständen und dem Versprechen gegenüber dem Lernpartner der Grad der Verbindlichkeit in hohem Maße steigern lässt. Die Überprüfung des aufgebauten Wissens, z. B. mittels Tests, kann die Verbindlichkeit weiter steigern.
- *Kommunikation mit Lernpartnern und Experten*: Selbstorganisiertes Lernen setzt voraus, dass die Lerner offene Fragen mit Lernpartnern und Experten besprechen können. Deshalb kommt der Kommunikation, in themenbezogenen Foren, in Chats oder in Webinaren eine große Bedeutung zu.
- *Lernbegleitung durch E-Tutoren und E-Coaches*: Je stärker sich die Lernpartner sich gegenseitig in ihren Lernprozessen unterstützen, umso weniger müssen Lernbegleiter wie E-Tutoren oder E-Coaches die individuellen Lernprozesse mit steuern und flankieren. Die Lernbegleiter müssen dabei ein Gleichgewicht zwischen der Ermöglichung selbstgesteuerter Lernprozesse und der Lernbegleitung finden, damit die Lerner einerseits genügend Orientierung erhalten, andererseits aber auch nicht zu sehr fremdgesteuert werden. In der Praxis hat es sich in E-Learning-Arrangements bewährt, ein Forum als „Themenspeicher" einzurichten, in den die Lerner alle Fragen einstellen können, die sie trotz des WBT und der Lösungsversuche mit dem Lernpartner nicht klären konnten. Der E-Coach greift diese Fragen zeitnah auf und beantwortet sie entweder zeitnah schriftlich oder, falls sie komplexer Natur sind, in einem Webinar.
- *Regelmäßige Rückmeldung*: Selbstgesteuertes Lernen setzt eine Orientierung voraus, d. h. der Lerner muss immer wissen, wo er steht. Deshalb sollte er bei jeder stan-

dardisierten Aufgabe, die er im WBT bearbeitet, eine klare Rückmeldung über das Scoring erhalten. Lösungen für offene Aufgaben können aber heute noch nicht durch den Computer bewertet werden. Dafür ist das Lernen mit Partnern, in Tandems oder in Gruppe, erforderlich, um das notwendige Feedback zu sichern. Teilweise wird diese Rückmeldung durch den E-Tutor oder einen E-Coach gegeben.

- *Flankierung*: Erfolgreiches Lernen erfordert neben dem regelmäßigen Feedback von Lernpartnern oder –begleitern auch die Motivation und Unterstützung durch andere. Auch in diesem Bereich haben sich in unserer Praxis die Lerntandems sehr gut bewährt, während das E-Tutoring hier deutliche Grenzen zeigt, weil die Kommunikation im Regelfall schriftlich erfolgt.

Deshalb setzen erfolgreiche E-Learning-Systeme zwingend Learning Management Systeme oder Soziale Lernplattformen voraus. Die Bereitstellung von WBT im Intranet, ohne die Möglichkeit zur Online-Kommunikation mit Lernpartnern und E-Coaches, wird dagegen nur dann zum, jedoch nur zahlenmäßigen, „Erfolg" führen, wenn die Bearbeitung über „Bearbeitungslisten", verbunden mit Druck durch die Führungskräfte, sichergestellt wird.

Die Erfahrungen zeigen, dass die betriebliche Bildung durchaus auch Kosten sparen kann, wenn sie sich in Richtung innovativer Lernsysteme entwickelt. Diese Frage darf jedoch nicht am Anfang stehen. Wenn ein Unternehmen eine Produktionsstätte baut, werden die Planer auch nicht damit beginnen, zunächst die billigsten Materialien und Maschinen auszuwählen. Am Anfang stehen die unternehmerische Vision und Strategie, die Konzeption oder die Planung, die für den Erfolg benötigt werden.

Auch Entscheidungen über den Einsatz reiner E-Learning-Systeme müssen deshalb immer an der Unternehmensstrategie und den notwendigen Entwicklungskonzeptionen ansetzen. Erst in zweiter Linie wird die Frage der Kostenoptimierung, nicht –minimierung, stehen.

4.2.2   Fallstudie: Wissensaufbau mit E-Learning

In den Produktionsprozessen eines Herstellers für Sonderfahrzeuge traten immer wieder, zum Teil gefährliche und teure, Störungen auf, weil die Mitarbeiter wichtige Sicherheitsbestimmungen gar nicht oder nur oberflächlich beachteten. Die Ursache dafür waren auf der einen Seite mangelnde Kenntnisse über diese Regeln, aber auch das fehlende Bewusstsein vieler Mitarbeiter darüber, wie entscheidend diese für den Erfolg der Unternehmung sind. Die Kultur des sicherheitsorientierten Denken und Handelns war nicht so ausgeprägt, wie es notwendig ist. Deshalb wurde eine Lernkonzeption entwickelt und umgesetzt, mit der nachprüfbar alle Mitarbeiter das notwendige Wissen zu allen relevanten Aspekten der Sicherheit aufbauen und für diese Regeln sensibilisiert werden, so dass sich ihre Handeln in der täglichen Praxis zukünftig konsequent nach den Sicherheitsbestimmungen ausrichtet.

Die Geschäftsleitung sieht diese Lernmaßnahme als strategisch besonders wichtig an, weil die Qualität der Produkte letztendlich über den Erfolg der Unternehmung entscheidet. Deshalb genügt es ihr nicht, lediglich sicher zu stellen, dass jeder Mitarbeiter das Lernprogramm mit einem bestimmten Mindest-Testergebnis von z. B. 80 % bearbeitet. Der Auftrag umfasst vielmehr die Zielsetzung, dass die Handlungsweisen aller Mitarbeiter mit einer deutlich höheren Sicherheitsorientierung erfolgen. Dies wird mit Hilfe von Kennziffern regelmäßig überprüft.

Anforderungen, Ziele und Rollen: In der *didaktischen Analyse* wurden deshalb neben den *wissensorientierten Lernzielen* folgende *handlungsorientierten Lernziele* definiert:
   Die Mitarbeiter

- entwickeln in ihrem Arbeitsteam ihre persönlichen Sicherheitsregeln für ihren jeweiligen Aufgabenbereich,
- sie handeln in der täglichen Arbeitspraxis konsequent nach diesen Handlungsanleitungen.

Die *Inhalte* der Lernprozesse wurden aufgrund der Sicherheitsregeln im Unternehmen, ergänzt um spezifische Anforderungen im eigenen Handlungsbereich, in einem Prozess mit Sicherheitsexperten und Produktionsleitern, unter Moderation der Personalentwicklung, festgelegt.

   In der *methodischen Analyse* wurde festgelegt, dass die Lernprozesse in ein *begleitetes E-Learning-Konzept mit Praxistransfers* integriert werden. Die Lernprozessorganisation wurde in die Hände der Personalentwicklung gelegt, die individuellen Lernprozesse sollten jedoch durch die Lerner selbstgesteuert innerhalb des vorgegebenen Rahmens erfolgen.

   Der Wissensaufbau lag in der persönlichen Verantwortung des einzelnen Lerners, während offene Fragen zunächst mit einem Lernpartner sowie bei Bedarf mit der Arbeitsgruppe (= Lerngruppe) geklärt wurden.

   Die individuellen Lernprozesse werden durch einen E-Tutor aus der Personalentwicklung und einem Sicherheitsexperten begleitet.

Lernsystem: Aus den Zeilen der Lernmaßnahmen ergibt sich folgendes Lernsystem (Abb. 4.7, S. 148).

   Diese Lernprozesse starten alle mit einem *virtuellen Kickoff (Webinar)* von ca. drei Stunden, den die Personalentwicklung jeweils mit der verantwortlichen Führungskraft und einem Sicherheitsexperten aus dem jeweiligen Bereich der Lerner durchführt. Mittels einer Reflexionsübung, die in dem WBT vorangestellt ist, werden alle Teilnehmer auf die Bedeutung und Notwendigkeit der Sicherheitsregeln eingestimmt. Nachdem sie sich kurz mit ihren Aufgaben in der Praxis vorgestellt hatten und der Personalentwickler die Lernkonzeption und das –system erläutert hat, werden im Rahmen einer kurzen Reflexion Fragen zur Gestaltung der selbstorganisierten Lernprozesse erörtert. Danach folgt die Tandem- und Gruppenbildung, um das KOPING-Konzept flächendeckend umzusetzen. Das Webinar endet mit verbindlichen Vereinbarungen im Kurs, in den Lerngruppen und der Lerntandems.

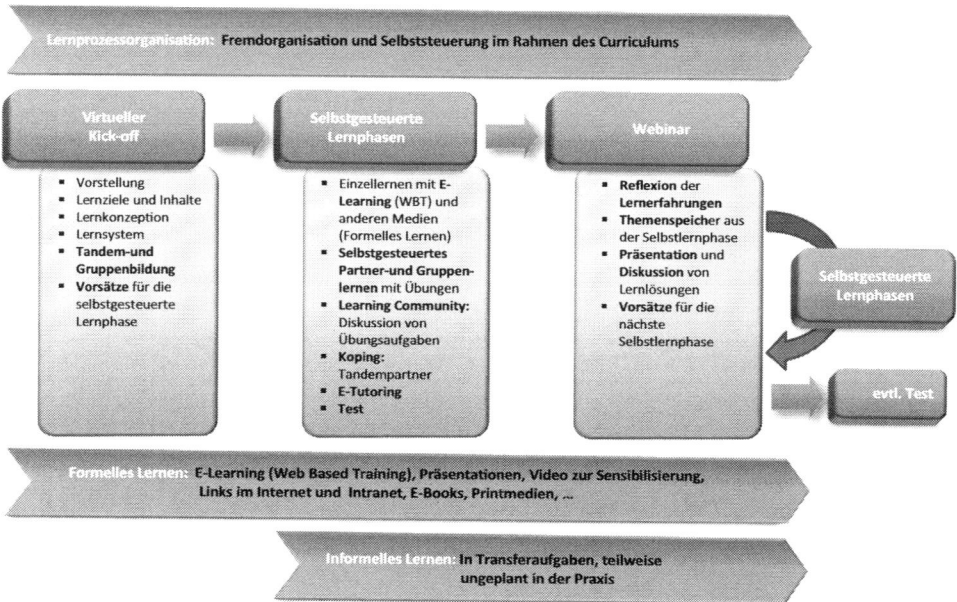

Abb. 4.7 Struktur des E-Learning Prozesses

Die selbstgesteuerten Lernphasen von etwa vier Wochen werden durch folgende Elemente geprägt:

- Die Verbindlichkeit des individuellen *Wissensaufbaus* wird auf Basis der Vereinbarungen im virtuellen Kickoff über das Scoring-System mit laufenden Rückmeldungen in den WBT und einen abschließenden Test mit zufällig ausgewählten Aufgaben sicher gestellt, der mit mindestens 80 % zu bestehen war. Diese Ergebnisse werden durch die jeweilige Führungskraft überprüft, die Konsequenzen für den einzelnen Mitarbeiter spätestens im nächsten Mitarbeitergespräch besprochen. Auch die Tandempartner sichern im Rahmen des KOPING gegenseitig eine hohe Verbindlichkeit der Lernprozesse.
- Die *Verbindlichkeit des Praxistransfers* wird durch Vereinbarungen der Arbeitsteams im Kickoff gesichert. Diese verpflichten sich in Absprache mit ihrer Führungskraft, spezifische Sicherheitsregeln für ihren jeweiligen Aufgabenbereich zu definieren und umzusetzen. Diese Ergebnisse werden in der Learning Community präsentiert und diskutiert. Bei Bedarf können sie in einem abschließenden Webinar mit der Führungskraft und dem Sicherheitsexperten diskutiert werden.
- Für den Fall, dass trotz der Besprechung mit Lernpartnern und in der –gruppe noch ungeklärte Fragen offen waren, wurde in der Learning Community ein *Themenspeicher* eingerichtet. Der Sicherheitsexperte beantwortet diese Fragen entweder taggleich oder bei komplexen Sachverhalten im folgenden Webinar.
- Der E-Tutor aus der Personalentwicklung begleitet die Lernprozesse und unterstützt bei Bedarf den Transfer in die Praxis.

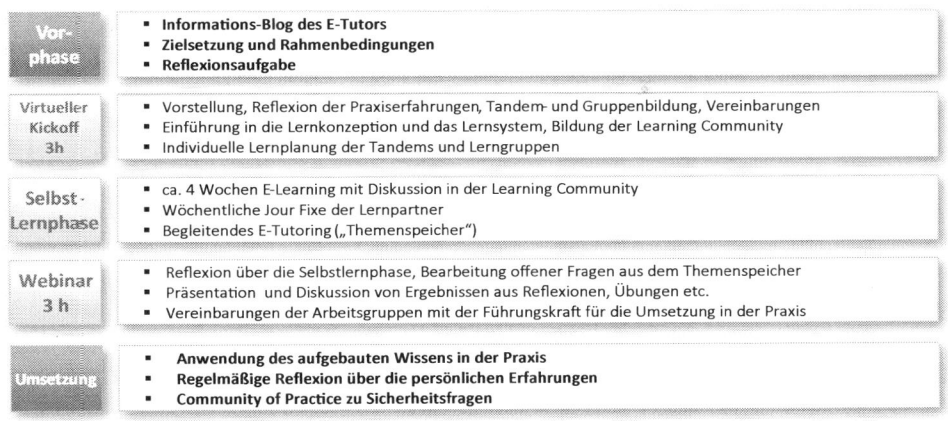

Abb. 4.8 Ablauf des E-Learning Prozesses

- Die Flankierung der individuellen Prozesse übernahmen weitgehend die Lernpartner im Rahmen des KOPING, so dass der E-Tutor deutlich entlastet wird.

Im abschließenden etwa zweistündigen Webinar mit den einzelnen Arbeitsgruppen besprechen der E-Tutor und der Sicherheitsexperte vor allem die offenen Fragen aus dem Themenspeicher. Gemeinsam mit der verantwortlichen Führungskraft vereinbaren die Teilnehmer für ihre Arbeitspraxis Maßnahmen, die zukünftig zu einer höheren Sicherheit führen sollen.

Zusammengefasst ergibt sich folgender grundlegende Ablauf der Lernmaßnahmen (Abb. 4.8):

Die Lerner vereinbaren zum Abschluss der Lernmaßnahme für ihre Unternehmensbereiche jeweils eine Community of Practice, in der sicherheitsorientierte Fragen im eigenen Prozess der Arbeit diskutiert werden können. Mit diesem Austausch von Erfahrungswissen soll sich sicherheitsorientiertes Handeln in der Praxis immer mehr durchsetzen. Die jeweiligen Führungskräfte der Lerner übernehmen die Aufgabe, auch nach Abschluss der formellen Lernmaßnahme ihre Communities of Practice als E-Mentor zu unterstützen.

Bewertung „Reines" E-Learning kann den Aufbau von Wissen effizient und nachprüfbar sichern. Häufig wird dabei jedoch übersehen, dass der Wissensaufbau nur die notwendige Voraussetzung für eine beabsichtige Veränderung der Denk- und Handlungsweisen der Mitarbeiter ist. Mit der vorgeschlagenen Konzeption ist es jedoch möglich, den flächendeckenden Wissensaufbau zu wirtschaftlichen Bedingungen zu ermöglichen und gleichzeitig individuelle, handlungsorientierte Lernprozesse zu initiieren. E-Learning fördert und strukturiert damit Lernprozesse im Handlungsbereich der Mitarbeiter, die häufig in die Phase nach dem E-Learning reichen. In solch einem Lernarrangement kann E-Learning einen wichtigen Beitrag zur Unternehmensentwicklung leisten.

4.3   Qualifizierung mit Blended Learning

Blended Learning ist ein integriertes Lernarrangement, in dem die heute verfügbaren Möglichkeiten der Vernetzung über Internet und Intranet in Verbindung mit „klassischen" Lernmethoden und –medien optimal genutzt werden. Dabei werden Wissensaufbau und Qualifizierung mittels E-Learning mit Workshops, E-Tutoring und E-Coaching zielgruppengerecht miteinander kombiniert.

Blended Learning (engl. Blender = Mixer) ist eine internet- bzw. intranetgestützte Lernkonzeption, die problemorientierte Workshops mit meist mehrwöchigen Phasen des selbstgesteuerten Lernens mit E-Learning und der Kommunikation über ein Learning Management System bedarfsgerecht miteinander verknüpft.

Blended Learning Konzeptionen zur Qualifizierung der Mitarbeiter ermöglichen es den Lernern, ihren Lernprozess individuell, selbstgesteuert zu organisieren. Voraussetzung dafür ist, dass sie durch flankierende Maßnahmen unterstützt werden. Werden diese Lernprozesse mit einer hohen Verbindlichkeit und einem geeigneten Flankierungskonzept gestaltet, weisen diese Lernkonzeptionen eine sehr hohe Erfolgsquote auf. Auch in dieser Konzeption kann über Transferaufgaben und Projektaufträge Kompetenzlernen initiiert werden.

4.3.1   Ermöglichungsrahmen für Blended Learning

Diethelm Wahl arbeitet in seinem Werk deutlich heraus, dass in Bezug auf die Begriffe „Lehren" und „Lernen" Bescheidenheit am Platz ist. Statt von Instruieren, Unterrichten oder lehren sollte besser von der Entwicklung bzw. Gestaltung von Lernumgebungen gesprochen werden (Wahl, S. 211 ff., 3. erw. Aufl. 2013). Es bietet sich an, für Qualifizierungsmaßnahmen in Blended Learning Arrangements Anleihen an den vor allem aus dem Hochschulbereich bekannten xMOOC zu machen. Auf dieser Grundlage kann folgender Ermöglichungsrahmen für Blended Learning Arrangements gestaltet werden (vgl. Arnold 2013) (Abb. 4.9, S. 191).

Im Einzelnen enthält dieser Ermöglichungsrahmen für überwiegend formelles Lernen folgende Bereiche, die entsprechend den formellen Lernzielen und nach Bedarf der Lerner mit verschiedenen Elementen gefüllt werden können:

- *Kommunikation:* Die Lerner können im Rahmen von Workshops mit ihren Trainern, aber insbesondere auch mit Lernpartnern und in –gruppen, offene Fragen klären. Das Learning Management System bietet den Lernern vor allem themenbezogene Foren und Chats, evtl. aber auch Blogs und Wikis, insbesondere im Bereich der Transferaufgaben. In Webinaren bzw. Virtual Classrooms kann eine Kommunikation ohne räumliche Grenzen ermöglicht werden. Reflexionen fördern das Nachdenken über die eigenen Erfahrungen und bilden damit eine sinnvolle Basis für die Kommunikation der Lerner untereinander. Instant Messenger geben Hinweise darauf, welche Lernpartner aktuell ansprechbar sind. Das System schafft somit die Möglichkeit, im Netz kooperativ Aufgaben aus den Lernprozessen zu bearbeiten.

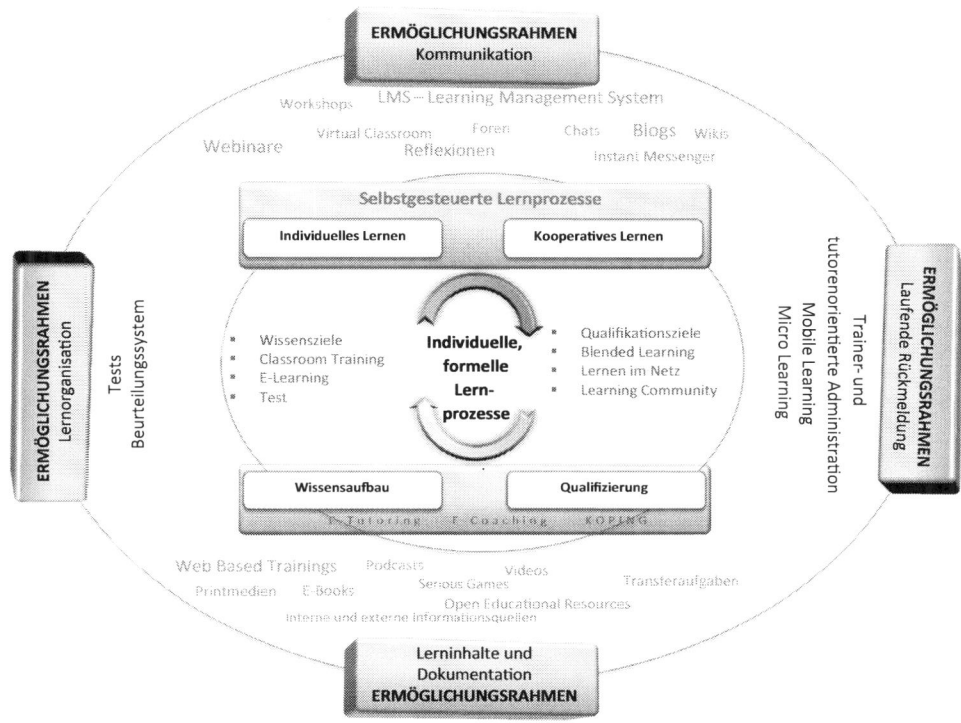

Abb. 4.9 Ermöglichungsrahmen für Blended Learning

- *Lerninhalte und Dokumentation:* Das Lernsystem bietet eine breite Palette an formellen Lerninhalten und Dokumentationsmöglichkeiten an. Die Lerner können auf vielfältige, didaktisch-methodisch aufbereitete Lerninhalte zugreifen, von *Web Based Trainings, Videos, Podcasts* über *Printmedien* und *E-Books* bis zu Transferaufgaben. Hinzu kommen interne und externe Informationsquellen, aber evtl. auch Open Educational Resources oder Serious Games.
- *Laufende Rückmeldung:* Während der Lernprozesse mit E-Learning erhalten die Lerner laufend über das integrierte Scoring in den interaktiven Lernprogrammen eine Rückmeldung. Sie wissen damit immer, wo sie in ihren formellen Lernprozessen stehen. Dies ist eine wesentliche Voraussetzung für selbstgesteuertes Lernen. In offenen Aufgaben, z. B. Transferaufgaben, geben sich die Lernpartner gegenseitig, teilweise auch E-Coaches oder andere Experten, Rückmeldungen. Mit Hilfe von Tests und im Rahmen der betrieblichen Beurteilungssysteme erhalten die Lerner regelmäßig eine Einschätzung ihres Entwicklungsstandes.
- *Lernorganisation:* Die *Administration der Lernprozesse* liegt überwiegend in den Händen der Trainer und E-Coaches. Die Lerner können ihre selbstgesteuerten Lernphasen unabhängig von Ort und Zeit (*Mobile Learning*) und nach dem individuellen Bedarf *on demand* (*Micro Learning*) gestalten und steuern. In Einzelbereichen, z. B. bei Transferaufgaben, können sie ihre Lernprozesse auch selbst organisieren.

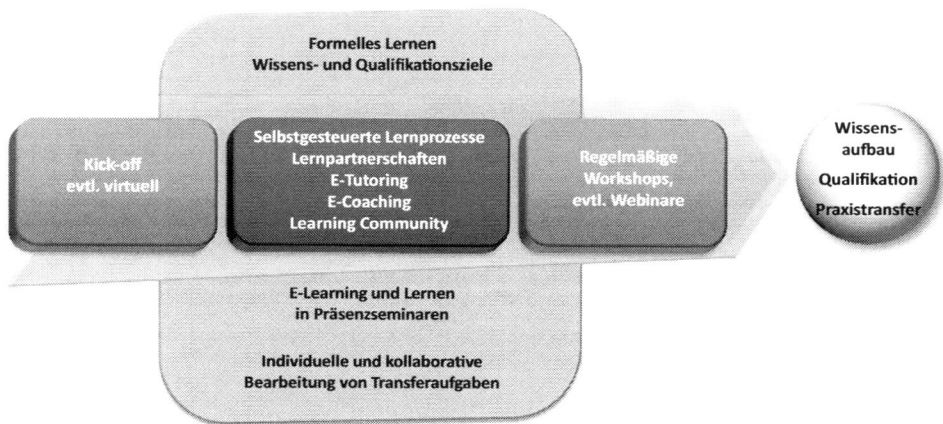

Abb. 4.10 Beispiel eines Blended Learning Arrangements

Dieser Lernrahmen macht es möglich, dass die Lerner individuelle, formelle Lernprozesse mit dem Ziel des Wissensaufbaus und der Qualifizierung, aber auch des Praxistransfers, realisieren. Sie verknüpfen dabei individuelles und *formelles, kooperatives Lernen*.

4.3.2 Blended Learning Prozess

Blended Learning Arrangements ermöglichen in erster Linie formelle, selbstgesteuerte Lernprozesse. Aus der Kombination von Präsenzlernen in Workshops mit selbstgesteuerten Lernphasen ergibt sich folgendes Lernarrangement (Abb. 4.10).

Der Lernprozess startet mit einer meist eintägigen *Eröffnungsveranstaltung (Kickoff)*. Sofern die Lerner aus organisatorischen Gründen oder wegen der Kosten nicht an einem gemeinsamen Workshop teilnehmen können, kann der Kickoff auch im Rahmen eines etwa dreistündigen Webinars erfolgen. Wir sehen diesen Kickoff als unverzichtbar an, weil in diesem Rahmen die notwendige Verbindlichkeit, aber auch die Grundlage für die Flankierung der Lernprozesse durch Lerntandems, gesichert werden können.

Nach der Begrüßung, einer Vorstellungsrunde und der Erhebung der Erwartungen und Befürchtungen werden die Teilnehmer in das Blended Learning System eingeführt. Sie reflektieren über Lernstrategien und machen sich mit dem Konzept der netzbasierten Lernwegflankierung vertraut. Sofern die Teilnehmer sich nicht kennen, können sie ihre zukünftigen Lernpartner in verschiedenen Übungen mit unterschiedlichen Sozialformen (z. B. Partner- und Gruppenarbeit, Plenumsdiskussion) näher kennen lernen, so dass sie im Laufe des Kickoffs in der Lage sind, bewusst Lerntandems sowie Lerngruppen zu bilden.

Zum Abschluss des Kickoffs vereinbaren die Teilnehmer für die folgende Selbstlernphase Jour-fixes, Meilensteine und Arbeitsaufträge. Es hat sich bewährt, diese Vereinbarungen schriftlich zu treffen, da sie damit in hohem Maße verbindlich sind.

In der *Selbstlernphase* organisieren die Lerner ihren Lernprozess auf der Grundlage der Aufgabenstellung im Web Based Training sowie im Rahmen der Vereinbarungen aus dem

Kickoff bzw. dem vorhergehenden Workshop weitgehend selbst. In berufsbegleitenden Qualifizierungen haben sich dafür Zeitphasen von ca. 4 bis 6 Wochen bewährt. Wählt man zu kurze Zeiten, besteht die Gefahr der zeitlichen Überforderung der Lerner neben ihrem Alltagsgeschäft. Bei längeren Zeiten des selbstorganisierten Lernens geht häufig die hohe Verbindlichkeit in Hinblick auf die Vereinbarungen verloren, weil die Teilnehmer evtl. das Gefühl haben, dass sie noch sehr viel Zeit hätten. Sofern aus organisatorischen oder finanziellen Gründen deutlich längere Selbstlernphasen notwendig sind, hat es sich bewährt, dazwischen virtuelle Treffen mit dem Kurs durch zu führen, in denen über die vergangene Lernphase reflektiert wird, evtl. offene Fragen geklärt und für die folgende Phase neue Vereinbarungen getroffen werden. Diese sollten anschließend im LMS dokumentiert werden, um die Verbindlichkeit zu stärken. Damit wird sicher gestellt, dass etwa jeden Monat der „Spannungsbogen" für verbindliche Lernprozesse wieder erneuert wird.

Es hat sich weiter bewährt, etwa alle vier bis sechs Wochen einen eintägigen *Workshop* mit dem E-Coach durch zu führen.

In den *Workshops* bringen die Lerner offene Fragen ein und präsentieren ihre Lösungen, die sie z. B. in Lerngruppen erarbeitet haben. Dort wird bei Bedarf weiterführendes Wissen dargeboten, vor allem zu komplexen Fragen aus dem Themenspeicher, zu aktuellen oder unternehmensspezifischen Entwicklungen oder in Bereichen, die sich über E-Learning nur schwer abbilden lassen (z. B. im technischen Bereich). Weiterhin reflektieren die Lerner über ihre Erfahrungen in den selbstgesteuerten Lernphasen und erhalten weiterhin methodische Hilfen. Zum Abschluss treffen die Lerner wieder konkrete, schriftliche Vereinbarungen für die folgende selbstgesteuerte Lernphase.

Während des gesamten Lernprozesses werden die Teilnehmer mittels offener Aufgaben angehalten, eigene Lernlösungen zu entwickeln und in die „Learning Community" einzustellen. Diese Beiträge werden in der Gruppe bewertet und diskutiert und bei Bedarf gemeinsam weiter entwickelt.

In Blended Learning Arrangements mit handlungs- und kommunikationsorientierten Zielen kann der zeitliche Umfang der Präsenzphasen mit Trainern nach den vorliegenden Erfahrungen bei meist höherer Lerneffizienz auf ca. 1/3 reduziert werden. Damit kommen diese Systeme dem Bedarf nach Einsparung von Kosten sowie Arbeitszeit in hohem Maße entgegen.

Effektive Blended-Learning-Systeme werden nach unseren Erfahrungen durch folgende Elemente gekennzeichnet:

- *Individuelles, selbstgesteuertes Lernen:* Die Lerner steuern ihre Lernprozesse im Rahmen der vereinbarten Ziele selbstverantwortlich.
- *Organisation und Flankierung durch E-Coaches und Trainer:* Die Lernbegleiter planen und steuern vor allem die formellen Lernprozesse und unterstützen die Lerner in ihren informellen Lernprozessen. Sie geben den Lernern regelmäßig Feedback und helfen ihnen, ihre Lernprozesse laufend zu optimieren.

- *Problemlösung statt Pauken von Wissen:* Der Lernprozess integriert Transferaufgaben und evtl. reale Problemstellungen, die die Lerner in ihrer Arbeitswelt zu bewältigen haben, und die somit einen Prozess emotionalen Konfliktinduzierens ermöglichen.
- *Strukturierungshilfen für individuelles Lernen:* Für jede Selbststudienphase werden im jeweils vorhergehenden Workshop verbindliche Vereinbarungen über die Gestaltung der selbstgesteuerten Lernphase getroffen.
- *Rückmeldungs – Strukturen:* Lernen ist dann besonders effizient, wenn die Lerner laufend Rückmeldungen über ihren Lernprozess und ihre Lernleistungen erhalten. Die Rückmeldungen erfolgen grundsätzlich auf zwei Ebenen:

Bei *standardisierten Aufgaben*, z. B. Multiple Choice, Drag and Drop oder Rechenaufgaben, automatisiert über das Lernprogramm.

Offene Aufgaben, z. B. Reflexionen, entscheidungsorientierte Fallaufgaben, Fallstudien oder Transferaufgaben, erlauben keine automatische Bewertung der Lösungen. Es wird deshalb eine Learning Community benötigt, die eine entsprechende Kommunikation auch dann zulässt, wenn die Lerner auf verschiedene Orte verteilt sind.

- *Vergleichsmaßstäbe:* Die Arbeitsergebnisse anderer Lerner werden netzbasiert zur Verfügung gestellt. Damit kann der Lerner sehen, wie weit er von deren Leistungen entfernt ist. In der Learning Community sowie in Workshops können Arbeitsergebnisse aus der Lerngruppe präsentiert und diskutiert werden.
- *Lernwegflankierung durch Tandems*: Diese soziale Flankierung ist eine wesentliche Voraussetzung für erfolgreiche Lernprozesse. Die Lerner unterstützen sich gegenseitig in der Tandemarbeit emotional, motivational und lernstrategisch.
- *Lernwegflankierung durch Kleingruppen:* Tandemarbeit reicht nach unseren Erfahrungen im Regelfall nicht aus, um den Lernerfolg im Sinne der Kompetenzentwicklung zu sichern. Notwendig ist eine weitere soziale Flankierung in Kleingruppen, da Gruppen mehr Motivierungsmöglichkeiten und mehr Korrekturmöglichkeiten haben als Einzelpersonen.

Da zukunftsorientierte Lernsysteme auf der Selbstorganisation der Lerner basieren, empfiehlt es sich, bereits heute den Wissensaufbau in die Selbststeuerung der Lerner zu verlagern, um schrittweise diese notwendige Kulturveränderung zu initiieren. Blended Learning Konzepte bilden somit eine sinnvolle Basis für zukunftsorientierte Lernkonzeptionen (vgl. Pachner 2009).

4.3.3   Fallstudie: Berufsausbildung mit Blended Learning

Der Vorstand eines Energieunternehmen ist mit den Ergebnissen der bisherigen Ausbildung der Industriekaufleute unzufrieden. Zwar liegen die Ergebnisse in der Abschlussprüfung der IHK jeweils im oberen Drittel, jedoch häufen sich die Klagen, dass die Kompetenz der Auszubildenden bei der Bearbeitung von Herausforderungen in der Praxis, insbesondere im Vertrieb, häufig nicht den Anforderungen entspricht.

Deshalb erhält die Personalentwicklung den Auftrag, die Berufsausbildung der Industrie-kaufleute in einem Prozess mit Vertretern der betroffenen Geschäftsbereiche konsequent an den strategischen Erfordernissen auszurichten. Die Geschäftsleitung möchte, dass die Auszubildenden bereits in der Ausbildung selbstorganisiertes und eigenverantwortliches Arbeiten sowie vertriebsorientiertes Handeln „verinnerlichen" und entsprechend handeln lernen. Gleichzeitig sollte aber sichergestellt werden, dass die Auszubildenden ihre Abschlus-sprüfung bei der IHK weiter mit guten und sehr guten Ergebnissen absolvieren. Dies soll zukünftig deutlich wirtschaftlicher als bisher erfolgen, insbesondere sollen die Opportu-nitätskosten, also die Abwesenheit der Lerner und der innerbetrieblichen Ausbilder vom Arbeitsplatz, wesentlich reduziert werden.

Die Zielgruppe junger Auszubildender bietet sich für ein innovatives Lernkonzept be-sonders an, weil unsere Erfahrungen zeigen, dass gerade diese Zielgruppe sehr offen für innovative Lernlösungen ist und einen Ermöglichungsrahmen ohne große Vorbehalte nutzt. In dieser Ausbildungskonzeption müssen formale Anforderungen einer wissen-sorientierten Abschlussprüfung („Web 1.0 Welt") mit zunehmenden Anforderungen im Bereich der Kompetenzentwicklung („Web 2.0– Welt") verknüpft werden. Komplexe Her-ausforderungen in der Praxis machen es zudem immer mehr notwendig, die Möglichkeiten des Netzes zu nutzen, um überzeugende Lösungen zu entwickeln.

Im System der dualen Ausbildung erfahren die Auszubildenden zukünftig zwei grundlegend unterschiedliche Lernwelten. In der Berufsschule werden die theoretischen Grundlagen des Berufsbildes fremdorganisiert, häufig im Frontalunterricht, evtl. mit kooperativem Lernen in Übungen ergänzt, „vermittelt". Selbstgesteuerte Lernprozesse innerhalb dieses Lernortes finden kaum statt. Die Auszubildenden sind aber gefordert, anschließend zuhause, fast immer mit Printmedien und meist in Einzelarbeit, den Stoff „nachzuarbeiten". Es steht den Unternehmen trotz der Rahmenpläne in der Ausbildung of-fen, ihre betriebliche Praxisausbildung konsequent kompetenzorientiert zu gestalten sowie den Wissensaufbau bzw. die Qualifizierung in die Eigenverantwortung und Selbstorgani-sation der Auszubildenden zu legen. Hierfür bietet sich eine Blended Learning Konzeption an (vgl. Lohmann und Sauter 2012, S. 54 ff.). In der Berufsausbildung im Betrieb werden die bisherigen Unterweisungen („Lehrlingsunterricht"), die ebenfalls als fremdgesteuerte Seminare gestaltet waren, nunmehr durch ein Blended Learning Konzept ersetzt, das auf selbstgesteuerten, kooperativen Lernprozessen der Auszubildenden basiert.

Auch das (Neben-)ziel einer überzeugenden IHK-Abschlussprüfung wird mit Hilfe dieses Lernkonzeptes optimal erreicht, weil die Auszubildenden sich mit E-Learning selbst überprüfen und ihre Wissenslücken damit gezielt füllen können. In den Fällen, in denen die Themen in der Berufsschule nicht mit der Praxisausbildung harmonieren, so dass einzelne Auszubildende das notwendige Wissen für bestimmte Phasen der Praxisausbildung noch nicht besitzen, können sie sich ihr Wissen auch selbstorganisiert erarbeiten. Damit wird Freiraum für die gezielte Vorbereitung der Auszubildenden für die Herausforderungen in der Praxis geschaffen.

Anforderungen, Ziele und Rollen: Die Anforderungen an die Unternehmen verändern sich. Dies hat Auswirkungen auf die notwendigen Kompetenzen und damit auf die Lern-prozesse, vor allem auch in der Ausbildung der Industriekaufleute. Dabei genügt es nicht,

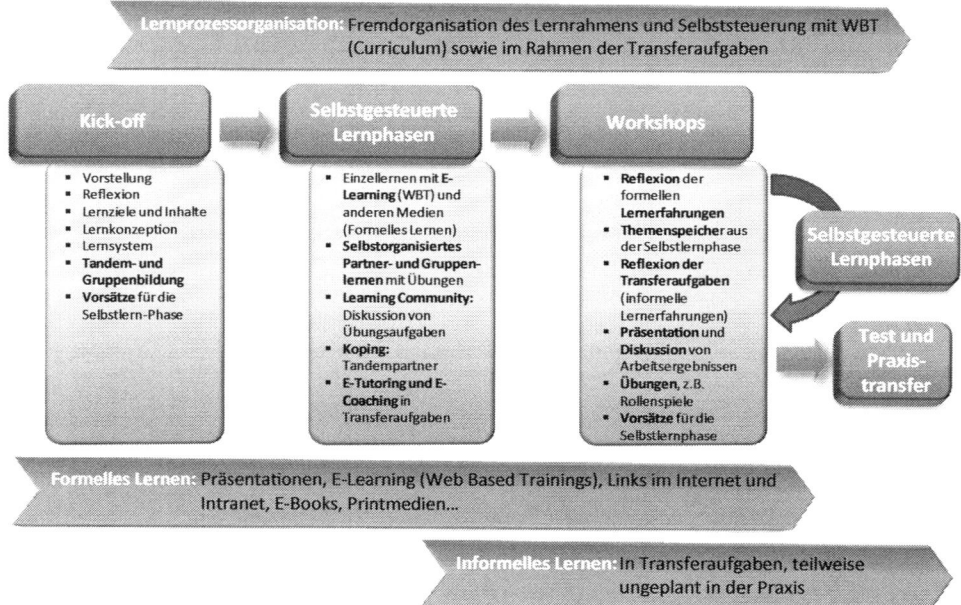

Abb. 4.11 Struktur des Blended Learning Prozesses

die bisherigen Lernsysteme, auch wenn sie sich in der Vergangenheit noch so bewährt haben, einfach fort zu schreiben.

Die Ziele der Ausbildung der Industriekaufleute orientieren sich in dieser Lernkonzeption primär an den strategischen Erfordernissen des Unternehmens. Gleichzeitig soll aber auch eine erfolgreiche IHK-Prüfung sichergestellt werden. Die Ausbildungskonzeption basiert deshalb auf den Wissens- und Qualifikationsanforderungen, die sich aus dem Berufsbild bzw. den Ausbildungs-Lehrplänen für Industriekaufleute ableiten, erweitert um individuelle Kompetenzziele. Die Lernkonzeption wird durch folgende Richtziele bestimmt, die durch spezifische Feinziele konkretisiert werden:

• Sicherung des Aufbaus des Fachwissens nach dem Rahmenlehrplan
• Entwicklung der fachlich-methodischen Kompetenz zur Bewältigung von Herausforderungen im Prozess der Arbeit und im Vertrieb junger Industriekaufleute
• Entwicklung der persönlichen, der sozial-kommunikativen und der aktivitätsorientierten Kompetenz für den Prozess der Arbeit junger Industriekaufleute

Die Lernprozessorganisation, insbesondere der Ermöglichungsrahmen, wird durch die betriebliche Ausbildung gestaltet. In diesem Rahmen steuern die Auszubildenden von Anfang an ihre Lernphasen selbst, so dass sie ihre Kompetenz zum eigenverantwortlichen Lernen systematisch entwickeln. Im Rahmen der Transferaufgaben bauen sie gleichzeitig ihre Kompetenzen auf, die sie für ihren späteren Beruf benötigen.

Ausbildungskonzeption Die Ausbildungskonzeption basiert auf folgenden Elementen (Abb. 4.11).

Die Ausbildung startet mit einem *Einführungs-Workshop (Kickoff)*, in dem die Auszubildenden in das Lernsystem eingeführt werden, erste Lernstrategien dargelegt und das Konzept der netzbasierten Lernwegflankierung erläutert bekommen. Sie lernen sich im Rahmen persönlichkeitsorientierter Entwicklungsmaßnahmen in verschiedenen Sozialformen näher kennen und bilden zum Ende des Seminars Lerntandems für die gesamte Ausbildungszeit sowie Lerngruppen (KOPING-Konzept). Abschließend werden für die kommende selbstgesteuerte Ausbildungsphase verbindliche Vereinbarungen getroffen. Diese hohe Verbindlichkeit ist eine der wesentlichen Voraussetzungen für den Erfolg der selbstorganisierten Lernprozesse.

In den *selbstgesteuerten Lernphasen* steuern die Auszubildenden ihre Lernprozesse auf der Grundlage der transfer- und projektorientierten Aufgabenstellungen in den jeweiligen WBT sowie im Rahmen der Vereinbarungen mit ihren Ausbildern bzw. mit ihren Lernpartnern weitgehend selbst. Die Lerner vertiefen insbesondere ihr generalistisches Ausbildungswissen und erweitern dieses durch unternehmensspezifische Ausbildungsthemen in Eigenverantwortung. Der Wissenserfolg wird über Tests, aber auch anhand von Lösungen zu den Transferaufgaben, Projektergebnissen oder Arbeitsergebnissen gemessen. Diese Prozesse werden durch Lernpartnerschaften, Lerngruppen und Ausbildern (E-Tutoren) flankiert, deren Rolle sich immer mehr zu E-Coaches wandelt.

Den „Roten Faden" der selbstorganisierten Lernphasen bilden Web Based Trainings, die mit Videos und Podcasts verknüpft werden. Damit können die Auszubildenden das gesamte Ausbildungswissen für Industriekaufleute selbstgesteuert in aufgabenbezogenen Lernszenarien aufbauen. In die Lernprogramme wurden konsequent unternehmensspezifische Arbeitsinstrumente, Prozessbeschreibungen sowie Argumentationsleitfäden für die Produkte der Unternehmung integriert. Ergänzt werden diese Lernprogramme durch Tests sowie die Möglichkeit, die Wissensbasen auszudrucken. Die Auszubildenden wenden das erworbene Wissen in der Praxis sowie in kleineren Projekten an, die im Laufe der Lernprozesse zunehmend komplexer werden. Die Projekte werden meist in Gruppen bearbeitet.

Die Web Based Trainings (WBT) übernehmen in den Blended Learning Arrangements für die Auszubildenden folgende Rollen:

- *Wissensaufbau:* Die Auszubildenden erarbeiten sich nach ihrem persönlichen Bedarf, mit ihrer individuellen Lernmethodik und Lerngeschwindigkeit das erforderliche Fachwissen, das in den WBT didaktisch-methodisch aufbereitet ist.
- *Wissensverarbeitung:* Über offene Aufgaben, die einzeln, mit Lernpartnern, in Lerngruppen oder in Webinaren bzw. Workshops mit Ausbildern und Fachexperten bearbeitet werden, wird das erworbene Wissen in komplexen Aufgaben angewandt und damit gesichert. Eine besondere Rolle spielt hierbei das Vertriebstraining, z. B. mittels Rollenspielen und Transferaufgaben.
- *Wissenstransfer:* Die WBT enthalten weiterhin unternehmensspezifische Transferaufgaben, in denen die Auszubildenden das erworbene Wissen auf eigene Problemstellungen in ihrem praktischen Ausbildungsbereich anwenden.

Die Auszubildenden erhalten über die WBT laufend Rückmeldungen über ihren Lernerfolg. Diese Messungen basieren auf einem Scoringsystem, das die erfolgreich gelösten
standardisierten Aufgaben in Prozenten widerspiegelt. Diese laufende Rückmeldung ist
die notwendige Voraussetzung für das eigenverantwortliche und verbindliche Lernen.

Zur Förderung der Kommunikation und des Erfahrungsaustausches der Lerner untereinander, aber auch mit dem Ausbilder werden folgende Kommunikationsinstrumente
genutzt:

- *Forum*: In jedem Themenblock, z. B. zu einzelnen Kapiteln im WBT, können die
  Auszubildenden die Beiträge lesen, Fragen stellen, eigene ergänzende Beiträge und
  evtl. Anhänge einfügen, Kommentare abgeben und Diskussion führen. Foren werden
  deshalb besonders für die Diskussion offener Aufgaben im WBT genutzt.
- *Chat*: Diese synchrone schriftliche Unterhaltung mehrerer Auszubildender zu einem
  Thema werden genutzt, wenn die Diskussionsergebnisse schriftlich festgehalten werden
  sollen. In der Praxis werden sie jedoch immer mehr durch Webinare verdrängt.
- *Webinare*: In diesem Kommunikationsraum, der auch eine Chatfunktion enthält, können die Auszubildenden gemeinsame Themen bearbeiten und diskutieren. Auch die
  Ausbilder treffen sich in diesem Rahmen online mit ihrer Ausbildungsgruppe, sofern die
  Auszubildenden nicht regelmäßig innerhalb von etwa vier Wochen mit ihrem Ausbilder
  in einem Seminar zusammen kommen. Damit kann der verbindliche „Spannungsbogen", der die Voraussetzung für eine erfolgreiche Selbstlernphase ist, aufrechterhalten
  werden. Auch zwischen den Workshops werden relativ kurze Online-Treffen mit dem
  Ausbilder regelmäßig, z. B. einmal jede Woche, zu einem definierten Termin im Web
  durchgeführt. Der Ausbilder bespricht mit seiner Gruppe die offenen Fragen aus
  dem gemeinsamen Themenspeicher und trifft verbindliche Vereinbarungen für die
  kommende Woche.
- *Weblogs (Blogs)*: Diese persönlichen Ausbildungstagebücher werden durch die Bedürfnisse, Interessen und Erfahrungen der Auszubildenden geprägt. Weblogs spiegeln die
  individuellen Lernkarrieren der Auszubildenden wider, sie werden zu Instrumenten
  der Reflexion der Ausbildungsinhalte, aber auch der eigenen Lernprozesse.
- *Wiki: Im Rahmen* dieser Ausbildung werden Wikis vor allem von Ausbildungsgruppen
  genutzt, die gemeinsame Ergebnisse in einem kommunikativen Prozess entwickeln.

In die *Präsenz-Workshops* bringen die Auszubildende offene Fragen ein und präsentieren ihre Lösungen zu Fallstudien oder Transferaufgaben, die sie z. B. in Lerngruppen
erarbeitet haben. Im Laufe der Ausbildung gewinnen jedoch immer mehr Fragen zu
den Herausforderungen in der Ausbildungspraxis an Bedeutung, die anhand der Ausbildungstagebücher *gemeinsam bearbe*itet werden. Am Ende jedes Präsenzseminars werden
verbindliche Vereinbarungen für die nächste Selbstlernphase getroffen.

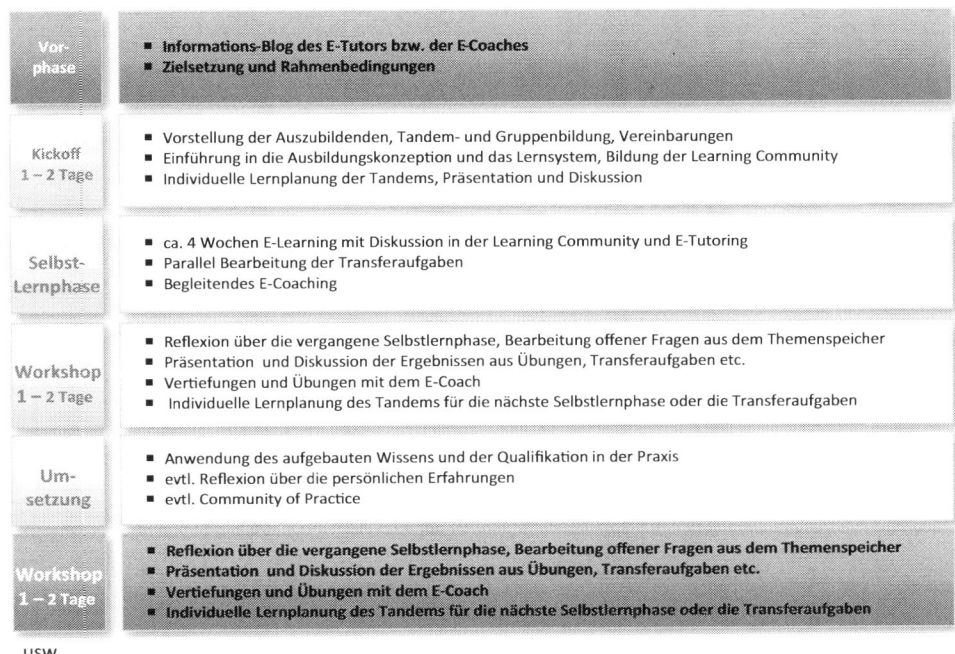

Abb. 4.12 Ablauf des Blended Learning-Prozesses

Zusammengefasst laufen die Lernprozesse nach folgendem Schema ab (Abb. 4.12):

Bewertung   Diese Konzeption zur Kompetenzentwicklung von Auszubildenden generiert vielfältige *Vorteile*:

- Effiziente Qualifizierung nach dem Rahmenlehrplan und kompetenzorientierte Ausbildung nach den strategischen Erfordernissen,
- reduzierte Anzahl von innerbetrieblichen Seminartagen, da der Wissensaufbau primär in die Verantwortung der Auszubildenden verlagert wird, auf etwa ein Drittel der bisherigen Ausbildungsseminare,
- gleichzeitig Erweiterung der Ausbildungsinhalte um die Kompetenzentwicklung in der Praxis, z. B. im Vertriebsbereich,
- konsequente Förderung des eigenverantwortlichen Denken und Handeln von Anfang an (Lebenslanges Lernen),
- bedarfsgerechte Verknüpfung von Präsenzunterricht, Tandem- und Gruppenarbeit sowie selbstorganisiertem Lernen mit E-Learning,
- unternehmensbezogene Web Based Trainings, Videos und Podcasts für den Lernbedarf der Teilnehmer sowie
- optimale Vorbereitung auf die Kaufmannsgehilfenprüfung.

Die grundsätzlichen Probleme, die mit den starren Rahmenbedingungen des dualen Systems verbunden sind, werden mit diesem Ansatz nicht beseitigt, jedoch deutlich gemildert. Der Wissensaufbau in einer gesonderten Berufsschule nach einem fremdorganisierten Unterrichtskonzept erweist sich in der Praxis als kontraproduktiv, weil dadurch die Kultur des selbstorganisierten Lernens maßgeblich beeinträchtigt wird. Es werden deshalb zukünftig integrierte Ausbildungssysteme benötigt, in denen formelles und informelles Lernen verknüpft werden. Die Berufsschule hat im Rahmen einer solchen Ausbildungskonzeption als isolierte Qualifizierungseinrichtung in der heutigen Rolle nach unserer Einschätzung keine Existenzberechtigung mehr.

Die Kompetenzentwicklung der Auszubildenden, und nur um die geht es letztendlich in der Ausbildung, könnte schon heute an ihrem Kompetenzprofil im Vergleich zum Soll-Profil gemessen werden. Dabei ist nicht entscheidend, wie viel sie wissen, sondern wie sie das vorhandene Wissen, das in ihrem Kopf, im Netzwerk oder im Netz abrufbereit steht, zur Lösung von realen Problemstellungen, nicht von sogenannten „entscheidungsorientierten" IHK-Prüfungsaufgaben, einsetzen können. Auch die IHK-Prüfung in der jetzigen Form wird perspektivisch überflüssig, die Kompetenzentwicklung in der Praxis zählt.

Vermutlich können die Ausbildungsbetriebe in den kommenden Jahren oder Jahrzehnten (?) die Probleme, die mit der Starrheit der Rahmenbedingungen der Berufsausbildung verbunden sind, nur verringern. Ein Umdenken der Bildungspolitiker oder der Verantwortlichen im DIHK ist leider in absehbarer Zeit nicht zu erwarten.

4.4   Blended Learning und Social Learning mit projektorientierter Kompetenzentwicklung

Die Mitarbeiter und Führungskräfte in den Unternehmen sind es seit Jahrzehnten gewohnt, in fremdorganisierten Lernarrangements überwiegend formell zu lernen. Wegen der dabei aufgebauten Lernroutinen ist es sinnvoll, den Entwicklungsweg zum Workplace Learning schrittweise zu gestalten, indem sie zunächst im Rahmen eines formellen Blended Learning Arrangements einen begrenzten Bereich zur Kompetenzentwicklung selbstorganisiert gestalten. Hierfür eignen sich herausfordernde Praxisprojekte, die sie in eigener Verantwortung bearbeiten. In einzelnen Projekten haben wir deshalb curriculumsorientierte Blended Learning Arrangements um individuelle Kompetenzziele der Lerner erweitert, indem kompetenzorientiertes Lernen über die Vereinbarung von begleitenden, herausfordernden Praxisprojekten ermöglicht wurde (vgl. u. a. Erpenbeck und Sauter 2007; Sauter 2009).

Dadurch entstehen hybride Lernkonzeptionen. Die grundlegende Methodik für den Qualifizierungsprozess wird in dieser Lernkonzeption weiterhin vom Trainer bzw. E-Tutor vorgegeben. Die Lerner können nunmehr jedoch im Rahmen Ihrer Praxisprojekte selbstorganisiert lernen, d. h. sie bestimmen in diesem begrenzten Bereich nicht nur die Vorgehensweise, sondern auch die Kompetenzziele. Der Lernerfolg wird häufig weiterhin über Prüfungen, aber immer mehr auch über den konkreten Projekterfolg ermittelt.

Abb. 4.13 Stufen der Kompetenzentwicklung

4.4.1 Prozess projektbezogener Kompetenzentwicklung

Kompetenzen können nicht vermittelt werden. Vielmehr werden sie durch die Lerner selbst organisiert erworben, indem Wertungen bzw. Werte in realen Entscheidungssituationen, bei denen die Lerner „echte" Schwierigkeiten überwinden, zu eigenen Emotionen und Motivationen umgewandelt und angeeignet werden. Dieser Prozess der Verinnerlichung, *Interiorisation* (Internalisation), erfordert dabei stets die Kommunikation mit Lernpartnern.

Solche Prozesse erfolgen deshalb in Netzwerken, da die Lerner die Rückmeldungen ihrer Lernpartner benötigen. Lernen wird damit zu einem Prozess der Netzwerkbildung. Kompetenzentwicklung erfordert dabei einen vierstufigen Lernprozess, der beim Wissensaufbau beginnt und in die Kompetenzentwicklung in Praxisprojekten mündet. Auf der Basis der Qualifizierung können dann Kompetenzentwicklungsprozesse der Lerner ermöglicht werden (Abb. 4.13).

Die Herausforderung in der Konzipierung dieser Lernsysteme besteht darin, den Lernern eine optimale Möglichkeit zu bieten, ihr Wissen selbst gesteuert aufzubauen und ihre Kompetenzen selbst organisiert, in einem kommunikativen Prozess mit Lernpartnern (Netzwerk), zu entwickeln.

In der Phase des *Wissensaufbaus,* die in der betrieblichen Praxis zunehmend selbst organisiert erfolgt, eignet sich jeder Lerner das notwendige Wissen an, das er für die Problemlösung benötigt. In der *Phase der Wissensverarbeitung* wird das aufgebaute Wissen gesichert, indem Übungen, Fallstudien oder Planspiele bearbeitet werden. Erfahrungen können jedoch nur in Form von Wissen und Kenntnissen weitergegeben werden, nicht aber als Erfahrungen desjenigen, der sie gewann. Deshalb ist es notwendig, den Lernern die Möglichkeit zu bieten, ihr Erfahrungswissen systematisch auszutauschen und in einem intensiven Kommunikationsprozess laufend gemeinsam weiter zu entwickeln.

Die Lerner entwickeln deshalb in einem ersten Schritt der Kompetenzentwicklung Entscheidungen in *realen Transferaufgaben* und in *herausfordernden Praxisprojekten.* Diese Aufgaben ermöglichen eine Anwendung des Wissens in der Erfahrungswelt der Lerner und stellen sie vor spürbare Herausforderungen. Es handelt sich dabei stets um Wissen im weiteren, Werte, Emotionen und Motivationen einschließenden Sinne. Die Lerner haben bei der Lösung Hürden zu überwinden und ihre Lösungen in der Diskussion mit Lernpartnern zu optimieren.

Neben den Merkmalen aus der Wissensverarbeitung sind insbesondere folgende Aspekte hervorzuheben:

- *Individualisierung:* Anwendung auf Problemstellungen und Projekte der persönlichen Erfahrungswelt. Lernen und Arbeiten wachsen zusammen.
- *Professionalisierung:* Kontinuierliche Entwicklung der eigenen Kompetenzen und des persönlichen Planungs- und Interaktionshandelns in zunehmend komplexer werdenden Labilisierungsprozessen.

Grundsätzlich können drei Lernrahmen für die selbstorganisierte *Entwicklung der Kompetenzen* genutzt werden, die miteinander verknüpft werden können (Erpenbeck 2012c, S. 33 ff.):

- *Kompetenzlernen auf der Praxisstufe* nutzt die Wirklichkeit, indem Sie diese vorsichtig als *Ermöglichungsrahmen* gestaltet. Dabei werden in der betrieblichen Praxis vor allem folgende Lernformen eingesetzt:
  - *Erfahrungslernen:* Werte, die Basis der Kompetenzen, werden stets erfahren, nicht „bloß gelernt". Sie werden stets bewertet und sind deshalb nicht nur Erweiterungen von Sachwissen. Sie können nur als Erfahrungswissen, nicht als Erfahrung selbst, weitergegeben werden, das die Lernpartner wiederum in eigenen Problemstellungen anwenden, um eigene Erfahrungen zu sammeln. Dieses Erfahrungslernen wird durch ein kompetenzorientiertes Wissensmanagement unterstützt.
  - *Erlebnislernen:* Dieses Lernen ist für den Erfahrungsgewinn unverzichtbar, da es die Möglichkeit bietet, im Prozess der Arbeit Kompetenzen aufzubauen.
  - *Lernen durch subjektivierendes Handeln:* Dieses Handeln beruht auf Erfahrungen und Erlebnissen der Lerner am Workplace und bildet damit die Grundlage der Kompetenzentwicklung.
  - *Informelles Lernen:* Dieser mit Abstand wichtigste Lernbereich wird im Prozess der Arbeit und im Netz durch die selbstorganisiert entstandenen Regeln, Werte und Normen vorangetrieben.
  - *Situiertes Lernen:* Dieses Lernen erfolgt im Prozess der Arbeit und im Netz beim Bewältigen realer Herausforderungen.

- *Expertiselernen:* Lernen von Könnern erfolgt wertebasiert, komplex wahrnehmend, emotional bewertend, handlungsbezogen denkend, kommunikativ vorgehend und persönliche Nähe und Übereinstimmung suchend. Damit sind auch bei fehlenden Informationen zielgerichtete Handlungen möglich.
- *Kompetenzentwicklung auf der Coachingstufe* erfolgt in realen betrieblichen Prozessen, der Gecoachte wird dabei befähigt, seine Praxisaufgaben effizienter zu bewältigen und zu gestalten. Das Lernen wird durch die Fragen, Ziele und Werte des Lerners selbst vorangetrieben. Der Lernprozess wird nicht primär durch Wissen, sondern von Reflexion, Wertung und Handlung geprägt. Lernen auf der Coachingstufe schließt Mentoring mit ein. In dieser Lernkonzeption wird E-Coaching und Co-Coaching im Prozess der Arbeit kombiniert.
- *Kompetenzentwicklung auf der Trainingsstufe:* Dies kann beispielsweise im Rahmen von herausfordernden Praxisprojekten und Transferaufgaben, aber auch von besonderen Lernsituationen, wie z. B. im Outdoor-Training, erfolgen. Der Trainer reflektiert dabei die Kompetenzentwicklungsprozesse, nimmt die Wertkommunikation bewusst wahr, verortet sie und versteht die Interiorisationsprozesse im Sinne einer emotions- und motivationspädagogischen Erwachsenenbildung (vgl. Arnold 2005).

In Blended Learning Konzepten, in denen neben dem Ziel des Wissensaufbaus und der Qualifizierung auch die Kompetenzentwicklung ermöglicht werden soll, können diese drei Lernansätze kombiniert werden. Diese Blended Learning Arrangements weisen deshalb folgende zusätzliche Merkmale auf:

- Die Möglichkeiten und Ziele der individuellen Kompetenzentwicklung leiten sich aus einer vorangegangenen *systematischen Kompetenzerfassung* ab.
- Kompetenz wird dabei als die Fähigkeit aller Mitarbeiter gesehen, sich in offenen und unüberschaubaren, komplexen und dynamischen Situationen kreativ und selbst organisiert zu Recht zu finden; Kompetenzen werden als *Selbstorganisationsdispositionen* verstanden.
- Die Entwicklungskonzeption optimiert die Bedingungen der Möglichkeit dieser *Kompetenzentwicklung im Prozess der Arbeit und im Netz*.
- Die Lerner übernehmen die *Verantwortung für ihre Kompetenzentwicklung* und nutzen aktiv die Instrumente der Kompetenzentwicklung sowie ihr Netzwerk aus Lernpartnern, E-Tutoren, E-Coaches und Trainern auf der Basis ihrer E-Portfolios.
- Der *Wissensaufbau* und die *Qualifizierung* erfolgt nach einem vorgegebenen Curriculum selbstgesteuert in einem Blended Learning Ansatz auf der Grundlage von Web Based Trainings, Videos oder Podcasts. Wissen und Qualifikation sind dabei nicht das Ziel, sondern eine notwendige Voraussetzung für den umfassenden Prozess des Aufbaus von Kompetenzen.
- Der Entwicklungsprozess schließt *systematische Transferphasen* ein, die in reale Entscheidungssituationen im Rahmen von Projekten oder Praxisaufgaben und damit in echte Labilisierungsprozesse münden.
- *Erfahrungsaustausch* und *Problemlösung in Netzwerken* bilden den Kern der Entwicklungsprozesse.

Web Based Trainings dienen in diesem Lernkonzept nicht nur dem Wissensaufbau und der Qualifizierung, sondern können über offene, problemorientierte Aufgaben erste kognitive Dissonanzen als Basis intendierter Kompetenzentwicklung erzeugen. Solche *kompetenzorientierte Entwicklungsprogramme*

*   sind nicht das Endprodukt, sondern die notwendige Voraussetzung für Kompetenzentwicklung,
*   orientieren sich am Vorwissen und an der Erfahrungswelt der Lerner,
*   ermöglichen vielfältige Interaktionen zwischen den Inhalten und dem Lerner, aber auch zwischen den Lernern und Experten (Lernen im Netz),
*   geben den Lernern einen Spielraum, selbst zu entdecken, kreativ zu sein und Inhalte selbst zu erstellen,
*   beinhalten herausfordernde (Dissonanz erzeugende) Transferaufgaben oder Projektaufträge,
*   ermöglichen bzw. initiieren Feedback auf die Aktionen der Lerner, z. B. in den Workshops und über eine Community of Practice,
*   unterstützen die Lerner inhaltlich und methodisch bei der Problemlösung,
*   lassen den Lernern die Möglichkeit, ihren Kompetenzentwicklungsprozess weitgehend selbst zu gestalten und zu organisieren,
*   werden laufend auf Basis der Arbeitsergebnisse der Lerner über die Personalentwicklung dynamisch weiter entwickelt.

Eine „echte" Interaktion zwischen Lerner und Lernprogramm, die diesen Anforderungen genügt, ist in der Praxis, meist schon aus Kostengründen, heute noch kaum möglich. Deshalb ist es wichtig, dass Lernprogramme *zielorientierte Konflikte* induzieren. Dies ist z. B. dadurch möglich, dass über dissonante Übungen und Transferaufgaben aus dem WBT die Lerner in ihrem Erfahrungsbereich eigene Lösungen für Projekt- oder Praxisherausforderungen entwickeln, die sie in einer Community of Practice analysieren und gemeinsam weiter entwickeln. Damit bewegen sich die Lerner wieder in ihrem gewohnten Bereich der Problembearbeitung. Mit dem Konzept der kontextsensitiven Wissensbasis gibt das Lernprogramm dabei „minimale" Hilfe bei der Problemlösung.

Kompetenzentwicklung mit Blended Learning erfordert deshalb Lernarrangements, die die Möglichkeiten zum individuellen Ausbau der Kompetenz im Rahmen des persönlichen Netzwerkes optimiert. Daraus leitet sich folgende Grundstruktur kompetenzorientierten Blended Learning ab (Abb. 4.14, S. 205).

Diese Konzeption ist als Kompetenz-Entwicklungsprozess gestaltet. Die individuellen Lernprozesse basieren auf unternehmensinternen Praxisprojekten und -anwendungen, die jeder Lerner in Absprache mit seiner Führungskraft (Kompetenz-Coach) im Unternehmen mit Unterstützung der Lernpartner und Experten bearbeitet. Die Netzwerkbildung und die Kommunikation finden im Kurs, insbesondere aber über das Learning Management System oder die Soziale Lernplattform, aber auch in Workshops, statt. Neben themenzentrierten

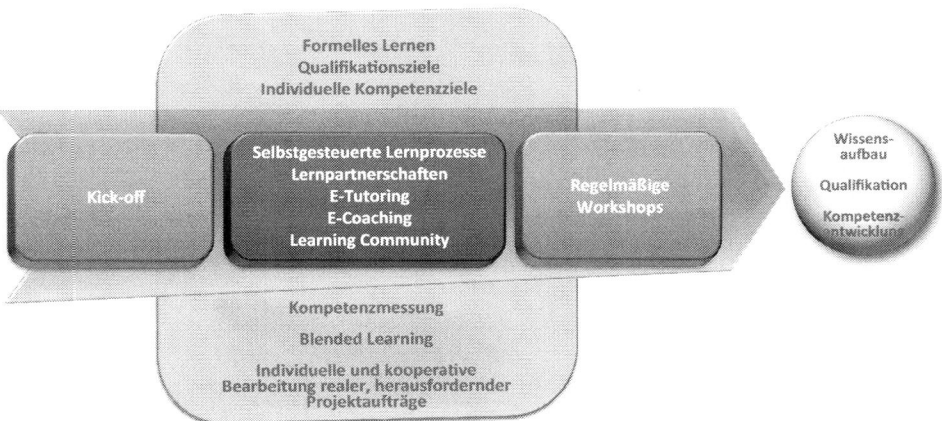

Abb. 4.14 Projektbezogene Kompetenzentwicklung mit Blended Learning und Social Learning

Foren und Chats in der Learning Community bieten sich insbesondere Social Software Kommunikations-Elemente (Web 2.0), wie z. B. Blogs und Wikis, an.

4.4.2 Fallstudie: Blended Learning und Social Learning mit projektbezogener Kompetenzentwicklung im Vertrieb

Ein Versicherungsunternehmen hatte in den vergangenen Jahren Marktanteile verloren, obwohl sehr attraktive und wettbewerbsfähige Produkte eingeführt wurden. Eine Analyse dieser Entwicklung ergab, dass dies vor allem auf das mangelnde Engagement und die relativ geringe fachlich-methodische Kompetenz der Vertriebsmitarbeiter zurück zu führen war. Sowohl im Bereich der Neu-Akquisition von Versicherungskunden als auch in der Betreuung des Kundenstamms ergaben sich gravierende Mängel, die auch zu massiven Beschwerden einer Vielzahl von Kunden geführt haben. Eine Studie, die der Vertriebsvorstand in Auftrag gegeben hat, zeigte deutlich, dass ein grundlegender Kulturwandel und eine konsequente Kompetenzentwicklung im Vertriebsteam notwendig ist, um eine Wende herbeizuführen, die zu besseren Ergebnissen am Markt führt.

Betriebliche Bildung soll letztendlich dazu beitragen, die Unternehmensstrategie umzusetzen. In einem ersten Schritt wurde die Unternehmensstrategie und daraus abgeleitet die Vertriebsstrategie grundlegend überarbeitet. Der Bereichsleiter Personal und der Leiter der Personalentwicklung waren in diesen Prozess mit einbezogen, so dass sie die neue Personal- und Bildungsstrategie des Unternehmens maßgeblich mitgestalten konnten.

Anforderungen, Ziele und Rollen Allen Beteiligten im Strategie-Entwicklungsprozess war klar, dass die Vertriebsmitarbeiter eine hohe verkäuferische Kompetenz benötigen, die mit den bisherigen verkäuferischen Trainings nicht erreicht werden kann. Diese sichern zwar die Qualifikation, die notwendigen fachlich-methodischen, personalen, sozial-kommunikativen und vor allem die aktivitätsbezogenen Kompetenzen werden aber kaum

erhöht. Deshalb wurde in einem gemeinsamen Entwicklungsprozess ein neues Kompetenzprofil für Vertriebsmitarbeiter auf Basis von KODE®/KODE®X entwickelt, das als
Grundlage für die zukünftigen Kompetenzmessungen dienen soll. Ergänzt wird dieses
Messinstrument durch Testberatungen (Mystery Shopping), in denen das Beratungshan-
deln der Vertriebsmitarbeiter mittels einer unbemerkten Viedoaufzeichnung festgehalten
und anschließend gemeinsam analysiert wurde. Selbstverständlich wurde dieses Verfahren nur bei Mitarbeitern angewandt, die sich vorab damit einverstanden erklärt hatten.
Verblüffend war, dass sie trotzdem die Mystery-Kunden in der Praxis im Gespräch nicht
erkannten.

Die jeweiligen Führungskräfte vereinbaren mit ihren Vertriebsmitarbeitern im Rahmen
der neuen Vertriebsstrategie ein konkretes, abgegrenztes Vertriebsprojekt mit über-
prüfbaren Vertriebszielen, die sich aus den neu formulierten, strategischen Zielen der
Versicherung ableiten. Die Ziele im Bereich des Wissensaufbaus und der Qualifikation ergeben sich dabei aus dem vorgegebenen Lernrahmen, den die Personalentwicklung
aufgebaut hat.

Die Vertriebsmitarbeiter definieren auf Basis der Kompetenzmessungen und der Ergebnisse des Mystery Shopping ihre individuellen Kompetenzziele für dieses Vertriebsprojekt.
Dabei stimmen sie sich mit ihrem Lernpartner und ihrer Führungskraft ab, mit der sie
auch gemeinsam die Eckpfeiler ihres jeweiligen Kompetenzentwicklungsprozesses und
der konkreten Rolle der Führungskraft als persönlicher Entwicklungspartner festlegen.

Lernkonzeption Die *didaktische* Analyse im Bereich des Wissensaufbaus und der Qualifizierung erfolgt durch die Personalentwicklung, während der Kompetenzentwicklungsprozess durch die Lerner selbst, in Abstimmung mit ihren Lernpartnern, der Führungskraft
und evtl. dem E-Coach organisiert wird.

Die *methodische* Analyse übernimmt ebenfalls weitgehend die Personalentwicklung,
die den Lernern innerhalb des Ermöglichungsrahmens Vorschläge für Lernmethoden,
Sozialformen und Lernmedien unterbreitet. Die Lerner entscheiden in Abstimmung mit
ihren Lernpartnern und evtl. dem E-Coach welche Methoden sie benutzen wollen.

Lernorganisation und –steuerung werden auf Basis von Vorschlägen der Personalentwicklung in Abstimmung mit den Lernpartnern und evtl. des E-Coaches weitgehend
selbstorganisiert umgesetzt.

Die Lernkonzeption weist in diesem Rahmen folgende Struktur auf (Abb. 4.15, S. 207):

Die neue Vertriebsaktion und damit der Lernprozess starten mit einem *Kickoff*, in dem
insbesondere folgende Elemente integriert werden:

- Begrüßung und Sensibilisierung durch den Vertriebsvorstand
- Vorstellung der persönlichen Vertriebsprojekte durch die Teilnehmer
- Einführung in die Konzeption und Systeme der Kompetenzentwicklung mit Blended
  Learning und Social Software
- Präsentation, Reflexion und Diskussion der Ergebnisse aus dem Mystery Shopping
- Kompetenzmessung mit KODE® mit Auswertungen und Definition persönlicher
  Lernziele in Abstimmung mit der jeweiligen Führungskraft

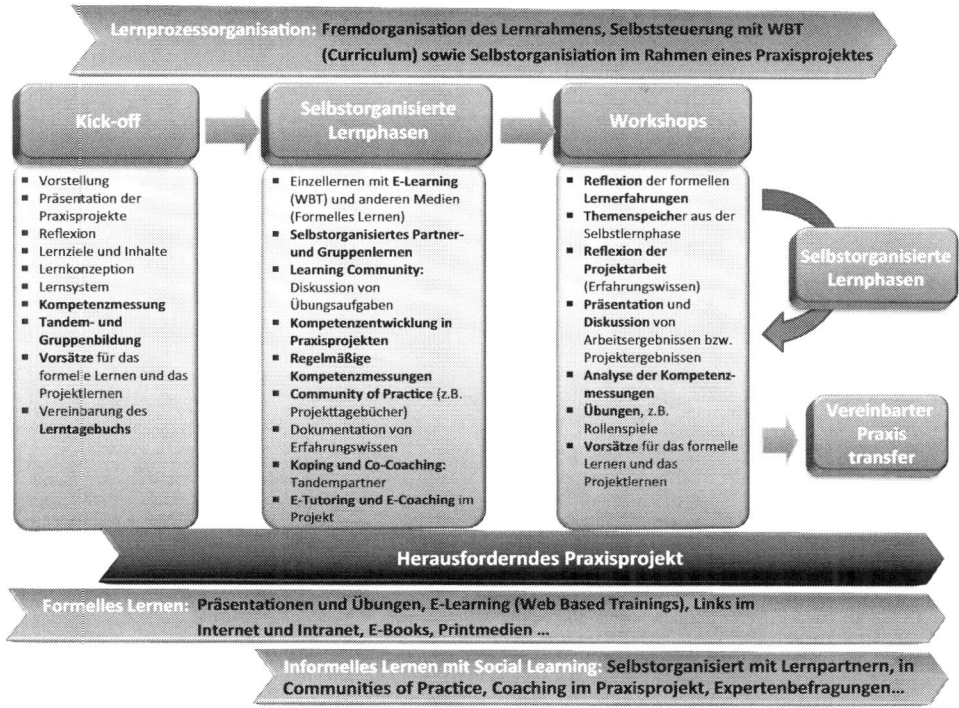

Abb. 4.15 Struktur des Blended Learning Arrangements mit projektbezogener Kompetenzentwicklung

- Bildung von Lerntandems und Lerngruppen
- Entwicklung von „Spielregeln" für die Tandem- und Gruppenarbeit sowie die Gestaltung der Projekttagebücher
- Besprechung der ersten Transferaufgabe
- verbindliche Vereinbarungen für die selbst organisierte Lernphase

In den *selbst organisierten Lernphasen* verknüpfen die Teilnehmer formelle und informelle Lernprozesse zu einem systematischen Kompetenzentwicklungsprozess. Diese werden in an Anlehnung an die Struktur von cMOOC strukturiert. Den „Roten Faden" der Lernprozesse bilden zwar der Wissensaufbau und die Qualifizierung mittels WBT und Lernvideos im Rahmen des Blended Learning Arrangements, mit zunehmender Dauer gewinnt jedoch die Kompetenzentwicklung in den jeweiligen Vertriebsprojekten an Bedeutung. Das formelle Lernen wird zur notwendigen Voraussetzung für gezielte, strategieorientierte Kompetenzentwicklungsprozesse in den vereinbarten Vertriebsprozessen.

Die Lernprozesse in der Selbstlernphase sind durch folgende Merkmale gekennzeichnet:

- *Blended Learning:* Wissensaufbau und Qualifizierung erfolgt selbstgesteuert durch die Vertriebsmitarbeiter im Rahmen des KOPING-Konzeptes. In regelmäßigen Webinaren und Workshops können offene Fragen geklärt werden.

- *Entwicklung der Vertriebskompetenz in der Praxis:* Die vereinbarten Vertriebsprojekte ermöglichen die selbstorganisierten Kompetenzentwicklungsprozesse. Diese werden regelmäßig anhand von Kompetenzmessungen sowie von Vertriebszahlen gemeinsam durch den Vertriebsmitarbeiter, seinem Lernpartner und der Führungskraft analysiert und bewertet.
- *Workplace Learning:* Wichtigster Lernort für den Kompetenzaufbau ist der Arbeitsplatz. Dort findet das Lernen individuell und primär statt. Das notwendige Wissen und die erforderlichen Qualifikationslösungen sowie die Lernbegleitung werden innerhalb des Ermöglichungsrahmens bedarfsgerecht angeboten.
- *Kompetenzorientiertes Lernen:* Die regelmäßigen Kompetenzmessungen werden systematisch ausgewertet. Auf dieser Grundlage werden die Lernprozesse in einem dynamischen Prozess durch die Lerner in Abstimmung mit ihren Lernpartnern und der Führungskraft laufend angepasst.
- *Social Learning:* Kompetenzentwicklung findet im Netzwerk mit Lernpartnern sowie in Communities of Practice statt. Diese entwickeln sich häufig auch aus Learning Communities, die nach Abschluss einer Qualifizierung durch die Teilnehmer selbst organisiert werden. Diese Übergänge können durch folgende Elemente gefördert werden:
  - Erfahrungsberichte, Best Practices....
  - Gemeinsame Bearbeitung von Erfahrungsberichten, z. B. aus Projekten,
  - gemeinsamer Aufbau und Weiterentwicklung eines Wissenspools mit Erfahrungswissen, Dokumenten, Links....
  - Erarbeitung von Arbeitshilfen, z. B. Checklisten.
- *Individuelles Lernen:* Die Lerner nutzen vielfältige Angebote des Mobile- und Micro-Learning, aber auch Open Resources, die ihnen innerhalb des Ermöglichungsrahmens angeboten werden.
- *Lernwegflankierung* durch Lernpartner, der Führungskraft und dem E-Coach.

In den regelmäßig etwa alle vier Wochen stattfindenden Workshops, die jeweils auf die selbst organisierten Lernphasen folgen, bringen die Vertriebsmitarbeiter offene Fragen aus Transferaufgaben und ihren Vertriebsprojekten ein und präsentieren ihre Lösungen zu komplexen Gruppenaufgaben, die sie z. B. in Lerngruppen erarbeitet haben. Es zeigte sich in unseren Projekten, dass das formelle Lernen mit den WBT nur am Anfang eine größere Rolle in den Reflexionen in den Workshops spielte. Rasch bildeten die Erfahrungen und offenen Fragen aus den Transferaufgaben und in den Praxisprojekten den Kern der Kommunikation.

Bei Bedarf wird weiterführendes Wissen ausgetauscht, vor allem zu aktuellen Entwicklungen oder zu den Produkten. In diversen Übungen werden Methoden und Vertriebstechniken im „Labor", z. B. mittels Rollenspielen, trainiert. In diesen Phasen verarbeiten die Vertriebsmitarbeiter ihr Erfahrungswissen aus den selbst organisierten Lernphasen. Sie erhalten in der Diskussion weiterhin Hilfen für die jeweils nächste Phase des selbst organisierten Lernens. Schließlich werden jeweils verbindliche Vereinbarungen für die kommende Selbstlernphase getroffen.

Abb. 4.16 Ablauf des Blended Learning-Prozesses mit projektorientierter Kompetenzentwicklung

Ein definiertes Ende der Kompetenzentwicklungsprozesse ist nicht vorgesehen, sie laufen auch nach dem Ende der Qualifizierungsphase weiter. Sie werden entsprechend den Herausforderungen in der Praxis laufend weitergeführt oder durch neue Vertriebsprojekte ersetzt. Damit wird die Vision eines lebenslangen, lebensweiten Lernens realisiert.

Der Lernprozess läuft zusammen gefasst nach folgender Struktur ab (Abb. 4.16):

Bewertung Dieses integrierte „Lernarrangement" verbindet den Aufbau formellen Vertriebswissens und die Vertriebsqualifizierung mit der Kompetenzentwicklung in der Vertriebspraxis. Die authentische Erfassung der Kompetenzen in Vertriebsprojekten wird mit der Bewertung des vertrieblichen Erfolgs verknüpft.

Eine kompetenzorientierte Blended Learning Konzeption mit Vertriebsprojekten gibt den Lernern die erforderlichen Hilfen, um Ihre Kompetenzen direkt aus und in der Praxis, in realen Vertriebssituationen, laufend weiter zu entwickeln. Durch die Einbindung in Netzwerke mit anderen Vertriebsmitarbeitern gewinnen sie an Sicherheit. Gleichzeitig entsteht eine Arbeits- und Lernkultur, die die notwendigen Voraussetzungen für den Unternehmenserfolg schafft.

Ihre Kompetenzentwicklungsprozesse gestalten die Lerner zunehmend eigenverantwortlich, selbstorganisiert und gezielt auf ihre persönliche Bedürfnisse hin. Deshalb zeichnen sie sich durch hohe Wirtschaftlichkeit und Effizienz aus.

Die Anforderungen an die Lerner wandeln sich dadurch fundamental, da sie diese Entwicklungsprozesse eigenverantwortlich gestalten. Sie werden dabei jedoch in einem begrenzten Kompetenzentwicklungsbereich innerhalb eines bedarfsgerechten Ermöglichungsrahmens durch die Begleitung ihrer Lernpartner sowie durch die Führungskraft und bei Bedarf auch durch E-Coaches, wirkungsvoll unterstützt.

Eine neue Lernkultur ist im Entstehen. Sie erfordert ein radikales Umdenken, die Veränderung des Handelns aller Beteiligten, da Lernroutinen, die über Jahrzehnte aufgebaut wurden, sich nur über Jahre hinweg wieder verändern können.

Workplace Learning: Integrierte Kompetenzentwicklung im Prozess der Arbeit und im Netz

5

Kompetenzentwicklung setzt formelles Wissen voraus, basiert jedoch vor allem auf Erfahrungswissen aus informellen Lernprozessen im Prozess der Arbeit, am Workplace. Informelles Lernen findet spontan, vielfach ungeplant im Alltag, am Arbeitsplatz oder in der Freizeit statt. Es kann zielgerichtet sein, ist aber in den meisten Fällen nicht zielorientiert (intentional) und eher beiläufig (inzidentiell). Es findet sowohl reaktiv, wenn ein Problem auftritt, als auch proaktiv, d. h. vorausschauend, statt und erfolgt auch in Netzwerken. Damit kann informelles Lernen nicht zentral geplant werden. Es kann nur durch die Lerner selbst organisiert werden (vgl. Dehnpostel 2007). Es ist jedoch möglich, für diese individuellen Lernprozesse einen Ermöglichungsrahmen zu entwickeln, um optimale Lernvoraussetzungen zu schaffen. Damit wird auch sichergestellt, dass der für die Kompetenzentwicklung zwingend notwendige Wissensaufbau und die Qualifizierung erfolgt.

Workplace Learning bedeutet konsequent umgesetzt einen Paradigmenwechsel. Nicht mehr die Personalentwickler oder die Trainer sind primär für die Lernprozesse der Lerner verantwortlich. Diese organisieren nunmehr ihre Kompetenzentwicklung selbst und in eigener Verantwortung. Formelle Lernprozesse zum Wissensaufbau und zur Qualifikation bilden dafür die notwendige Voraussetzung, sind aber nicht das Ziel.

Die Lerner erhalten in diesem Lernsystem die Möglichkeit, Kompetenzziele und die dafür erforderlichen Wissens- und Qualifikationsziele eigenverantwortlich zu definieren, ihre Kompetenzentwicklungs-Prozesse innerhalb des Ermöglichungsrahmens selbst zu organisieren und umzusetzen und Problemlösungen in der Praxis allein oder kollaborativ zu entwickeln. Deshalb muss das KOPING-Konzept zum Co-Coaching-Konzept weiter entwickelt werden. Da das Lernen weitgehend „on demand" erfolgt, sind die Co-Coaching-Prozesse im Regelfall auf die gemeinsame Lösung von Praxisproblemen bezogen.

W. Sauter, S. Sauter, *Workplace Learning*, DOI 10.1007/978-3-642-41418-3_5,
© Springer-Verlag Berlin Heidelberg 2013

Abb. 5.1 Aspekte der
Kompetenzentwicklung im
Prozess der Arbeit und im Netz

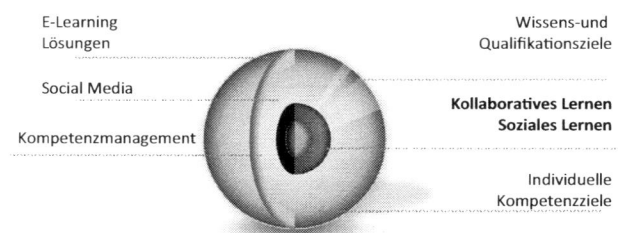

Co-Coaching sowie in der Kollegialen Beratung und in Communities of Practice eine zentrale

5.1 Co-Coaching Konzept

Coaching hat sich in informellen Lernprozessen als die optimale Lernbegleitung erwiesen.
Diese Entwicklungspartnerschaft ist eine besondere Art intendierter Kompetenzentwick-
lung mit einer methodisch fundierten Vorgehensweise, zuweilen auch zur teambezogenen
oder organisationalen Kompetenzentwicklung. Da es jedoch nicht möglich ist, jedem Mit-
arbeiter und jeder Führungskraft einen Coach zur Seite zu stellen, kommt in informellen
Lernprozessen am Arbeitsplatz der Lernbegleitung durch Lernpartner im Rahmen des Co-
Coaching sowie in der Kollegialen Beratung und in Communities of Practice eine zentrale
Bedeutung zu. Die Lernbegleiter wandeln dabei ihre Rolle zum E-Mentor.

5.1.1 Co-Coaching

Das KOPING-Modell erhält in informellen Lernprozessen einen grundlegend veränderten
Charakter, da nicht mehr kooperative, formelle Lernaufgaben im Vordergrund stehen,
sondern reale Herausforderungen in der Praxis kollaborativ zu bewältigen sind. Die
Lerner verantworten und gestalten ihre kompetenzorientierten Lernprozesse selbstorgani-
siert, gemeinsam auf „Augenhöhe" mit Lernpartnern, evtl. unterstützt von Experten oder
Mentoren. Deshalb sprechen wir von *Co-Coaching* (vgl. Dong 2011).

*Co-Coaching ist eine gegenseitige, überwiegend gleichberechtigte und für die effek-
tive Kompetenzentwicklung der Coaching – Partner förderliche Kollaborations- und
Kommunikationsbeziehung.*

Diese Form des Coaching ist ein wesentliches Element des E-Learning der vierten Generation, d. h. der Kompetenzentwicklung mit Blended Learning und Social Software. Sie
hat sich als besonders wirksam erwiesen, sofern die Lernpartner eine geringe Kompetenz-
distanz aufweisen (Wahl 2013, S. 223, 3. erw. Aufl.). Rückmeldungen der Lernpartner
werden vor allem dann als umsetzbar angesehen, wenn die Lernpartner als ebenbürtig
eingeschätzt werden.

Das Gesamtkonzept des Co-Coaching weist folgende Aspekte auf:

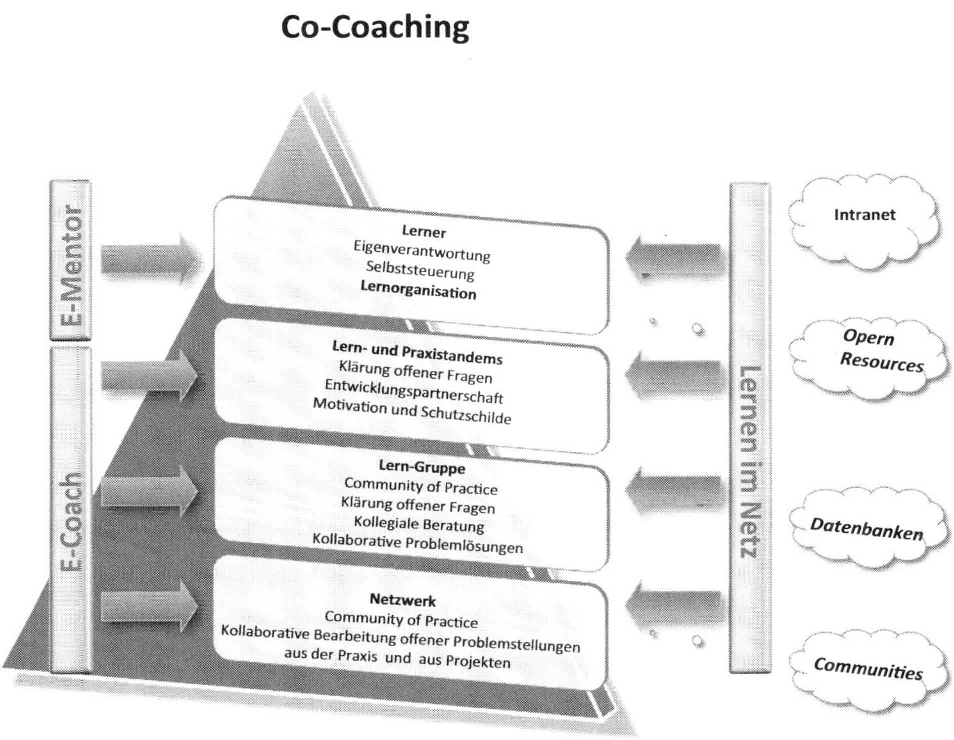

Co-Coaching

Abb. 5.2 Co-Coaching im Workplace Learning

Der Nutzen des Co-Coaching wird unter folgenden Voraussetzungen optimiert (vgl. Nemko 2012):

- Gegenseitige Sympathie der Partner verringert die mögliche Inkompabilität
- der Co-Coach kennt den Partner meist von Anbeginn, Anlaufschwierigkeiten des Kennenlernens entfallen,
- keiner geht aus den Begegnungen geschwächt, in der Regel aber beide gestärkt, hervor,
- aufgrund der intimeren Kenntnis der Umstände und der Lernpartner kann man schnell wirksame, emotional wirksame Handlungsvorschläge machen.

Die „Arbeitsteilung" zwischen den Lernpartnern wird folgende Struktur aufweisen:

- *Sozio-emotionale Stabilisierung*: Die Lernpartner bzw. die Gruppe vermitteln das Gefühl, aufgehoben und umsorgt zu seine und Anteilnahme zu erfahren. Die Lerner werden dadurch motiviert, Verhaltensweisen zu ändern und verpflichten sich auf gemeinsame Ziele, Werte und Normen. Der Lernpartner definiert mit dem Lerner zusammen, evtl. in Abstimmung mit der Führungskraft, Kompetenzziele und begleitet den gesamten Lernprozess als erster Ansprechpartner.

- *Konkrete Hilfe*: Die Lernpartner analysieren in einem gemeinsamen Prozess Problemstellungen aus dem Prozess der Arbeit, entwickeln oder bewerten Lösungsvorschläge und begleiten die Umsetzungsprozesse. Sie stellen ihr Wissen zur Verfügung und knüpfen Kontakte, z. B. zu Experten. Die Lernpartner überprüfen auch vergangene Problemlösungen, die im Rahmen des kompetenzorientierten Wissensmanagements erfasst wurden, unter dem Aspekt, was, z. B. aufgrund neuer Entwicklungen, zukünftig besser gemacht werden könnte. Sie bauen dabei ein gemeinsames Wertesystem auf, das sich aus der Analyse bisheriger Problemlösungen herleitet. Damit entwickelt sich im Laufe der Zeit eine individuelle und zunehmend intensivere Lernpartnerschaft.

In der Praxis des Co-Coaching haben sich folgende Vorgehensweisen bewährt (vgl. Nemko 2012):

- Die Lernpartner kommunizieren mit Wertschätzung, die Ziele und Wünsche des Lernpartners, der gecoacht wird, stehen immer im Vordergrund.
- Die Lernpartner beginnen mit der Definition und Bewertung zentraler Herausforderungen.
- Phasen des Zuhören, der gemeinsamen Klärung oder der Entwicklung von Lösungen wechseln sich ab.
- Bereits vollzogene Lösungsversuche und eventuelle Optionen werden analysiert und weiter entwickelt.
- Die Argumente dafür und dagegen werden sorgfältig personenbezogen abgewogen.
- Die Auswirkungen der vereinbarten Maßnahmen werden regelmäßig überprüft und analysiert.
- Alles Gesprochene ist und bleibt streng vertraulich.
- Die Lernpartner wechseln immer wieder ihre Rollen . . .

5.1.2 Kollegiale Beratung

Ergänzend zum Co-Coaching kann das Konzept der *Kollegialen Beratung* wichtige Impulse für die kollaborative Entwicklung von Problemlösungen geben (vgl. Tietze 2012, 5. Aufl.). Dabei handelt es sich um eine wirksame Beratungsform in Gruppen, bei der sich die Lernpartner wechselseitig nach einem feststehenden Ablauf mit verteilten Rollen zu Herausforderungen in der Praxis oder in Projekten beraten, um kollaborativ Lösungen zu entwerfen. Auf diese Weise lernen sie, Probleme aus dem Prozess der Arbeit zu bewältigen, Kooperations- und Führungsverhalten zu entwickeln sowie fundierte Entscheidungen zu treffen, Belastungen zu vermindern und erfolgreicher zu handeln. Jeder Lerner wird damit zum Prozessberater seiner Lernpartner.

Der Fallgeber	Die Berater	Der Moderator

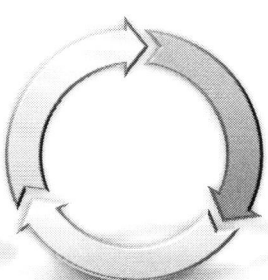
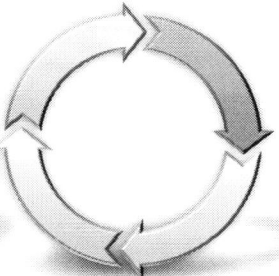

* hat ein Problem in seinem beruflichen Bereich

* schildert die Situation und sein Erleben der Situation

* formuliert ein Anliegen/ eine Schlüsselfrage

* hören bei der Fallschilderung zu

* stellen Verständnisfragen

* analysieren den Fall aus Ihrer jeweiligen Perspektive

* entwicklen Lösungsalternativen

* leitet die Runde

* achtet auf Einhaltung der Regeln

* achtet auf Zeitvorgaben

* knüpft und verbindet die Gesprächsfäden

* eröffnet und beendet die einzelnen Phasen

Abb. 5.3 Rollen in der kollegialen Beratung. (Roth und Sauter 2013)

Die Kollegiale Beratung weist im Kontext von Kompetenzentwicklungsmaßnahmen u. a. folgende Merkmale auf:

* *Beratungsprozess in der Lerngruppen:* Das Potenzial der Methoden entfaltet sich erst in Gruppen von sechs bis acht Teilnehmern mit klar verteilten Rollen, die wechseln (Abb. 5.3):
* *Festgelegter Ablauf und Rollen:* Der Beratungsprozess orientiert sich immer an einer relativ einfachen, aber gleich bleibenden Struktur, die aus sechs Schritten besteht:
  - *Der Lerner stellt seinen Herausforderung vor*: Knappe Darstellung des Problems
  - *Die Lerngruppe fragt*: Es entsteht ein vertieftes Verständnis der aktuellen Situation, des Problems, der Einflussfaktoren, der Ursachen, des Nutzen und der Konsequenzen...
  - *Die Lerngruppe tauscht Hypothesen aus*: Wahrnehmungen, Beobachtungen, Eindrücke, Vermutungen und Empfindungen im Dialog
  - *Die Lerngruppe äußert sich zu den Hypothesen und definiert das Ziel*: Wie kann das Ziel erreicht werden?
  - *Die Lerngruppe entwickelt Lösungsansätze*: Brainstorming
  - *Der Lerner formuliert konkrete Maßnahmen*: Bewertung der Lösungsideen und Planung konkreter Maßnahmen

Die gezielte Aktivierung aller Mitglieder in der Lerngruppe prägt das Wesen der Kollegialen Beratung. Dadurch werden das breite Potenzial, die vielfältigen Erfahrungen und die Lebendigkeit einer Gruppe genutzt. Ein erwünschter (Neben-)Effekt dieser Form der

Beratung ist, dass die Lerner ihre Kompetenzen aufbauen, schwierige Situationen strukturiert zu reflektieren und in der Folge ähnlich gelagerte Probleme zukünftig eigenständig
lösen können.

5.1.3 E-Mentoring

Der Lernbegleiter wandelt in integrierten Kompetenzentwicklungsprozessen im Prozess
der Arbeit und im Netz seine Rolle weiter zum *E-Mentor*, da die Lerner ihre Entwicklungen
immer mehr selbst organisieren und verantworten und das Coaching vor allem im Rahmen
des Co-Coaching stattfindet.

Beim E-Mentoring gibt ein erfahrener Lernbegleiter (Mentor) Erfahrungswissen und Ein-
drücke meist online an einen Lerner (Mentee) mit dem Ziel weiter, ihn in seiner persönlichen
oder beruflichen Kompetenz innerhalb oder außerhalb des Unternehmens zu fördern.

Bei besonders schwierigen Praxisfragen oder bei der Entwicklung von Lösungen für
Problemstellungen in der Praxis kann der Lerner meist auch auf E-Coaches zurückgreifen.

Das Ziel des E-Mentoring ist es, den Entwicklungsprozess der Lerner mit Hilfe des
Netzwerkes des Mentors zu intensivieren und die Lernprozesse beratend zu begleiten.
In diesen Mentoring-Prozessen liegt der Lerneffekt immer mehr auf dem Transfer von
implizitem Wissen des Mentors, der dafür einen entsprechenden Erfahrungshintergrund
mitbringen sollte. Dieses Erfahrungswissen ist eine wertvolle Ergänzung zu dem expliziten
Wissen, das in diesem Lernsystem genutzt werden kann.

Zusätzlich zu den genannten Vorteilen fördert ein Mentoring die Vernetzung des
Lernenden im Unternehmen, insbesondere mit Entscheidern. Umgekehrt erhalten die
Mentoren ein eindeutiges Feedback von der Basis und lernen selbst einen anderen Blickwinkel auf die Organisation kennen. Erfahrungsgemäß wirkt sich Mentoring auch bei den
Mentoren günstig auf ihr Handeln aus. So wird ein positiver Nebeneffekt für die Organisation realisiert und eine soziale Interaktion über die Bereiche und Hierarchieebenen hinweg
erreicht.

Für das Mentoring werden geschützte Kommunikationsbereiche auf der Sozialen
Lernplattform angelegt, die einen vertraulichen Austausch außerhalb der persönlichen
Treffen erlauben. Auch für die Vernetzung der Mentoren beziehungsweise der Lernenden
untereinander sind geschlossene Bereiche vorgesehen.

5.1.4 Lern-Netzwerk

Da das formelle Lernen in fremdorganisierter Form in innovativen Lernsystemen zunehmend an Bedeutung verliert, gleichzeitig die Lernprozesse durch reale Problemstellungen
initiiert werden, wandeln sich die Learning Communities zu *Communities of Practice* (vgl.
Kerres et al. 2012, S. 18–21; vgl. Wenger 1998). Die Lernkurse erweitern sich damit zu
einem Netzwerk.

In Communities of Practice gibt es im Gegensatz zu Learning Communities keine vorgegebenen Lernpfade. Die Lerner wählen selbst die Ziele, Inhalte, Strategien, Methoden und Kontrollmechanismen ihrer Lernprozesse und kommunizieren überwiegend über die Soziale Lernplattform miteinander. Es entsteht damit eine informelle soziale Struktur, die von den Mitgliedern geprägt wird. Häufig werden dabei Web 2.0 Kommunikationsinstrumente genutzt, so dass soziale Lerngemeinschaften entstehen können.

Die Lern-Infrastruktur muss neben diesen Kommunikationsprozessen auch die Möglichkeit bieten, Erfahrungswissen und Erkenntnisse, die bisher gesammelt wurden, bei neuen Herausforderungen oder Projekten wieder nutzen zu können. Deshalb ist ein *kompetenzorientiertes Wissensmanagement* zu integrieren, welches die Aufbereitung von Erfahrungswissen, z. B. mittels *Rapid E-Learning*, sowie die Speicherung und das Auffinden der Beiträge und der jeweiligen Experten ermöglicht.

Mit Communities of Practice werden u. a. folgende Ziele erreicht:

- *Praxis- und Lernprobleme* werden gemeinsam schnell und kompetent gelöst,
- die *Kompetenzentwicklung der Lerner* wird gezielt gefördert,
- es entwickelt sich ein *gemeinsamer Wissenspool* aus „user generated Content",
- es entstehen innovative neue Lösungsansätze ("best practices"),
- das *Netzwerk der Lerner* entwickelt sich dynamisch weiter.

Communities of Practice benötigen ein Soziale Lernplattform, die die Kommunikation mit Social Software aktiv unterstützt und die Möglichkeit bietet, das Erfahrungswissen der Teilnehmer strukturiert zu speichern und über Suchfunktionen nutzbar zu machen. Die meisten Lerner nutzen daneben *öffentlich zugängliche Communities*, insbesondere um Informationen zu erhalten und in der Kommunikation mit anderen neues Wissen zu entwickeln. Diese sind durch eine gemeinsame Verständigungsbasis und vergleichbare Problemstellungen geprägt.

Damit entwickelt jeder Lerner sein individuelles Lern-Netzwerk, das er laufend um neue Kontakte, die er in persönlichen Treffen, aber auch virtuell, knüpft, erweitert. Daraus leitet sich folgende grundlegende Entwicklung ab (Abb. 5.4, S. 218):

Persönliche Lern-Netzwerke sind durch eine gemeinsame Verständigungsbasis der Netzwerk-Mitglieder, vergleichbare Problemstellungen und ein akzeptiertes Wertesystem geprägt.

5.2 Workplace Learning

Wer den Weg vom trägen Wissen zum kompetenten Handeln erfolgreich zurück legen will, sollte nicht auf Pfingstwunder hoffen, sondern auf der Basis klarer innerer Bilder, sozialer Unterstützung und festen Vorsätzen über längere Zeit an sich arbeiten. Handeln kann man nur handelnd erlernen!

Diethelm Wahl (http://www.prof-diethelm-wahl.de)

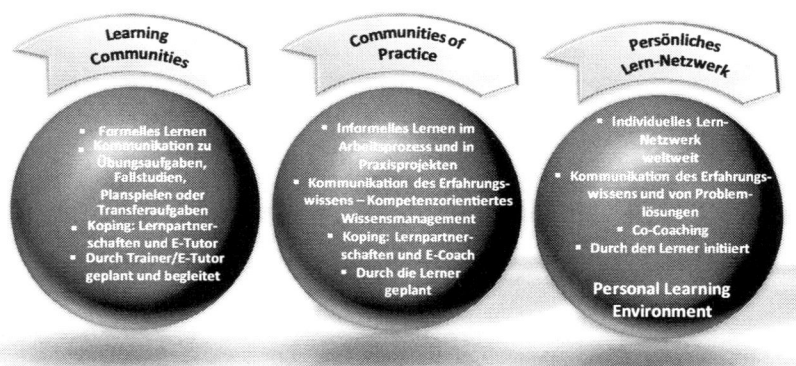

Abb. 5.4 Von den Learning Communities zum persönlichen Lern-Netzwerk

Die überwiegende Mehrheit der Entwicklungsprogramme in Unternehmen basiert nach wie vor auf Seminarreihen, in denen viel Wissen dargeboten und in Fallstudien, Rollenspielen oder anderen Übungen angeblich gefestigt wird (vgl. beispielhaft Hausdorf und Polzer 2004). Es ist eines der größten Probleme von seminaristischen Fach- und Führungstrainings, dass viele Informationen dargeboten werden und kaum Kompetenzen entwickelt werden. Kompetenzentwicklung setzt voraus, dass die Lerner in realen Entscheidungssituationen in ihrem Arbeitsprozess oder in Projekten, Widersprüche, Konflikte oder Verunsicherungen schöpferisch verarbeiten und so zu neuen Emotionen und Motivationen gelangen.

Kompetenzen werden zu zentralen Zielen von Lernprozessen, die am Workplace, im Prozess der Arbeit und im Netz, stattfinden.

Der betriebliche Bildungsbereich erhält damit die Aufgabe, zukünftig Lernsysteme zu entwickeln und Rahmenbedingungen zu schaffen, die es den Mitarbeitern und Führungskräften ermöglichen, ihre individuellen Lernprozesse optimal selbst organisiert zu gestalten. In einem Konzept des Workplace-Learning verändern sich die Rollen der Beteiligten und damit auch der didaktisch-methodische Entwicklungsprozess grundlegend.

Die bisherige Personalentwicklung mit ihrer Konzentration auf formelles Lernen wandelt sich zum *Kompetenzmanagement*, die selbstorganisierte Lernprozesse der Mitarbeiter ermöglicht. Die wesentliche Aufgabe des Kompetenzmanagements besteht darin, aus der Unternehmensstrategie und dem Werterahmen einen Ermöglichungsrahmen zu entwickeln und laufend zu optimieren, der individuelle Kompetenzentwicklungsprozesse im Prozess der Arbeit ermöglicht. Dies bedeutet, dass die Lerner ihre didaktisch-methodische Entwicklungsplanung in diesem Rahmen selbst verantworten.

Daraus leitet sich folgender didaktisch-methodischer Entwicklungsprozess ab, der durch die Lerner innerhalb dieses Lernrahmens weitgehend selbst gestaltet wird.

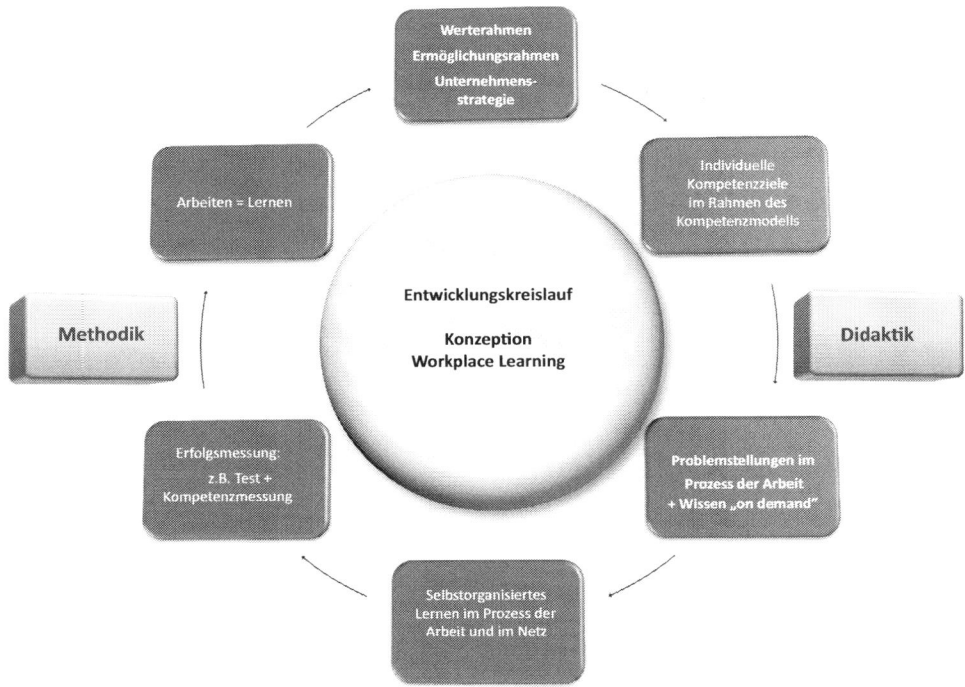

Abb. 5.5 Didaktisch-methodischer Entwicklungskreislauf Workplace Learning

In dieser kompetenzorientierten Ermöglichungsdidaktik fließen Handeln in der Praxis und Lernen wieder zusammen. Der Arbeits- und damit die Handlungsprozesse selbst werden zum wichtigsten Lernort, das Lernen entwickelt sich zum Workplace Learning.

5.2.1 Ermöglichungsrahmen und Prozess des Workplace Learning

Für diese selbstorganisierten Lernprozesse ist ein erweiterter *Ermöglichungsrahmen* erforderlich, der sich an der Grundidee von cMOOC orientiert und insbesondere folgende Elemente enthält (Abb. 5.6, S. 220):

Die vier Rahmenbereiche dieses Lernsystems sind durch folgende Merkmale gekennzeichnet:

• *Kommunikation*: Die *Soziale Lernplattform* bietet jedem Mitarbeiter über sein *E-Portfolio* einen persönlichen Zugang zum Sozialen Netzwerk der Unternehmung. Das System schafft die Möglichkeit, auch im Netz herausfordernde Problemstellungen aus dem Prozess der Arbeit kollaborativ zu bearbeiten. Dabei nutzen die Mitarbeiter u. a. Foren, Chats, Blogs, Wikis, Reflexions-Tools oder Instant Messenger. In Virtual

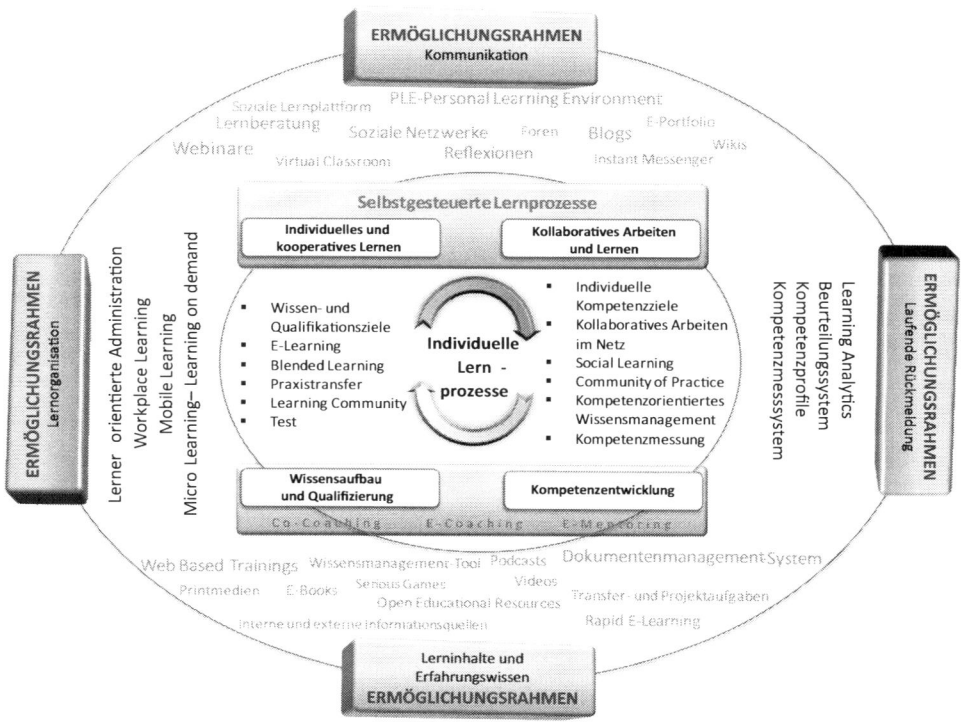

Abb. 5.6 Ermöglichungsrahmen für Kompetenzlernen

Classrooms oder Webinaren können sie sich mit Lernpartnern und Experten unab-
hängig von ihrem Aufenthaltsort austauschen. Zu einzelnen Themenbereichen oder
Kompetenzprofilen können im Unternehmen spezifische Soziale Netzwerke, z. B. für
Mitarbeiter angeboten. So werden u. a. Netzwerke für Mitarbeiter im Rechnungswesen,
Vertriebsmitarbeiter, Führungsnachwuchskräfte oder obere Führungskräfte angeboten.
Daneben können die Lerner auch Mitglieder in unternehmensübergreifenden Netzwer-
ken, z. B. mit Fachkollegen, mit Lieferanten, mit Behördenvertreter oder mit Kunden
sein, um ihren Horizont zu erweitern.

Die Lerner bauen mit ihrem *E-Portfolio* einen eigenen Lernbereich auf, den sie
selbst in Hinblick auf die Tools, die Inhalte und die Zugangsmöglichkeiten für Lernpartner gestalten können. Dadurch entwickelt sich im Laufe der Zeit eine persönliche
Lernlandschaft, ein *PLE – Personal Learning Environment –*. Der Mitarbeiter plant
auf dieser Grundlage seine Lernprozesse eigenverantwortlich, meist mit Unterstützung der Lernpartner oder seiner Führungskraft. Bei Bedarf kann er die *Lernberatung
von Bildungsexperten* aus dem Kompetenzmanagement in Anspruch nehmen. Die
Experten des Kompetenzmanagement initiieren und moderieren die notwendigen Veränderungsprozesse zur Einführung der Lernsysteme und beraten die Teilnehmer und

deren Führungskräfte, aber auch Lerngruppen, in ihren selbstorganisierten Lernprozessen. Diese Experten weisen eine hohe didaktisch-methodische Kompetenz auf und besitzen umfangreiche Erfahrungen im Bereich selbstorganisierter und netzbasierter Lernsysteme.

- *Lerninhalte und Dokumentation*: Das Lernsystem bietet eine breite Palette an Lerninhalten und Dokumentationsmöglichkeiten:

  - *Formelle Lerninhalte*: Die Lerner können auf vielfältige, didaktisch-methodisch aufbereitete Lerninhalte zugreifen, von *Web Based Trainings, Videos, Podcasts* über *Printmedien* und *E-Books, Serious Games* bis zu Transfer- und Projektaufgaben.

  - *Informelle Lerninhalte*: Das Erfahrungswissen der Lerner wird im Rahmen des *kompetenzorientierten Wissensmanagements* mit Hilfe von Lern-Tagebüchern (Blogs) oder gemeinsamen Arbeitsergebnissen (Wikis) systematisch erfasst, so dass es bei späteren Problemlösungen wieder gezielt genutzt werden kann. Weiterhin ist es möglich, bei Bedarf mögliche Lernpartner und Experten zu identifizieren, die bei aktuellen Problemlösungen mit einbezogen werden können.

  - *Aktuelle Informationen*: Über Informationsquellen im Intranet der Unternehmung sowie im Internet wird sichergestellt, dass die Lerner über relevante, aktuelle Entwicklungen zeitnah informiert werden.

  - *Dokumentenmanagement-System*: *Dieses meist datenbankgestützte Tool* ermöglicht es, alle Formen von Dokumenten und deren Inhalte gemeinsam zu bearbeiten, zu archivieren, zu verwalten und zu taggen, d. h. zu indizieren oder zu verschlagworten. Über die Soziale Lernplattform ist es möglich, kollaborativ Erfahrungen und Wissen in verschiedenen Formaten zu dokumentieren und auszutauschen. Selbstlernende Systeme mit Volltextsuche unterstützen schnelle und zielsichere Lösungen. Eine Versionenverwaltung hilft, die Änderungen an den Dokumenten und somit der gemeinschaftlich erstellten Informationen zu erfassen. Alle Versionen werden in einem Archiv mit dem Namen des Bearbeiters und einem Zeitstempel gespeichert. Somit können nicht nur die einzelnen Versionen immer wieder hergestellt, sondern auch die „Entwicklung" des Dokumentes und dessen Inhalt nachvollzogen werden.

  - *Open Educational Resources*: Die Lerner können ergänzend ausgewählte Lernmöglichkeiten im Internet nutzen. Das Kompetenzmanagement wird die Lerner dabei unterstützen, Ressourcen zu identifizieren, die einen Nutzen für innerbetriebliche Problemlösungen generieren können.

  - *Rapid E-Learning*: Die Lerner können ihr Erfahrungswissen zu Lerninhalten aufbereiten, die von den Lernpartnern genutzt werden können. Damit erhält der Pool der Inhalte im Unternehmen einen dynamischen Charakter.

- *Laufende Rückmeldung*: Mit Hilfe eines *Learning Analytic Tools* können die Lerner ihre Lernerdaten interpretieren, um Lernfortschritte zu messen, zukünftige Leistungen vorauszuberechnen und potenzielle Problembereiche aufzudecken. Diese Ergebnisse bilden die Grundlage für zielorientierte Führungsgespräche, in denen die Führungskraft dem Lerner eine Rückmeldung gibt und Vereinbarungen für die folgenden Lernprozesse trifft. Auf Basis eines an der Unternehmensstrategie und dem Werterahmen ausgerich-

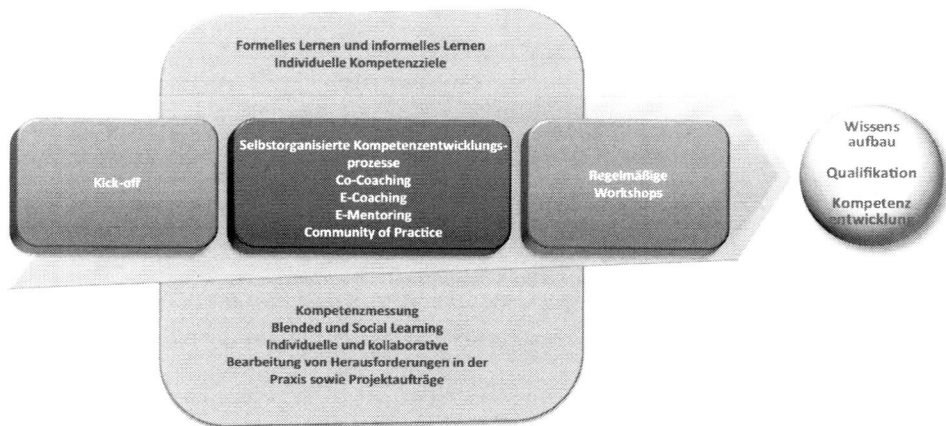

Abb. 5.7 Prozess des Workplace Learning

teten Kompetenzmodells und der daraus abgeleiteten *Kompetenzprofile* kann der Lerner
für seinen jeweiligen Aufgabenbereich seine persönlichen Entwicklungsmöglichkeiten
im Bereich der *Kompetenzen ermitteln.*

- *Lernorganisation*: Die gesamte *Administration der individuellen Lernprozesse* liegt nun
  in der Verantwortung der Lerner. Deshalb bietet ihnen das Lernsystem mit dem Ermöglichungsrahmen die Möglichkeit, ihre Lernprozesse selbstorganisiert zu planen, zu
  gestalten und zu dokumentieren. Dabei ist das System so ausgerichtet, dass die Lerner
  ihre Lernprozesse direkt im Prozess der Arbeit (*Workplace Learning*) unabhängig von
  Ort und Zeit (*Mobile Learning*) und nach dem individuellen Bedarf *on demand* (*Micro
  Learning*) gestalten und steuern können.

Workplace Learning erfordert einen Lernprozess, der eine zielorientierte Selbstorganisa-
tion der Arbeit und des Lernens innerhalb des Ermöglichungsrahmens möglich macht.
Dabei werden formelle und informelle Lernprozesse zielgerichtet miteinander verknüpft
(Abb. 5.7).

*Dieser Lernrahmen macht es möglich, dass die Lerner individuelle Lernprozesse mit dem
Ziel der selbstorganisierten Kompetenzentwicklung realisieren. Sie verknüpfen dabei formel-
les, kooperatives Lernen in sozialen Trainings mit informellem, kollaborativem Lernen im
Arbeitsprozess (Soziales Lernen).*

5.2.2   Fallstudie: Workplace Learning für Führungskräfte

Ein internationales Handelsunternehmen hat sich in den vergangenen Jahren in Richtung Social Business entwickelt, so dass es immer mehr dem Konzept der Enterprise 2.0 entspricht.
Der Personalentwicklungsbereich hat sich jedoch in der gleichen Zeit nur unmerklich verändert. Zwar werden immer mehr Themen aus dem Bereich Social Media und Web 2.0

angeboten, aber meist in Form von Seminaren und Workshops. Es dominieren weiter die klassischen, fremdorganisierten Lernangebote, vom Präsenzseminar bis zum E-Learning.

Im Rahmen des aktuellen Strategieentwicklungsprozesses wurde deshalb ein Paradigmenwechsel beschlossen. Es wurde entschieden, dass in einem ersten Schritt die Führungskräfteentwicklung in Hinblick auf die grundlegend veränderten Anforderungen des Social Business verändert werden soll. Die anderen Bereiche sollen dann in einem zweiten Schritt zeitnah folgen, nachdem die erste Stufe evaluiert worden ist. Vorgegeben wurden vor allem die Eckpunkte Kompetenzentwicklung, Workplace Learning und Social Learning, die in einem integrierten Lernkonzept zusammen geführt werden sollen. Auch die Rolle und die Struktur der bisherigen Personalentwicklung soll entsprechend verändert werden. Weiterhin wurde in einer intensiven Diskussion ein Werterahmen entwickelt, der als Leitfaden der zukünftigen Bildungsarbeit dient.

Die Leitung der Personalentwicklung war in diesen Strategieprozess von Anfang an mit einbezogen und wurde konkret mit den strategischen Herausforderungen für die Führungskräfte konfrontiert. Für diese Anforderungen entwickelte das Team der Personalentwicklung gemeinsam mit ausgewählten Fach- und Führungskräften und Lernbegleitern unter externer Moderation eine kompetenzorientierte Konzeption, die selbstorganisierte Lernprozesse am Workplace und im Netz integriert.

Anforderungen, Ziele und Rollen Führungskräfte spielen in der Schnittmenge zwischen den Mitarbeitern und der oberen Führung eine zentrale Rolle. Im Social Business besteht ihre zentrale Aufgabe darin, ihren Mitarbeitern und Teams Rahmbedingungen zu schaffen, in denen sie hoch motiviert und effizient selbstorganisierte Lösungen für die Herausforderungen in der Praxis entwickeln können. Dies werden die Führungskräfte nur dann erreichen, wenn sie eine zentrale Rolle in den Kompetenzentwicklungsprozessen der Mitarbeiter, aber auch in organisationalen Lernprozessen spielen. Deswegen ist es zwingend notwendig, diese Zielgruppe mit den Lernmethoden zu entwickeln, die sie auch bei ihren eigenen Mitarbeitern ermöglichen sollen ("Doppeldecker-Prinzip"). Gleichzeitig erfordert ihre Führungsaufgabe die Kompetenz, schwierige und überraschende Herausforderungen im Führungsprozess, von der Personalauswahl bis zum Konfliktmanagement, zu bewältigen.

In diesem Entwicklungsprozess wird rasch deutlich, dass sich die Rolle der Personalentwicklung fundamental verändert, so dass dieses Team zukünftig vorrangig Aufgaben im Rahmen des Kompetenzmanagements verantwortet.

Das Entwicklungsteam ging im Konzeptionsprozess von folgender Definition der Führungskompetenz aus:

Führungskompetenz ist die Fähigkeit, in unerwarteten, (zukunfts-)offenen Führungssituationen kreativ und selbstorganisiert handeln zu können (Erpenbeck 2012b, S. 113).

Führungskompetenz beruht damit auch auf Persönlichkeitseigenschaften, wird durch sie aber nicht vorhersagbar bestimmt (Erpenbeck 2012b, S. 117). Es bestehen zwar zwischen Persönlichkeitseigenschaften und der Führungskompetenz einer Führungspersönlichkeit statistische Zusammenhänge. Im Führungsalltag nützen uns diese Bezüge aber wenig, da sich Führungskompetenz viel mehr an der in der bisherigen Führungstätigkeit manifest gewordenen Fähigkeit, kreativ und selbstorganisiert Führungsaufgaben zu lösen, offene

Abb. 5.8 Kompetenzprofil der Führungskräfte – Beispiel der Kompetenzerfassung. (KODE®X, www.competenzia.de)

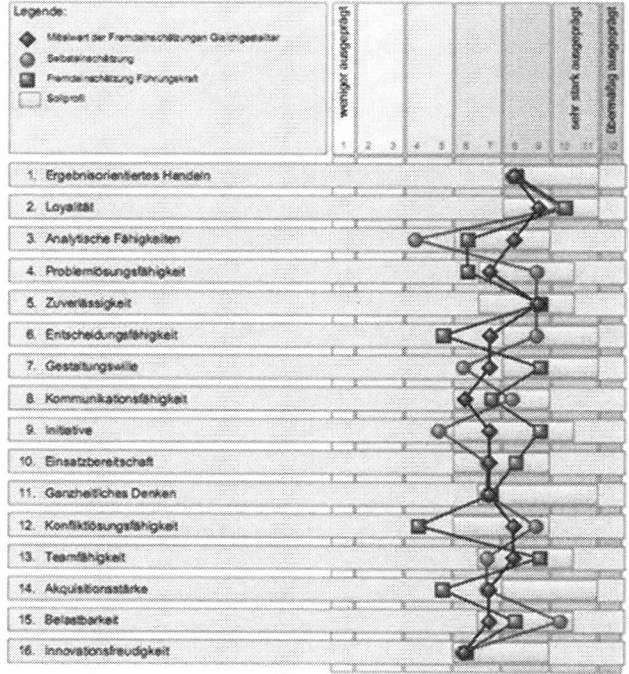

Entscheidungssituationen schnell zu erkennen, sie rational wie emotional zu werten und schnell akzeptable Entscheidungen zu treffen, zeigen.

Zielgruppe dieser Kompetenzentwicklungs-Maßnahme sind alle Führungskräfte im Unternehmen, aber auch Führungsnachwuchskräfte, die ihre erste Führungsaufgabe übernehmen.

In einem gemeinsamen Entwicklungsprozess mit Personalentwicklern und ausgewählten Führungskräften wurde ein unternehmensspezifisches Soll-Profil für die Führungskräfte entwickelt, das die Basis für die Kompetenzmessung mittels KODE®X bildet (Abb. 5.8).

Für diese Kompetenzanforderungen wurde vom neuen Kompetenzmanagement-Team ein Ermöglichungsrahmen gestaltet, der laufend aufgrund der Erfahrungen und Rückmeldungen weiter entwickelt wird. Die individuellen Lernprozesse werden von den Führungskräften innerhalb dieses Lernrahmens selbstorganisiert gestaltet. Ihre Entwicklungsprozesse werden dabei von Lernpartnern und E-Mentoren (meist obere Führungskräfte der 2. und 3. Ebene) im Rahmen des Co-Coaching begleitet. Bei Bedarf können sich die Führungskräfte Lernberatung im Kompetenzmanagement oder E-Coaching für komplexe Problemstellungen holen.

Lernkonzeption Mit diesem Lernsystem wird das Ziel verfolgt, allen Führungskräften im Unternehmen die Möglichkeit zu geben, im Prozess der Arbeit ihre Managementkompetenzen in einem Netzwerk aus Lernpartnern, Trainern und Tutoren sowie Coaches weitgehend selbst organisiert zu entwickeln. Eine besondere Bedeutung erlangen dabei Social Software Kommunikations-Instrumente.

In der *didaktischen Analyse* werden auf der Grundlage von Kompetenzprofilen und systematisch erfassten Kompetenzentwicklungsmöglichkeiten *Richtziele* definiert, die Kompetenzen anstreben und damit deutlich über die bisherigen, wissensbezogenen Curricula hinausgehen. Diese bilden den Rahmen für die *individuellen Zielformulierungen* der Führungskräfte, die jeweils auf ihren persönlichen Kompetenzmessungen basieren. Persönliche Kompetenzziele und individuelle Lerninhalte werden jeweils durch die Lerner in Abstimmung mit ihren Lernpartnern und ihrer eigenen Führungskraft festgelegt. Dabei spielt die regelmäßige Erfassung der Kompetenzentwicklung, sowohl durch Selbst- als auch durch diverse Fremdeinschätzungen, eine besondere Rolle, da damit erst eine dynamische Anpassung der persönlichen Kompetenzziele und Aufgaben ermöglicht wird.

Die *Lerninhalte* ergeben sich in einem dynamischen Prozess aufgrund der aktuellen Herausforderungen, die im Führungsprozess zu bewältigen sind, sowie der Vereinbarungen mit dem jeweiligen Vorgesetzten.

Führungskompetenzen können grundsätzlich auch durch die Übernahme einer herausfordernden Aufgabe zusätzlich zu den laufenden Führungsaufgaben aufgebaut werden (Heyse 2012, S. 231). Das Ziel der strategieumsetzenden Kompetenzentwicklung im Unternehmen kann beispielsweise unterstützt werden, indem die Führungskräfte ein einheitliches „*Korridorthema*" (*Schwerpunktthema*) bearbeiten. Sie definieren gemeinsam, evtl. in Abstimmung mit der Geschäftsführung, strategisch bedeutsame Themen, mit denen sie sich kollaborativ über einen meist längeren Zeitraum beschäftigen (vgl. Stiefel 2010). Ein Beispiel dafür kann die Entwicklung der Lernkultur sein, die bei den Führungshandlungen aller Führungskräfte konsequent weiter entwickelt werden soll. Mit einem gemeinsam entwickelten Handlungsraster werden sie sensibilisiert, in möglichst allen Führungshandlungen kulturfördernde Elemente zu integrieren. Die Erfahrungen in diesen Lernprozesse werden in einem gemeinsamen Kommunikationsprozess, z. B. über Lerntagebücher, aufgearbeitet und über das kompetenzorientierte Wissensmanagement dokumentiert.

Rein inhaltsorientierte Lernziele verlieren in diesem Lernsystem an Bedeutung. Die aktuelle Lernkultur, aber auch Vorgaben von Führungskräften oder zentraler Institutionen machen es jedoch meist erforderlich, nach wie vor den Aufbau eines bestimmten (Fach-) Wissens, evtl. sogar nachweisbar, sicher zu stellen. Formelles Lernen findet dabei über viele kleine, problemorientierte Web Based Trainings oder Lern-Videos (Micro-Learning) statt, mit denen die Lerner das notwendige Führungswissen bedarfsgerecht aufbauen können und die über entsprechende Aufgaben Reflexionen und den ersten Praxistransfer initiieren. Die Führungskräfte können diese Inhalte damit bei der Lösung ihrer Praxisherausforderungen bedarfsorientiert abrufen. Über praxisorientierte Freitextaufgaben, die in das jeweilige E-Portfolio der Lerner integriert sind, bauen die Lerner eine Datei persönlicher Lösungen auf, die mit Kommentaren und Ergänzungen durch ihre Lernpartner erweitert sind.

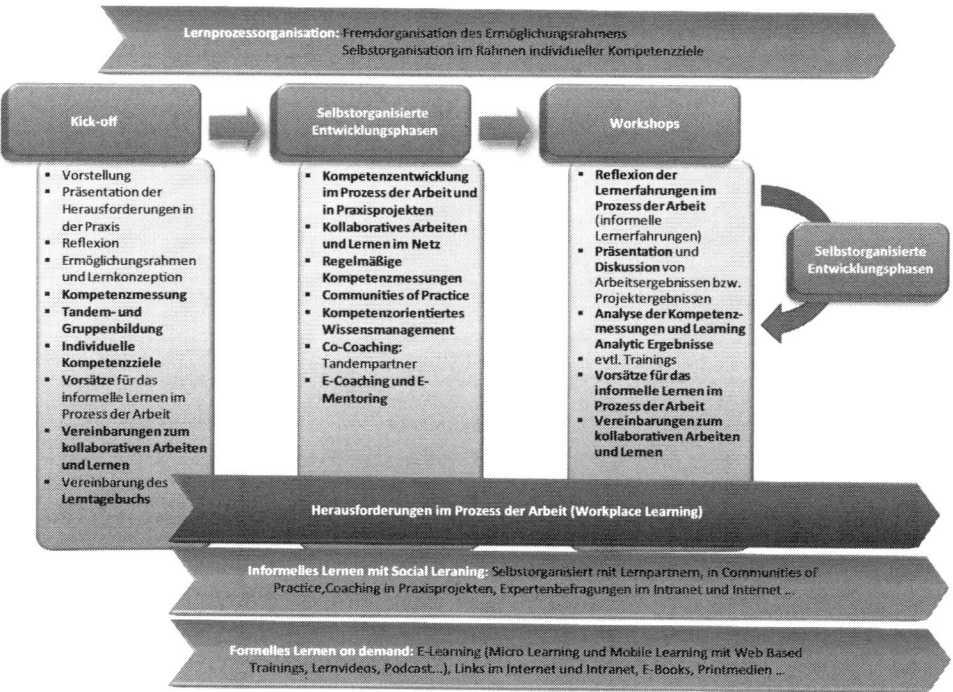

Abb. 5.9 System des Workplace Learning

Die *methodische Analyse* wird vor allem durch die Anforderung geprägt, selbst organisierte Lernprozesse zu fördern und das Lernen im Netzwerk zu ermöglichen. Hierbei ist ein zielgruppengerechtes Gleichgewicht zwischen steuernder Unterstützung der Lernprozesse durch die Lernbegleiter und der Eigenverantwortung der Lerner zu finden. Das gleiche gilt für die soziale Flankierung der Lernprozesse.

System des Workplace Learning Das System des Workplace Learning wird in diesem Verständnis durch folgende Elemente gekennzeichnet (Abb. 5.9):

Diese Lernprozesse am Workplace in den selbstorganisierten Phasen sind durch folgende Merkmale gekennzeichnet:

- *Kompetenzziele*: Die Optimierung der Handlungsfähigkeit der Mitarbeiter in der Praxis und damit ihres Beitrages zum Unternehmenserfolg (Performanz) ist das Richtziel. Dies erfordert individuelle, selbst definierte Lernziele, die sich konsequent an den Kompetenzentwicklungs-Möglichkeiten jedes Lerners orientieren.
- *Kompetenzorientiertes Lernen*: Die Kompetenzentwicklung wird regelmäßig aus verschiedenen Blickwinkeln, der des Lerners, seines Lernpartners, des Lernbegleiters oder der Führungskraft, gemessen, analysiert und ausgewertet. Der gesamte Lernprozess

wird mit Hilfe des Kompetenzerfassungssystems KODE® und KODE®X konsequent auf die individuellen Entwicklungsmöglichkeiten der Führungskräfte hin ausgerichtet. Deshalb werden nach der Selbsteinschätzung (90° – Messung) Kompetenzmessungen unter Einbeziehung der Lernpartner (180° – Messung), des Vorgesetzen (270° – Messung) und beispielsweise des E-Mentors (360° – Messung) durchgeführt. Im Abgleich dieser individuellen Kompetenzen, aber auch der Ergebnisse aus Learning Analytic Tools, mit den Rahmenbedingungen und den Möglichkeiten des Lernsystems definiert jeder Lerner seine persönlichen Kompetenzentwicklungsziele. Dies erfolgt meist in einem Diskussionsprozess mit dem Lernpartner und evtl. der Führungskraft. Auf dieser Grundlage werden die Lernziele bei Bedarf immer wieder angepasst. Damit entwickelt jeder Teilnehmer seine individuelle Lernstrategie.

- *Selbstorganisiertes Lernen*: Innerhalb des Ermöglichungsrahmens, den die Führungskraft über die soziale Lernplattform nutzen kann, organisiert sie ihren Kompetenzentwicklungsprozesse in Abstimmung mit ihren Lernpartnern und evtl. des E-Mentors selbst. Dabei orientiert sie sich an den Vereinbarungen mit ihrer eigenen Führungskraft und an dem verbindlichen Werterahmen des Unternehmens. Mit Hilfe ihrer *E-Portfolios* können die Führungskräfte ihre persönlichen Lernprozesse planen und dokumentieren. Neben den Ergebnissen der regelmäßigen Kompetenzerfassung mit den Messinstrumenten *KODE®* und *KODE®X* dokumentieren sie dort ihre wichtigsten Arbeits- und Lernunterlagen, Ausarbeitungen oder Präsentationen. Sie können selbst entscheiden, wer Einsicht in diese Lernsammlung nehmen darf. Einzelne Führungskräfte nutzen auch die Möglichkeiten von Open Resources oder tauschen sich in freien Communities in der Praxis aus. Das E-Portfolio ist auch direkt mit den Web Based Trainings verknüpft, so dass die Lernergebnisse aus den Übungen und Transferaufgaben des E-Learning, aber auch die frei formulierten Antworten der Lerner aus der Bearbeitung von problemorientierten Freitextaufgaben sowie die Rückmeldungen der Lernpartner dazu in ihrem persönlichen Bereich dokumentiert werden (Abb. 5.10, S. 228).

- *Individueller Wissensaufbau und Qualifizierung*: Dieser Bereich wird über eine Vielzahl stark modularisierter Web Based Trainings, Lernvideos oder Podcasts (*Micro-Learning*) ermöglicht, die das erforderliche systematische und aktuelle Managementwissen kontextsensitiv zur Verfügung stellen. Die Lerner bearbeiten in ihren WBT kooperativ problembezogene Aufgabenstellungen aus der Führungspraxis zum Wissensaufbau, aber auch Reflexionen und Fallstudien. Jeder Lerner eignet sich damit gezielt das fehlende Wissen „on-demand" an, das er zur Lösung der Aufgaben in der Praxis und in Praxisprojekten benötigt. Hierbei können sie auch *Mobile-Learning* Systeme nutzen, so dass sie räumlich ungebunden sind. Lernmethodik und –geschwindigkeit, aber auch Ort und Zeitpunkt der Bearbeitung der Lernprogramme und Aufgabenstellungen werden von jedem Lerner selbstverantwortlich festgelegt.

- *Orientierung und Reflexion in Workshops*: In einem Blended Learning Konzept können die Führungskräfte ihre Erfahrungen regelmäßig in Workshops reflektieren und

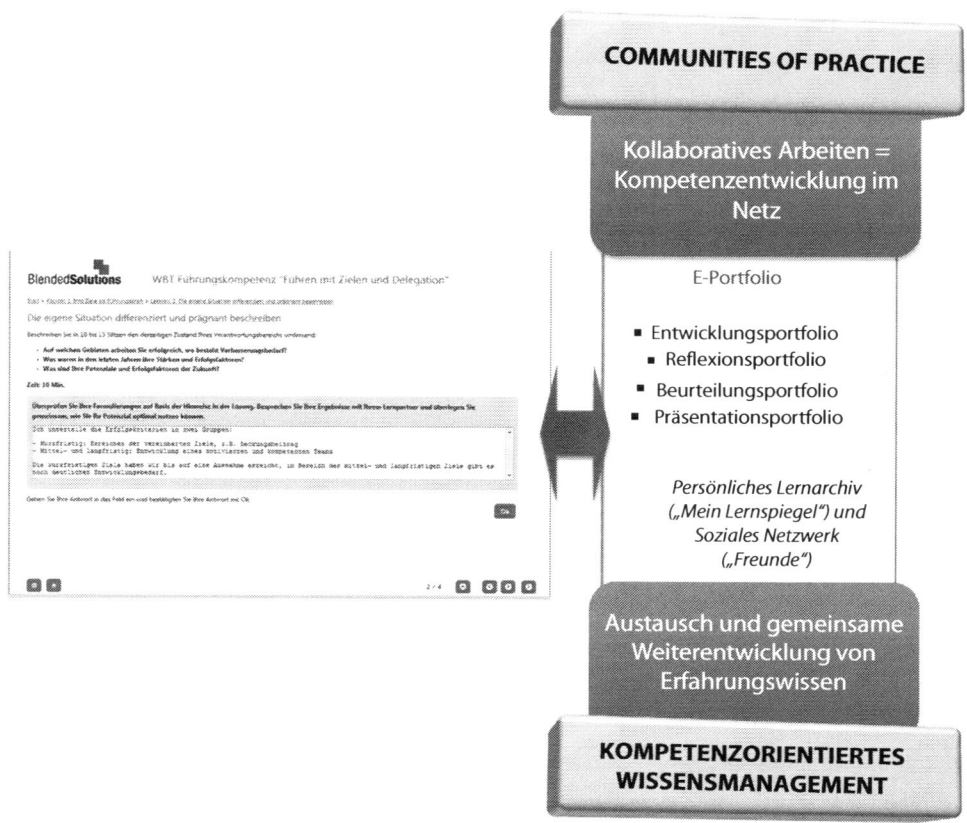

Abb. 5.10 Integration von Web Based Trainings und E-Portfolio

anwenden. Offene Fragen aus der Praxis, den Projekten oder Transferaufgaben werden bei Bedarf mit Experten und oberen Führungskräften bearbeitet. Es wird immer wieder weiterführendes Wissen ausgetauscht, vor allem zu aktuellen Inhalten oder aus der unternehmensbezogenen Führungspraxis. In diversen Übungen werden Methoden und Führungstechniken im „Labor", z. B. mittels Rollenspielen, trainiert. Darüber hinaus erhalten die Lerner in der Diskussion Hilfen für die Zeit des selbst organisierten Lernens. Schließlich werden jeweils verbindliche Vereinbarungen für die jeweils nächste Selbstlernphase getroffen. Weiterhin werden in die Workshops Elemente mit Event-Charakter, wie z. B. Kaminabende mit oberen Führungskräften oder Outdoor-Übungen, integriert.

- *Kompetenzaufbau über Transferaufgaben*: Neben dem Wissensaufbau und der Qualifizierung übernehmen die Lernprogramme auch die Aufgabe, über offene Transferaufgaben, die sich an realen Problemstellungen aus der Führungspraxis orientieren, erste Kompetenzentwicklungsprozesse zu initiieren. Diese Lernprozesse können durch weitere spontan vereinbarte Transferaufgaben verstärkt werden. Die dabei gewonnenen Erfahrungen werden mit Lerpartnern und in der Community of Practice ausgetauscht und diskutiert.

- *Kompetenzentwicklung im Prozess der Arbeit und in realen, herausfordernden Projektaufträgen*: Nicht mehr Seminartermine oder E-Learning-Angebote, sondern die aktuellen, herausfordernden Aufgaben in der Führungspraxis, wenn beispielsweise schwierige Planungsaufgaben, Auswahlentscheidungen, Delegation von Aufgaben oder konfliktbeladene Mitarbeitergespräche zu bewältigen sind, initiieren und bestimmen die selbstorganisierten Lernprozesse. Diese werden regelmäßig durch die Vorgesetzten der Teilnehmer im Rahmen der Mitarbeitergespräche unter Einbeziehung der Kompetenzmessungen sowie evtl. weiterer Kennzahlen aus dem Learning Analytics System analysiert und bewertet. Lernen ist damit von der eigenen Kompetenzentwicklung nicht mehr zu trennen und erfolgt bevorzugt kollaborativ im Prozess der Arbeit selbst (vgl. Karlhuber und Wageneder 2013, 2. Aufl.). Formelle Lernangebote, z. B. Web Based Trainings, Lernvideos oder Podcasts, werden innerhalb des Ermöglichungsrahmens bei Bedarf vom Lerner aktiv gesucht und zeitnah in seinen Lernprozess mit einbezogen, bilden aber nicht das Zentrum des Lernens.

  Insbesondere bei jungen Führungskräften können Projekte mit realen Aufgabenstellungen, die aufgrund ihrer Komplexität eine längerfristige Projektbearbeitung erfordern und die sonst eventuell an externe Unternehmensberatungen vergeben würden, die Kompetenzentwicklungsprozesse gezielt initiieren.

- *Kompetenzorientiertes Wissensmanagement*: Das Erfahrungswissen, das die Führungskräfte in ihren Lernprozessen aufbauen, tauschen sie mit ihren Lernpartnern über *Lerntagebücher* (*Blogs*) aus und entwickeln es im Rahmen der *Community of Practice* zu gemeinsamem Wissen weiter. Die Gruppenmitglieder verpflichten sich, diese Lerntagebücher zu lesen und zu kommentieren, bei Bedarf Hilfestellung zu Anregungen zu geben. Dadurch entsteht ein netzbasierter Entwicklungsprozess, der alle Gruppenmitglieder an dem gewonnen Erfahrungswissen teilhaben läßt. Gleichzeitig wird Lernen im Netz initiiert, geübt und systematisch optimiert.

  Die Weblogs werden damit zu Instrumenten der Selbstbeobachtung und Selbstreflexion der jeweiligen Lösungen im eigenen Führungsprozess der Teilnehmer, aber auch der individuellen Lernprozesse (vgl. dazu auch Wahl, 3. erw. Auflage, 2013, S. 46 ff.). Die Führungskräfte können durch Verfolgen der Weblogs am Lernprozess anderer Führungskräfte teilhaben. In Verbindung mit Suchfunktionen werden Weblogs wichtige Elemente eines kompetenzorientierten Wissensmanagementsystems, so dass man neben Quellen mit Fach- und Erfahrungswissen auch Personen für die Lösung von Problemstellungen findet. Ein Netzwerk aus Weblogs bildet wiederum eine inhaltliche Grundlage für das Lernen im Netz.

- *Strukturierungshilfen für individuelles Lernen*: Das Lernsystem unterstützt die Führungskräfte bei der Planung ihrer individuellen Lernprozesse. Sie optimieren damit im Laufe der Zeit gemeinsam mit ihren Lernpartnern und evtl. Lernbegleitern ihre individuellen Lernprozesse.

- *Feedback*: Selbst organisiertes Lernen erfordert zwingend regelmäßige Rückmeldungen. Die Führungskräfte werden dadurch in die Lage versetzt, ihre Lernstrategien laufend zu optimieren, Kompetenzentwicklungsmöglichkeiten zu erkennen und diese Lücken gezielt zu schließen. Deshalb kommt dem Austausch und der Diskussion von Erfahrungswissen mit Lernpartnern, Experten und Führungskräften eine zentrale Bedeutung zu. Im formellen Lernbereich spielen Rückmeldungen aus standardisierten Aufgaben der Lernprogramme durch den Computer, verbunden mit einem Scoringsystem, eine Rolle. Learning Analytic Tools bereiten die Lernerdaten individuell auf und geben den Lernern damit wichtige Hinweise zur Optimierung ihrer individuellen Lernprozesse,
- *Vergleichsmaßstäbe*: Selbst organisiertes Lernen erfordert Vergleichsmaßstäbe. Deshalb werden Arbeitsergebnisse aus der Führungspraxis und Projektergebnisse in der Community of Practice, Ausarbeitungen zu Übungen und Transferaufgaben in der Learning Community präsentiert und diskutiert. Diese Prozesse werden mit Hilfe von Social Software optimiert.
- *Lernwegflankierung durch Co-Coaching*: Lerntandems unterstützten sich emotional, motivational und lernstrategisch. Die Tandemtreffen werden über Telefon, Skype, E-Mail, Zweier-Chat oder auch über persönliche Treffen gestaltet. Jedes Tandem bringt seine Arbeitsergebnisse in die jeweilige Lerngruppe sowie evtl. die Community of Practice ein. Zu den Ergebnissen gibt es wieder Rückmeldungen durch die Lernpartner oder die Lerngruppe. Lerngruppen entwickeln Lösungen bzw. Präsentationen für komplexe Herausforderungen aus der Führungspraxis. Außerdem tauschen sich die Mitglieder der Lerngruppen intensiv über ihre Projektfortschritte, aber auch ungelöste Probleme aus und unterstützen sich gegenseitig in ihren individuellen und organisationalen Lernprozessen.
- *Lernen im Netz mit Social Software*: Soziales Lernen setzt eine qualitativ höhere Vernetzung von Lern- und Kooperationspartnern voraus, über Kanäle, die nicht nur Sachwissen transportieren, sondern es auch ermöglichen, Urteile und emotional-motivationale Bewertungen zu kommunizieren. Hierfür wird eine *Soziale Lernplattform* benötigt, die kollaboratives Arbeiten und Lernen ermöglicht.
- *Communities of Practice*: Die Lerner bauen ihr Netzwerk systematisch auf, indem sie eine Community of Practice bilden. Regelmäßig treffen sich die neuen und die schon bisher in dieser Gruppe tätigen Mitarbeiter selbstorganisiert in virtuellen Workshops. Das Ziel ist vor allem, das gemeinsame Wertesystem weiter zu entwickeln, das Lernen in Netzwerken zu ermöglichen und die Motivation für die selbstorganisierten Kompetenzentwicklungsprozesse zu fördern. Deshalb werden spannende Diskussionen oder Übungen eingefügt, die letztlich zu zielführenden Vorsatzbildungen führen.
- *Soziale Lernplattform*: Die Lern- und Kommunikationsprozesse in dieser Lernkonzeption der dargestellten Fallstudie erfordern eine spezifische Lern-Infrastruktur, eine Soziale Lernplattform. Diese ermöglicht den Aufbau von E-Portfolios, unterstützt sowohl formelles und informelles Lernen und synchrone und asynchrone Kommunikation mit Web 1.0 und Web 2.0 Instrumenten. Dieser Lernraum sollte durch die

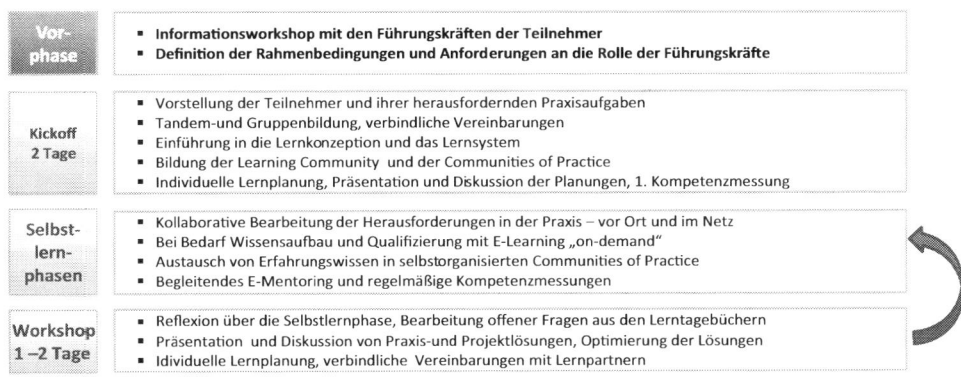

Abb. 5.11 Ablauf des Workplace Learning für Führungs-Nachwuchskräfte

Lerner zunehmend personalisiert werden können, so dass sich das System zu einem PLE – Personal Learning Environment entwickelt.

Prozess des Workplace Learning Die individuellen Lernprozesse der Führungsnachwuchskräfte haben folgenden grundlegenden Ablauf (Abb. 5.11):

Der Lernprozess startet unter Moderation eines Lernbegleiters aus dem Kompetenzmanagement mit einem *Kickoff*, in dem insbesondere folgende Elemente integriert werden:

- Begrüßung durch eine obere Führungskraft
- Strukturierung des Kickoff
- *Vorstellung der Teilnehmer*: *Berufserfahrung, aktuelle Führungsaufgabe, evtl. Projektaufträge, Erwartungen, Befürchtungen*
- Einführung in die Lernkonzeption und Systeme der Kompetenzentwicklung mit Blended Learning und Social Software, die Soziale Lernplattform und das E-Portfolio sowie die Learning Analytic Tools
- *Reflexion über die eigene Rolle im Kompetenzentwicklungsprozess*
- System der Kompetenzmessung und individueller Zieldefinition
- *Kompetenzmessung mit KODE® mit Auswertungen und Definition persönlicher Lernziele (evtl. mit anschließender Abstimmung mit dem jeweiligen Vorgesetzten)*
- *Bildung von Lerntandems und Lerngruppen*
- *Entwicklung von „Spielregeln" für die Tandem- und Gruppenarbeit sowie die Gestaltung der Projekttagebücher*
- *Verbindliche Vereinbarungen für die folgende Praxisphase: Meilensteine, Jour fixe, Gruppentermine, Workshops. . . .*

In den *selbst organisierten Lernphasen* verknüpfen die Teilnehmer formelle und informelle Lernprozesse zu einem systematischen Kompetenzentwicklungsprozess. Diese werden in

Anlehnung an die Struktur von cMOOC gestaltet, indem folgender Lernraum geschaffen wird (in Anlehnung an Höfer 2013, S. 65–69) (Tab. 5.1, S. 233):

Während des gesamten Prozesses können die Teilnehmer eigene Erfahrungen und Eindrücke in der „*Community of Practice*" zu einem gemeinsamen Wissenspool aufbauen. Das Ziel besteht bei Führungsnachwuchskräften insbesondere auch darin, sukzessive die Fähigkeit zum kompetenzorientierten Wissensmanagement zu entwickeln, so dass die Teilnehmer ihren Wissensaustausch auch nach Abschluss der Entwicklungsmaßnahme selbst organisiert weiter führen können.

Die Kommunikation der Führungskräfte untereinander, aber auch in ihrem Netzwerk, sowie die Dokumentation der Lernergebnisse aus formellen und informellen Lernprozessen bilden die zentrale „Klammer" dieser Lernkonzeption. Das Weblog (Projekttagebuch") wird bei vielen Lernern zum Ersatz für den „Zettelkasten", das hilft, Informationen rasch wieder zu finden. Wikis werden in diesem Lernsystem insbesondere für virtuelle Gruppenarbeiten und für die Archivierung und Hierarchisierung von Erfahrungswissen eingesetzt. Auch Tandems nutzen dieses Instrument, um die gemeinsamen Ergebnisse in einem kommunikativen Prozess zu entwickeln.

Alle offenen, unternehmensspezifischen Fragen, die sich aus den Transferaufgaben und in der Projektarbeit ergeben, werden in einem Themenspeicher gesammelt und in den Workshops oder in Webinaren mit entsprechenden Experten aus dem Hause diskutiert. Diese Fragen erweisen sich in unseren Projekten als sehr anspruchsvoll und führen zu spannenden Diskussionen. Der Erfolg wird anhand der Praxis- und Projektergebnisse bewertet. Die Teilnehmer präsentieren und diskutieren ihre Ergebnisse im Abschlussworkshop mit oberen Führungskräften und entwickeln eine Ausarbeitung dazu.

Die Führungskräfte vereinbaren, sich regelmäßig in einer *Community of Practice* selbst organisiert auszutauschen. Die Verantwortung für die Gestaltung dieses Lernraumes übernimmt jedes Gruppenmitglied in Absprache abwechselnd für eine bestimmte Zeit.

Bewertung Mit diesem innovativen Ansatz der Führungskräfte-Entwicklung wird eine Konzeption umgesetzt, die von den Teilnehmern ein hohes Engagement und eine starke Teamorientierung verlangen. Der Paradigmenwechsel, der sich insbesondere in den grundlegend veränderten Rollen der Beteiligten zeigt, erfordert ein zielgerichtetes Veränderungsmanagement.

Die Kompetenzmessungen zeigen, dass Entwicklungsmöglichkeiten mit hoher Intensität genutzt werden. Damit wird die Zielgruppe optimal auf ihre Herausforderungen hin als Führungskraft entwickelt. Mit der Verknüpfung von Blended Learning, Social Learning und kompetenzorientiertem Wissensmanagement wird zudem ein integrierter Ansatz zur Kompetenzentwicklung gestaltet, der insbesondere für global agierende Unternehmen zunehmend an Bedeutung gewinnt.

Die Erfahrungen zeigen, dass Social Software Instrumente die Entwicklung der Kompetenzen der Lerner sinnvoll unterstützen können, sofern sie in ein Blended Learning Konzept eingebettet sind, das sich am Ziel der Kompetenzentwicklung orientiert. Wikis oder Weblogs werden umso effizienter genutzt, je mehr Lerner mit dem Tool arbeiten und

Tab. 5.1 Elemente des Lernraums

Einstimmung	Zentraler Blog des Kompetenzmanagements zur Initiierung und Begleitung der individuellen Lernprozesse der Mitarbeiter innerhalb des Ermöglichungsrahmens
	Erhebung von Erwartungen, Befürchtungen, Meinungen, Stimmungen und Ideen
	Erläuterung der Lernkonzeption und des Ermöglichungsrahmens (Video)
	Evtl. jeweils individuelle, vertrauliche *Videoaufnahmen*, die, nach vorheriger Genehmigung durch die Beteiligten, einen Einblick in das tatsächliche Geschehen im Prozess der Arbeit erlauben. Diese im Sport oder in der Medizin geläufige Vorgehensweise vermittelt ein ganzheitliches und vor allem authentisches Bild der Handlungen, z. B. in Mitarbeiterbesprechungen. Die Lerner erhalten dadurch wertvolle Hinweise für ihren Kompetenzentwicklungsbedarf.
Start	*Kickoff, evtl. Webinar*, um sich gegenseitig kennen zu lernen, die wesentlichen Herausforderungen in der Praxis oder in Projekten vorzustellen, über die aktuelle, persönliche Situation zu reflektieren, evtl. Redeschwellen durch Übungen abzubauen, offene Fragen zur Lernkonzeption zu klären, Lern-Tandems und -Gruppen zu bilden sowie verbindliche Vereinbarungen für die selbstorganisierte Lernphase zu treffen.
	Event (meist in Verbindung mit dem Kickoff), um sich gegenseitig besser kennen zu lernen und das „Wir"-Gefühl der Teilnehmer aufzubauen. Dies kann z. B. im Rahmen eines Outdoor-Trainings erfolgen: Die Natur, die gemeinschaftlich bezwungene Stromschnelle, das Floß, das gemeinsam gebaut wird. . . .
Orientierung	*Lernorganisation:* Die Mitarbeiter finden in ihrem *Ermöglichungsrahmen* alle Instrumente und Informationen, die sie zur Planung ihrer selbstorganisierten Lernprozesse benötigen. Über die *Soziale Lernplattform* werden alle wesentlichen Prozesse der Qualifizierung und Kompetenzentwicklung mit Blended Learning und Social Learning unterstützt. Insbesondere können die Lerner beispielsweise sich selbst in frei gewählten Gruppen organisieren, Lerncontent selbst erstellen („user generated content"), online Umfragen durchführen, einfache semantische Werkzeuge nutzen, komplexe Sachverhalte mit Mindmaps visualisieren sowie Problem- und Lösungswerkzeuge und eine Ideenbox für kreative Prozesse einsetzen. Es werden weiterhin Termine, z. B. „Meilensteine", und die Vereinbarungen im Kurs dokumentiert. Über Visitenkarten können sich Lernpartner und Lerngruppen in diesem Bereich vorstellen. Weiterhin werden Testdaten fest gehalten.
	Formelles Lernen: In diesem Funktionsbereich werden alle für die Lerner wichtigen Planungsunterlagen, z. B. Curricula, sowie die notwendigen Elemente für die formellen Lernprozesse gebündelt. Sie finden dort das gesamte formelle Wissen, das Experten für ihre Lernprozesse zusammengestellt haben. Dies können WBT, Videos, Podcasts aber auch Printmedien sein, die der Lerner im Rahmen seines formellen Lernprozesses bearbeiten soll. Bei Führungsnachwuchskräften können E-Learning Module zu dem erforderlichen formellen Führungswissen sowie vielfältige offene Aufgaben (Reflexionen, Transferaufgaben, Diskussionsthemen . . .) als „roter Faden" der Lernprozesse dienen.

Tab. 5.1 (Fortsetzung)

Orientierung	*Blended Learning*: Regelmäßige Workshops zur gemeinsamen Reflektion der Praxiserfahrungen, zum Austausch mit Lernpartnern, Lernbegleitern, Experten und oberen Mitarbeitern, bei Bedarf auch Trainings mit Fallstudien, Rollenspielen oder Planspielen, ermöglichen es den Mitarbeitern, ihre Erfahrungen zu verarbeiten und die notwendige Qualifikation zu sichern. Elemente mit Event-Charakter (z. B. Kaminabende mit oberen Führungskräften oder Experten Outdoor-Übungen ...) fördern wiederum die Netzwerkbildung. *Informelles Lernen*: Über eine datenbank-basierte Lösung kann das Erfahrungswissen der Lerner dokumentiert und in einem gemeinsamen Kommunikationsprozess weiter verarbeitet werden. Mit Suchfunktionen können die Lerner Erfahrungswissen, aber auch Lernpartner oder Experten zur Lösung von Praxisproblemen finden. Ergebnisse aus informellen Lernprozessen, die in der Lerngruppe Akzeptanz gefunden haben, können wiederum mittels Rapid E-Learning Tools zu Lernmaterialien aufbereitet werden. Auch die formellen Inhalte erhalten damit einen dynamischen Charakter.
	Community of Practice: Die Mitarbeiter können wichtige Problemstellungen in das Netzwerk einbringen, Fragen formulieren, mögliche Lösungen zur Diskussion stellen, grundlegende Problemstellungen identifizieren und ihre Konsequenzen erörtern
	Social Bookmarking: Relevante Inhalte werden verschlagwortet.
	Kompetenzorientiertes Wissensmanagement: System zur Dokumentation und zur Suche von Erfahrungswissen (Activity Stream, Dokumente, Blogs, Wikis, Communities) sowie zum Identifizieren von Experten (MySite), Recherchen
Struktur	*Community of Practice:* Problemstellungen strukturieren und gewichten, weitere Quellen identifizieren, Themenbereiche strukturieren und gewichten
	Co-Authoring: Erfahrungswissen und Problemlösungen aufbereiten, evtl. mit Rapid E-Learning
	Blogs: Projekt- und Lerntagebücher zum Austausch von Erfahrungswissen
	Wikis: Erfahrungswissen zusammentragen und kollaborativ erweitern
Lösung von Herausforderungen in der Praxis und in Projekten	*Lernen im Prozess der Arbeit:* Die Lerner lösen ihre Herausforderungen in der Praxis, halten ihre wesentlichen Beobachtungen in ihrem *Lerntagebuch* fest, reflektieren diese und bearbeiten sie mit ihrem Lernpartner (*Co-Coaching*) bzw. in der Lerngruppe (*Kollegiale Beratung*).
	Live-Modelle: Die Lerner werden durch ihre Lernpartner in der Praxis beobachtet und erhalten im Rahmen des Co-Coaching eine Rückmeldung. Gleichzeitig bekommen die Beobachter eine klare Vorstellung davon, welche Handlungsweisen sinnvoll sind.
	Kollaborativer Arbeits- und Lernraum: Kollaborative Problemlösungen und Lernprozesse ermöglichen *Community of Practice:* Austausch und Weiterentwicklung von Erfahrungswissen
	Blogs: Erfahrungswissen aus Projekt- und Lerntagebüchern gemeinsam bewerten und weiter entwickeln
	Wikis: Erfahrungswissen kollaborativ bewerten und weiter entwickeln
	Co-Authoring: Entwicklung von Lernlösungen, z. B. mit Rapid E-Learning, Podcasts, Webcasts, Artikeln u.a.

Tab. 5.1 (Fortsetzung)

Dokumentation und Teilung von Erfahrungswissen	*E-Portfolio:* Diese persönliche, digitale Sammlung von Dokumenten und persönlichen Arbeiten eines Lerners dokumentiert und veranschaulicht die Lernergebnisse (Produkt) und den Lernweg (Prozess) seiner Kompetenzentwicklung in einer bestimmten Zeitspanne und für bestimmte Zwecke.
	Community of Practice: Zusammenfassung und Diskussion von Problemstellungen, Lösungsansätzen, Überlegungen, Erfahrungswissen und Recherchen
	Blogs: Persönliches Erfahrungswissen weitergeben
	Wikis: Erfahrungswissen von Gruppen weitergeben
	Social Bookmarking: Erarbeitete Inhalte verschlagworten.

je stärker sie sich aktiv einbringen. Entscheidend für den Erfolg ist ein zielgruppengerechter Ermöglichungsrahmen, der auf der aktuellen Lernkultur aufbaute.

Social Software fördert aber nicht nur Kompetenzen, sie fordert sie auch. Um mit diesen Tools umgehen zu können, benötigen Lernbegleiter und Nutzer sowohl Medien- als auch Selbstlernkompetenz. Deshalb kommt dem Implementierungsprozess für das Kompetenzentwicklungssystem mit Social Software und damit dem Veränderungsmanagement eine zentrale Bedeutung zu.

Von der Personalentwicklung zum Kompetenzmanagement

Der Wettbewerb der Unternehmen wird immer mehr zu einem Kompetenzwettbewerb. Die Kompetenzentwicklung der identifizierten Talente, der Spezialisten und Führungskräfte, die kritische Positionen im Unternehmen besetzen können, wird damit zu einer strategischen Aufgabe (vgl. Beispiele für Talent Management in der Praxis in: Ritz und Thom (Hrsg.) 2011, S. 69–223, 2. Akt. Aufl.). Nur die Unternehmen, die proaktiv die Entwicklung des Kompetenzpotenzials aller Talente ermöglichen, werden in der Zukunft erfolgreich sein.

Als Talente werden häufig alle Mitarbeiter verstanden, die über ein hohes Potenzial zur Wahrnehmung komplexer Aufgaben verfügen und sich in der Entwicklung zu einem High Potential befinden oder in den relevanten Kompetenzen bereits dazu zählen. Sie zeichnen sich durch ein besonderes Engagement, überdurchschnittliche Leistungen sowie weiteres Entwicklungspotenzial aus (vgl. beispielsweise Thom und Nesemann 2011, S. 25) Für diese „High Potentials" werden dann meist besondere Entwicklungsprogramme kreiert.

Wir gehen in unseren Vorschlägen dagegen davon aus, dass grundsätzlich jeder Mitarbeiter und jede Führungskraft eines Unternehmens Talent hat, das entwickelt werden kann. Ansonsten müsste sich das Unternehmen von ihnen trennen, weil die optimale Erfüllung von nahezu allen Aufgaben im Prozess der Arbeit auf allen Ebenen kompetente Mitarbeiter erfordert. Der weiter wachsende Wettbewerb und die zunehmende Knappheit an Fachkräften haben zudem zur Folge, dass es sich die Unternehmen überhaupt nicht mehr leisten können, die Kompetenzentwicklung aller Talente im Unternehmen nicht konsequent ausgerichtet an der Unternehmensstrategie zu ermöglichen.

Dieses breit verstandene, strategieorientierte Talentmanagement setzt deshalb ein Kompetenzmanagement voraus, das selbstorganisiertes, eigenverantwortliches Handeln und Lernen aller Mitarbeiter, ausgerichtet an den strategischen Zielen und am Werterahmen der Unternehmung, ermöglicht. Daraus leitet sich die zukünftige Rolle des Kompetenzmanagements im Unternehmen ab (Abb. 6.1, S. 238).

W. Sauter, S. Sauter, *Workplace Learning,* DOI 10.1007/978-3-642-41418-3_6,
© Springer-Verlag Berlin Heidelberg 2013

Abb. 6.1 Talent- und Kompetenzmanagement

Wenn man aber selbstständig handelnde und entscheidende Mitarbeiter möchte, dann ist es naiv zu glauben, dass sie diese Kompetenzen entwickeln können, indem man sie in ein, noch so gut gemachtes, Seminar setzt, wo ihnen ein Fach- oder Führungstrainer sagt, was sie zu tun haben. Es ist eigentlich ganz einfach. Talentmanagement setzt zwingend voraus, dass die Anforderungen in der Praxis, nämlich selbstorganisiert und eigenverantwortlich zu handeln, sich auch in der Lernkultur und in den Entwicklungsmaßnahmen für Talente niederschlagen.

Deshalb sind für das Talentmanagement zwingend Lernsysteme mit Kompetenzzielen erforderlich, die auf der Selbstorganisation der Lerner aufbauen. Es mutet geradezu grotesk an, wenn, wie man immer wieder beobachten kann, Talentmanagementsysteme in Qualifizierungssysteme mit fremdorganisierten Seminarmaßnahmen münden, ohne dass der gezielten Kompetenzentwicklung Vorrang gegeben wird. Dies kann man nur damit erklären, dass es den Personalentwicklern und Trainern offensichtlich sehr schwer fällt, sich von bisherigen, angeblich so erfolgreichen, Seminarmaßnahmen zu trennen. So lange man den „Erfolg" der Seminare direkt am Ende des Workshops evaluiert, so dass vor allem die meist gute Stimmung in der Lerngruppe gemessen wird, anstatt den individuellen Kompetenzzuwachs einige Zeit nach der Maßnahme in der Praxis zu bewerten, braucht man als Personalentwickler auch kein schlechtes Gewissen zu haben. Dabei hat u. a. Diethelm Wahl nachgewiesen, dass die subjektive Zufriedenheit mit einer Aus-, Fort- oder Weiterbildungsmaßnahme und der dabei empfundene Lernzuwachs kein taugliches Maß für deren Effektivität hinsichtlich des zurückgelegten Weges vom Wissen zur nachhaltigen Handlungskompetenz ist (Wahl 2013, S. 13, 3. erw. Aufl.).

Talent-Managementsysteme verbinden mit Kompetenz-Management-Systemen wesentliche interne und externe Prozesse, die das Erkennen der Potenziale und Entwicklungsmöglichkeiten der Talente auf allen Unternehmensebenen, die Ermöglichung der notwendigen Kompetenzentwicklungsprozesse sowie das Übertragen von Funktionen und komplexen Aufgaben an geeignete Führungskräfte und Mitarbeiter einschließen (vgl. Heyse und Ortmann 2008; Steinweg 2009). Die Hürden, die man in den Unternehmen überwinden muss, um diesen Weg zu gehen, sind hoch, aber beherrschbar. Es ist ein konsequentes Veränderungsmanagement erforderlich, das mit lieb gewonnen Lernroutinen aufräumt und den Aufbau sowie die Implementierung einer Lernkonzeption ermöglicht, die sich konsequent an den strategischen Erfordernissen der Unternehmung ausrichtet.

6.1 Kompetenzmanagement – die neue Rolle der Personalentwicklung

Mitarbeiterkompetenzen werden zu einem entscheidenden Wettbewerbsfaktor und müssen genauso professionell erfasst, ausgerichtet und gemanagt werden wie andere Produktionsfaktoren. Durch strategisches Kompetenzmanagement nutzen Unternehmen diese Erfolgspotenziale effektiv und effizient.

Kompetenzmanagement hat zum Ziel, die Potenziale der Unternehmen im Bereich der Mitarbeiterkompetenzen in Hinblick auf die Unternehmensstrategie effektiv zu nutzen und zielorientiert zu entwickeln (vgl. Erpenbeck und Roth 2012).

Kompetenzmanagement baut dabei auf dem Daten- und Informationsmanagement sowie einem kompetenzorientierten Wissensmanagement auf. Dieser Ansatz kann nur dann erfolgreich umgesetzt werden, wenn sich die Denk- und Handlungsweisen aller Beteiligten, vom Lerner über die Trainer, E-Caches und E-Tutoren bis zu den Führungskräften, sich grundlegend verändern (vgl. Heyse und Erpenbeck 2007).

Deshalb ist Kompetenzmanagement immer auch Veränderungsmanagement, das in einem ganzheitlichen, strategisch orientierten Implementierungsprozess gestaltet wird. Es verknüpft dabei die Ebenen der Mitarbeiter mit ihren Kompetenzprofilen sowie den Kernkompetenzen der Unternehmen und umfasst alle Bereiche der Kompetenzerfassung und Kompetenzentwicklung der Mitarbeiter mit dem Ziel, die Wettbewerbsfähigkeit der Unternehmung zu optimieren (vgl. Grote 2012, 2. Auflage 2).

6.1.1 Anforderungen an den Bildungsbereich

Die Anforderungen an den Bildungsbereich wurden in den vergangenen Jahren vor allem durch folgende aktuellen Entwicklungen grundlegend verändert: (ASTD – American Society for Training & Development (2013)

- Wirtschaftskrisen und ökonomische Unsicherheit
- Digitale, mobile und soziale Technologien

- Demographische Verschiebungen
- Globalisierung.

Insbesondere der Megatrend der Digitalisierung verändert die Arbeitswelten, die Unternehmens- und Wissenskulturen sowie die dazugehörigen Führungsverständnisse. Die wichtigste Aufgabe des zukünftigen Human Resource Managements wird das Kompetenz- und Wissensmanagement sein (Chachelin 2013, S. 16–19).

Eine Studie der Wissensfabrik in St. Gallen führt zu folgenden Diskussionsthesen über die voraussichtlichen Veränderungen im Bereich des Human Resource Managements (Wissensfabrik 2012, S. 34–39):

1. Die Megatrends Wissensgesellschaft, Vernetzung und Digitalisierung machen das Wissen zur wichtigsten Ressource des Unternehmens,
2. die wichtigste Aufgabe des zukünftigen HRM liegt in der Unterstützung der Unternehmen und ihrer Mitarbeiter zum ständigen Wandel,
3. die Megatrends Vernetzung, demografischer Wandel, Digitalisierung, Wissensökonomie, Stress und Mobilität verändern die Arbeitswelt,
4. in umstrittenen Wettbewerben mit immateriellen Produkten braucht die Organisation eine starke Marke (Employer Branding),
5. das Kompetenzmanagement wird zum Wissensmanagement,
6. das zukünftige Kompetenzmanagement orientiert sich an den individuellen Bedürfnissen der Mitarbeiter,
7. das Human Resource Management verlagert seine Prozesse in das Internet,
8. die Kunden rücken in den Fokus des Human Resource Management,
9. Datenmanagement ist Sache des Human Resource Management,
10. es fehlen bisher passende Organisationsformen eines „Neuen Human Resource Management".

Der Bildungsbereich erhält zukünftig die Aufgabe, individuelles und organisationales Lernen zu ermöglichen, indem er Lernräume und Lernmöglichkeiten gestaltet. Meier und Seufert benutzen hierfür das Bild des *Lernlandschaftsarchitekten* (Meier und Seufert 2012b, S. 20). Zu seinen Aufgaben gehört insbesondere

- die Mitgestaltung der Rahmenbedingungen für erfolgreiches Lernen, wie z. B. des Ermöglichungsrahmens einschließlich der Lerninfrastruktur,
- die Entwicklung der Rollen von Führungskräften zu Entwicklungspartnern (Coaching) und der Lernbegleiter zu E-Coaches oder E-Mentoren sowie
- die Ermöglichung der selbstorganisierten, persönlichen Kompetenzentwicklung der Mitarbeiter und Führungskräfte. Diese ist durch ein strukturiertes Vorgehen zur Beschreibung, Bewertung und zum Nachweis individueller Kompetenzen gekennzeichnet. Das Ziel ist, das vorhandene Entwicklungspotenzial zu erkennen und bestmöglich zu

nutzen und die eigenen Kompetenzen, orientiert an individuellen Kompetenzzielen, zu erweitern (North et al. 2013, S. 212. Aufl.).

Einen zentralen Bildungsbereich, der überwiegend fremdorganisierte Lernangebote für Mitarbeiter und Führungskräfte entwickelt und organisiert, wird es zukünftig immer weniger geben. Der wesentliche Grund dafür liegt darin, dass die individuellen Lernprozesse immer mehr selbstorganisiert im Rahmen der Zielvereinbarungen innerhalb des Ermöglichungsrahmen in Zusammenarbeit mit den jeweiligen Führungskräften gestaltet werden. Die Personalentwicklung wandelt sich deshalb zum zentralen Kompetenzmanagement.

6.1.2   Aufgaben des Kompetenzmanagements

Lernkonzeptionen mit zunehmender Selbstorganisation und –verantwortung der Lerner haben zur Folge, dass die heutigen Personalentwickler entweder ihre Rolle verlieren oder sie zu Managern des Human Capital, d. h. zu Kompetenzmanagern, wandeln (Wissensfabrik 2012, S. 38). Auch die Bildungsplaner werden zunehmend an Zielen im Bereich der Wettbewerbsfähigkeit der Unternehmen gemessen werden. Dies erfordert neue Strukturen, Rollen und Kompetenzen der Planer, Entwickler, Trainer, Tutoren und Coaches in betrieblichen Lernsystemen. Insbesondere ist es notwendig, innovative Bildungsprojekte aus ihrer „Schönwetter-Ecke" zu bringen. Kompetenzmanager müssen bereits bei der strategischen Planung als Partner mit einbezogen werden, damit sie die notwendige Kompetenzentwicklung zur Umsetzung der strategischen Maßnahmen rechtzeitig initiieren und ermöglichen können. Dies setzt eine entsprechende Kompetenz und ein hohes Standing der Kompetenzmanager im Unternehmen voraus.

Kompetenzmanagement erfordert eine Neupositionierung des heutigen, betrieblichen Bildungsmanagement, das zukünftig die Rolle eines aktiven und strategieorientierten Gestalters und Begleiter der Kompetenzentwicklungsprozesse im Unternehmen spielt. Personalentwickler wandeln sich damit zu Kompetenzmanagern.

Kompetenzmanagement in der betrieblichen Bildung hat die Aufgabe, Kompetenzen zu beschreiben, diese transparent zu machen und allen Mitarbeitern und Führungskräften zu ermöglichen, Kompetenzen selbstorganisiert zu erwerben und laufend zielorientiert weiter zu entwickeln (nach North et al. 2013, S. 22, 2. Aufl.).

Kompetenzmanagement ist in diesem Verständnis eine Managementdisziplin, mit der die Kompetenzen im Unternehmen aktiv gesteuert werden können. Ziel ist es, die Potenziale der Unternehmen im Bereich der Mitarbeiterkompetenzen effektiv zu nutzen.

Kompetenzentwicklung kann nur erfolgreich umgesetzt werden, wenn sie sich an den strategischen Unternehmenszielen ausrichtet. Strategische Entscheidungen determinieren die Kompetenzen, die mit einem Kompetenzmanagement gesteuert werden. Auch müssen sich die Ziele und die Struktur des Kompetenzmanagements an den vorhandenen Organisations- und Kompetenzstrukturen sowie an Prozessen, Technologien

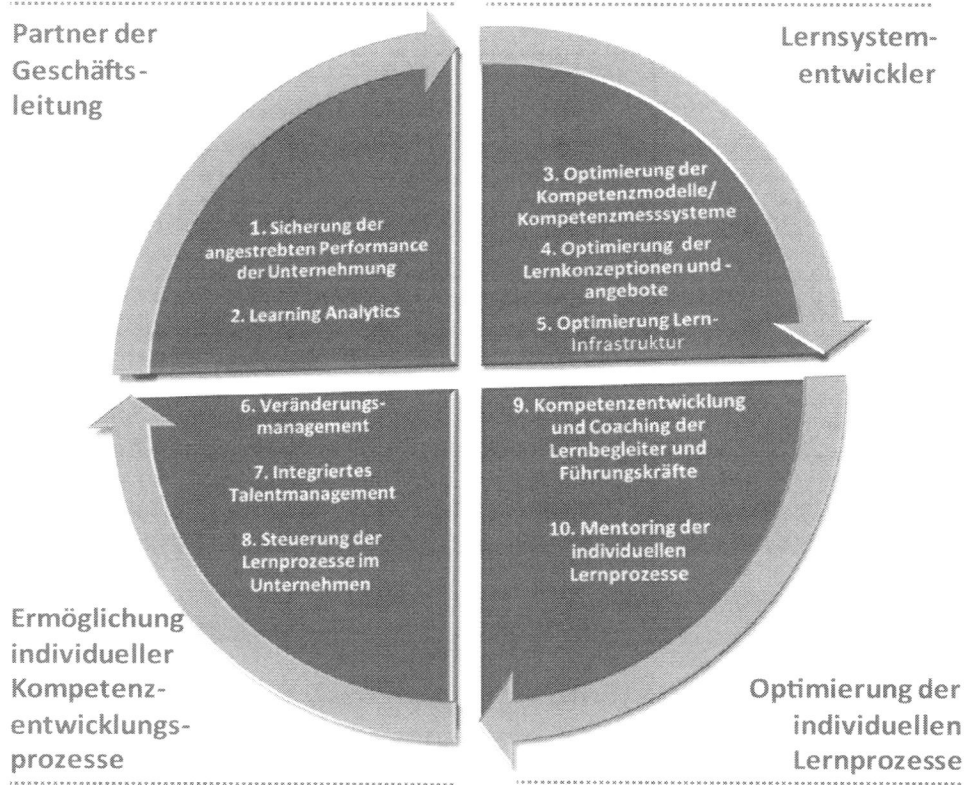

Abb. 6.2 Aufgaben des Kompetenzmanagements

und informationstechnischer Infrastruktur orientieren. Die im Unternehmen schon vorhandene Technologie setzt Maßstäbe an ein Kompetenz-Management-System, dessen Ausgestaltung und die Kompetenzmanager (ebenda S. 27 f.).

Die Handlungsfelder des Kompetenzmanagements müssen in einem laufenden Veränderungsprozess mit den jeweiligen Bedingungen und Anforderungen der Unternehmung abgestimmt werden. Der Implementierungsprozess für Kompetenzentwicklung setzt dabei voraus, dass sich die Denk- und Handlungsweisen aller Beteiligten, vom Lerner über die Trainer, Coaches bzw. Tutoren bis zu den Führungskräften, grundlegend verändern.

Das Kompetenzmanagement muss Strukturen, Systeme, Methoden und Werkzeuge entwickeln, die eine permanente, immer aktuelle Transparenz der Stärken und Potenziale von Mitarbeitern gewährleisten, Geschäftsprozesse sowie Kompetenzentwicklung koppeln, die Prozesse über die Gestaltung des Ermöglichungsrahmens fördern und als Lernexperten begleiten, Die Aufgaben des betrieblichen Bildungsmanagements erfordern deshalb proaktive und strategieorientierte Gestalter und Begleiter der Kompetenzentwicklungsprozesse im Unternehmen. Diese werden vor allem für folgende Handlungsfelder verantwortlich sein (Abb. 6.2).

Im Einzelnen wird das Kompetenzmanagement folgende Aufgaben übernehmen (vgl. dazu auch ASTD 2013):

1. *Sicherung der angestrebten Perfomance*: Ableitung der Kompetenzstrategie aus der Unternehmensstrategie und dem Werterahmen mit Unterstützung des Top-Managements; Beschaffung der notwendigen Ressourcen; laufende Weiterentwicklung der Struktur und der Prozesse des betrieblichen Lernens.
2. *Learning Analytics*: Aufbereitung und Speicherung der Daten, die sich aus den individuellen Lernprozessen ergeben; diese werden zielgerichtet zusammen geführt, analysiert, interpretiert und die Ergebnisse mit dem Ziel visualisiert, die Lernprozesse zu optimieren. Das Kompetenzmanagement leitet die Auswertungen nach Vorgabe des Lerners an Lernpartner, Lernbegleiter oder Führungskräfte weiter.
3. *Optimierung des Kompetenzmodells*: Laufende Weiterentwicklung des Systems zur Identifikation und Analyse der Möglichkeiten zur Entwicklung der individuellen Kompetenzen aller Mitarbeiter in Hinblick auf die strategischen Ziele.
4. *Optimierung von bedarfsgerechten Lernkonzeptionen und -angeboten*: Formelle und informelle Lernlösungen für die Erfordernisse der Unternehmung, von Trainings bis zu Kompetenzentwicklungsmaßnahmen innerhalb eines Ermöglichungsrahmens.
5. *Optimierung der Lern-Infrastruktur*: Laufende Beobachtung und Analyse der Entwicklungen im Bereich der Arbeits- und Lerntechnologien, Entwicklung bedarfsgerechter Lernlösungen sowie Integration in die Lernkonzeption und die Unternehmens-IT, Ermöglichung eines kompetenzorientierten Wissensmanagements mit dem Ziel, Erfahrungswissen der Teilnehmer auszutauschen und weiter zu entwickeln.
6. *Veränderungsmanagement*: Gestaltung und Begleitung der laufenden Veränderungsprozesse der Lerner, der Lerngruppen und der Organisation mit dem Ziel, eine Lernkultur des selbstorganisierten Lernens zu initiieren.
7. *Integriertes Talent-Management*: Verknüpfung der Personal- und Führungssysteme mit dem betrieblichen Lernsystem.
8. *Steuerung der Lernprozesse im Unternehmen*: Laufende Optimierung des Ermöglichungsrahmens, der den Mitarbeitern und Führungskräften für ihre individuelle Kompetenzentwicklung zur Verfügung gestellt wird.
9. *Kompetenzentwicklung und Coaching der Lernbegleiter und Führungskräfte*: Ermöglichungsrahmen zum Aufbau der didaktisch-methodischen Kompetenz der Lernbegleiter und Führungskräfte als Entwicklungspartner ihrer Mitarbeiter.
10. *Mentoring der individuellen Lernprozesse*: Unterstützung der Mitarbeiter und Führungskräfte durch Lernberatung und Initiierung von Netzwerken.

Dabei nutzt das zentrale Kompetenzmanagement sein eigenes Netzwerk, um für das Unternehmen einen optimalen Mix aus eigenen Entwicklungen und Lernlösungen am Markt, einschließlich Open Source Lösungen und Open Educational Resources, zu entwickeln und zu implementieren.

- Glaubwürdigkeit
- Normativ-ethische Einstellung
- Schöpferische Fähigkeit
- Ganzheitliches Denken

- Gestaltungswille
- Initiative
- Impulsgeben
- Ergebnisorientiertes Handeln

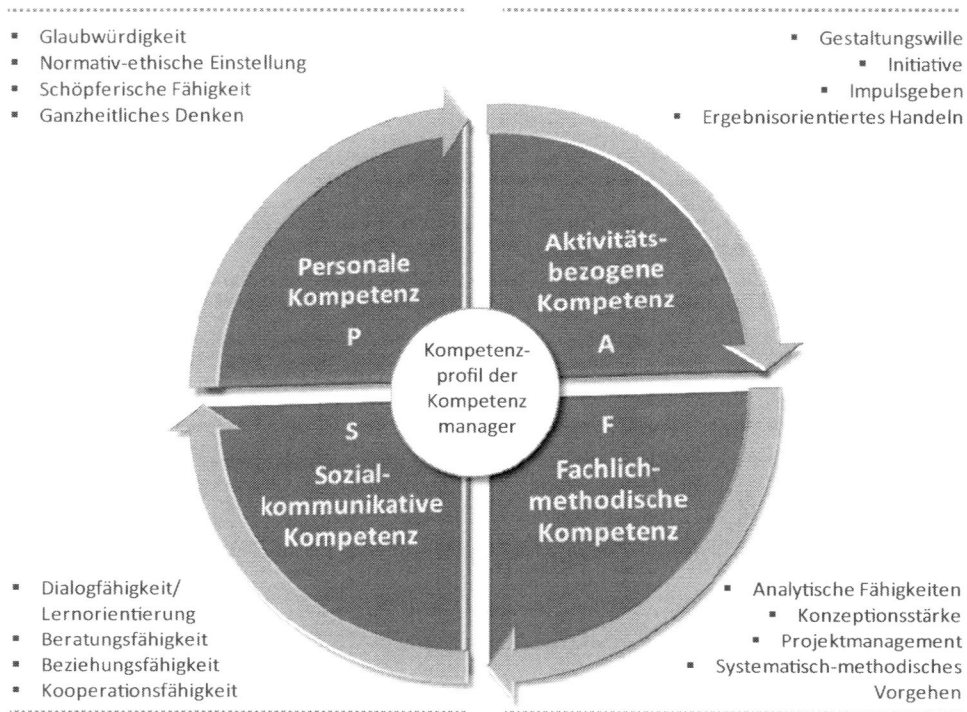

- Dialogfähigkeit/
  Lernorientierung
- Beratungsfähigkeit
- Beziehungsfähigkeit
- Kooperationsfähigkeit

- Analytische Fähigkeiten
- Konzeptionsstärke
- Projektmanagement
- Systematisch-methodisches
  Vorgehen

Abb. 6.3 Kompetenzprofil der Kompetenzmanager

Diese Rollen müssen sich die Kompetenzmanager im Laufe der Zeit erkämpfen. Hierfür eignen sich besonders strategieorientierte, innovative Lernprojekte, die zeitnah messbare Erfolge zeigen. Unser „Doppeldecker-Ansatz", in dem sich die Kompetenzmanager das Wissen zu innovativen Lernsystemen in einem kompetenzorientierten Blended Learning Konzept selbstorganisiert aneignen und in einem realen Projekt mit dem Austausch von Erfahrungswissen mittels Social Software anwenden, bildet einen effizienten Rahmen dafür.

6.1.3 Kompetenzprofil der Kompetenzmanager

Auf Basis des Kompetenzmodells von Erpenbeck und Heyse haben wir in unseren Praxisprojekten aus dem Aufgabenprofil der Kompetenzmanager folgendes Kompetenzprofil abgeleitet, das die 16 Kompetenzen umfasst, die für die Handlungskompetenz dieser Zielgruppe von zentraler Bedeutung sind (vgl. Heyse 2010, S. 123–155) (Abb. 6.3).

Diese Kompetenzen, die für den Erfolg der Kompetenzmanager die Voraussetzung bilden, können wie folgt beschrieben werden.

▶   **Hinweis:** Die einzelnen Kompetenzen können jeweils einem der vier Kompetenzbereiche zugeordnet werden. Teilweise enthalten Sie auch Aspekte eines
zweiten Kompetenzbereichs. Dies wird durch den Hinweis, wie z. B. P/A (=
Personale Kompetenz mit Aspekten der aktivitätsbezogenen Kompetenzen),
gekennzeichnet.

P – Personale Kompetenzen

Glaubwürdigkeit: Fähigkeit, glaubwürdig zu handeln P	
Begriff	Gibt erlebte und beobachtete Situationen, Sachverhalte und Verhältnisse zutreffend und einsichtig wider
	Überzeugt durch persönliche Gelassenheit und Stabilität
	Korrigiert die eigene Sicht bei Auftreten neuer Fakten oder stimmiger Argumente, gibt Fehler und Schwächen offen zu
	Handelt vorbildlich und motiviert dadurch andere
Erläuterungen	*Glaubwürdigkeit* kennzeichnet Aussagen und Handlungsweisen, die entstanden sind, ohne dass die zugrunde liegenden Sachverhalte durch personale Verarbeitungsprozesse verzerrt wurden. Dies setzt eine hohe Stabilität personaler Erlebnis-, Wahrnehmungs-, Intelligenz- und Gedächtnisleistungen voraus. Diese Glaubwürdigkeit kann unbeabsichtigt durch innere Unsicherheiten und Instabilität, beabsichtigt durch Täuschung und Unwahrheit, zustande kommen.
Übertreibungen	*Der Kompetenzmanager ist zu offen, idealisiert Beziehungen und verhält sich teilweise übertrieben selbstkritisch, oder auch naiv*

Normativ-ethische Einstellung: *Fähigkeit, ethisch zu handeln* P	
Begriff	Handelt konsequent, verantwortungsbewusst und wertorientiert
	Handelt durchweg ehrlich, pflichtbewusst und zuverlässig
	Handelt mit hohen Ansprüchen an sich selbst und an andere
	Trägt dazu bei, dass wichtige Werte in der Lernkultur verankert werden
Erläuterungen	*Normativ-ethische Einstellung* ist die Bereitschaft, innerhalb des vereinbarten Werterahmens selbstverantwortlich zu handeln. In handlungsmäßig offenen, unsicheren Situationen handelt der Kompetenzmanager erfolgreich, weil er eine feste personale Verankerung von Norm- und Wertvorstellungen besitzt. Dabei dient der vereinbarte Werterahmen im Unternehmen als Leitlinie. Diese Einstellungen werden sehr früh und außerhalb des Unternehmens erworben, z. B. im Elternhaus, in persönlichen Beziehungen und Freundschaften oder im sozialen Umfeld.
Übertreibungen	*Der Kompetenzmanager stellt seine Werte und Prinzipien über alles, er idealisiert und tritt weltfremd auf*

Schöpferische Fähigkeit: *Fähigkeit, kreativ zu handeln* P/A

Begriff	Erfasst frühzeitig die Notwendigkeit von Veränderungen, insbesondere im Bildungsbereich, und nimmt Probleme eher als Chance war
	Wendet sich aktiv gegen Inaktivität, Gleichgültigkeit und erstarrte Routine
	Sucht aktiv den Erfahrungsaustausch, um Anregungen und kreative Ideen zu gewinnen
	Unterstützt innovative Vorschläge anderer und ermutigt diese zur Umsetzung
Erläuterungen	*Schöpferische Fähigkeit* bedeutet, auch bisher unbekannte Herausforderungen kreativ zu lösen. Schöpferische Menschen sind Neuem gegenüber offen und suchen selbst nach innovativen Mitteln und Wegen. Sie ermutigen die Mitarbeiter, Führungskräfte und Lernbegleiter einzeln, im Team oder mit Partnern nach neuartigen Lösungen zu suchen.
Übertreibungen	*Der Kompetenzmanager entwickelt ständig neue Ideen, auch in Situationen, in denen Kontinuität und Routine angesagt sind. Deshalb wird er als unbeständig und sprunghaft wahrgenommen.*

Ganzheitliches Denken: *Fähigkeit, ganzheitlich zu denken und zu handeln* P/F

Begriff	Richtet sein Denken nicht nur auf fachlich-methodische Details der eigenen Arbeit, sondern bezieht den Kontext in seine Überlegungen mit ein
	Schaut über den eigenen Verantwortungsbereich und das eigene Unternehmen hinaus
	Berücksichtigt nicht nur die im engeren Sinne fachlichen, sondern auch die psychologischen, gesellschaftlichen und ökonomischen Wechselbeziehungen des eigenen Handelns.
	Integriert das Fachliche aktiv in seine Tätigkeit, ordnet sich aber ihm nicht einfach unter, handelt eher als Generalist denn als Spezialist
Erläuterungen	*Ganzheitliches Denken* bezeichnet die Fähigkeit, auf der Grundlage eines fundierten didaktisch-methodischen Wissens weitere Aspekte – ethische, psychologische, gesellschaftliche, ökonomische, juristische... – in die eigenen Zielsetzungen und Entscheidungen einzubeziehen. Die Stärke der Persönlichkeit, ihr Wertgefüge und ihre Absichten spielen dabei eine integrierende Rolle. Gerade bei schnell wechselnden und wachsenden fachlich-methodischen Anforderungen in der betrieblichen Bildung wird diese Integrationsfähigkeit für den Handlungs- und damit den Unternehmenserfolg entscheidend.
Übertreibungen	*Der Kompetenzmanager neigt dazu, Details zu vernachlässigen, alles zu sehr aus generalistischer Sicht zu sehen und sich entsprechend zu verhalten. Er hat Schwierigkeiten, sich mit grundlegenden Aufgaben im Arbeitsalltag zu beschäftigen und sich ihnen unterzuordnen*

S – Sozial-kommunikative Kompetenzen

Dialogfähigkeit/Lernerorientierung: *Fähigkeit, sich auf Mitarbeiter und Führungskräfte im Gespräch einzustellen.* S/P

Begriff	Gewinnt im Dialog mit anderen, mit Mitarbeitern, Führungskräften oder Partnern Sympathie und Anerkennung
	Geht mit Vorschlägen und Kritik anderer kontaktfähig, vertrauenswürdig und offen um
	Kommuniziert die eigenen Sichten, Werthaltungen und Normen überzeugend und begründet notwendige Arbeits- und Handlungsschritte klar
	Betreibt eine aktive Pflege der Mitarbeiter, Führungskräfte und Lernbegleiter, für die er verantwortlich ist, und erfüllt seine Verpflichtungen ihnen gegenüber
Erläuterungen	*Dialogfähigkeit* bezeichnet die Befähigung, im verbalen Dialog, einschließlich der nonverbalen Elemente, Sympathien zu gewinnen, Sachverhalte klar zu umreißen und sie auch für andere einsehbar darzustellen, notwendige Handlungsschritte sicher zu begründen und mitreißend ins Gespräch zu bringen, die eigene Sicht und die eigenen Normen- und Werthaltungen verständlich zu machen, sie überzeugend und vorbildhaft auf andere zu übertragen und den Gesprächspartnern das Gefühl der aktiven Hilfestellung zu vermitteln
	Die Lernerorientierung beschreibt die Dialogfähigkeit gegenüber den Lernern, die Pflege der Lerner und die Erfüllung eingegangener Verpflichtungen. Sie basiert vor allem auf Kontaktfähigkeit, Kontaktfreude und Akzeptanz. Die lernerorientierte Dialogfähigkeit umfasst dabei insbesondere auch die Möglichkeiten zur Kommunikation im Netz
Übertreibungen	*Der Kompetenzmanager vertraut anderen zu viel (an), ist zu offenherzig und idealisiert neue Beziehungen*

Beratungsfähigkeit: *Fähigkeit, Lerner, Führungskräfte und Lernbegleiter zu beraten* S/A

Begriff	Weckt und fördert bei Lernern, Lerngruppen und im Unternehmen die Bereitschaft zu sozial engagiertem, selbstorganisierten Handeln
	Setzt Erkanntes und für notwendig Gehaltenes offensiv um
	Setzt seine fachlich-methodischen und sozialen Erfahrungen zielgerichtet ein
	Beweist erfolgreich Eigenständigkeit und Führungsfähigkeiten im Umgang mit Lernern, Führungskräften und Lernbegleitern. Anerkennt und fördert die personale Identität Anderer, ihre Interessen und Begabungen
Erläuterungen	*Beratungsfähigkeit* beschreibt das Vermögen, Lerner, Führungskräfte und Lernbegleiter zur selbständigen Lösung von Herausforderungen in der betrieblichen Bildung mit Hilfe neuer Informationen, didaktisch-methodischer Hinweise, Netzwerken oder konkreten Anleitungen zu bringen. Dies setzt ein umfangreiches Sachwissen im Bereich betrieblicher Bildungssysteme, breite soziale Erfahrungen sowie soziale Aktivität und Durchsetzungskraft der Kompetenzmanager voraus. In innovativen Lernsystemen ist es besonders wichtig, die Fähigkeit zum kooperativen Lernen und zum kollaborativen Arbeiten und Lernen zu entwickeln und in den Lernalltag zu integrieren. Dies setzt voraus, dass die Kompetenzmanager einen intensiven sozialen Selbstorganisationsprozess anstoßen, der zu bedarfsgerechten, individuellen Lernlösungen führt. Dies erfordert kenntnisreiche und sozial hoch aktive Kompetenzmanager, die fähig sind, auf die Lerner, die Lernbegleiter und Führungskräfte psychologisch einzugehen und eine echte Vertrauensbasis zu schaffen
Übertreibungen	*Der Kompetenzmanager tritt arrogant und besserwisserisch auf, er generalisiert übermäßig . . .*

Beziehungsmanagement: *Fähigkeit, persönliche und arbeitsbezogene Beziehungen zu gestalten* S

Begriff	Vermittelt zwischen unterschiedlichen Interessen und Interessensgruppen, stiftet aufgrund der persönlichen Integrationsfähigkeit und Toleranz Beziehungen
	Setzt ein gewinnendes Wesen für das Management von Beziehungen wirksam ein
	Akzeptiert die eigenen Stärken und Schwächen und unterschiedliche Persönlichkeiten
	Gestaltet ein lernorientiertes, erfolgreiches Miteinander und ermöglicht dadurch individuelle Lernerfolge, wahrt dabei geschickt die für das Beziehungsmanagement notwendige Balance zwischen sozialer Nähe und Distanz
Erläuterungen	*Beziehungsmanagement* kennzeichnet das Streben, mit unterschiedlichen Lernern, Lernbegleitern und Führungskräften in lernförderliche Kommunikations- und Kooperationsbeziehungen zu treten und zwischen den verschiedenen Interessensgruppen zu vermitteln. Es bedeutet weiter, durch zielbewusstes, authentisches Handeln die Vertrauenswürdigkeit zu erhöhen. Es kennzeichnet zugleich die Fähigkeit, auch mit Gegnern, Ängstlichen oder Unentschlossenen zeitweilige Partnerschaften zum Nutzen des betrieblichen Bildungssystems einzugehen. Erfolgreich überdauernde, vertrauensbasierte Arbeits- und Lernerbeziehungen können die Akzeptanz für das betriebliche Bildungssystem fördern. Mehr Wissen über komplexe Beziehungen in Bildungsprojekten führt zu erfolgreicheren Veränderungen und steigert die Lerneffizienz. Dafür ist es notwendig, die wichtigsten Bremsen des Beziehungsmanagement, eingefahrene Denk- und Handlungsmuster, Ängste und Vorurteile, erfolgreich zu lösen.
Übertreibungen	*Der Kompetenzmanager überbetont diplomatische Vorgehensweisen, taktiert zu sehr...*

Kooperationsfähigkeit: *Fähigkeit, gemeinsam mit anderen erfolgreich zu handeln* S

Begriff	Koordiniert und organisiert kooperatives und kollaboratives Handeln aufgrund entsprechend ausgeprägter Fähigkeiten und Erfahrungen
	Motiviert Lerner, Führungskräfte und Lernbegleiter durch produktive Teambildung und Teamarbeit
	Fördert und wertet Konsensfähigkeit und gegenseitig Akzeptanz hoch, schätzt die Ergebnisse anderer
	Setzt die personellen Ressourcen des Unternehmens offensiv ein
Erläuterungen	*Kooperationsfähigkeit* bezeichnet das Vermögen zur sozialen Zusammenarbeit. Dies bezieht die Fähigkeit ein, aus einzelnen Lernern, Führungskräften und Lernbegleitern sich gegenseitig ergänzende und unterstützende Gemeinschaften zu gestalten, die Neuem gegenüber aufgeschlossen und handlungsbereit sind und sich gegenüber anderen Personen und Gruppen nicht ablehnend verhalten. Bedeutsam sind der Wille und die Fähigkeit, auch schwierige Personen in Teams einzubeziehen, so dass im persönlichen Wettbewerb und in abgestimmter Zusammenarbeit Hochleistungen in den Lernprozessen erzielt werden.
Übertreibungen	*Der Kompetenzmanager handelt zu kompromissorientiert und ist zu stark auf Konsens und „Miteinander" aus*

A – Aktivitätsbezogene Kompetenzen

Gestaltungswille: *Fähigkeit, etwas willensstark zu gestalten* A/P	
Begriff	Gestaltet aktiv und unter Überwindung von Widerständen und Belastungen innovative Lernlösungen
	Realisiert auch unter schwierigen Bedingungen eigene Vorhaben und Projekte und erträgt dabei Unstimmigkeiten und Widersprüche, die sich bei der Umsetzung ergeben können
	Unterscheidet klar zwischen Wesentlichem und weniger Wesentlichem und handelt danach
	Handelt hoch aktiv bei erhöhten Anforderungen und Herausforderungen
Erläuterungen	*Gestaltungswille* ist der personal verankerte Antrieb, Lernlösungen, Verhältnisse und Beziehungen nach dem eigenen Wissen, individuellen Werten und Erfahrungen auszuformen oder neu zu entwickeln. Dies setzt voraus, dass der Kompetenzmanager gestaltungsfähig und –willig ist. Erst dadurch wird er mit Problemen, Hindernissen und persönlichen Belastungen fertig.
Übertreibungen	*Der Kompetenzmanager übernimmt zu viele schwierige Aufgaben und Herausforderungen gleichzeitig und hält starr an einem beschlossenen Vorhaben fest*

Initiative: *Fähigkeit, Handlungen aktiv zu beginnen* A	
Begriff	Engagiert sich persönlich stark bei der Initiierung und der Ermöglichung von selbstorganisierten Lernprozessen
	Führt Lernkonzeptionen durch die Entwicklung von eigenen Zielvorstellungen und Ideen aktiv zum Erfolg
	Engagiert sich auch für Ziele außerhalb des eigenen Verantwortungsbereichs im Unternehmen, im sozialen Umfeld, in der Freizeit und im Privaten
	Ist hoch aktiv bei schwierigen Herausforderungen und Problemen und deshalb ein gesuchter Partner, auf den sich stets zählen lässt
Erläuterungen	*Initiative* bezeichnet die personale Fähigkeit zum aktiven – sachlichen, geistigen und handlungsmäßigen – Engagement für eine Konzeption, eine Aufgabe, ein Ziel. Sie setzt zugleich die aktive Bindung daran und den persönlichen Einsatz dafür voraus. Ohne fremde Aufforderung werden sinnvolle Ziele formuliert und in Ergebnisse umgesetzt. Initiative ist für alle Phasen der Lernkonzeption wichtig: Für die Bedarfsermittlung, die Konzeptionsentwicklung, den Umsetzungsprozess und die Implementierung.
Übertreibungen	*Der Kompetenzmanager handelt überengagiert, aktivistisch und für Andere irritierend-bedrängend*

Impulsgeben: *Fähigkeit, anderen Handlungsanstöße zu vermitteln* A/S

Begriff	Gibt Denkanstöße, regt gemeinsames Denken an
	Initiiert energisch ein gemeinsames Handeln von Lernpartnern, Gruppen, Teams...
	Begleitet das gemeinsame Handeln im betrieblichen Bildungssystem und im Unternehmen durch Ermunterung und Impulse
	Regt das Handeln anderer durch den eigenen persönlichen Wissens- und Werthintergrund an
Erläuterungen	*Impulse zu geben* heißt, Handlungen der Lerner, Führungskräfte und Lernbegleiter mittels Denkanstößen, Anreizen oder Auslösern für ein verändertes Handeln in den Lernprozessen zu initiieren und zu begleiten. Dabei sind Aktivität und soziales Engagement der Persönlichkeit eng verflochten.
Übertreibungen	*Der Kompetenzmanager setzt sich übermäßig eifrig für die Um- und Durchsetzung von Neuem ein und wirkt auf Andere bedrängend, sich aufdrängend*

Ergebnisorientiertes Handeln: *Fähigkeit, an Ergebnissen orientiert zu handeln* A/F

Begriff	Verfolgt und realisiert Ziele bewusst mit großer Willensstärke, Beharrlichkeit und Aktivität und gibt sich erst zufrieden, wenn klare Ergebnisse vorliegen
	Beeinflusst aktiv alle Teilaspekte des zum Ziel führenden Handelns
	Handelt ausdauernd, um bei zeitweiligen Schwierigkeiten Ergebnisse zu sichern
	Geht bei Erwartung von konkreten Ergebnissen hoch motiviert vor
Erläuterungen	*Ergebnisorientiertes Handeln* ist eine auf breitem fachlich-methodischen Wissen, auf Erfahrungen und komplexem Können beruhende Aktivität, die dazu dient, die angestrebten Ziele zu erreichen. Diese Aktivität wird mit Willensstärke und Beharrlichkeit auch unter Widerständen und Belastungen verfolgt. Dieses Handeln ist eine Aktivität, die bewusst fachliches und methodisches Wissen sowie Handlungsantrieb, -orientierung, – ausführung und –kontrolle als übergreifende Funktionseinheit zusammenschließt.
Übertreibungen	*Der Kompetenzmanager stellt den Erfolg über alles; um des Ergebnisses willen werden wichtige andere Bedingungen, Beziehungen ... ausgeklammert oder verdrängt*

Fachlich-methodische Kompetenzen

Analytische Fähigkeiten: *Fähigkeit, Sachverhalte und Probleme zu durchdringen* F/P	
Begriff	Beherrscht Methoden des abstrakten Denkens und drückt sich klar aus; erfasst rasch Probleme und Sachverhalte
	Unterscheidet Wesentliches von Unwesentlichem, verdichtet die Informationsflut, bringt Sachverhalte schnell auf den Punkt, erkennt Tendenzen und Zusammenhänge und leitet richtige Schlüsse und Strategien daraus ab
	Geht mit Zahlen, Daten und Fakten sicher um; entwickelt aus der Informations- und Datenvielfalt ein klar strukturiertes Bild
	Kann komplexe Systeme durchdringen und in Hinblick auf die gesuchte Problemlösung bewerten
Erläuterungen	*Analytische Fähigkeiten* sind das Vermögen, ein komplexes System in seine Elemente bzw. Subsysteme zu zerlegen, diese zu klassifizieren, sowie zwischen ihnen kausale und finale Zusammenhänge aufzudecken. Sie umfassen auch die Fähigkeit, beeinflussbare Variable und Parameter des Systems so zu gestalten, dass ein Ist-Verhalten einem gewünschten Soll-Verhalten entspricht. Im betrieblichen Bildungsbereich geht es darum, komplexe Lernsysteme in Hinblick auf strategische Zielsetzungen zu gestalten. Hinzu kommt die Fähigkeit, die für die Arbeitstätigkeit unumgängliche Informationsflut zu verdichten und im Sinne von Diagnose, Klassifikation, Synthese, Planung und Konfiguration schnell auf den Punkt zu bringen. Dies erfordert neben dem Fachwissen vor allem konzeptionelle Fähigkeiten.
Übertreibungen	*Der Kompetenzmanager versucht ständig, alles auf einen rationalen Kern zurückzuführen und analytisch zu erschließen, er wirkt unbeweglich, starr*

Konzeptionsstärke: *Fähigkeit, sachlich gut begründete Lernkonzeptionen zu entwickeln* F/A	
Begriff	Generiert systematisch neues Wissen aufgrund der dazu nötigen fachlich-methodischen Basis
	Realisiert entwickelte Lösungen und verfügt dazu über die entsprechende Willensstärke und Tatkraft
	Sucht den systematischen Zusammenhang von Lösungsmöglichkeiten und gibt sich nicht mit Teillösungen zufrieden
	Integriert beharrlich neue Anregungen und Ideen in eigene Handlungskonzepte, setzt einmal gefundene Lösungen flexibel durch
Erläuterungen	*Konzeptionsstärke* bezeichnet die Fähigkeit, neue Lernkonzeptionen und Konzepte zum Aufbau von Akzeptanz zu entwerfen und entgegen allen Widerständen und Problemen praktisch zu realisieren. Dies setzt ein hohes didaktisch-methodisches Wissen voraus, um schlüssige, überzeugende Lösungen anzubieten. Es erfordert zugleich die nötige Willensstärke und Tatkraft, um die so gefundenen Lösungen auch umzusetzen. Dabei bleibt immer die Ganzheit der entwickelten Lösungen im Blick – bei gleichzeitig prinzipieller Offenheit, im Rahmen einmal vereinbarter Konzeptionen Veränderungen und Neuerungen zu integrieren.
Übertreibungen	*Der Kompetenzmanager konfrontiert übermäßig stark, verhält sich überheblich und betreibt Alleingänge bei der Durchsetzung eigener Ideen*

Projektmanagement: *Fähigkeit, Projekte erfolgreich durchzuführen* F/S

Begriff	Bearbeitet neue, komplexe Vorhaben termingerecht, kostengünstig und mit hoher Qualität
	Koordiniert und organisiert systematisch die Bearbeitung von Bildungsprojekten
	Steuert überzeugend Teamprozesse
	Tritt als Dienstleister gegenüber den Lernern, Führungskräften und Lernbegleitern auf
Erläuterungen	*Projektmanagement* umfasst die Planung, Koordination und Überwachung von Bildungsprojekten. Der Projektmanager steuert Projekte aus der nächst höheren Ebene über dem Projektleiter. Projektmanagement schließt die personelle und wirtschaftliche Verantwortung für ein Projekt ein und erfordert Teamführungsfähigkeiten.
Übertreibungen	*Der Kompetenzmanager übertreibt die Projektgruppenarbeit, bevorzugt sie auch dort, wo konzentrierte Einzelarbeit genauso gut wäre, neigt zu Aktionismus*

Systematisch-methodisches Vorgehen: *Fähigkeit, Handlungsziele systematisch-methodisch zu verfolgen* F/A

Begriff	Löst Aufgaben und Probleme intensiv zupackend mit Hilfe seines fachlichen und methodischen Wissens sowie dem Erfahrungswissen Anderer
	Passt sich in bestehende Arbeits- und Unternehmensstrukturen ein und versucht, diese zu optimieren
	Löst komplexe Probleme in bearbeitbare Teilprobleme und –schritte auf und grenzt die Risiken so systematisch ein
Erläuterungen	*Systematisch-methodisches Vorgehen* ist die Verflechtung eines intensiven, drängenden Zugehens auf Probleme und Aufgaben, mit einer planvoll vorgehenden Analyse vor dem Hintergrund eines möglichst umfassenden fachlichen und methodischen Wissens. Diese Fähigkeit ist vor allem bei der Weiterführung, Optimierung und Neuentwicklung von bestehenden Bildungskonzeptionen erforderlich.
Übertreibungen	*Der Kompetenzmanager übertreibt das Abstrahieren sowie Formalisieren und opfert Inhalte und Beziehungen der Systematik und Methodik*

6.2 Implementierungsprozess = Veränderungsprozess

Die Entscheidungen für innovative Lernsysteme, z. B. E-Learning, Blended Learning und Kompetenzentwicklung, ziehen sich in vielen Unternehmen quälend lange hin. Dabei stehen meist nicht finanzielle Gründe im Vordergrund. Unser Eindruck ist, dass Entscheider häufig die Sorge haben, dass dieses Vorhaben ein Misserfolg wird. Es fehlt an eigenen Erfahrungen. Wie wird die Trainermannschaft darauf reagieren? Werden die Lerner das Konzept tatsächlich annehmen? Überbetriebliche Bildungsanbieter befürchten darüber hinaus, dass sich weniger Lerner anmelden.

Teilweise behilft man sich in den Unternehmen mit Umfragen bei den potenziellen Zielgruppen. Sofern diese noch keine Erfahrungen mit E-Learning oder ähnlichen Systemen gemacht haben, ist das ablehnende Ergebnis gegenüber innovativen Lernformen vorhersehbar. Was hätte wohl eine Befragung im Jahr 1980 erbracht, bei der man feststellen wollte, ob die Menschen einen Bedarf für einen Personal Computer zuhause haben würden? Selbst die Experten konnten sich damals nicht vorstellen, dass dies sinnvoll sein könnte. Wie sollen die Mitarbeiter dann heute den Bedarf für ein Lernsystem einschätzen, das sie, wenn überhaupt, nur vom Hörensagen kennen?

Deshalb ist es in diesem Fall notwendig, im Unternehmen zunächst die Gelegenheit zu schaffen, Erfahrungen mit innovativen Lernsystemen in einem positiven Umfeld zu sammeln. Es hat sich bewährt, mit einem Pilotprojekt zu beginnen, das mit relativ geringem finanziellem Aufwand umgesetzt werden kann. Sucht man sich jetzt noch eine Pilotgruppe aus, bei der ein Mindestmaß an Risikobereitschaft und Freude am Neuen zu erwarten ist, und nutzt man die Erfahrung eines kompetenten Beraters, sind die Chancen für einen Erfolg hoch. Mit diesem ersten Projekt erhalten die Entscheider nunmehr authentisches Erfahrungswissen aus dem eigenen Hause. Damit bilden sie sich eine relativ sichere Entscheidungsbasis für weitere Projekte. Im Rahmen der internen Öffentlichkeitsarbeit kann man mit diesem Erfahrungswissen beginnen, schrittweise Akzeptanz für diese Lernkonzepte aufzubauen.

Voraussetzung dafür ist, dass die Bildungsexperten im Unternehmen, vom Personalentwickler bis zum Trainer, diese innovativen Lernsysteme akzeptieren und ihre Rolle darin professionell erfüllen können. Deshalb steht die Kompetenzentwicklung der Personalentwickler und zukünftigen Kompetenzmanager im Bereich innovativer Lernsysteme am Anfang dieser Implementierungsprozesse.

6.3   Kompetenzentwicklung der Bildungsexperten

Die in diesem Buch vorgestellten Lernkonzepte haben grundlegend veränderte Rollen und Handlungsweisen aller Beteiligten zur Folge. Die Handlungsroutinen der Menschen beim Lernen haben sich aber seit ihrer Kindheit entwickelt und verfestigt, so dass sie nur langfristig auch wieder abgebaut und durch neue Denk- und Handlungsweisen ersetzt werden können. Für alle heutigen Dozenten und Trainer ist die „Osterhasenpädagogik" die dominierende Methode in ihrer eigenen Biografie als Lerner und als Lehrender gewesen (Wahl 2013, S. 123, Erw. Aufl.). Offenbar sitzt deshalb diese Vorgehensweise bei den meisten so tief und so fest, dass alternative didaktische Konzepte es schwer haben, sich dagegen zu behaupten. Deshalb ist ein langfristiges Veränderungsmanagement erforderlich, das eine entsprechende Entwicklung der Lernkultur bewirkt.

Betriebliche Weiterbildungseinrichtungen haben die Umstellung auf eine innovative Lernwelt noch weitgehend vor sich. In unserer Beratungspraxis zeigt es sich, dass Weiterbildungseinrichtungen nur dann Kompetenzentwicklungsprozesse ihrer Kunden gezielt gestalten können, wenn sie sich selbst innovativ und selbstorganisiert in ihrem pädagogischen Selbstverständnis, in ihren Lernangeboten und in ihren organisationsinternen Arbeitsstrukturen und Unternehmenskulturen verändern.

Sie benötigen für diese Veränderungsprozesse professionelle Unterstützung, wie z. B. zur Kompetenzentwicklung der Bildungsplaner und Lernbegleiter, für die Gestaltung und Umsetzung der Entwicklungsprozesse für Konzepte einer kompetenzorientierten Lerngestaltung und -infrastruktur sowie prozessbegleitende Lernberatung bzw. Coaching der Lernbegleiter. Dabei ist die Organisationsentwicklung der Weiterbildungseinrichtungen als konstitutive Bedingung für Kompetenzentwicklung und pädagogisches Handeln zu betrachten. „Social Software" ist besonders geeignet, solche Entwicklungen zu fördern und konstruktiv umzusetzen. Diese Medien werden zu zentralen Instrumenten des Lernens von und in bedarfsgerechten Weiterbildungseinrichtungen.

6.3.1   Kompetenzentwicklung der E-Coaches

Die Einführung von selbstorganisierten Lernkonzeptionen, z. B. mit E-Learning, Blended Learning oder gar Social Software, stößt in Unternehmen, aber insbesondere bei Bildungsanbietern, häufig auf starken Widerstand. Dies liegt nach unseren Erfahrungen weniger daran, dass die betroffenen Bildungsexperten die Sinnhaftigkeit innovativer Lernformen nicht sehen. Der Hauptgrund ist vielmehr, dass sie ihre lieb gewonnen Erfolgskonzepte aufgeben müssten, wenn sie sich auf diese neuen Lernwege einlassen würden. Hinzu kommt das Gefühl, eine „sichere" Lernkonzeption durch eine risikobehaftete Lernlösung zu ersetzen.

Gerade erfolgreiche Trainer zeichnen sich dadurch aus, dass sie in ihren Seminaren und Workshops immer alle „Fäden" in den Händen halten. Aus ihrer langjährigen Erfahrung heraus können sie auch kritische Situationen im Regelfall souverän meistern. Kompetenzorientiertes Blended Learning ist jedoch in erster Linie durch selbstorganisiertes Lernen gekennzeichnet. Der Trainer, der bisher alles im „Griff" hatte, wird zum Coach, d. h. zum Entwicklungspartner für die Kompetenzziele der Lerner, die weitgehend eigenverantwortlich handeln. Deshalb haben solche Trainer nach unseren Erfahrungen häufig die Sorge, dass sie mit diesen innovativen Lernkonzepten nicht mehr so erfolgreich sind wie früher.

Das Anforderungsprofil für den Trainer verändert sich in innovativen Lernkonzeptionen vom Wissensvermittler zum Lernbegleiter oder Mentor der Lerner. Diesem Profil werden sicherlich nicht alle der heutigen Trainer gerecht werden können. Gleichzeitig eröffnen sich für Trainer, die ihre Stärken eher im Coaching und im Mentoring sehen, Möglichkeiten, um ihre Stärken zukünftig besser einsetzen zu können. Betriebliche Bildung wird dann auch für Praxisexperten attraktiv, die Freude daran haben, ihr Erfahrungswissen im Rahmen von praxis- und projektorientierten Lernformen einzubringen.

Es wäre naiv zu glauben, dass wir die heutigen und zukünftigen Lernbegleiter durch flammende Vorträge für diese Veränderungsprozesse gewinnen können. Es kann auch nur

Widerstand erzeugen, wenn dem Trainerteam fremde Lernkonzepte von außen „aufgedrückt" werden. Es hat sich dagegen bewährt, die heutigen Trainer von Anfang an in den Veränderungsprozess einzubinden, indem sie nach dem „Doppeldecker-Prinzip" zunächst innovative Lernsysteme als Lerner selbst erleben und parallel ihr eigenes Praxisprojekt bearbeiten (vgl. Wahl 2013, S. 64 ff., 3. Erw. Aufl.). Für die Kompetenzentwicklung der Lernplaner und -begleiter bietet es sich an, in Absprache mit ihrem Vorgesetzten oder im Team ein eigenes Seminarkonzept mit dem Ziel zu bearbeiten, ihr persönliches, innovatives Lernkonzept zu formulieren und anschließend umzusetzen. Dabei reflektieren sie regelmäßig ihre eigenen Erfahrungen als Lerner und bringen dieses Erfahrungswissen in ihre Konzeptionsentwicklung ein.

Die hohe Komplexität des Implementierungs- und Veränderungsprozesses stellt hohe Anforderungen an deren Gestaltung. Wir sehen hierfür vier Eckpfeiler.

Akzeptanz durch

- *eigene Erfahrungen der Kompetenzmanager und Lernbegleiter mit dem Lernsystem*: Diese Zielgruppe erfährt das Lernsystem als Lernende, gleichzeitig reflektieren sie ihre Erfahrungen und wenden sie auf eigene Lernprojekte an. („Doppeldecker-Prinzip"),
- *Kommunikation*, insbesondere auch im Netz, mit allen Beteiligten,
- *Lernrahmen*, der effizientes Entwickeln einer innovativen Lernkonzeption und damit Lernen innerhalb der angestrebten Lernkonzeption optimal ermöglicht,
- *optimierte Lernbegleitung* im Rahmen eines Co-Coaching-Systems.

Wir haben mit dem von Diethelm Wahl vor allem für die Bildungsarbeit Schulen, Hochschulen und in der Weiterbildung entwickelten *Doppeldecker-Prinzip*", das wir in Hinblick auf die Erfordernisse der Kompetenzentwicklung in Unternehmen weiter geführt haben, sehr gute Erfahrungen gemacht (Wahl 2013, S. 64 ff., 3. Erw. Aufl.). Die Bildungsexperten erfahren dabei Blended Learning und Kompetenzentwicklung einmal aus Sicht eines Lerners, wechseln aber regelmäßig ihren Blickwinkel auf die Sicht eines Entwicklers von Lernkonzepten. Dabei steht jeweils die Frage im Vordergrund, inwieweit die eigenen Lernerfahrungen in ein persönliches Projekt zur Entwicklung einer innovativen Lernkonzeption übertragen werden können.

Wir schlagen Unternehmen in der Regel für die Kompetenzentwicklung der E-Coaches folgenden Ablauf vor. Dieser Ansatz hat sich seit zwei Jahrzehnten in vielen Projekten sehr bewährt (Abb. 6.4, S. 356).

Die einzelnen Phasen werden durch folgende Elemente geprägt:

- *Vorab:* Es wird ein Projektteam gebildet, das sich aus Bildungsverantwortlichen und Trainern des Unternehmens zusammensetzt. Diese Gruppe entwickelt ein Kompetenzprofil für die Zielgruppe. Jeder Teilnehmer der Entwicklungsmaßnahme definiert in Abstimmung mit dem Team oder seiner Führungskraft ein Bildungsprojekt, das er zu einem innovativen Lernsystem entwickeln und umsetzen will.

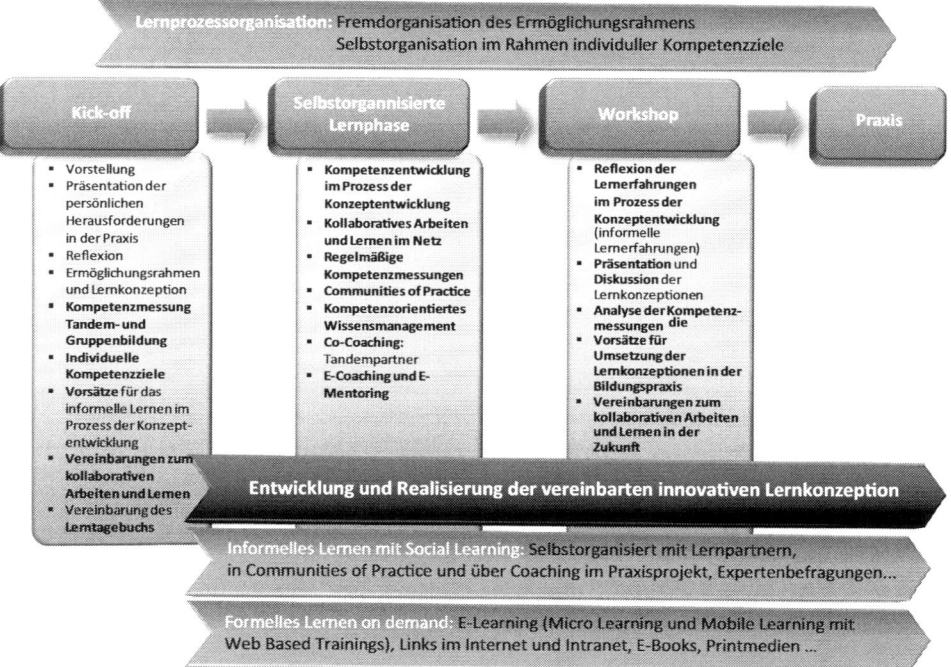

Abb. 6.4 Kompetenzentwicklung der Kompetenzentwickler im „Doppeldecker-Prinzip"

- *Kickoff:* In einem (in der Regel) eintägigen Kickoff lernen die Projektteam-Mitglieder die neue Lernkonzeption in diesem Projekt kennen, bilden Lerntandems und Lerngruppen und treffen verbindliche Vereinbarungen für die kommenden vier bis sechs Wochen. Alle verpflichten sich, einmal wöchentlich in einem Projekttagebuch („Projektblog") über ihre Erfahrungen in der Konzeptentwicklung, die wesentlichen Zwischenergebnisse und ihre offenen Fragen zu berichten. Die Mitglieder der Lerngruppe verpflichten sich wiederum, die Projekttagebücher zu lesen, zu kommentieren und bei Bedarf Hilfe zu geben. Damit bekommt jeder Teilnehmer von seinen Kollegen in der Lerngruppe und vom Coach fundiertes Feedback, erhält aber auch tiefgehende Einblicke in die Konzepte der anderen. In der Diskussion entwickelt sich dabei *ein gemeinsames Verständnis des zukünftigen Lernsystems.*
- *Selbstorganisierte Lernphase:* Auf der Basis einer modularisierten WBT-Reihe zum Thema „Kompetenzentwicklung mit Blended Learning und Social Learning" erarbeitet sich jedes Projektteammitglied die notwendige Expertise, um eine innovative Lernkonzeption zu entwickeln. Offene Fragen werden mit dem Lernpartner oder in der Learning Community mit dem Kurs und dem E-Coach diskutiert. Parallel bearbeitet jeder, alleine oder im Team, sein persönliches Projekt und tauscht sich über das Lerntagebuch mit den Kollegen und dem E-Coach aus. So gewinnen die Teilnehmer Sicherheit in

Hinblick auf die Gestaltung des Lernsystems und finden erfahrungsgemäß zunehmend Spaß an dieser Veränderung.

- Um von Anfang an Sicherheit aufzubauen, tauschen die Trainer regelmäßig ihre Zwischenergebnisse über einen persönlichen Projektblog mit dem Team aus. Die Kollegen und ihr E-Coach, der diesen Prozess begleitet, geben ihnen laufend Feedback. Gleichzeitig lesen sie die Projekttagebücher der anderen Teilnehmer, bewerten deren Ansätze, geben ihnen Rückmeldung und nutzen deren Ideen und Lösungen als Anregungen für ihr eigenes Lernkonzept. Sind mehrere Selbstlernphasen eingeplant, können komplexe Fragen zusätzlich in den Workshops bearbeitet werden. In diesem Prozess verfestigt sich schrittweise auch ein gemeinsames Verständnis des Teams für innovatives Lernen, insbesondere wenn der Austausch von Erfahrungswissen in der Umsetzungsphase im Rahmen einer „Community of Practice" fortgesetzt wird.
- *Abschluss-Workshop:* Die Teilnehmer präsentieren ihre Konzeptentwürfe im Kurs und z. B. vor der Personalentwicklungsleitung. Die Vorschläge werden in der Diskussion weiter optimiert. Im zweiten Teil wird die Umsetzung der Lernkonzeptionen geplant und vereinbart.
- *Einführungsphase:* Die Kompetenzentwicklungsexperten setzen nunmehr eigenverantwortlich ihre Konzeptionen um. Der Trainer coacht die Bildungsexperten bei der Umsetzung ihrer Konzeption.

Die Erfahrungen in der Praxis, die wir seit etwa zwei Jahrzehnten in unterschiedlicher Ausprägung machen konnten, sind überzeugend. Die Teilnehmer entwickeln ihre persönlichen, bedarfsorientierten Lernkonzeptionen, die sie anschließend in ihrer Praxis umsetzen. Da die Teilnehmer eine eigene Lösung entwickeln, werden mögliche Widerstände weitgehend abgebaut. In der Kommunikation mit Lernpartnern und dem Coach wird Sicherheit aufgebaut. Gleichzeitig wird durch den intensiven Austausch und die Diskussion der Ausarbeitungen die Kreativität deutlich erhöht, es entsteht ein gemeinsames Verständnis der Bildungsexperten für die gemeinsame Lernkonzeption. Die Teilnehmer nutzen dabei die Instrumente der Sozialen Lernplattform, um ihre eigenen Lernprozesse und die Konzeptionsentwicklung zu gestalten. Es entsteht eine Community of Practice der Lernbegleiter.

6.3.2 Kompetenzentwicklung der E-Mentoren

Die Grundsätze, die wir für die Kompetenzentwicklung der E-Coaches abgeleitet haben, können auf die begleitenden Führungskräfte bzw. E-Mentoren übertragen werden. Lernbegleiter, die ihre Rolle als E-Mentor verstehen, müssen die Lernsysteme, die sie begleiten, sowohl aus dem Fokus des Lerners als auch des Lernbegleiters erleben und reflektieren, um darauf aufbauend ihre persönliche Konzeption des E-Mentoring zu entwickeln und gleichzeitig ihre Kompetenz als Coach und Mentor bedarfsgerecht auszubauen (vgl. Streek und Werthmann 1992).

Diese Kompetenzentwicklung der E-Mentoren wird laufend durch neue Herausforderungen in ihrer Bildungspraxis initiiert und vor allem durch folgende Merkmale gekennzeichnet sein:

- *Kompetenzentwicklung in der Praxis*: Die aktuellen, herausfordernden Arbeits- und Lernprobleme im Unternehmen bestimmen die persönlichen Lernprozesse der Lernbegleiter. Ihre Kompetenzentwicklung wird regelmäßig anhand der Kompetenzmessungen bewertet.
- *Kompetenzorientiertes Lernen*: Die regelmäßigen Kompetenzmessungen werden von den E-Mentoren mit ihren Lernpartnern sowie evtl. ihrem eigenen E-Mentor besprochen. Auf dieser Grundlage werden die eigenen Lernprozesse in einem dynamischen Prozess laufend angepasst.
- *Selbstorganisiertes Lernen*: Im Rahmen der Zielvereinbarungen mit der eigenen Führungskraft bzw. der Unternehmensleitung und dem verbindlichen Werterahmen steuern die E-Mentoren ihre Lernprozesse selbst.
- *Workplace Learning*: Lernen findet individuell und primär in der Lernpraxis des Unternehmens, z. B. beim Mentoring von Führungskräften, statt.
- *Blended Learning*: Präsenzveranstaltungen dienen in erster Linie dem persönlichen Kennenlernen der E-Mentoren untereinander, um die Netzwerkbildung zu fördern, und der Reflexion der individuellen Lernprozesse in der Praxis.
- *Social Learning*: Kompetenzlernen findet über die Soziale Lernplattform im Netzwerk mit Lernpartnern statt.
- *Individuelles Lernen*: Die E-Mentoren nutzen vielfältige Angebote des Mobile- und Micro-Learning, aber auch Open Resources, die ihnen im Lernsystem angeboten werden.
- *Lernwegflankierung durch Lernpartner sowie evtl. einem eigenen E-Mentor*: Durch die Analysen und Vorschläge des eigenen Mentors, einem erfahrenen Lern-Experten, sowie die Einbeziehung in dessen persönliches Netzwerk erhalten die Lernprozesse der E-Mentoren eine höhere Qualität.

Die Lernbegleiter entwickeln sich damit, wie ihre Zielgruppe, in einem *Prozess des Lebenslangen Lernens*.

6.3.3   Kompetenzentwicklung der Kompetenzmanager

Für die heutigen Personalentwickler, die zukünftig immer mehr die Rolle eines *Kompetenzmanagers* übernehmen, schlagen wir als Start eine entsprechende Entwicklungskonzeption vor, die einen langfristigen Veränderungsprozess initiieren kann (Abb. 6.5, S. 259).

Dieses Entwicklungsangebot startet mit einem *Kickoff*, in dem die Teilnehmer sich und ihr persönliches Praxisprojekt zur Weiterentwicklung eines Teils der betrieblichen Bildungskonzeption vorstellen, das sie vorab mit der Personalentwicklungsleitung bzw. im

Abb. 6.5 Ablauf der Kompetenzentwicklung der Kompetenzmanager

Team vereinbart haben. Sie werden in die Konzeption und Infrastruktur der Kompetenzentwicklung eingeführt und erhalten eine kompakte Einstimmung in die Grundlagen des Talent- und Kompetenzmanagements sowie das Konzept der netzbasierten Lernwegflankierung. In diesem Rahmen legen sie ihre individuelle Lernstrategie, evtl. in Abstimmung mit der Personalentwicklungsleitung, fest. Sie messen ihre Kompetenzen und reflektieren über die aktuellen Herausforderungen der Personalentwicklung heute und zukünftig in verschiedenen Sozialformen. Danach bilden sie Lerntandems sowie Lerngruppen. Abschließend werden für die kommende Selbstlernphase verbindliche Vereinbarungen getroffen.

In den *selbstorganisierten Lernphasen* organisieren die zukünftigen Kompetenzmanager ihren Lernprozess auf der Grundlage der vereinbarten Projektaufträge bzw. Vereinbarungen im Kickoff, gemeinsam mit ihren Lernpartnern, selbst. Über die modularisierten Web Based Trainings bauen sie selbstgesteuert das erforderliche Wissen auf. Diese Prozesse werden durch Lernpartnerschaften, Lerngruppen und dem E-Coach flankiert.

Die Kompetenzmanager tauschen ihr Erfahrungswissen in der Selbstlernphase über ihr regelmäßiges Projekttagebuch aus. Während der gesamten Entwicklungsmaßnahme lernen die Teilnehmer, eigene Erfahrungen und Eindrücke in der „Community of Practice" zu einem gemeinsamen Pool mit wertbeladenem Wissen aufzubauen.

Damit dieser Prozess dauerhaft erfolgreich wird, sind folgende Kriterien zu erfüllen (vgl. Erpenbeck und Roth 2012):

- *Mehrwert und Anschlussfähigkeit sicherstellen*: Von Anfang an muss in der Unternehmensleitung die Notwendigkeit des Kompetenzmanagements klar bestimmt werden. Wird dieser Vorschlag auf die Funktionen, Prozesse und strategischen Ziele des Unternehmens abgestimmt, erhöht dies die Akzeptanz bei allen Beteiligten und verringert den Aufwand bei der Einführung.

- *Projektteam installieren und Verantwortlichkeiten klären*: Ein kompetentes Projektteam mit klaren Verantwortungen und Befugnissen stellt ein professionelles Projektmanagement sicher. Da dieser Prozess als ein Veränderungsprozess gestaltet ist, dessen Gestaltung und Steuerung Unabhängigkeit erfordert, bietet es sich an, die Moderation einem externen Bildungsexperten anzuvertrauen. Das Projektteam sollte von der oberen Führung aktiv unterstützt werden, insbesondere in der unternehmensinternen Kommunikation, im internen Marketing und bei der strategischen Umsetzung.

- *Mitarbeitervertretung einbeziehen*: Die frühzeitige Einbeziehung des Betriebs- oder Personalrates trägt zur Akzeptanz mit bei und hilft, mögliche arbeits- und datenschutzrechtliche Probleme im Vorfeld zu erkennen und auszuräumen.

- *Mit Pilotprojekt starten*: Die Pilotierung dient dem Anwendertest, um die Schwachstellen des neuen Systems zu erkennen und es zu optimieren. Danach erfolgt die Ausweitung auf das gesamte Unternehmen und die Verknüpfung mit den Standardprozessen des Personalbereichs.

- *Internes Marketing*: Es muss mit Hilfe aller Führungskräfte, insbesondere auch der oberen Führung, verdeutlicht werden, dass jeder Mitarbeiter vom Kompetenzmanagement profitiert, beispielsweise dadurch, dass er sein Kompetenzprofil durch eigene Entwicklungsbemühungen gezielt verbessern kann und damit seine Beschäftigungsfähigkeit und sein Fortkommen günstig beeinflusst.

- *Führungskräfte entwickeln*: Kompetenzmanagement wird nur dann erfolgreich gelebt, wenn die Führungskräfte in ihrer Schlüsselfunktion die notwendigen Methoden in der Entwicklungspartnerschaft mit ihren Mitarbeitern anwenden können. Deshalb ist eine entsprechende Kompetenzentwicklung der Führungskräfte zu ermöglichen.

- *Ausreichend Ressourcen bereitstellen*: Der Einführungsprozess erfordert finanzielle, organisatorische und zeitliche Ressourcen, die vorab zu bewerten und zu genehmigen sind.

- *Methodische Professionalität sicherstellen*: Es hat sich als sinnvoll erwiesen, den Prozess zur Entwicklung von Kompetenzmodellen und entsprechender Lernsysteme durch Experten zu begleiten, die methodische Fragen klären und dem Projektteam helfen, seine Arbeit zu optimieren.

Ausblick und Handlungsempfehlungen 7

Unsere Vorschläge, die wir in diesem Werk entwickelt haben, mögen angesichts der Tatsache, dass die Personalentwicklung in vielen Unternehmen sich nach wie vor überwiegend an formellen, fremdgesteuerten Lernkonzepten orientiert, futuristisch wirken. Andererseits zeigen die Entwicklungen in einer wachsenden Zahl von Unternehmen, dass der zunehmende Kompetenzwettbewerb den Trend zu den dargestellten innovativen Lernformen forciert.

Mit John Erpenbeck haben wir die „zehn Gebote" des betrieblichen Lernens formuliert (vgl. die ausführliche Darstellung in Erpenbeck und Sauter 2013, S. 190 ff.). Das erste „Gebot" lautete: *„Sage nie „nie". Computer werden dieses oder jenes nicht können."* Wir haben es alle in den vergangenen Jahrzehnten erlebt, dass die Entwicklungen im Bereich der Informationstechnologie meist schneller erfolgten, als wir es uns ursprünglich vorstellen konnten. Deshalb muss die Personalentwicklung heute bereits zukünftige Entwicklungen in ihre Planungen und Überlegungen übernehmen. Nur dann können sich Strukturen, Prozesse und vor allem die Mitarbeiter und Führungskräfte rechtzeitig auf die sich immer schneller ändernden Anforderungen in den Unternehmen hin entwickeln.

Eines zeichnet sich nämlich jetzt schon ab. Der limitierende Faktor in den betrieblichen Lernsystemen wird angesichts immer leistungsfähigerer, humanoider Computer in wenigen Jahren nicht mehr die Technologie, sondern der Mensch sein. Deshalb müssen Mitarbeiter und Führungskräfte frühzeitig und schrittweise lernen, mit Hilfe innovativer Lerntechnologien ihre Arbeits- und Lernprozesse selbst zu organisieren.

7.1 Wie lernen wir übermorgen?

Das betriebliche Lernen wird nach unserer Einschätzung durch folgende grundlegende Entwicklungsstufen geprägt (Abb. 7.1, S. 262).

W. Sauter, S. Sauter, *Workplace Learning*, DOI 10.1007/978-3-642-41418-3_7,
© Springer-Verlag Berlin Heidelberg 2013

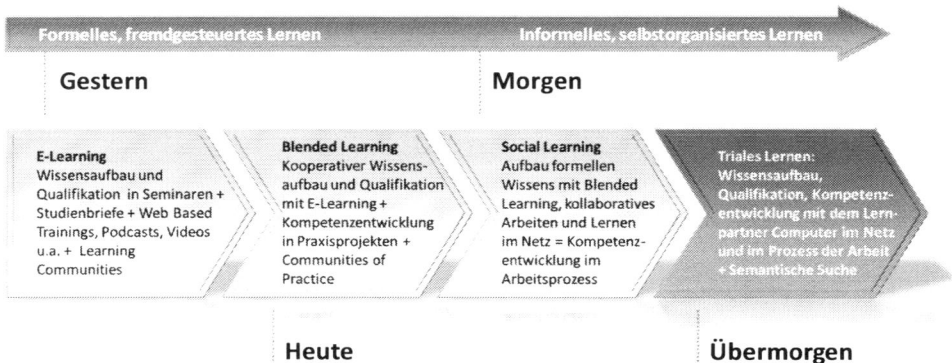

Abb. 7.1 Entwicklungsstufen des betrieblichen Lernens

Diese Entwicklungsstufen gehen jeweils ineinander über, so dass die vorherige Stufe immer integraler Bestandteil der nächsten Phase ist. Die wesentlichen Veränderungsbereiche, mit wachsender Bedeutung im Zeitablauf, sind dabei:

* Kompetenzorientierung
* Work Place Learning
* Lernen im Netz
* Selbstorganisation des Lernens

Diese Veränderungsprozesse werden durch die Entwicklung der Technologie getrieben, aber auch über eine leistungsfähigere Lerntechnologie erst ermöglicht. Sie erfordern dabei eine grundlegende Veränderung der Lernkultur und werden deshalb in den einzelnen Unternehmen unterschiedlich schnell ablaufen. Viele bewegen sich noch im „Gestern", manche setzen bereits das „Morgen" um (vgl. Deiml-Seibt et al. 2013). Deshalb werden wir auch in zehn Jahren weiterhin Unternehmen vorfinden, die noch mit eher traditionellen Bildungssystemen arbeiten, während gleichzeitig erste Unternehmen in die Phase des trialen Lernens eintauchen. Wir gehen jedoch davon aus, dass sich diese Veränderungsprozesse in den kommenden Jahren beschleunigen werden, weil sich eine verzögerte Veränderung der Lernsysteme in Hinblick auf die strategischen Erfordernisse der Unternehmen sich im Endeffekt in deren Performance niederschlagen wird.

Während wir uns bisher auf die Lernsysteme in naher Zukunft konzentriert haben, versuchen wir zum Schluss in die Bildungslandschaft der Zwanzigerjahre dieses Jahrhunderts zu schauen, weil wir bei den Veränderungsprozessen im Bildungsbereich heute diese zukünftigen Entwicklungen bereits jetzt mit im Auge haben müssen. Nur dann ist es möglich, die Denk- und Handlungsweisen der Mitarbeiter und Führungskräfte schrittweise zu verändern, so dass sich die Lernkultur sukzessive auf die neuen Anforderungen anpassen kann. Die aktuellen Entwicklungen im betrieblichen Bildungsbereich werden sich durch die Weiterentwicklung der Computer, wie wir sie heute nutzen, zu Human Computern in

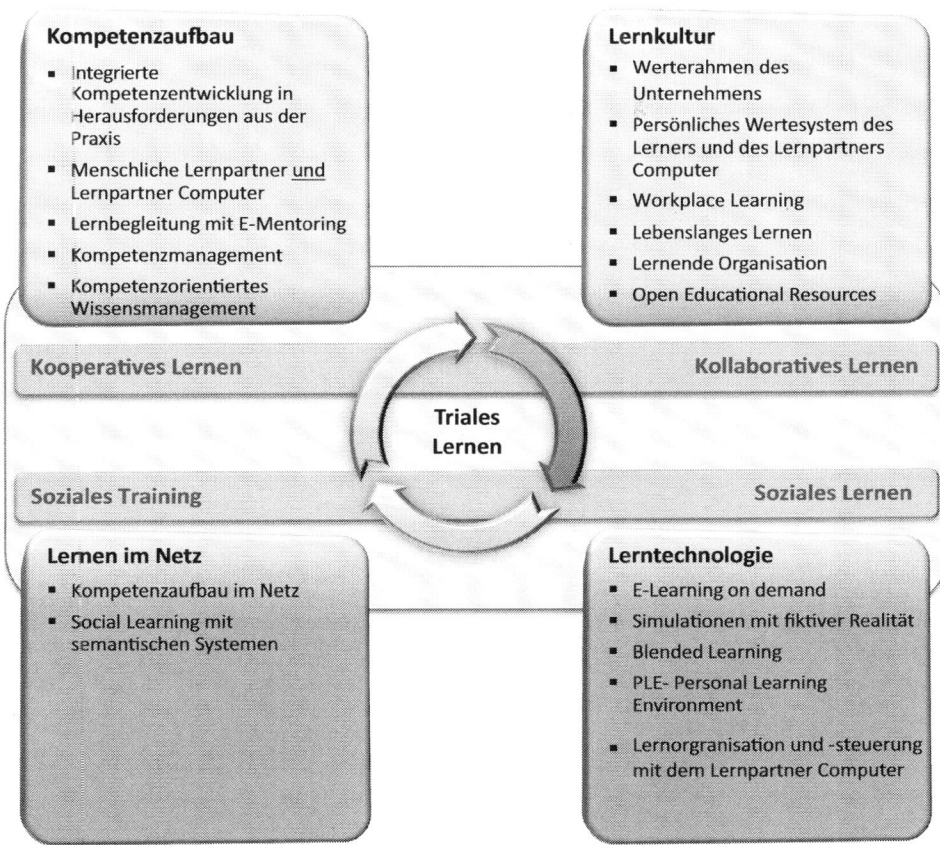

Abb. 7.2 Entwicklung der betrieblichen Bildung „übermorgen"

den folgenden Jahren grundlegend verstärken (Abb. 7.2).

7.1.1 Entwicklungslinie Kompetenzaufbau

Das Lernen in der Praxis beim Lösen von herausfordernden, aktuellen Problemstellungen bestimmt in Zukunft die Lernprozesse. Hierbei wird der Human Computer, der dann wichtige Funktionen eines Lernpartners übernehmen kann, eine zentrale Rolle spielen. Auf der Grundlage von Kompetenzprofilen und systematisch erfassten Kompetenzentwicklungsmöglichkeiten durch den Lernpartner Computer definieren die Lerner in Absprache mit ihren Führungskräften individuelle Kompetenzziele. Die regelmäßige Erfassung der Kompetenzentwicklung spielt eine besondere Rolle, da damit erst eine dynamische Anpassung der persönlichen Lernziele ermöglicht wird.

Die Aufteilung zwischen Wissensaufbau, Qualifizierung und Kompetenzentwicklung wird zukünftig zugunsten einer *integrierten Kompetenzentwicklung* aufgelöst werden, bei der formelles und informelles Lernen zunehmend problemorientiert miteinander verknüpft werden. Das Lernen auf Vorrat wird immer weniger wichtig. Dafür gewinnt ein systematisches Kompetenz- und Wissensmanagement weiter an Bedeutung. Formelles Wissen wird durch Erfahrungswissen der Mitarbeiter erweitert.

Der Lernpartner Computer analysiert und bewertet Lösungsvorschläge der Lerner und macht bei Bedarf eigene Angebote für geeignete Vorgehensweisen. Er überprüft auch vergangene Problemlösungen unter dem Aspekt, was, z. B. aufgrund neuen Erfahrungswissens und Entwicklungen, zukünftig besser gemacht werden kann. Der Lernpartner Computer kann damit auch emotionale Situationen analysieren und bewerten und gibt entsprechende Handlungshinweise im Rahmen des Wertesystems, das der Lerner verinnerlicht hat und das seine Handlungen bestimmt. Es wird damit eine *triale Kompetenzentwicklung* mit menschlichen Lernpartnern und Human Computern ermöglicht.

Der E-Tutor wird tendenziell überflüssig, da der Lernpartner Computer fachliche Fragen klärt. Der Lernbegleiter wandelt seine Rolle vom E-Coach zum *E-Mentor*. E-Mentor und menschliche Lernpartner haben überlappende Bereiche und können sich sogar in einer Person vereinen.

Wenn der Begriff „Schöne Neue Welt" nicht bereits durch den bekannten Roman von Aldous Huxley negativ belegt wäre, könnte man von einer schönen neuen Lernwelt sprechen. Die triale Kompetenzentwicklung setzt genau dort an, wo Lernen notwendig ist, nämlich an der Lösung realer, aktueller Problemstellungen. Lernen wird in den kommenden zehn Jahren damit effizienter, spannender und kommunikativer, wenn wir jetzt die Weichen dafür stellen.

7.1.2 Entwicklungslinie Lernkultur

Die Planer des Lernsystems, die Kompetenzmanager, können einen Wertrahmen des Unternehmens vorgeben, der von den Lernern durch ihre Lösungen und Entscheidungen individuell konkretisiert wird. Es entwickelt sich emotionales Lernen im Sinne der Kompetenzentwicklung.

Im Laufe des Lernprozesses wird ein gemeinsames Wertesystem von Lerner und Lernpartner Computer aufgebaut, das sich aus der Analyse bisheriger Problemlösungen des Lerners durch den Human Computer herleitet. Damit entwickelt sich im Laufe der Zeit eine individuelle Lernpartnerschaft mit dem Human Computer. Der menschliche Lernpartner bleibt aber weiterhin in der Regel der Entscheidungspartner, da der Human Computer die letztendliche, persönliche Bewertung nicht abnehmen kann. Diese findet aber nun auf einer höheren Ebene statt, die vom Human Computer mit geschaffen wird.

Das Lernsystem wird als Lernraum gestaltet, in dem der Lerner laufend, je nach Bedarf, mit Hilfe seines Lernpartners Computer Wissen, Medien und Kommunikationsmöglichkeiten für seine Kompetenzentwicklung nutzen kann. Ausgangspunkt der Lernprozesse sind dabei primär Problemstellungen aus der täglichen Arbeit am „Workplace". Die Lerner befinden sich damit in einem permanenten Lernprozess (Lebenslanges Lernen). Dabei nutzen sie alle Möglichkeiten im Lernsystem, aber auch von Open Resources.

7.1.3 Entwicklungslinie Lernen im Netz

Kompetenzlernen wird immer weiter ins Netz verlagert. Dies wird vor allem dadurch begünstigt, dass immer mehr Arbeits- und Kommunikationsprozesse im Netz stattfinden. Da die Lerner reale oder fiktive Problemstellungen zunehmend im Netz bearbeiten, wird auch Kompetenzlernen im Netz auf breiter Ebene möglich, weil nunmehr emotional motivationale Labilisierungsprozesse auch im Netz stattfinden.

Formelle Lerngruppen verlieren an Bedeutung. Dafür wird es immer mehr „Soziales Lernen" im Sinne realer Problemlösungen in betrieblichen und überbetrieblichen *Communities of Practice* geben, die mit Hilfe des „Lernpartners Computer" und semantischer Systeme auf einer höheren Ebene miteinander kommunizieren können.

7.1.4 Entwicklungslinie Lerntechnologie

Die zukünftigen Lerntechnologien machen es möglich, dass vor allem der Lerner mit seiner Persönlichkeit und nicht mehr Bildungsplaner und Trainer im Mittelpunkt der Konzeption und der Lernsysteme steht. Deshalb rücken Aspekte der Kursgestaltung und vorgegebener Ziele und Inhalte in den Hintergrund, die spezifischen Bedürfnisse der einzelnen Lerner bestimmen die Lernsysteme.

Web Based Trainings mit der ohnehin fragwürdigen Hauptaufgabe, formales Wissen nach einem Curriculum zu transportieren, werden weniger wichtig. Die zukünftigen Lernprogramme werden sich in erster Linie auf echte Problemstellungen aus der Praxis beziehen. Diese bestimmen die Struktur der individuellen Lernprozesse. Wir stellen uns vor, dass die zukünftigen Lernprogramme einen Lernrahmen vorgeben, in den die Lerner ihre aktuellen Praxisprobleme einspielen werden. Mit Hilfe semantischer Systeme wird das erforderliche Wissen zur Lösung dieser Praxisaufgaben problembezogen und kontextsensitiv bereitgestellt. Der Lernpartner Computer entwickelt daraus bei Bedarf Übungen, zu denen er dem Lerner Feedback gibt. Wenn der Lerner seine erworbene Qualifikation anschließend nutzt, um sein Praxisproblem zu lösen, wird ihm der Lernpartner Computer bei der Analyse, der Bewertung und der Lösungsfindung unterstützen. Die Lerner werden somit in einen problemlösenden Dialog mit dem Human Computer eintreten.

Der Human Computer stellt für eine gezielte, vorgegebene Kompetenzentwicklung Simulationen mit einer *fiktiven Realität* zur Verfügung, indem er Problemstellungen realistisch simuliert, so dass emotional basierte Lernprozesse ermöglicht werden. Der Lerner wird dabei im Regelfall vergessen, dass er sich in einer fiktiven Realität bewegt und deshalb die Aufgabe als Wirklichkeit empfinden. Auch die Spiele im Rahmen von Digital Game-Based Learning werden tendenziell als reale Herausforderungen empfunden, weil sie wie eine fiktive Realität gestaltet werden. Es werden damit geplante Kompetenzentwicklungsprozesse ermöglicht, weil eine emotional basierte Labilisierung gezielt initiiert wird. Somit ist ein kompetenzorientiertes „Learning on Demand" möglich, der Lernerfolg wird direkt an den Kompetenzen gemessen.

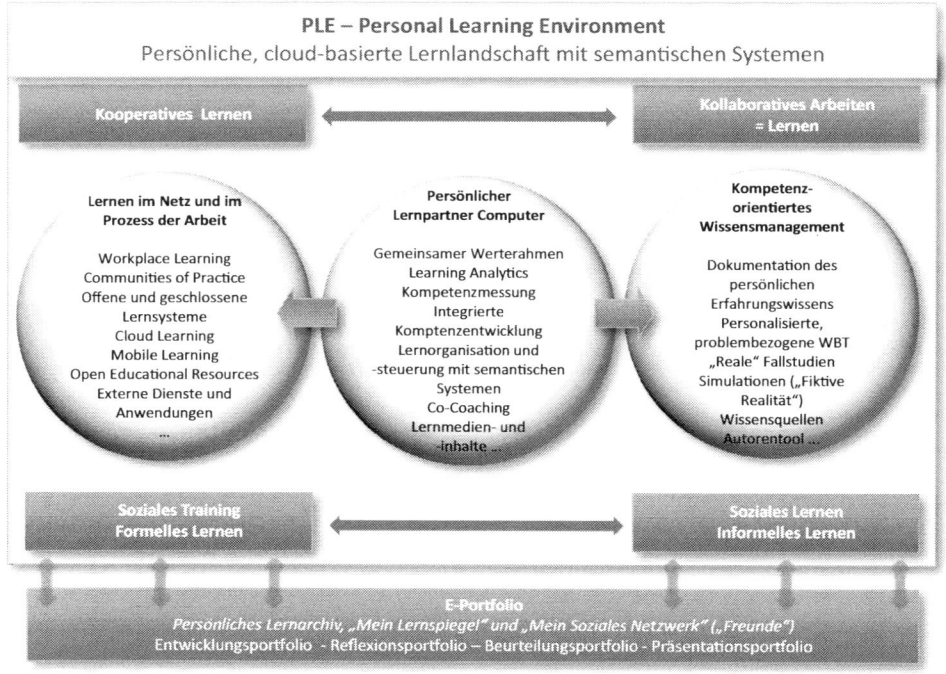

Abb. 7.3 Struktur zukünftiger Personal Learning Environment – PLE

Es wird aber trotzdem weiter Präsenzveranstaltungen im Rahmen von *Blended Learning Arrangements* geben. Diese werden jedoch mehr den Charakter des Kennenlernens (Kickoff) und des gemeinsamen Erlebnisses, insbesondere durch charismatische Redner oder durch emotionsbetontes Lernen in der Gruppe (z. B. Outdoor-Training) haben.

Die Lerner können sich ihre personalisierte Lern-Infrastruktur, PLE – Personal Learning Environment – 'schaffen(vgl. Schaffert und Kalz 2009; Gautam 2012).

PLE – Personal Learning Environment – sind individuelle und cloud-basierte, nach den persönlichen Interessen und Bedürfnissen des Lerners gestaltete Lernlandschaften mit semantischen Systemen, in die sie online Informationen, Erfahrungswissen, Ressourcen oder Kontakte integrieren und Ergebnisse ihrer formellen und informellen Lernprozesse auf der Basis von Standards zur Verfügung stellen können.

Das Ziel ist, eine technologische Infrastruktur zu schaffen, die die individuelle Kompetenzentwicklung ermöglicht, indem vorher getrennte Anwendungen lernerbezogen zusammen geführt werden. Ein solches PLE kann informelles Lernen kanalisieren. In zukünftigen Kompetenzentwicklungsprozessen werden dabei folgende Funktionalitäten eines PLE benötigt: (Abb. 7.3).

„Persönlich" bedeutet dabei, dass

- die Inhalte und die Lerner-Oberfläche vom Lerner selbst und eigenverantwortlich gestaltet werden,
- der Lerner auf der Basis der Interpretation seiner Lerndaten und der Ergebnisse aus den Kompetenzmessungen durch den Lernpartner Computer seine Lernfortschritte misst, zukünftige Leistungen vorausberechnet und potenzielle Problembereiche aufdeckt (Learning Analytics) (vgl. Meier und Seufert 2012a; Ebner et al. 2013),
- seine Kompetenzentwicklungsziele auf dieser Grundlage selbstorganisiert definiert,
- die Priorität seiner Lerninhalte, z. B. Praxisprobleme oder Projekte, eigenverantwortlich festlegt,
- der Lernpartner Computer nach den Interessen und den Kompetenzentwicklungsmöglichkeiten des Lerners pro aktiv Wissen im PLE bereit stellt, Lösungen und Überlegungen von ihm analysiert und bewertet sowie Vorschläge für individuelle und soziale Lernprozesse macht,
- der Lerner die Möglichkeit erhält, sein eigenes Erfahrungswissen mit einem Autorentool systematisch aufzubereiten und zu dokumentieren,
- er alleine die Zugangsberechtigungen definiert,
- er die Vernetzungen zu Lernpartnern und sozialen Netzwerken festlegt,
- er einziger Eigentümer seiner Inhalte ist,
- seine persönliche Daten nach seinen Vorgaben geschützt werden„

Das PLE bildet damit die notwendige Voraussetzung für selbstorganisiertes, lebenslanges und lebensweites Lernen. Deshalb sollte das System so gestaltet werden, dass der Lerner seinen persönlichen Lernraum, sein E-Portfolio, „mitnehmen" kann, wenn er seine bisherige Unternehmung verlässt und zu einem anderen wechselt.

PLE werden zukünftig die heutigen LMS, auch in der Ausprägung als Soziale Lernplattformen, ablösen, weil sie konsequent auf die jeweiligen persönlichen Bedürfnisse der Lerner zugeschnitten sind. Dabei werden aber alle Möglichkeiten und Elemente von LMS genutzt, die für den Lerner sinnvoll sind. Jedoch entscheidet er selbst, nicht ein Trainer, welche Funktionalitäten er nutzen will.

7.2 Handlungsempfehlungen

Wir haben versucht aufzuzeigen, dass das betriebliche Lernen der Zukunft die individuelle, selbstorganisierte Kompetenzentwicklung durch kollaboratives Lernen im Prozess der Arbeit und im Netz ist. Der Weg zu diesen innovativen Lernkonzeptionen erfordert Zeit und Durchsetzungsvermögen.

Abschließend fassen wir unsere Handlungsempfehlungen für die heutigen Personalentwickler zusammen, die diesen Weg gehen wollen (Abb. 7.4, S. 268).

1	Strategieorientierung	Leiten Sie Ihren Bildungsauftrag konsequent aus der Unternehmensstrategie ab.
2	Strategischer Partner	Entwickeln Sie sukzessive Ihre Rolle als gleichberechtigter Partner in den Strategieentwicklungsprozessen
3	Kompetenzorientierung	Erarbeiten Sie in einem gemeinsamen Entwicklungsprozessprozess mit Fach- und Führungskräften bedarfsgerechte Kompetenzmodelle, Kompetenzprofile und Kompetenzmesssysteme
4	Veränderungsmanagement	Entwickeln Sie die Rollen in den Lernprozessen, insbesondere auch Ihre eigene, und die Lernkultur in einem permanenten, gemeinsamen Veränderungsprozess,, den Sie maßgeblich gestalten und steuern.
5	Ermöglichungsrahmen	Entwickeln Sie mit Ihrem Team einen Lernrahmen, der selbstorganisiertes, kooperatives und kollaboratives Lernen aller Mitarbeiter im Prozess der Arbeit möglich macht.
6	Integration von Arbeiten und Lernen	Verknüpfen Sie Lern- und Arbeitsprozesse, aber auch Strukturen und Systeme, konsequent miteinander.
7	Individuelle Kompetenzziele	Ermöglichen Sie es ihren Mitarbeitern, ihre Kompetenzziele auf Basis der Kompetenzprofile und -messungen selbstorganisiert in Abstimmung mit ihren Führungskräften zu definieren.
8	Selbstorganisierte, individuelle Kompetenzentwicklungsprozesse	Ermöglichen Sie es Ihren Mitarbeitern, ihre Lernprozesse im Prozess der Arbeit selbst zu planen und umzusetzen.
9	Eigenverantwortlicher Wissensaufbau	Bieten Sie E-Learning und Blended Learning Lösungen, Podcasts oder Lernvideos zum Aufbau des formellen Wissens sowie Wissensmanagement-Tools zur Entwicklung von Erfahrungswissen an.
10	Social Learning	Fördern Sie das kollaborative Arbeiten und Lernen im und mit dem Netz(-werk)

Abb. 7.4 Handlungsempfehlungen

Damit Sie und Ihr Team sich schrittweise von der Personalentwicklung zum Kompetenzmanagement entwickeln können, schlagen wir im Einzelnen folgende Schritte vor:

1. Leiten Sie Ihren Bildungsauftrag konsequent aus der Unternehmensstrategie ab. Die betriebliche Bildung wird auf Dauer nur dann ernst genommen werden, wenn sie aktiv und nachprüfbar zur Performance der Unternehmung beiträgt. Dies wird ihr nur gelingen, wenn sie sich an den strategischen Zielen der Unternehmung orientiert und mit dazu beiträgt, dass dieses im Kompetenzwettbewerb erfolgreich bleibt. Deshalb gibt es keine Alternative zur Kompetenzorientierung der betrieblichen Bildung, die durch einen integrativen Ansatz persönlicher wie betrieblich-ökonomischer Perspektiven sowie durch eine deutlich verstärkte Integrations- und Vernetzungsfunktion der Mitarbeiter geprägt sein wird (North et al. 2013, S. 262, 2. Aufl.).

2. Entwickeln Sie sukzessive Ihre Rolle als gleichberechtigter Partner in den Strategieentwicklungsprozessen. Der zukünftige Wettbewerb ist ein Kompetenzwettbewerb. Deshalb sind die Kompetenzen der Mitarbeiter und Führungskräfte *das* entscheidendes Element der Unternehmensstrategie. Aus diesem Grunde müssen die

Kompetenzmanager im Unternehmen bereits in den Strategieprozess gleichberechtigt mit einbezogen werden. Gelingt ihnen dies nicht, werden andere Bereiche im Unternehmen, wie dies teilweise heute schon z. B. im Vertrieb zu beobachten ist, die Federführung in der Bildungsarbeit übernehmen.

Diese Rolle als strategischer Partner der Geschäftsleitung müssen sich die heutigen Personalentwickler im Regelfall erst noch erkämpfen. Voraussetzung dafür ist ein Kompetenzprofil der Kompetenzmanager, das diese Akzeptanz im Kreis der oberen Führungskräfte ermöglicht, so dass sich ein Netzwerk von Verbündeten auf oberer Managementebene bildet. Dies setzt neben einem fundierten Wissen und einer breiten Qualifikation im Bereich der betrieblichen Bildung Erfahrungen als Fach- und Führungskraft im Unternehmen voraus.

3. Erarbeiten Sie in einem gemeinsamen Entwicklungsprozessprozess mit Fach- und Führungskräften bedarfsgerechte Kompetenzmodelle, Kompetenzprofile und Kompetenzmesssysteme. Initiieren Sie die notwendigen Veränderungsprozesse im Bildungsbereich, indem Sie gemeinsam mit dem oberen Management in einem Workshop ein bedarfsgerechtes Kompetenzmodell als Leitlinie der Bildungsarbeit entwickeln und diesen Paradigmenwechsel in der Bildungsarbeit des Unternehmens mit oberen Führungskräften aktiv kommunizieren („Symbolische Führung").

Leiten Sie die Entwicklungsprozesse in den einzelnen Unternehmensbereichen ein, indem Sie mit ausgewählten Fach- und Führungskräften maßgeschneiderte Kompetenzprofile und –Messinstrumente für die wesentlichen Tätigkeitsbereiche entwickeln. Dadurch bauen Sie sich eine Netzwerk von Verbündeten im Bereich der Fach- und Führungskräfte mit hoher Akzeptanz („Cultural Heroes") im Unternehmen auf.

4. Entwickeln Sie die Rollen in den Lernprozessen, insbesondere auch Ihre eigene, und die Lernkultur in einem permanenten, gemeinsamen Veränderungsprozess, den Sie maßgeblich gestalten und steuern. Leiten Sie gemeinsam mit Ihren Verbündeten aus der Stufe der Entwicklung der Kompetenzprofile die notwendigen Veränderungsprozesse in den einzelnen Bereichen ihrer Klientel, vor allem aber auch in der Personalentwicklung selbst, ein. Bauen Sie die notwendigen Kompetenzen bei Bildungsexperten und Führungskräften im „Doppeldecker-Prinzip" auf und initiieren Sie damit die Entwicklung und Umsetzung kompetenzorientierter Lernkonzepte.

5. Entwickeln Sie mit Ihrem Team einen Lernrahmen, der selbstorganisiertes, kollaboratives Lernen aller Mitarbeiter im Prozess der Arbeit möglich macht. Erarbeiten Sie mit Ihrem Team und bei Bedarf mit externer Unterstützung die Konzeption, Systeme, Prozesse und Elemente des Ermöglichungsrahmens. Testen Sie erste Lösungen in überschaubaren Pilotprojekten und übertragen Sie die dabei gewonnenen Erfahrungen schrittweise auf die Gesamtkonzeption. Unterrichten Sie die Mitarbeiter und Führungskräfte regelmäßig über diese ersten innovativen Lernmaßnahmen und die dabei gewonnenen Erkenntnisse.

6. Verknüpfen Sie Lern- und Arbeitsprozesse, aber auch Strukturen und Systeme in diesen Bereichen, konsequent miteinander. Entwickeln Sie in enger Abstimmung mit den Verantwortlichen der Unternehmens-IT integrierte Lösungen, mit denen Arbeiten und Lernen zusammen geführt werden können. Fügen Sie diese Lösungen in den Ermöglichungsrahmen mit ein.

7. Ermöglichen Sie es ihren Mitarbeitern, ihre Kompetenzziele auf Basis der Kompetenzprofile und -messungen selbstorganisiert in Abstimmung mit ihren Führungskräften zu definieren. Initiieren Sie die Integration der Kompetenzziele in die Führungskonzeption und die Konzeption der Mitarbeitergespräche. Stellen Sie die neue Lernkonzeption und die Instrumente der Kompetenzmessung, möglichst gemeinsam mit der jeweiligen Führungskraft, den Mitarbeitern vor (z. B. über Informationsmärkte).

8. Ermöglichen Sie es Ihren Mitarbeitern, ihre Lernprozesse im Prozess der Arbeit selbst zu planen und umzusetzen. Moderieren Sie gemeinsam mit den jeweiligen Führungskräften Teamtrainings, in denen die Mitarbeiter in die individuelle Nutzung des Ermöglichungsrahmens eingeführt werden. Begleiten Sie die Führungskräfte als Coach in ihrer Aufgabe als Entwicklungspartner der Mitarbeiter. Stellen Sie sicher, dass alle Lerner umgehend Unterstützung erhalten, wenn Sie mit dem neuen Lernrahmen noch nicht klar kommen (Hotline).

9. Bieten Sie E-Learning und Blended Learning Lösungen, Podcasts oder Lernvideos zum Aufbau des formellen Wissens sowie Wissensmanagement-Tools zur Dokumentation und Entwicklung von Erfahrungswissen an. Passen Sie die formellen Inhalte auf die neue Lernkonzeption an (z. B. durch Modularisierung oder durch Ergänzung um Transferaufgaben), entwickeln Sie neue Medien zur Unterstützung und Initiierung der Kompetenzentwicklungsprozesse und implementieren Sie ein Wissensmanagement-System „bottom-up", in das die Lerner ihr Erfahrungswissen einbringen und gemeinsam weiter entwickeln können.

10. Fördern Sie das kollaborative Arbeiten und Lernen im und mit dem Netz(-werk). Fördern Sie die Netzwerkbildung aller Beteiligten durch geeignete Systeme und Initiativen. Bringen Sie Ihr Team und sich selbst aktiv in diese Netzwerke mit ein. Greifen Sie die Anregungen und die Kritik in einem dynamischen Prozess aktiv auf und optimieren Sie das Lernsystem laufend.

Der Bildungsbereich und das Unternehmen entwickeln sich damit zu einer Lernenden Organisation.

Glossar

Die Begriffswelt im Bereich innovativer Lernsysteme ist einem ständigen Wandel unterworfen. Deshalb haben wir in einem Glossar die wichtigsten Erläuterungen zu allen Aspekten innovativer Lernsysteme, von der Lernkultur bis Entwicklungskonzeptionen und technologischen Lösungen zusammen gefasst.

Accessibility Design einer Website, das es Personen mit Behinderungen ermöglicht, sie zu nutzen und zu verstehen.

Activity stream Liste von Aktivitäten der Nutzer in einem Webbereich (als → *Feed*), z. B. auf → *Facebook* oder auf einer → *Sozialen Lernplattform*

Adaptive E-Learning Die Lernumgebung analysiert das Lernhandeln und den aktuellen Wissensstand und vergleicht dieses mit den Anforderungen oder Lernzielen, um daraus einen laufend angepassten Lernplan abzuleiten und dem Lerner die Möglichkeit zu geben, seinen Lernprozess selbstorganisiert zu steuern. → *Learning Analytics*

AICC *Aviation Industry Computer-based Training Committee.* Ein internationaler Verband von technologiebasierten professionellen Ausbildern, der Richtlinien für Trainings in der Luftfahrtindustrie entwickelte. AICC entwickelt Normen für die Kompatibilität von rechnergestützter Lernsoftware für verschiedene Industriezweige. → *AICC Website* (www.aicc.org).

AJAX *Asynchronous JavaScript and XML*: Dies ist eine Technologie, die vielen Web-2.0-Applikation als Basis dient. Damit ist es möglich, auf einer HTML-Seite eine Anfrage durchzuführen, ohne dass die Seite komplett neu geladen werden muss.

Aktives Lernen Die Lerner bearbeiten aktiv Lernaufgaben, die Handeln erfordern.

Animation Bewegtbilder in Lernprogrammen mit dem Ziel, die Lerninhalte anschaulicher und motivierenden zu gestalten. Animationen können als einfache Bildsequenz, als Bilder-Animation oder trickfilmähnlich (z. B. in → *Flash*) gestaltet werden. Ergänzend können Sprache, Musik und Signale eingesetzt werden. Vielfach werden Animationen interaktiv gestaltet.

AoD (audio on demand) → *CoD*

Applet Eine kleine Anwendung. → *Java Applet*

App Anwendungen für Smartphones und Tablet-Computer, die über einen in das Betriebssystem integrierten Onlineshop bezogen werden und direkt auf dem mobilen Gerät installiert werden können.

Application Anwendungssoftware (Programm), die ein Benutzer aktiviert, um an einem Computer zu arbeiten. Es gibt viele Arten von Software, die in die Kategorie der Anwendung einzuordnen sind. Anwendungssoftware ist von anderen Formen der Software wie z. B. Betriebssystem- und Zusatzsoftware zu unterscheiden.

W. Sauter, S. Sauter, *Workplace Learning,* DOI 10.1007/978-3-642-41418-3,
© Springer-Verlag Berlin Heidelberg 2013

Application Service Providing – ASP Der Provider richtet für Kunden auf seinem Server Softwareapplikationen – z. B. → *WBT* – ein und pflegt sie. Der Kunde erhält das Nutzungsrecht, wird aber nicht Eigentümer der Software. Die Distribution erfolgt meist über das Internet oder Intranets. ASP erlaubt Unternehmen Geld, Zeit und Ressourcen durch teilweise oder komplette Auslagerung (Outsourcing) ihres informationstechnologischen Bedarfs zu sparen.

Application-Sharing Multipoint Dataconferencing – Synchrone Verwendung von Softwareanwendungen über das Netz. Die Lerner können gemeinsam ein Dokument überarbeiten. Ein bevorrechtigter Lerner kann die Zugriffsrechte der anderen Nutzer definieren.

Assessment Prozess, der systematisch die Fähigkeiten oder den Wissensstand eines Lerners erfasst.

Assessment Item Eine Frage oder Aktivität zur Beurteilung, um zu bestimmen, ob der Lerner sein Lernziel erreicht hat.

Asychronous Learning *Asynchrones Lernen.* Lernform, bei der die Interaktion zwischen Lerner und Lehrer durch eine Zeitverzögerung unterbrochen ist. Beispiele dafür sind interaktive Kurse via Forum oder CD-ROM, Online-Diskussionsgruppen und E-Mail-Foren.

ATM *Asynchronous Transfer Mode.* Eine Netzwerktechnologie für Hochgeschwindigkeitsdatenübertragungen. Die Informationen werden in Pakete gleicher Größe eingeteilt um eine reibungslose Übertragung zu ermöglichen. ATM unterstützt die Übertragung von Sprache, Video und Daten in Echtzeit und kann Geschwindigkeiten von bis zu 10 Gbps erreichen.

Atom Weiterentwicklung des → *RSS*, das die Standards Atom Syndication Format und Atom Publishing Protocol (APP) miteinander verknüpft.

Audioconferencing Es besteht eine Sprachverbindung zwischen mehr als zwei Nutzern unter Verwendung von Standard-Telefonleitungen.

Audiographics Rechnergestützte Technologie, die während einer interaktiven Kommunikation zwischen dem Online-Tutor und allen Teilnehmern die gleichzeitige Übertragung von Sprach- und Datenkommunikation sowie Graphiken über vorhandene Telefonleitungen ermöglicht.

Augmented Reality Erweiterte Realität über die computergestützte Vergrößerung der Realitätswahrnehmung, die alle menschlichen Sinne, insbesondere das Auge, ansprechen kann. In Lernprogrammen werden z. B. Bilder oder Videos mit computergenerierten Zusatzinformationen oder virtuellen Objekten mittels Einblendungen oder Überlagerung erläutert.

Authoringtool/ Autorentool/ Autorensysteme/ Authorware Eine Anwendungssoftware oder ein Programm, das einer Person erlaubt, eine eigene E-Learning Software zu erstellen. Diese Tools beinhalten instruktionsorientierte Werkzeuge zur Erstellung und Programmierung von Websites, vorlagenbasierte Autoren-Tools, Systeme zur Wissenserfassung sowie Text- und Dateierstellung. Meist kann der Autor über das System die WBT direkt erstellen. → *Course-Builder*

Autopoiese Prozess der Selbsterschaffung und Selbsterhaltung von Lebewesen oder lebenden Systemen.

Autorenwerkzeuge Einzelplatz-Lösungen, die als Anwendung auf den PC der Medienentwickler installiert werden. Sie unterstützen die Erstellung von Lernmaterialien ohne Programmierfähigkeiten.

Avatar (Sanskrit: „*Fleischwerdung (Inkarnation) eines Geistes*") Virtueller Repräsentant eines Lerners in einem virtuellen Raum, z. B. in → *Second Life*, oder einer → *Learning Community*, der grafisch gestaltet werden kann. Das Ziel dieser Lösungen besteht darin, diese Avatare so weiter zu entwickeln, dass sie aktiv neue Beiträge, Lösungen oder Lernpartner für den Lerner identifizieren.

Badges Kennzeichen oder Plaketten, die als Indikatoren für die Leistungen der Lerner in informellen Lernprozessen genutzt werden. Sie sollen helfen, Ziele zu setzen und das informelle Lernen anzuerkennen.

Bandwidth *Bandbreite*. Kapazität, die einem Kommunikationskanal zum Transport von Informationen zur Verfügung steht.

Barcamp Offene Tagung mit frei zugänglichen Workshops, deren Inhalte und Ablauf von den Teilnehmern zu Beginn selbst entwickelt und im weiteren Verlauf gestaltet werden → *Educamp*

BBS (Bulletin Board System) Eine → *Online Community*, die auf einem Zentralcomputer geführt wird, in den sich die Benutzer einwählen oder einloggen können. BBS-Benutzer können Nachrichten an öffentliche Diskussionsforen senden, E-Mails verschicken und empfangen, mit anderen Benutzern plaudern („chatten") sowie Dateien hoch- und herunterladen. BBS sind textbasiert und oft auf die Hobbys oder Interessen ihrer Macher ausgerichtet.

Behaviorismus Eine ältere Lerntheorie, die den Lerner als eine „blackbox" betrachtet. Deshalb konzentriert sie sich auf die Handlungsweisen der Menschen, die der Lehrer mit vielfältigen Motivationsfaktoren (extrinsische Motivation) zu beeinflussen sucht. In diesem Ansatz steht der Lehrer im Mittelpunkt, der über objektiv richtiges Wissen verfügt, das er möglichst vereinfacht darstellt. Die Lerner sind tendenziell eher passiv.

Bildungsbroker/ Education Brokerage Makler zwischen den Anbietern und Nachfragern nach Bildung, insbesondere im E-Learning-Bereich, die Beratungs- und Betreuungsleistungen übernehmen. Als Netzwerker bilden sie Allianzen zwischen den Beteiligten, als Berater bringen sie primär ihre Erfahrungen und ihre Marktkenntnis ein. Insbesondere innerbetriebliche Bildungsanbieter übernehmen zunehmend diese Rolle des Bildungsbrokerage.

Blended Learning → *multi-method learning* → *hybrides Lernen*
Dieses Lernarrangement basiert auf der Erfahrung, dass ein reines E-Learning-System primär für den Wissensaufbau geeignet ist. Es verknüpft deshalb → *E-Learning* mit Lernen in Präsenzveranstaltungen. Der Lerner kann sich sein Wissen selbst organisiert mittels E-Learning aneignen. Dabei wird sein Lernprozess von den Lernpartnern im Rahmen der → *Learning Community*, meist auch von einem → *Tutor* flankiert. Hierbei werden meist Kommunikationsinstrumente des → *Web 1.0*, wie z. B. → *Foren* oder →

Chats benutzt, Die Wissensverarbeitung erfolgt im Rahmen von Aufgaben, Übungen oder Fallstudien, die mit Lernpartnern, in Lerngruppen oder im Seminar mit dem Trainer bearbeitet werden. Im Rahmen der → *Kompetenzentwicklung* wird Blended Learning um Transferaufgaben und Projektaufträge erweitert. Zunehmend spielen dabei Kommunikationsinstrumente des → *Web 2.0,* wie z. B. → *Wikis* und → *Blogs* eine wichtige Rolle. → *Social Learning*

Bliki (Wikiblog, Wiki-Weblog, Bloki, Wikilog) Eine Verknüpfung von → *Weblog* und → *Wiki*. Es bezeichnet eine Software, die von mehreren Autoren gemeinsam bearbeitet wird und in der einzelne Textbeiträge in einem Weblog chronologisch dargestellt werden, wobei die neuesten Einträge oben stehen.

Blog (Weblog) Öffentlich einsehbare Tagebücher im Web, bei denen viele kleine Inhalte („Micro-Content") in Form von Texten, Bildern, Sound oder Videos der Lerner – genannt „posts" – einen Zeitstempel erhalten und in einer umgekehrt chronologischen Reihenfolge abgelegt werden. Damit steht jeweils der jüngste Eintrag am Anfang einer Seite; es entsteht ein Lerntagebuch.

Ein Blog in Lernprozessen ist ein von einer Person oder Gruppe geführtes Lern- oder Projekttagebuch, das für definierte Lerngruppen oder alle Internetnutzer zugänglich ist und dessen Einträge kommentiert werden können. Die Beiträge und teilweise die Kommentare besitzen eine eigene, feste Webadresse → Permalink. Die Beiträge eines Weblogs werden in einem Feed zusammengefasst.

Blogger Die Person, die „bloggt", das heißt, selbst einen *Blog* führt.

Blogosphäre Der Begriff kombiniert die Worte *Blog* und Biosphäre. Mit diesem Begriff wird sowohl die Blogger Community, aber auch der Raum im Internet, den das Bloggen einnimmt, bezeichnet.

Blogroll Die beliebtesten Internet-Seiten eines *Bloggers*, die dieser regelmäßig zur Verfügung stellt.

Bookmarks → *Lesezeichen*

Broadcast (*Substantiv*) Sendung. Fernseh- und Radiosignale wurden entwickelt, um ein Massenpublikum zu erreichen. Einige Websites bieten Live-Sendungen an oder veröffentlichen bereits ausgestrahlte bzw. gespeicherte Sendungen.
(*Verb*) Simultanes Senden von E-Mails oder Faxnachrichten an mehrere Empfänger. In einem Netzwerk ist es möglich, Informationen gleichzeitig an jeden angeschlossenen Nutzer zu senden. → *Multicasting* → *Unicasting*.

Business TV Medium der internen und externen Unternehmenskommunikation mit Videoübertragungen von Informations- oder Lehrsequenzen für meist geschlossene Nutzergruppen. Business TV kann passiv – mit oder ohne Rückkanal – und interaktiv gestaltet sein. Zunehmend werden Business TV Lösungen mit → *E-Learning*-Komponenten zu einem Gesamtsystem verknüpft.

C–Learning → instructor-led training.

CAI *Computer-aided/assisted instruction*. Die Verwendung eines Computers als ein Medium der Instruktion für Tutorien, Ausbildung und Übung, Simulation oder Spiele.

CAI wird sowohl für Erstausbildung als auch für Weiterbildung verwendet. Es ist normalerweise nicht erforderlich, dass der Computer mit einem Netzwerk verbunden ist oder mit Ressourcen außerhalb des eigentlichen Kurses (z. B. Webpages) verbunden ist. → *CBT.*

CAL *Computer aided/assisted Learning* → CBT

CBL *Computer-based learning* → *CBT.*

CBT →*Computer-based training.*

Chat engl. „*Quatschen*", „*schwätzen*", „*unterhalten*". Synchrone schriftliche Unterhaltung mehrerer Lerner zu einem Thema. Die Chats können moderiert oder unmoderiert sein.

Classroom training → *instructor-led training*

Cloud Computer-Netzwerk mit abstrahierten IT-Infrastrukturen, wie Rechenkapazitäten, Datenspeicher, Netzwerkkapazitäten oder auch Anwender-Software, die dynamisch an den Bedarf angepasst zur wird. → Cloud Computing → Cloud Learning

Cloud Computing Rechenkapazitäten, Datenspeicher, Netzwerkkapazitäten oder Lern-Software werden dynamisch an den Bedarf angepasst und über ein Netzwerk in der „Cloud" zur Verfügung gestellt. Diese werden dabei ausschließlich über definierte technische Schnittstellen und Protokolle genutzt. Die Lerner erhalten in diesem Rahmen die Möglichkeit, vielfältige Lernangebote im Netz (→ *Cloud Learning,* → *Open Educational Resources*) zu nutzen.

Cloud Learning Lernen mit WBT und Diensten, die im Internet (→ *Cloud*) liegen. Beispiele dafür sind → *Learning Management Systeme (LMS),* die von Google und anderen Anbietern, z. B. CloudCourse oder HootCourse, angeboten werden. In diesem Sinne ist Cloud Learning vor allem durch eine veränderte Lern-Infrastruktur geprägt. Die Lerner erhalten die Möglichkeit, nach Bedarf vielfältige Lernangebote im Netz zu nutzen. Damit entspricht Cloud Computing dem Ansatz der → *Open Resources.* Somit ist Cloud Learning keine neue Lernkonzeption, erweitert aber die Möglichkeiten und Chancen von Bildungssystemen.

CMC *Computer-mediated Communication.* Computervermittelte Kommunikation, überwiegend mit → *E-Mail,* → *Foren* und → *Chat.*

CMI *Computer managed instruction.* Steuerung des Lernprozesses durch den Computer. Beinhaltet Tests und die Aufzeichnung relevanter Daten. → *LMS* → *LCMS.*

cMOOC → MOOC, die auf dem Ansatz des → Konnektivismus basieren (connectivist MOOCs), nach dem das Lernen im Netz stattfindet · Sie sind relativ offen und frei im Sinne virtueller Workshops oder → *Barcamps* gestaltet, in denen die Teilnehmer aktiv gemeinsam → *Wissen* erarbeiten.

CMS Content management system. Softwareanwendung, die den Prozess der Gestaltung, des Testens, der Erprobung und Veröffentlichens von Webpages optimiert.

Coaching Professionelle Beratung und Begleitung einer Person (Coache, Gecoachter) oder mehrerer Personen durch eine oder mehrere andere, den Coach, die Coaches. Der Coach soll den Gecoachten bei der Ausübung von komplexen Handlungen befähigen, optimale Ergebnisse selbst organisiert hervorzubringen. Coaching ist eine Entwicklungspartnerschaft, die eine besondere Art intendierter → *Kompetenzentwicklung* mit einer methodisch fundierten Vorgehensweise, zuweilen auch zur teambezogenen oder organisationalen Kompetenzentwicklung, bildet.

Co-Coaching Entwicklungspartnerschaft zwischen Lernern in kollaborativen Lernprozessen am → *Workplace*. Zukünftig werden Computer Tandempartner in kompetenzorientierten Lernprozessen. Mit Hilfe → *semantischer Systeme* erweitern sie die menschliche Lernpartnerschaft um den → *Lernpartner Computer*.

Collaborative Learning → *Kollaboratives Lernen*

Collaborative tools Ermöglicht die Zusammenarbeit mit anderen z. B. via E-Mail, in Diskussionen oder mittels Chat.

Computer-Based-Training (CBT) CBT steht als Abkürzung von Computer based training und ganz allgemein als Oberbegriff für verschiedenartige Formen der Computernutzung zu Lernzwecken. Im engeren Sinne sind dabei Offline-Lernprogramme gemeint. CBT-Programme können dabei mehr oder weniger multimedial aufbereitet sein, sie können auch über das Internet distribuiert werden.

Computer Supported Cooperative Learning → *CSCL*

Community → *Online community*.

Community of Practice In Communities of Practice gibt, es im Gegensatz zu → *Learning Communities*, keine formellisierten Lernpfade. Sie werden durch die Lerner selbst organisiert. Sie wählen selbst die Ziele, Inhalte, Strategien, Methoden und Kontrollmechanismen ihrer Lernprozesse. Communities of Practice entwickeln sich häufig aus → *Learning Communities*.

Computerunterstützte Lernarrangements → *Blended Learning*

Connectivism → *Konnektivismus*

Connect time *Verbindungszeit*. Die Zeit, in der ein Terminal oder ein Computer mit einem anderen Computer oder Server für eine Sitzung verbunden ist.

Content *Inhalt*. Die Möglichkeit, Wissen an eine Person weiterzugeben. Die verschiedenen Formate für → *E-Learning* umfassen Text-, Ton-, Video-, Animations- und Simulationsinhalte.

Content Curation Tools, die Inhalte aus dem Web filtern und zu spezifischen Themen in strukturierter Weise präsentieren.

Content Provider Content Provider erstellen und vertreiben Informationen und Lerninhalte. Die Spannbreite erstreckt sich von reinen Online-Anbietern bis zu klassischen Bildungsanbietern.

Convergence *Konvergenz*. Ein Ergebnis der digitalen Ära, in der verschiedene Arten digitaler Informationen wie Text, Sprache und Videos und deren Empfänger (Fernseher,

Telekommunikationen und Heimelektronik) miteinander zu neuen Medien verbunden werden. Web-TV ist ein Beispiel für Konvergenz zwischen Fernsehern und Computern.

Corporate Universities Unternehmensinterne Bildungsakademien, die sich primär an den strategischen Bedürfnissen der Muttergesellschaft orientieren.

Course Builder Werkzeug zur Erstellung von Online-Lehrmaterialien als → *Open Source* Lösung von Google. → *Autorentool*

Courseware Unterrichtssoftware. Jede Art des Unterrichtskurses, der über ein Anwendungsprogramm oder über ein Netzwerk zur Verfügung gestellt wird.

Creative Commons (CC) Creative Commons (CC) ist eine Non-Profit-Organisation, die in Form vorgefertigter Lizenzverträge eine Hilfestellung für die Veröffentlichung und Verbreitung digitaler Medieninhalte anbietet. CC stellt sechs verschiedene Standard-Lizenzverträge zur Verfügung, die bei der Verbreitung kreativer Inhalte genutzt werden können, um die rechtlichen Bedingungen festzulegen. CC ist dabei selber weder als Verwerter noch als Verleger von Inhalten tätig und ist auch nicht Vertragspartner von Urhebern und Rechteinhabern, die ihre Inhalte unter CC-Lizenzverträgen verbreiten wollen.

Credit Point Systeme Die Lerner erhalten sukzessive für jede Teilleistung Punkte (credit points), die im Verlaufe des Kurses addiert werden. Bei Erreichen einer definierten Punktzahl ist der Kurs bestanden.

CRM *Customer relationship management*. Methoden, Software und Internetfähigkeit, die einem Unternehmen helfen, Kundenbeziehungen zu managen und zu organisieren. Hilft dabei Kunden zu identifizieren und zu kategorisieren.

CSCL → *Computer Supported Cooperative Learning*. Lernlösungen, die das kooperative Lernen in Lernpartnerschaften und Gruppen durch entsprechende Aufgaben und Tools in der → *Learning Community* initiieren und unterstützen.

CUI *Computerunterstützte Instruktion* → *Computer Based Training*

CUL *Computer-unterstütztes Lernen* → *Computer Based Training*

Costumer-focused E-Learning Netzbasierte Lernprogramme zielen auf derzeitige und potentielle Kunden ab. Durch Online-Ausbildung von Kunden erschließen Unternehmen neue Geschäfte und machen Personen mit elektronischen Transaktionen („e-transactions") vertrauter.

Curriculum Didaktische Konzeption mit Lernzielen, Lerninhalten und evtl. methodischen Hinweisen.

Desktop Videoconferencing (DTVC) Videokonferenz mit Echtzeitbild und –ton auf einem Personalcomputer.

Didaktik Im weiteren Sinne Theorie und Praxis des Lehrens und Lernens, im engeren Sinne umfasst die Didaktik das „Was" des Lernprozesses, d. h. die Bedarfserhebung, die Lernzielformulierung und die Definition der Inhalte.

Digital aliens Generation der vor 1950 Geborenen, die sich angeblich im Umgang mit Neuen Medien schwer tut. Tatsächlich ist weniger das Geburtsjahr, als der regelmäßige Umgang mit Medien für das Verhalten entscheidend.

Digital Divide Der existierende Abstand zwischen jenen, die sich eine Technologie leisten können, und jenen die es nicht können. Damit wird das Problem der neuen „Zweiklassen-Gesellschaft" beschrieben.

Digital Game Based Learning → *Serious Games*

Digital Immigrant Der Begriff des „digital immigrant" wird als Gegenpol zum Konzept der → *Net Generation* (→ *„digital native"*) gesehen. In Analogie zum Fremdsprachenlernen muss ein "digital immigrant"den Umgang mit der digitalen Welt erlernen, kann dies zwar perfektionieren, wird seinen „Akzent" im Vergleich zum „digital native" aber nie verlieren. Häufig wird damit die Generation bezeichnet, die zwischen 1950 und 1980 geboren ist.

Digital Natives → *Net Generation*

Diskussionsforen Foren im Internet oder Intranet, an die Nutzer Nachrichten und Meinungen senden können, die andere Personen dort lesen und wiederum kommentieren können.

Dispositionen Bis zu einem bestimmten Handlungszeitpunkt entwickelte innere Voraussetzungen zur Regulation der Handlungen einer Person.

Dissonanzen Im kognitiven Sinne ein innerer Widerspruch. Erfahrungen und Informationen stehen zur persönlichen Einstellung bzw. zu getroffenen Entscheidungen im Widerspruch.

Distance-, Virtual-, Tele-Learning Fernlernen in Form von z. B. Fernsehsendungen, Radio, Telefon und Internet. Bezeichnet ein System, in dem die Kommunikation zwischen Lehrenden und Lernern nicht in physischer Präsenz der Beteiligten stattfindet, sondern elektronisch-medial vermittelt wird, z. B. über Videokonferenz. Bei Tele-Learning besteht oftmals eine Kommunikation zwischen mehreren Beteiligten am Lernprozess. Tele-Learning wird oft synonym zu Distance-Learning genannt.

Dokumentenmanagement Elektronische, meist datenbankgestütztes System, das es ermöglicht, alle Formen von Dokumenten und deren Inhalte gemeinsam zu bearbeiten, zu archivieren, zu verwalten und zu taggen ((Indizieren, Verschlagworten). Im Social Learning ist der Funktionsbereich deutlich erweitert. Mit diesem System ist es möglich, kollaborativ mittels Workflow Erfahrungen und Wissen in verschiedenen Formaten zu dokumentieren und auszutauschen. Selbstlernende Systeme mit Volltextsuche unterstützen schnelle und zielsichere Lösungen. Eine Versionenverwaltung hilft, die Änderungen an den Dokumenten und somit der gemeinschaftlich erstellten Informationen zu erfassen. Alle Versionen werden in einem Archiv mit dem Namen des Bearbeiters und einem Zeitstempel gespeichert. Somit können nicht nur die einzelnen Versionen immer wieder hergestellt, sondern auch die „Entwicklung" des Dokumentes und dessen Inhalt nachvollzogen werden.

Doppeldecker-Prinzip Die Lerner erleben die Sicht ihrer Lerner, indem sie sich in deren Rolle begeben. Im Anschluss an Phasen des Lernens begaben sie sich auf eine Metaebene der Reflexion und wenden ihre → *Erfahrungen* auf eigene Lernlösungen an.

Drill Practice Software Übungs- und Testsysteme, die sich auf das Wiederholen von Wissen und das Auswendiglernen von Wissen, z. B. bei Vokabeln, konzentrieren. Diese Trainingsform basiert auf dem Ansatz des → *Behaviorismus*.

Dropout Quote *Abbrecherquote*. Prozentualer Anteil der Lerner, die während des Kurses abbrechen. Diese Abbrecherquoten schwanken zwischen einstelligen Werten und Werten über 90 %. Entscheidend für die Höhe sind die konsequente Organisation der Lerner über bedarfsgerechte Aufgabenstellungen sowie die Flankierung durch Tutoren, Coaches, Trainer und Lernpartner.

E-Assessment Lernfortschrittskontrolle in formellen Lernprozessen, die mit Unterstützung elektronischer Medien vorbereitet, durchgeführt und nachbereitet wird. Eine besondere Rolle spielt dabei die (teil-) automatische Korrektur.

E-Book Digitalisierte Fassung eines Printmediums mit den Online-Angeboten eines Bibliotekbetriebes o.ä.. s mit Annotationsmöglichkeiten erlauben es, persönliche Notizen, Kommentare und Fragen hinzuzufügen. Dies kann öffentlich oder privat erfolgen. → *Enhanced Books* → *Flexbooks*. Zum Lesen wird ein → *E-Reader* benötigt.

E-Coaching Mediengestützte, aktive Entwicklungspartnerschaften zwischen Lernbegleitern oder Experten mit einzelnen Lernern. Diese Unterstützung kann synchron oder zeitversetzt erfolgen. → *Coaching* → *Co-Coaching*

Educational Data Mining (EDM) Ähnlich wie → Learning Analytics speichert das System die Daten, die sich aus den individuellen Lernprozessen ergeben, führt sie zielgerichtet zusammen, analysiert, interpretiert sie. EDM legt jedoch großen Wert auf das automatische Erkennen von Veränderungen, um daraus maschinell gesteuerte Folgeprozesse auszulösen.

Educamp → *Barcamp*, auf dem vor allem Fragen innovativen Lernens mit Neuen Medien bearbeitet werden.

Educasting Dieses Wortgebilde kombiniert Bildungs- bzw. Lernkontexte mit der Podcast-Technik. Beispiele für Educasts sind Vorlesungsmitschnitte oder dokumentarisch orientierte Audio- und Videoaufnahmen.

Edutainment Verknüpfung von Qualifizierung (Education) und spielerischen Elementen (Entertainment). Über den Spieltrieb soll die Motivation der Lerner gesteigert werden.

Educational Games → Serious Games

E-Learning E-Learning bezeichnet das prozessorientierte Lernen in Szenarien, das mit Informations- und Kommunikationstechnologien sowie mit darauf aufbauenden (E-Learning-) Systemen unterstützt bzw. ermöglicht wird. Das wesentliche Element sind hierbei → *WBT*. Der Begriff „E-Learning" ist aber keineswegs auf diese technologischen Ebenen beschränkt, sondern umfasst vielfältige konzeptionelle Elemente des Lernens mit dem Ziel, selbst organisierte Lernformen zu fördern. Wir befinden uns heute bereits in der vierten Stufe des E-Learning. Diese Stufen umfassen E-Learning, meist mit hoher Grafikanimation, auf Datenträgern (→ *CBT*), als Webbasierte Lösung, → *Blended Learning* und → *Social Learning*. Die Rolle der → *Tutoren*, → *Coaches* und → *Trainer* kann dabei sehr unterschiedlich ausgeprägt sein.

E-Learning 2.0 → *Social Learning*

E-Learning Provider Der Markt der Anbieter und Serviceleister für E-Learning ist sehr differenziert. Grundsätzlich können drei Schwerpunkte unterschieden werden: → *Content Provider*: Anbieter von E-Learning Kursen. Hierbei ist eine wachsende Zahl von → *ASP-Lösungen zu verzeichnen.* Service Provider: Anbieter von Bildungsportalen und Communities, z. T. als → *ASP-Lösung* Technology Provider: Anbieter von → *LMS,* → *LCMS* und → *Autorensystemen.* Einige Anbieter versuchen, am Markt ein „Full-Service-Angebot" zu platzieren.

E-Learning Standards E-Learning Standards beziehen sich auf die Qualitätssicherung und die Möglichkeit, modulare Elemente auszutauschen. Bisher haben sich vor allem Standards mit der zweiten Zielsetzung durchgesetzt → *AICC* → *SCORM*

Electronic Business (E-Business) Gestaltung der Geschäftsprozesse eines Unternehmens über das Internet und Intranet einschließlich elektronischer Handel mit Gütern, Informationen und Dienstleistungen → *Electronic Commerce.*

Electronic Commerce (E-Commerce) Anbahnung und Abwicklung von Geschäften über das Internet und elektronischer Handel mit Gütern, Informationen und Dienstleistungen.

E-Lectures Aufzeichnung von Vorlesungen, die über ein → *LMS* abgerufen werden können, als Ergänzung zu Präsenzveranstaltungen.

E-Mentoring Mediengestützte, aktive und/oder passive Motivation oder Beratung einzelner Lerner durch Tutoren. Diese Unterstützung kann synchron oder zeitversetzt erfolgen. → *Mentoring*

E-Moderation Zielorientierte Steuerung und Leitung der Kommunikationsprozesse in → *Learning Communities.* Damit ist sie eine wesentliches Element des → *Tutoring.*

Enterprise Social Networks (ESP) Unternehmensinterne Netzwerke auf Basis → *Sozialer Lernplattformen,* die Kollaboration, Kommunikation und den Austausch von Erfahrungswissen zwischen den Lernern ermöglichen. Viele entstehen auf Eigeninitiative der Mitarbeiter.

E-Reader Mobile Endgeräte (z. B. Kindle), die zum Lesen der → *E-Books* genutzt werden. Viele mobile Endgeräte, wie z. B. das iPad, können heute ebenfalls spezielle E-Reader-Formate lesen.

Emotionales Lernen Die Lerner identifizieren sich persönlich mit den Lerninhalten und werden im Laufe des Lernprozesses emotional gefordert. Dabei entwickeln sich ihre → *Werte,* → *Kompetenzlernen*

Emotionen Einfach strukturierte Gefühle, die Umweltereignisse und Objekte, also Erfahrungen und Wahrnehmungen des Menschen bewerten. Sie nehmen wertgesteuerte künftige Handlungen und Handlungsergebnisse in eher generalisierter Form vorweg. → *Werte*

Enhanced Books → *E-Books* mit erweiterten Möglichkeiten, die nicht nur Text und Bilder, sondern auch multimediale Inhalte und interaktive Übungen mit kollaborativen Funktionen beinhalten. Die Leser können Textstellen markieren, mit Kommentaren verknüpfen und anderen Lesern zugänglich machen. Die Lernenden können sich somit ortsunabhängig direkt im Buch über ein bestimmtes Thema austauschen, ohne auf andere Dienste zugreifen zu müssen.

Entdeckendes Lernen Der Lerner ist aktiv und selbstorganisiert. Er definiert Problemstellungen, sucht durch aktives Fragen und systematische Beobachtungen Lösungsansätze und entwickelt auf der Basis des ihm zu Verfügung stehenden Wissens eigene Lösungen.

Enterprise 2.0 Unternehmen, die Soziale Software-Plattformen in der Kommunikation innerhalb der Organisation, aber auch mit Partnern und Kunden nutzen. → *Social Business*

Enterprise-wide E-learning E-Learning, das für alle oder die meisten Angestellten innerhalb eines Unternehmens bestimmt ist. Wird beispielsweise verwendet, um Kernprozesse wie den Verkauf zu unterstützen.

Entlernen Gewohnte Strukturen, etablierte Herrschaftsverhältnisse, überlieferte Erfahrungswerte und «bewährte» Gewohnheiten, die sich nicht laufend den veränderten Rahmenbedingungen anpassen, bewirken tendenziell eine Trägheit der Organisation und verhindern damit die Möglichkeiten zur Veränderung. Solche eingefahrenen Routinen blockieren neues Lernen und müssen deshalb abgebaut werden. Dies setzt voraus, dass die bestehenden Handlungsmuster der Mitarbeiter laufend kritisch in Hinblick auf die Zielrelevanz überprüft und bei Bedarf verändert werden. Die wesentliche Grundlage dafür ist ein regelmäßiges Feedback durch Kollegen, Führungskräfte, Kollegen oder Lernpartner.

E-Portfolio Mit einem lernerzentrierten E-Portfolio im Rahmen eines → *Learning Management Systems* dokumentiert jeder Lerner seine individuelle Lernkarriere. Neben den Ergebnissen der regelmäßigen Kompetenzerfassung präsentiert er dort seine wichtigsten Dokumente, Ausarbeitungen oder Präsentationen. Diese Unterlagen können Office-Dokumente, Weblogs, Wikis, Podcasts, Audio- oder Video-Mitschnitte aus Vorträgen oder Diskussionen sein. Der Lerner bestimmt, wer darauf Zugriff hat. → Personal *Learning Environment*→ *Soziale Lernplattform*.

EPUB-Format → E-Reader-Standard, des International Digital Publishing Forum, der sich zunehmend durchsetzt.

E-Reader Endgeräte, die in erster Linie zum Lesen von digitalisierten oder neu digital erstellter Bücher → *E-Books* genutzt werden. Beispiele dafür sind Sony E-Book Reader oder Amazon Kindle. Langsam setzt sich der E-Reader Standard → *EPUB-Format* durch.

Erfahrung Erfahrung bezeichnet Wissen, das durch Menschen in ihrem eigenen materiellen oder ideellen Handeln selbst gewonnen wurde und unmittelbar auf einzelne emotional-motivational bewertete Erlebnisse dieser Menschen zurückgeht. Damit erfasst Erfahrung auch das Vertraut sein mit Handlungs- und Denkzusammenhängen ohne Rückgriff auf ein davon unabhängiges theoretisches Wissen.

Erfahrungslernen Erfolgt, indem Menschen selbst handelnd mit echten Entscheidungssituationen konfrontiert werden und dabei unmittelbar eigene Werthaltungen entwickeln → *Konstruktivismus*.

Ergonomics Ergonomie. Designprinzipien, die sich auf den Komfort, die Effizienz und Sicherheit der Nutzer beziehen.

Erlebnislernen Erlebnisse sind für das Erfahrungslernen unverzichtbar, weil sie die Momente der kognitiven → *Dissonanzen* und der →*Labilisierungen* initiieren, in denen Emotionen angeregt, Motivationen ausgeprägt und Werthaltungen entwickelt werden.

Ermöglichungsdidaktik Ausprägung der → *Didaktik*, die von Rolf Arnold geprägt wurde und auf den Prinzipien der Selbstbestimmung und Selbststeuerung der Lerner basiert. Der Lernbegleiter schafft die notwendigen Rahmenbedingungen für die Lernprozesse und übernimmt die grundlegende Steuerung und Flankierung.

E-Training Mediengestütztes Training → *TBT*

E-Tutoring Mediengestützte Lernbegleitung → *Tutoring*

Evaluation Systematische Methode, um Informationen über die Wirkung und Effektivität von Lernsystemen zu erfassen. Ergebnisse der Messungen können verwendet werden, um z. B. die Lernsysteme zu verbessern, um zu bestimmen, ob die Lernziele erreicht worden sind und um den Wert der Lehrveranstaltung für eine Organisation zu beurteilen.

Exemplarisches Lernen Wesentliches Prinzip zur Gestaltung von → *E-Learning*-Systemen, in denen die Lerner repräsentative Problemstellungen mit dem Ziel bearbeiten, ihre Problemlösungskompetenz zu entwickeln.

Expertiselernen Lernen, bei dem „Könner" zu „Könnern" werden, die außergewöhnliche Fähigkeiten besitzen. Es beruht auf spezifischen kognitiven und wertend-motivationalen Grundlagen außerhalb des Durchschnitts.

Explizites Wissen *explizit = ausdrücklich, ausführlich*. Wird mit Zeichen (Sprache, Schrift) dargestellt und umfasst eindeutig kommunizierbares Wissen.

Explizierbares Wissen Ursprünglich → implizites Wissen, das sich nach aufwendigen Transformationen, Auswahl wesentlicher Elemente und Vereinfachungen explizit darstellen lässt. Dies wird z. B. im Rahmen von → *Fallstudien praktiziert*.

Extranet Ein lokales (→ *LAN*) oder weitläufiges Netzwerk (→ *WAN*), das → *TCP/IP*, → *HTML*, → *SMTP* und andere offene internetbasierte Standards verwendet, um Informationen zu transportieren. Ein Extranet ist nur für Personen innerhalb und für bestimmte Nutzer außerhalb einer Organisation verfügbar.

Facilitative Tools Elektronische Anwendungen, die in Onlinekursen als ein Teil der Kursbereitstellung genutzt werden. Beispiele sind Mailing-Listen, Chat-Programme, Audio- und Videoübertragung sowie Webpages.

Face-to-Face Kommunikation im Rahmen von Präsenzveranstaltungen.

Facilitator *Unterstützer*. Der Instruktor des Onlinekurses, der beim Lernen in der (lernerorientierten) Onlineumgebung hilft.

Fähigkeiten Verfestigte Systeme verallgemeinerter psychophysischer Handlungsprozesse, einschließlich der zur Ausführung einer Tätigkeit oder Handlung erforderlichen inneren psychischen Bedingungen und der lebensgeschichtlich unter bestimmten Anlagevoraussetzungen erworbenen Eigenschaften, die den Tätigkeits- und Handlungsvollzug steuern.

Fallbasiertes Lernen Die Lerner erarbeiten sich das Wissen über eine – reale oder erfundene – → *Fallstudie*.

Fallstudien Das Ziel dieses methodischen Ansatzes ist es, komplexe Sachverhalte und Problemstellungen aus der Wirtschaftspraxis als Grundlage eines problemlösungsorientierten Lernprozesses zu nutzen, um theoretische Erkenntnisse und ihre praktische Ausprägung in der Praxis zu verknüpfen. Fallstudien sind Teil einer → *Qualifizierung* und sind nicht geeignet → *Kompetenzen* zu entwickeln, da die Lerner keine realen Herausforderungen bewältigen müssen.

FAQ *engl. frequently asked questions („Frage-Antwort-Brett")*. Häufig gestellte Fragen zu einem Thema mit kurzen Antworten. Diese können sich aus einem Lernprozess heraus ergeben, vielfach werden sie aber auch durch die Entwickler des Lernsystems vorformuliert.

Feed → *RSS-Feed*

Feedback Rückmeldung auf Antworten der Lerner. Bei standardisierten Aufgaben erfolgt das Feedback durch den Computer, bei offenen Aufgaben durch Lernpartner, Tutoren oder Experten. Ein laufendes Feedback ist die notwendige Voraussetzung für erfolgreiches, selbst organisiertes Lernen.

Fertigkeiten Durch Übung automatisierte Komponenten von Tätigkeiten, meist auf sensumotorischem Gebiet, unter geringer Bewusstseinskontrolle.

Fiktive Realität Der Computer stellt zukünftig für eine gezielte, vorgegebene Kompetenzentwicklung eine fiktive Realität zur Verfügung, indem er Problemstellungen realistisch simuliert, so dass emotional basierte Lernprozesse ermöglicht werden. Der Lerner wird dabei vergessen, dass er sich in einer fiktiven Realität bewegt und deshalb die Aufgabe als Realität empfinden. Auch die Spiele im Rahmen von → *Serious Games* werden tendenziell als reale Herausforderungen empfunden, weil sie wie eine fiktive Realität gestaltet werden. Es wird damit eine geplante → *Kompetenzentwicklung* ermöglicht, weil eine emotional basierte → *Labilisierung* gezielt initiiert wird. Somit ist ein kompetenzorientiertes → *„Learning on demand"* möglich, der Lernerfolg wird direkt an den → *Kompetenzen* gemessen.

Flankierung Erfolgreiches Lernen basiert auf einem regelmäßigen Feedback von Lernpartnern sowie Trainern und Tutoren, aber auch auf der Motivation und Unterstützung, die der Lerner von anderen erfährt.

Flexbooks Flexible → *E-Books*, die sich von den Trainern nach den eigenen Wünschen anpassen lassen. Es können Kapitel gelöscht oder neue hinzugefügt werden. Zusatzmaterialien wie Bilder, Videos, Weblinks oder interaktive Karten lassen sich ohne großen Aufwand in die Bücher einfügen.

Flickr.com Foto-Community, in der Nutzer Bilder einstellen, mit Schlagworten (→ *„Tags"*) versehen und Pools für bestimmte Themen einrichten können.

Flipped Classroom (*Inverted Classroom*) ist ein Lehrkonzept, bei dem sich die Schüler bzw. Studenten vorab mit Hilfe einer im Netz zur Verfügung gestellten Vorlesung zuhause vorbereiten. Anschließend treffen sie sich für Diskussionen und Übungen mit Ihren Lernpartnern und Dozenten. Vorlesungen und Hausaufgaben werden also vertauscht.

Folksonomy Usergenerierte Taxonomie (Einteilung), die benutzt wird, um Webseiten, Fotografien, Weblinks und andere Webinhalte zu kategorisieren und zu rekonstruieren, und zwar mit Hilfe offener, jederzeit ersetzbarer, erweiterbarer, ergänzbarer Etikettierungen, sogenannter → *Tags* (Wortmarken) Der Prozess des → *Tagging* erschafft eine Markierungsgesamtheit (→ *Tag-Clouds*) die leicht zu durchsuchen ist, die Entdeckungen von neuen Zusammenhängen ermöglicht und ein Navigieren im Bedeutungsraum gestattet. Eine entwickelte Folksonomy ist als ein gemeinsam geteiltes Vokabular für die primären Nutzer leicht zugänglich und leicht veränderbar. Zwei weit bekannte Beispiele, die ein Folksonomy Tagging nutzen, sind → *Flickr.com* und del.icio.us.

Formelles Lernen Erfolgt auf der Basis von vorgegebenen Lernzielen und Lernzeiten und im Rahmen strukturierter Lernprozesssteuerung einer Bildungsinstitution, z. B. durch den Lehrer. Am Schluss steht eine Zertifizierung.

Forum Asynchrone Kommunikationselemente in → *Blended-Learning*-Systemen. Sie bieten eine Möglichkeit, gewinnbringende Auseinandersetzungen mit einzelnen Themen zu initiieren. In jedem Themenblock können die Beteiligten die Beiträge lesen, Fragen stellen, eigene ergänzende Beiträge und evtl. Anhänge einfügen, Kommentare abgeben und Diskussion führen. Foren werden meist in → *formellen Lernprozessen* benutzt und oftmals von einem → *Tutor* flankiert.

Fremdbestimmtes Lernen Erfolgt im Rahmen vorgegebener Lernziele in → *formellen Lernprozessen* oder → *non-formellen Lernprozessen* und wird durch Trainer oder Dozenten, aber auch durch → *E-Learning* Programme bestimmt.

Game Based Learning → *Serious Games*

Gamification Nutzung spieltypischer Elemente und Prozesse in nicht-spielerischem Kontext, z. B. Fortschrittsbalken, Rankings oder Auszeichnungen mit dem Ziel der Motivationssteigerung.

Generation C Generation, die ihr ganzes Leben lang vom Internet begleitet wurde. „C" steht für Connection (weltweite Vernetzung), Creation, Community und Curation (Pflege und Selbstverwaltung des Online-Contents).

Grey Learner Lerner, die ihre Lerngewohnheiten, insbesondere in Hinblick auf Neue Medien, nicht verändert haben. Damit ist die Zugehörigkeit zu dieser Gruppe grundsätzlich unabhängig vom Alter.

Groupware (Workgroup Support Systeme) Software, die die Kommunikation und gemeinsame Bearbeitung von Dokumenten oder Datenbanken ermöglicht.

Gruppenraum Geschützter Bereich einer Lerngruppe für die Kommunikation und Bereitstellung von Dokumenten. → *Learning Community*

Gruppenlernen/Group Learning → *Kooperatives Lernen* → *Kollaboratives Lernen*

Handeln Zielgerichtetes und bewusstes Agieren. Handeln wird nicht nur durch Kognitionen, sondern auch durch Emotionen bestimmt. Diese sind wiederum eine wesentliche

Voraussetzung der Labilisierungsprozesse. Damit diese Prozesse zustande kommen, sind vielfältige Wechselprozesse zwischen Kognitionen und Emotionen erforderlich.

Hard skills Technische Fertigkeiten. → *Soft Skills.*

#Hashtag Hashtag ist ein einzelner Begriff beziehungsweise ein Wort, das bei Twitter mittels einer Raute getaggt wird. Soll ein Begriff gesondert hervorgehoben und für eine Schlüsselwortsuche verfügbar gemacht werden, wird das Rautenzeichen „#" vor den Begriff gesetzt. Jeder Begriff, vor dem ein Hash-Zeichen steht, gilt als getaggt.

Human Computer Zukünftige, menschenähnlich agierende Computer die ähnlich wie Menschen, Problemstellungen erfassen, analysieren, bewerten und unter Nutzung der Möglichkeiten des Netzes lösen können. Sie haben eigene Meinungen, die sie auch kritisch äußern und entwickeln von sich aus Lösungsvorschläge. Dabei nutzen sie ihr Erfahrungswissen aus früheren Entscheidungen des Lerners, so dass sie im Laufe der Zeit auch dessen Wertesystem verinnerlichen und in ihre Vorschläge mit einbeziehen. Es wird dadurch möglich sein, → *Triale Kompetenzentwicklung* mit Hilfe des → *Lernpartners Computer* auf einem bisher nicht möglichen Niveau zu optimieren.

Hybrides Lernen (Hybrides Lernarrangement) → *Blended Learning*

Hyperlink Markierte Worte oder Grafiken in einem HTML-Dokument, die mit anderen Dokumenten in Beziehung stehen. Beim Anklicken wird dieses Dokument geöffnet.

Hypermedia Ein Programm, das dynamische Links zu anderen Medien wie Audio-, Video- oder Graphikdateien enthält.

Hypertext Ein System für das explorative Aufrufen der Informationen von Servern im Internet mit Hilfe der WWW-Client Software. Hypertext besteht aus Schlüsselwörtern oder Wortteilen in einer WWW-Seite, die elektronisch mit anderen Websites oder Seiten im Internet verbunden sind. Damit soll der Lerner sein Wissen assoziativ vernetzen können.

ILS *Integrated Learning System.* Ein vollständiges Software-, Hardware- und Netzwerksystem, das für Instruktionen und Lernprozesse verwendet wird. Zusätzlich werden ein Lehrplan und Unterrichtseinheiten geordnet nach Schwierigkeitsgrad bereitgestellt. Ein ILS umfasst normalerweise verschiedene Tools wie Bewertungen, Speichern von Aufzeichnungen, Erstellung von Berichten und Nutzerinformationen, die dabei helfen, den Lernbedarf und -fortschritt zu erfassen und die Daten der Lerner zu verwalten.

ILT *Instructor-Led Training.* Traditionelle Seminare, in denen ein Dozent lehrt. Der Ausdruck wird synonym mit den Begriffen „*Ausbildung vor Ort*" („*on-site training*") und Klassenzimmerausbildung („*classroom training*" oder „*c-learning*") verwendet.

Immersive Lernumgebung Lernszenarien, in denen die Lerner den Unterschied zwischen realer und virtueller Umgebung nur noch bedingt wahrnehmen.

Implizites Wissen (engl. → *tacit knowledge*) Wissen, das nicht explizit formuliert ist und sich nur schwer oder gar nicht erklären lassen kann. Es zeigt sich vielfach im Handeln der Menschen und basiert auf Erfahrungen.

IMS Global Learning Consortium *Instructional Management System.* Die Koalition von Regierungsorganisationen widmet sich der Definition und der Veröffentlichung offener

Spezifikationen zur Sicherstellung der Kompatibilität von → *E-Learning*-Produkten. →
IMS Website (www.imsproject.org).

Individuelles Lernen Ein Prozess, der aufbauend auf vorhandenen Erfahrungen neues
Wissen generiert. Im Endeffekt schlägt sich Lernen dabei in einer nachhaltigen Veränderung des Handelns nieder. Der Lerner wird als aktives und selbstreflexives Subjekt
behandelt. Selbständigkeit und Selbstorganisation schaffen die Basis für die individuelle
Erschließung der Wirklichkeit über Lern- und Erfahrungsprozesse.

Informelles Lernen Findet im Alltag, am Arbeitsplatz, im Familienkreis oder in der Freizeit statt. Es ist in Bezug auf Lernziele, Lernzeit oder Lernförderung nicht strukturiert
und sieht meist keine Zertifizierung vor. Informelles Lernen kann zielgerichtet sein,
ist jedoch in den meisten Fällen nicht zielgerichtet (intentional) und eher beiläufig
(inzidentell). In der betrieblichen Bildung wird informelles Lernen zunehmend unter
intentionalen Aspekten in die Lernkonzeptionen integriert. Auch in der Bildungspolitik gewinnt dieser Lernbereich immer mehr an Bedeutung, weil immer mehr bewusst
wird, dass informelles Lernen mit Abstand der bedeutendste Lernbereich ist. In der
betrieblichen Bildung findet nach den vorliegenden Untersuchungen bis zu 80 % des
Lernens informell statt.

Instant messenger Software, die die gewählten „buddies" (Freunde, *Lernpartner*, Kollegen usw.) der Nutzer, die gerade online sind, auflistet und den Benutzern ermöglicht,
kurze Textnachrichten hin und her zu senden. Einige Instant Messenger umfassen auch
Sprach-Chat, Übertragung von Dateien und andere Anwendungen.

Interaktion Handlungen in Form einer Zwei-Wege-Interaktion oder eines Zwei-Wege-
Informationsaustausches eines Lerners mit Lernpartnern, Tutoren und Experten oder
dem Computer.

Intentionales Lernen Absichtliches Lernen im Rahmen einer Instruktion

Interaktive Medien (Interactive Media) Diese dynamischen Medien ermöglichen es
dem Lerner, den Prozess des E-Learning durch seine Aktionen zu steuern sowie auf
Aktionen des Systems zu reagieren und Feedback zu erhalten. Lerner und System beeinflussen sich gegenseitig. Diese Rückmelde-Struktur ist wesentliche Voraussetzung
für selbst organisierte Lernprozesse mit → *WBT*.

Interest Profiles → User Profiles

Interiorisation Emotional-motivationaler Prozess der Aneignung bzw. Verinnerlichung
von Werten. Oft auch als → *Internalisation* bezeichnet.

Internalisation Prozess der Aneignung von Werten. → *Interiorisation*

Internet-based training In erster Linie über → *TCP/IP Netzwerktechnologien* wie E-Mail,
Newsgroups, Anwendungsprogrammen usw. bereitgestellte Qualifizierung.

Internet Explorer Die am weitesten verbreitete Browser Software, die Benutzern erlaubt,
Webpages aufzurufen und zu nutzen.

Interoperability *Kompatibilität*. Die Fähigkeit von Hardware- oder Softwarebestandtei-
len effektiv zusammenzuarbeiten.

ITK Informations- und Telekommunikationstechnologie

Klout Source Algorithmus, der die Reputation eines Menschen, das Gewicht seiner Beiträge und seine Fähigkeit zur Meinungsführerschaft in der digitalen Welt als Score misst. In die Berechnung von 0 (digitaler Niemand ohne Einfluss) bis zu 100 (Der virtuelle Freundeskreis hängt einem an den Lippen) geht, fliesen Daten aus den Kategorien Quantität (Zahl der Facebook-Freunde, Twitter-Follower, oder You-Tube Abonnenten), Mobilisierungsfähigkeit (Wie viele Tweets und Facebook-Einträge einer Person werden von anderen kommentiert, gemocht oder weiterverbreitet?) sowie die Güte des eigenen Netzwerkes (Einfluss der digitalen Freunde) ein.

KMS *Knowledge Management System* → *Knowledge Management.*

Knowledge Map → *Wissenslandkarte*

Knowledge Management → *Wissensmanagement.*

KODE® *Kompetenz-Diagnose und -Entwicklung* ist ein objektivierendes Einschätzungsverfahren für den Vergleich von Kompetenzausprägungen. Die Einschätzungsergebnisse werden quantifiziert und bei Bedarf in zeitlicher Entwicklung verglichen. Neben Selbst- und Fremdeinschätzungsfragebögen und dem Auswertungsraster umfasst das Erfassungssystem auch einen Katalog von Interpretationsvorschlägen der Kompetenzverteilungen, bis hin zu Vorschlägen zur Kompetenzentwicklung. Damit werden die erfassten Mitarbeiter zu Entwicklungsschritten angeregt.

KODE®X Baut auf dem gleichen Kompetenzmodell auf. Es verfeinert diesen Ansatz durch weiterführende instrumentelle Entwicklungen, insbesondere durch ein unternehmensspezifisches Soll-Profil mit z. B. 16 Kompetenzen für eine bestimmte Funktion, das mit dem Ist-Profil abgeglichen wird. Regelmäßig wird die Kompetenzerfassung mittels einer Selbsteinschätzung und Fremdeinschätzungen durch Lernpartner, Kollegen und oder Führungskräfte wiederholt.

Kognitionen Prozesse und Produkte, die überwiegend durch intellektuelle, verstandesmäßige Wahrnehmungen und Erkenntnisse gekennzeichnet sind.

Kognitivismus Diese Lerntheorie beschreibt Lernen als einen Prozess des aktiven Wahrnehmens, Erfahrens und Erlebens. Dabei wird neues Wissen auf der Basis bestehender Wissensstrukturen gebildet, indem das Gehirn ähnlich wie ein Computer Wissen aufnimmt und verarbeitet. Das Wissen ist dabei losgelöst von den jeweiligen Lernern.

Kollaboratives Lernen Lernen in der gemeinsamen Bewältigung einer Aufgabe oder Problemstellung durch zwei oder mehr Mitarbeiter bzw. Führungskräfte, die dieselben Ziele verfolgen, in einem sich direkt und wechselseitig beeinflussenden Prozess innerhalb eines netzbasierten Lern- und Arbeitsrahmens mit gemeinsamen Ressourcen. Den Rahmen dafür bilden sogenannte → *Communities of Practice.* Die Steuerung dieser Lernprozesse wird von den Mitgliedern der Community of Practice selbst übernommen. Die Lernergebnisse haben einen Bezug zur persönlichen Arbeitswelt der Mitglieder.

Kollektives Lernen Findet zwischen Mitgliedern gleicher Berufe oder Aufgaben statt, die in gleichen oder verschiedenen Unternehmen arbeiten und ihre Lernerfahrungen in gemeinsamen Qualifikationsmaßnahmen austauschen wollen. Dabei kann es durchaus vorkommen, dass die Mitglieder in der Praxis miteinander konkurrieren. Diese → *„Learning Communities",* die meist von Tutoren gesteuert und flankiert werden, haben zum Ziel, grundlegende Kompetenzen gemeinsam in Tandem- oder Gruppenarbeit weiter zu entwickeln. Es gibt nur einen indirekten Zusammenhang zwischen den gemeinsamen Lernergebnissen und den konkreten Umsetzungen in der jeweiligen Praxis der Mitglieder. In individuellen Lernprozessen werden die kollektiven Ergebnisse jeweils auf den eigenen Arbeitsbereich der Lerner übertragen.

Kompetenz Kompetenz ist nach John Erpenbeck und Lutz v. Rosenstiel die Fähigkeit aller Mitarbeiter, sich in offenen und unüberschaubaren komplexen und dynamischen Situationen selbst organisiert zu Recht zu finden (Dispositionen zur Selbstorganisation, Selbstorganisationsdispositionen).

Kompetenzentwicklung Kompetenzentwicklung erfordert das Zusammenführen individueller Lernprozesse, z. B. in Workshops und über → *E-Learning*, mit → *organisationalem Lernen* in → *Wissensmanagementsystemen*. Lernen und Arbeiten werden tendenziell wieder zusammen geführt. Es werden dabei Instrumente benötigt, die den Lernern helfen, im Rahmen ihrer selbst organisierten Lernprozesse ihre persönliche Kompetenz individuell zu entwickeln. Neben → *Chat*, → *Foren*, → *virtuellen Klassenzimmern* gewinnen hierbei die asynchronen Instrumente → *Weblogs* und → *Wikis* sowie das synchrone → *Live E-Learning* an Bedeutung. Gefördert wird dieser Prozess der Selbstorganisationsdisposition durch → *ePortfolios*.

Kompetenzmanagement Managementdisziplin, mit der die Kompetenzen im Unternehmen aktiv und strategieorientiert gesteuert werden. Es hat die Aufgabe, Kompetenzen zu beschreiben, diese transparent zu machen und allen Mitarbeitern und Führungskräften zu ermöglichen, Kompetenzen zu messen, zu erwerben und laufend zielorientiert und selbstorganisiert weiter zu entwickeln.

Kompetenzmanagement-System (KMS) Software, die Soll- und Ist-Profile der Kompetenzen der Mitarbeiter erfasst, dokumentiert und auswertet. → *Kompetenzmanagement*.

Kompetenzmessung Im Rahmen von Kompetenzentwicklungsprozessen Kompetenzerfassung im Rahmen eines → *Kompetenzmodells* auf Basis von beobachteten Handlungen, die mittels Fragebögen und einem Auswertung-Tool in ein Kompetenzprofil münden. Ein Beispiel dafür ist das System → *KODE®* → *KODE®X*. Neben diesem qualitativen Messsystem gibt es quantitative Messsysteme.

Kompetenzmodell Struktur von Kompetenzen, z. B. untergliedert in personale, sozialkommunikative, aktivitäts- und handlungsorientierte sowie fachlich-methodische Kompetenzen. In der Praxis filtert man aus dieser Struktur, die z. B. im Kompetenzatlas von Erpenbeck/Heyse 64 Kompetenzen umfasst, die 12–16 Kompetenzen heraus, die für eine bestimmte Funktion von wesentlicher Bedeutung sind, und formuliert sie in Hinblick auf die betrieblichen Erfordernisse.

Konfliktinduziertes Lernen Kognitiver Konflikt und Neugier sind die Hauptmechanismen, die Lerner zum Lernen motivieren. Damit bildet dieser Lernbereich die Grundlage für die → *Kompetenzentwicklung*. Auch in → *Web Based Trainings* ist Konfliktinduzierung möglich.

Konnektivismus (Connectivism) Nach diesem pragmatischen Lernansatz von George Siemens erfolgt Lernen in Netzwerken. Der Ansatz des Konnektivismus geht davon aus, dass es nicht genügt, nur von eigenen Erfahrungen zu lernen. Die traditionellen Lerntheorien betrachten vordergründig den Lernprozess im engeren Sinne und vernachlässigen dabei, dass die Lerner die Meta-Kompetenz zur Netzwerkbildung benötigen. Diese grundlegende Fähigkeit besteht darin, relevantes Wissen für den Lernprozess zu identifizieren, zu bewerten, zu beschreiben und in einem gemeinsamen Prozess mit Lernpartnern weiter zu entwickeln.

Konstruktives Lernen Im Lernprozess werden Handlungsalternativen nach dem Versuch-und-Irrtum-Prinzip und durch die Auswertung eigener Erfahrungen entwickelt.

Konstruktivismus Aus Sicht des Konstruktivismus ist Lernen ein aktiver, situativer und sozialer Prozess, bei dem das Wissen selbstgesteuert interpretiert und konstruiert wird. Selbst organisiertes Lernen und somit auch lebenslanges Lernen kann erfolgreich realisiert werden, wenn die Lernprozesse entsprechend den individuellen Problemstellungen, dem Wissensstand, der Lernerfahrung und Lerngeschwindigkeit sowie der Motivation jedes einzelnen Mitarbeiters gestaltet werden. Der Lerntransfer wird verbessert, indem komplexe Aufgaben in einer Umgebung bearbeitet werden, die sich den natürlichen Verhältnissen der Realität annähern. Neue Medien und virtuelle Lernsysteme können dazu beitragen, diese Voraussetzungen zu schaffen.

Kooperatives Lernen (Gruppenlernen) Formelles Lernen mit Lernpartnern im Rahmen vorgegebener Lernziele und Inhalte mit verschiedenen Trainingsmethoden und einer Learning Community („Soziales Training"). Lerner in heterogenen Gruppen arbeiten an gemeinsamen Problemlösungen. Die Schwächeren profitieren hierbei von der Kompetenz der stärkeren Gruppenmitglieder; diese wiederum lernen, ihr Wissen zu strukturieren und gezielt zu vermitteln. Dieser Ansatz basiert auf dem → *Konstruktivismus*

KOPING Verfahren *KOmmunikative Praxisbewältigung IN Gruppen.* KOPING ist ein Kunstwort, das an das englische Wort „coping" (= „bewältigen", „mit etwas fertig werden") angelehnt ist. In der Stressforschung hat der Begriff „coping" eine zentrale Bedeutung bekommen. Mit ihm werden jene Anstrengungen oder Bemühungen einer Person bezeichnet, die diese zur Bewältigung von Anforderungen, Belastungen oder Konflikten unternimmt. Die Lerner sollen befähigt werden, ihre Praxis als Mitarbeiter oder Führungskraft zu bewältigen. In kleinen Gruppen sollen sie im gegenseitigem Austausch, also kommunikativ und in der Form „kleiner Netze", sich gegenseitig in ihrer Entwicklung unterstützen. KOPING ist eine wesentliche Voraussetzung für effiziente → *Blended Learning* Arrangements und → *Kompetenzentwicklungsprozesse* → *Co-Coaching.*

Künstliche Intelligenz – KI – Artificial Intelligence Diese Konzepte haben zum Ziel, die Computer lernfähig zu machen, so dass sie Problemstellungen selbständig lösen können →*Human Computer.* Dabei werden die Denk- und Handlungsweisen der Menschen nachgeahmt → *Avatar.*

Kursmanagement Zusammenfassung aller administrativen Aktivitäten wie Dozenten- und Teilnehmerverwaltung, Anmeldung oder Prüfungsorganisation.

Labilisierung Im emotionalen Sinne Erleben und Bewältigen von → *Dissonanzen.* Zweifel, Widersprüchlichkeit oder Verwirrung werden aufgelöst; es entstehen neue Lösungsmuster. Emotionale Labilisierung basiert immer auf kognitiven Konflikten, die durch die Wahrnehmung von Veränderungen oder zunächst unlösbaren, widersprüchlichen Problemlagen hervorgerufen werden.

LCMS *Learning content management system.* Dient der Entwicklung und Pflege der Inhalte. Es ermöglicht die effiziente Produktion und Verwaltung der Lerninhalte in Form von → *CBT – Computer Based Trainings* (offline) – und → *WBT – Web Based Trainings* (online). Professionelle LCMS machen es möglich, beliebige Inhaltselemente, sogenannte Lernobjekte, wieder zu verwenden und zu neuen Trainings zusammenstellen.

Learning Analytics Dieses System speichert die Daten, die sich aus den individuellen Lernprozessen ergeben, führt sie zielgerichtet zusammen, analysiert, interpretiert und visualisiert die Ergebnisse mit dem Ziel, die Lernprozesse zu optimieren. Es leitet die Auswertungen nach Vorgabe des Lerners an Lernpartnern, Lernbegleiter oder Führungskräfte weiter.

Learning Apps Lernanwendungen für Smartphones und Tablet-Computer, die direkt auf dem mobilen Gerät installiert werden können.

Learning Community *Virtuelle Lerngemeinschaft.* Element des E-Learning-Systems für die online-basierte Kommunikation zwischen den Lernern und mit Experten und Tutoren. Meist geschieht dies über elektronische → *Foren* oder → *Chats* zu bestimmten Themen bzw. Problemen. Eine Community Plattform kann neben Foren und Chats redaktionelle Angebote, Linklisten oder Ressourcen aller Art enthalten.

Learning environment *Lernumgebung.* Softwaregestaltete Komplettlösung, die Onlinelernen für eine Organisation erleichtern kann. Kurse die innerhalb der Lernumgebung erstellt wurden, können die gleichen Fähigkeiten wie ein → *Lernmanagementsystem* (LMS) aufweisen. Die Lernumgebung ist jedoch nicht in der Lage, Kurse, die außerhalb des Systems erstellt wurden, zu verarbeiten. Die meisten Lernumgebungen umfassen auch ein → *Autorensystem*, das die Fähigkeit besitzt, zusätzliche Kurse zu erstellen.

Learning Management Systeme – LMS Virtuelle Lern- und Kommunikationsplattform, die den Lernern Zugriff auf verschiedene Lernelemente, z. B. → *WBT*, Dokumente oder Beiträge der Lerner, sowie differenzierte Kommunikationsmöglichkeiten bietet. Es dient der Planung und Verwaltung der gesamten Lernaktivitäten aller Mitarbeiter eines Unternehmens, sowohl online als auch offline. Über das LMS werden → *individuelle* und → *organisationale Lernprozesse* geplant und gesteuert, Lerninhalte verteilt und das Wissen aus Praxisprojekten gebündelt und weiter entwickelt, Lerner administriert sowie Lernergebnisse dokumentiert.

Learning on Demand Lernangebote werden vom Lerner bei Bedarf abgerufen. Deshalb sind diese Lernformen meist arbeitsplatznah, im Idealfall werden Bearbeitungs- und Lernsoftware integriert. Diese Form des Lernens stellt sehr hohe Ansprüche an die Selbststeuerungsfähigkeit der Lerner. → *Semantic Web.*

Learning Nuggets Kurzformate von Lerneinheiten, meist zwischen drei und 15 min lang, die häufig als Video erstellt, werden. Teilweise werden diese von Bildungsexperten nach inhaltlichen und didaktischen Gesichtspunkten entwickelt → *formelles Lernen,* zunehmend erstellen die Mitarbeiter diese Lerneinheiten mit dem Ziel des Austausches von Erfahrungswissen selbst → *Informelles Lernen* → *Micro Learning*

Learning Portal *Lernportal.* Jede Website, die Lernern oder Organisationen Zugang zu Lern- und Ausbildungsressourcen verschiedener Quellen anbietet. Betreiber von Lernportalen werden auch als „Distributor" oder → Host bezeichnet.

Learning Value Management Steuerung des Wertschöpfungsbeitrag betrieblicher Bildungsarbeit auf Basis der Erwartungen relevanter Anspruchsgruppen im Unternehmen.

Lebenslanges Lernen *Lifelong Learning.* Die Veränderungen in Gesellschaft und Arbeitswelt erfordern eine lebenslange Entwicklung. Durch → *E-Learning* kann dieses Ziel flexibler, wirtschaftlicher und arbeitsplatznäher erreicht werden. → *Kompetenzlernen* basiert auf dieser Vision

Lernende Organisation Vision, die allen Mitarbeitern einer Unternehmung das gemeinsame Lernen ermöglicht und diese Prozesse aktiv fördert. Daraus entwickelt sich die Organisation kontinuierlich selbst weiter. Lernen wird damit zum integralen Bestandteil der Unternehmenskultur und liegt primär in der Eigenverantwortung der Mitarbeiter. Die Führungskräfte unterstützen diesen natürlichen Lernprozess als Coach, d. h. als Entwicklungspartner, ihrer Mitarbeiter.

Lernen im Netz Netzbasierte Lernen im Sinne des → *Konnektivismus*, aber auch das Lernen im Web mit → *Social Software*. Beide Ausprägungen des Lernens basieren auf dem → *sozialen Lernen*.

Lernermodellierung Lernangebote werden in Abhängig vom → *User Profile* individuell gestaltet.

Lernfortschrittskontrolle Quantitative Informationen zum individuellen Lernstand sowie zu den Lernfortschritten von Gruppen.

Lerngemeinschaft → *Learning Community* → *Community of Practice* → *Soziales Lernen*

Lernlabor Lernerfahrungen können im Rahmen von praxisnahen Simulationen, z. B. Virtuelle Börse oder Unternehmensplanspiel, gesammelt werden.

Lernobjekt – Learning Objects Kleine Dateien, aus denen Lernkapitel und → *WBT* zusammengestellt werden. In modularisierten Systemen werden Lernobjekte benutzerorientiert zusammen gefügt. Ein wiederverwendbarer, medienunabhängiger Teil der Informationen, der als modularer Baustein für den Inhalt eine E-Learning-Lösung verwendet wird. Objekte sind am effektivsten, wenn sie von einem *Meta-Data*-Klassifizierungssystem organisiert und in einem Datenlager, wie *LCMS* gespeichert werden.

Lernpartner Computer In wenigen Jahren sind → *Human Computer* in der Lage, Lösungsvorschläge des Lerners zu analysieren und zu bewerten. Er macht bei Bedarf eigene Angebote für geeignete Vorgehensweisen. Er überprüft auch vergangene Problemlösungen unter dem Aspekt, was, z. B. aufgrund neuer Entwicklungen, zukünftig besser gemacht werden kann. Der Lernpartner Computer kann damit auch emotionale Situationen analysieren und bewerten und gibt entsprechende Handlungshinweise im Rahmen des Wertesystems. Er übernimmt damit wesentliche Funktionen des menschlichen Lernpartners, so dass dessen Lernbegleitung im Rahmen der → *Kompetenzentwicklung* auf einem höheren Niveau ansetzen kann.

Lernpartnerschaft → *Lerntandems*

Lernplattform → *LMS*.

Lerntagebücher → *Weblogs* spiegeln mit fortschreitender Dauer des Kommunikations-
prozesses die individuellen Lernkarrieren bzw. Erkenntnisgeschichten der jeweiligen
Weblogautoren wieder. Aufgrund der chronologischen Aufzeichnungen können die
Lernprozesse nachvollzogen werden, es entstehen damit Lerntagebücher. Damit wer-
den Weblogs zu Instrumenten der Reflexion der Inhalte, aber auch über die eigenen
Lernprozesse.

Lerntandems Zwei Gruppenmitglieder, die auf Dauer kooperieren wollen, bilden jeweils
ein „Lerntandem". Durch die Zusammenarbeit mit einer vertrauten Person können
es die Partner leichter schaffen, die Alltagsroutinen zu unterbrechen, die Probleme
deutlicher zu erkennen und besser zu lösen. In → *Blended Learning Systemen* bilden
Tandems ein zentrales Elemente des → *KOPING*-Systems.

Lernumgebung Medial gestaltete Umgebung mit den erforderlichen Funktionalitäten für
den → *E-Learning*-Prozess.

Lernwegflankierung Diese soziale Flankierung ist eine wesentliche Voraussetzung für
erfolgreiche Lernprozesse. Eine besonders bewährte Form ist der Zusammenschluss
zweier Lerner zu einem → *Lerntandem*. Hierbei unterstützen sich die Lerner in der
Tandemarbeit emotional, motivational und lernstrategisch.

Lernziel (Learning objective) Überpüfbare Definition der angestrebten Handlungsweisen nach einem Lernprozess.

Live (online) Lessons Live E-Learning Trainings sind Online-Qualifizierungen, die zu
einem definierten Termin im Web durchgeführt werden. Der Teilnehmer kann ortsunabhängig daran teilnehmen. Der Trainer sitzt beim Live E-Learning am PC, verwendet
ein Headset und nutzt eine spezielle Kommunikations-Software. Außerdem benutzt er
Präsentationssoftware – wie Powerpoint oder Excel –, um Inhalte zu veranschaulichen.
Die Lerner hören und sehen am PC oder Laptop zu, oftmals in kleinen Gruppen von
zwei bis fünf Teilnehmern. Fragen des Trainers können per Kommunikationsfenster
beantwortet werden. Der Trainer kann Rederechte vergeben.

LMS (Learning management system) *Lernplattform*. Virtuelle Lern- und Kommunikationsplattform, die den Lernern Zugriff auf verschiedene Lernelemente, z. B. → *Web
Based Trainings*, Dokumente oder Beiträge der Lerner, sowie differenzierte Kommunikationsmöglichkeiten bietet. Es dient der Planung und Verwaltung der gesamten
Lernaktivitäten aller Mitarbeiter eines Unternehmens, sowohl online als auch offline. Über das LMS werden individuelle und organisationale Lernprozesse geplant und
gesteuert, Lerninhalte verteilt und das Wissen aus Praxisprojekten gebündelt und weiter entwickelt, Lerner administriert sowie Lernergebnisse dokumentiert. Dazu werden
LMS häufig mit Human Resource Systemen verknüpft, um die Administration und das
Skill Management zu erleichtern.

Location Based Learning Lernformen Lernformen und –szenarien, die eine Beziehung zum aktuellen Aufenthaltsort des Lerndenden herstellen. Dazu gehören z.B.
GPS-Lernpfade („Schnitzeljagd") → *Augmented Reality*

LSP *Learning service provider.* Spezialisierte → *ASP-Lösung*, die Lernmanagement- und Trainingssoftware umfasst.

Lurker Teilnehmer in Diskussionsforen, insbesondere in → MOOC, die passiv bleiben.

Lurking Das Lesen der Beiträge in einem Diskussionsforum ohne selbst zur Diskussion beizutragen.

Mash-up Kombination aus mehreren Social-Software-Applikationen, wie z. B. → *Wikis*, bei denen sich Artikel taggen lassen.

Markup Text oder Codes sind zu einem Dokument hinzugefügt, um Information über dieses zu übermitteln. Sie werden verwendet, um das Layout eines Dokuments zu beschreiben oder Verbindungen zu anderen Dokumenten oder Informationsservern zu schaffen. → *HTML* ist eine übliche Form des Markup.

Massive Open Online Course (MOOC) Offene, im Netz angebotene Kurse, die jedem Lerner offenstehen. Der Begriff „massive" bezieht sich hierbei auf die angestrebte, aber nicht immer erreichte, große Zahl der Teilnehmer. Die Teilnehmer können in diesem Rahmen → *Open Educational Resources* beispielsweise in Form von Kursen, Textdateien, Bildern, Audios, Videos oder Simulationen, aber auch als Lerninfrastruktur oder Rahmenordnung nutzen. Das Konzept sieht regelmäßige Input-Phasen, die zur Diskussion anregen, sowie Elemente zur Vertiefung und Weiterbearbeitung der Inhalte im Netz vor. Die Lerner organisieren sich selbst online und legen gemeinsam die Ziele und wechselnde Themen, aber auch die Tiefe ihrer Bearbeitung fest. Das primäre Ziel ist nicht, das Wissen einzelner Lerner, sondern das Wissen des Netzwerkes zu entwickeln. Damit baut diese Lösung auf dem Ansatz des → *Konnektivismus* auf.

Mediacasting Mediacasting ist der Oberbegriff zu → *Podcasting oder* → *Videocasting.*

Medienpädagogik Dieser Teilbereich der Pädagogik zielt darauf, die Vermittlung und den Aufbau von → *Medienkompetenz* zu ermöglichen.

Mediendidaktik Der Bereich der Didaktik, der sich mit der Frage beschäftigt, mit welchen Medien die jeweiligen Ziele erreicht werden können.

Medienkompetenz Fähigkeit, Medien selbstorganisiert und kreativ zu nutzen, um Aufgaben und Problemstellungen zu lösen (Selbstorganisationsdispositionsfähigkeit). Diese Kompetenz wird in → *formellen* und → *informellen* Lernprozessen aufgebaut und umfasst auch die reflexive und kommunikative Nutzung von Medien.

Mentoring Eine erfahrene Person (Mentorin bzw. Mentor) gibt ihr Wissen an eine noch unerfahrene Person (Mentee) mit dem Ziel weiter, den Mentee in seiner persönlichen oder beruflichen Entwicklung innerhalb oder außerhalb des Unternehmens zu fördern. Im Gegensatz zum → *Coaching* nimmt der Mentor keine neutrale Position gegenüber der zu beratenden Person ein.

Meta data *Metadaten.* Informationen über den Inhalt, die es ermöglichen, diesen in einer Datenbank zu speichern und wieder aufzurufen.

Microblogs Blogs, bei der die Benutzer kurze, SMS-ähnliche Textnachrichten veröffentlichen können. Die Länge dieser Nachrichten beträgt meist 140 Zeichen. Da deshalb Platz gespart werden muss, werden Texte, Videos, Bilder oder Fotos nicht direkt eingebunden, sondern per Hyperlink verlinkt. Die einzelnen Postings werden wie in einem

Blog chronologisch dargestellt. Die Nutzer können diese Nachrichten weiterleiten („Re-Tweeten"). Beim Micro-Videoblogging hat der Lerner die Möglichkeit, kurze Videos (ohne Ton) aufzunehmen und diese dann in das Lernsystem zu stellen.

Microcontent Kurze inhaltliche Beiträge im Rahmen des → *Micro-Learning*

Micro-Learning Relativ kleine Lerneinheiten und kurzfristige Lernaktivitäten im Rahmen des → *E-Learning.*

Mindmapping Visualisierungstechnik, bei der Ideen oder Elemente als Baumstruktur gestaltet werden. Dadurch werden hierarchische Beziehung sichtbar gemacht.

Mobile Access Mobiler Zugang zum eigenen Lernbereich.

Mobile Learning (M-Learning) Jede Art des Lernens, das stattfindet, wenn der Lernende nicht an einem festen, vorgegebenen Ort ist, oder das Lernen, wenn der Lernende Lernmöglichkeiten nutzt, die mobile Technologien bieten. Es handelt sich um Lernprozesse, die in maßgeblichem Umfang mobile Computertechnologie in mobilen Kontexten nutzen, um einen deutlichen Mehrwert im Bereich der → *Qualifizierung* und → *Kompetenzentwicklung* zu bewirken

Moblog *mobile weblog.* Zusammengesetzter Begriff aus den Worten „mobile" und → weblog. Moblog besteht somit aus Postings, welche von mobilen Endgeräten (z. B. Mobiltelefon oder PDA) aus ins Internet eingestellt werden.

Moodle → *Lernplattform,* → *LMS* auf Open-Source-Basis. Die Software bietet viele Möglichkeiten zur Unterstützung kooperativer Lehr- und Lernmethoden.

MOOC → *Massive Open Online Course*

Motivationen Kompliziert strukturierte Gefühle, die Umweltereignisse und Objekte, also Erfahrungen und Wahrnehmungen des Menschen in einer ganz bestimmten Art bewerten. Sie antizipieren künftige Handlungen und Handlungsergebnisse in konkretisierter Form.

Multimedia Integration verschiedener Medien, wie Text, Grafik oder Animation in einem System, die der Lerner auswählen kann.

Multimethod learning → *Blended Learning*

Multiple Choice Lernfortschrittskontrollen mit geschlossenen Fragen-Antworten-Mustern.

Navigation Grafische Leitelemente zur Bedienung des → *E-Learning*-Systems.

Nesting Das Einfügen von Dokumenten in andere Dokumente. Ermöglicht einem Benutzer, auf Material in einer nichtlinearen Art und Weise zuzugreifen. Die Grundvoraussetzung für die Entwicklung von → *Hypertext.*

Net Generation → *Digital Natives.* Net Generation bezeichnet die Generationen, die bereits in einer digitalen Welt aufgewachsen sind. Wissenschaftliche Untersuchungen haben gezeigt, dass es sich hierbei jedoch um eine unzulässige, stark überzeichnete Generalisierung der Eigenschaften junger Menschen handelt. Entscheidend für die Akzeptanz von innovativen Lernsystemen ist weniger die jeweilige Generation der Lerner, sondern deren Mediennutzung. Deshalb werden differenzierte, zielgruppengerechte Lernkonzeptionen benötigt. Häufig werden die Jahrgänge, die nach 1980 geboren sind, dieser Gruppe zugeordnet.

Netzwerk Mitglieder eines Netzwerks kommen freiwillig zusammen und sind durch gemeinsame Interessen verbunden. Sie sind gleichberechtigt, tauschen Ideen aus und unterstützen sich gegenseitig. Netzwerke fördern die Kommunikation zwischen Wissensträgern. Daraus kann neues, gemeinsames Wissen für die Problembewältigung im Unternehmen generiert werden, sofern der passende Rahmen geschaffen wird und die Kommunikation zielgerichtet gestaltet wird. Wissen umfasst in diesem allgemeinen Sinne auch Regeln, Werte und Normen, individuelle und organisationale Kompetenzen. Lernen in Netzen bzw. Netzwerken führt dazu, dass soziale und kulturelle Aspekte des Lernens an Bedeutung gewinnen.

Newsgroup Thematische Diskussionsforen im Internet oder Intranet.

Nicht formelles Lernen Lernen, das durch vorgegebene Lernziele und Lernzeiten geprägt wird, aber nicht in Bildungseinrichtungen stattfindet und im Regelfall nicht zur Zertifizierung führt.

Nomadic Learning → *Mobile Learning*

Offenes Onlinelernen → *Open Educational Resources*

Onground environment Die traditionelle Klassenzimmerumgebung, die durch den direkten Kontakt (F2F; face-to-face) von Lehrer und Lernern charakterisiert ist. → *ILT.*

Online Community Treffpunkt für Personen im Internet. Aufgebaut, um Interaktion und Zusammenarbeit von Personen, die gemeinsame Interessen und Bedürfnisse teilen, zu erleichtern. Onlinegemeinschaften können allen oder nur angemeldeten Mitgliedern zugänglich sein. Ebenso ist es möglich, dass → *Learning Communities* oder → *Online Communities* von einer Person moderiert sind.

Online distance learning → *E-Learning*

Online Learning *Online lernen.* Der Lernstoff wird durch netz- oder internetbasierte Technologien bereitgestellt. → *Web-based training* → *Internet-based training.*

Online-Lerngemeinschaft *Online Community.* Gruppe von Personen, die sich formal als → *Learning Community* oder informell als → *Community of Practice* organisiert und sich zu einem Lerngegenstand unter Nutzung der Online-Kommunikationsmöglichkeiten austauscht.

Ontologie Formale Beschreibung von Daten, beispielweise in einer → *Cloud*, sowie Regeln über deren Strukturen und Zusammenhang. Mit Hilfe dieser Regeln lassen sich Rückschlüsse aus den vorhandenen Daten ziehen, Widersprüche in den Daten erkennen und manchmal fehlendes Wissen aus dem Vorhandenen ergänzen. Solche Rückschlüsse werden dem Ideal nach durch logisches Folgern abgeleitet.

Open Access Literatur steht im Internet kostenfrei und öffentlich für jedermann zur Verfügung.

Open-Distanc E-Learning Lernmaterialien auf einem Server können von den Lernern online bearbeitet und eingestellt werden. Teilweise werden diese Angebote z. B. durch Lerngruppen, → *Foren* oder → *Chats* ergänzt.

Open Educational Resources (OER) Digitalisierte Lehr- und Lernmaterialien, die im Internet zur freien Verfügung stehen. Die Lerner sind frei, Ziele und Inhalte sowie Wissensquellen selbst zu bestimmen und ihre Lernprozesse zu organisieren. Damit ist offenes Onlinelernen eine Ausprägung des → *Learning on Demand*. Es gibt keine Prüfungen. Vielmehr wird davon ausgegangen, dass sich die Lernergebnisse im persönlichen Nutzen der Lerner niederschlagen.

Open Learning Selbstorganisiertes, unabhängiges und interessenorientiertes Lernen, insbesondere mit → *Open Educational Resources*

Open Source Software Software, für die der Quelltext verfügbar gemacht wird, so dass Nutzer diesen Quellcode einsehen und verändern können, z. B. das Betriebssystem Linux, → *Moodle Lernplattform.*

Organisationales Lernen Basiert auf der Vision der → *Lernenden Organisation.* Organisationales Lernen ist die Fähigkeit einer Organisation, die organisationale Werte- und Wissensbasis in einem permanenten Lernprozess zu verändern. Dadurch entstehen neue Problemlösungs- und Handlungskompetenzen.

Outdoor-Training Entwicklungsmaßnahmen, die in der Natur physische, psychische und gruppendynamische Herausforderungen an die Teilnehmer stellen, damit sie ihre Verhaltensweisen reflektieren und Handlungsweisen initiieren.

Peer-to-Peer Kommunikation Methoden der Distribution großer Datenmengen in einem breiten Bereich, ohne den ursprünglichen Distributor in den gesamten Prozess der Bereitstellung von Hardware, Servern und Ressourcen einzubeziehen. Stattdessen wird jeder Rezipient zugleich zum Distributor, was die Verteilungskosten und den individuellen Aufwand signifikant reduziert, aufgrund der entstehenden Redundanzen den Verteilungsprozess absichert und stabilisiert und die Abhängigkeit vom ursprünglichen Distributor verringert. Das bekannteste Beispiel ist das Protokoll und Instrument BitTorrent.

Performance (*Performanz*) Im pädagogischen Sinne die Ausprägungen und die Verzahnung individueller → *Kompetenzen.*

Performance Support Systeme und Medien, die zielorientiertes und situatives Lernen im Prozess der Arbeit ermöglichen. → *Mobile Learning; Micro Learning*

Permalinks Permalinks werden meist im Rahmen von → *Weblogs* verwendet. Sie sind permanent gültig, unabhängig davon, ob der Beitrag noch auf der Titelseite steht oder nicht. Permalinks liegen bei den meisten Blogs entweder hinter der Anzeige der Uhrzeit, zu der ein Eintrag gepostet wurde, in der Überschrift, hinter dem Wort „Permalink", „link".

Pervasive Learning Allgegenwärtiges Lernen, das → *formelles*, → *informelles* und → *soziales* Lernen umfasst. Damit wird ein kollaboratives, andauerndes, verknüpftes und community-basiertes Handeln und Lernen ermöglicht.

Personalentwicklung Ziel der Personalentwicklung ist im Allgemeinen den Arbeitnehmer planmäßig und systematisch zu qualifizieren. Durch Vermittlung von neuen oder zusätzlichen.. → *Kompetenzen* können Arbeitnehmer am neuen Arbeitsplatz eingesetzt werden oder Aufgaben am aktuellen Arbeitsplatz in der Zukunft besser gelöst und bewältigt werden. Personalentwicklung ist somit eine personalwirtschaftliche Funktion, die zum Ziel hat, Mitarbeitern aller hierarchischer Stufen Kompetenzen zur Bewältigung der gegenwärtigen und insbesondere der zukünftigen Anforderungen zu vermitteln.

Personalisierung Das Personalisieren des Netzinhalts auf einen einzelnen Benutzer. Dies kann erreicht werden, indem ein Benutzer seine Präferenzen in das System eingibt oder ein Computer die Vorlieben des Benutzers ermittelt.

Personal Learning Environment – PLE Personalisierte Lern-Infrastruktur, die nach den individuellen Interessen und Bedürfnissen des Lerners gestaltet wird. In diese Lernanwendungen werden Online-Informationen, -Ressourcen oder –Kontakte integriert und Ergebnisse der eigenen Lernprozesse in anderen Online-Umgebungen auf der Basis von Standards dargestellt. Das Ziel ist, eine technologische Infrastruktur zu schaffen, die die individuelle → *Kompetenzentwicklung* ermöglicht, indem vorher getrennte Anwendungen lernerbezogen zusammen geführt werden.

Pinnwand Kommunikationsbereich für kurze Nachrichten auf dem → *LMS*, der von allen anderen eingesehen werden kann.

Planspiel Lernszenario, in dem der Lerner im Rahmen möglichst realistischer Bedingungen allein oder im Team Problemstellungen analysiert und Entscheidungen trifft. Diese Parameter wirken sich wiederum auf das Lernszenario aus. Unternehmensplanspiele haben zum Ziel, Unternehmen oder Teilbereiche davon modellhaft abzubilden. Die Lerner übernehmen dabei die Führung eines Unternehmens oder eines Geschäftsbereiches und konkurrieren mit den anderen Spielern oder mit dem System am simulierten Markt.

PLE → *Personal Learning Environment*

Podcasting Podcasts sind Audiobeiträge, die ins Netz gestellt werden und zum Abspielen aus dem Web herunter geladen werden. Der Begriff ergibt sich aus der Zusammensetzung des Apple „iPod" und → *„broadcasting"*(ausstrahlen). Diese Beiträge können ähnlich wie private Radiobeiträge zu einem Thema, aber auch wie Lerntagebücher oder Kommentare zu Ausarbeitungen gestaltet sein. Podcasts können von den Lernern selbst erstellt werden. Ergänzend können geeignete Podcasts aus anderen Quellen in den Lernprozess integriert werden.

Portal Eine Website, die als ein „Eingang" zum → *Internet* oder einem Teil des Internets fungiert und meist einen thematischen Schwerpunkt hat. → *Learning Portal*.

Posting Eine Nachricht in ein Forum stellen. Auch: eine → *HTML Seite* in das → *World Wide Web* stellen.

Präsenzveranstaltungen Lernformen wie Tandemlernen, Gruppenlernen oder Workshops, bei denen sich die Lerner im selben Raum befinden. → *Blended Learning*

Predictive Learning Das Lernsystem sagt aufgrund des bisherigen Handlungsmusters des Lerners voraus, wie er handeln wird und passt den Lernprozess entsprechend an.

Primat der Didaktik Bei der Entwicklung von Qualifizierungskonzeptionen sind erst die Fragen der Ziele und der Inhalte zu klären, bevor daraus die geeigneten Methoden und Medien für den Lernprozess definiert werden.

Prosument *engl. „prosumer"*, bezeichnet die Doppelrolle eines Benutzers von → *Social Media* als gleichzeitigen Anbieter und Konsumenten von Webinhalten.

Publishing tool Eine Softwareanwendung oder ein Programm, dases Personen erlaubt, eine eigene E-Learning-Kurssoftware an einem bestimmten Ort wie einem Internetserver zu veröffentlichen.

Pull technologie In Bezug auf das Internet oder andere Onlinedienste, die Technologie, bei der Personen mit bestimmter Software wie einem Webbrowser Informationen ausfindig machen um diese „herunterzuladen" („pull"). → *push technologie*.

Rapid E-Learning Wortschöpfung aus *Rapid* Prototyping und *E-Learning*. Einfache, schnelle und kostengünstige Entwicklungsmethode für → *WBT* durch den Einsatz von klaren, vorgegebenen Strukturen im Layout, für die Gestaltung der Inhalte, den möglichen Darstellungen und Interaktionen sowie des Erstellungsprozesses selbst.

Real Audio/Video Verfahren zur Übertragung von Audio oder Video im Internet im → *Streaming-Modus*

Real-time communication Kommunikation, in der Informationen in (annähernd) dem Augenblick erhalten werden, in dem sie gesandt wurden. Echtzeit ist ein Merkmal synchroner Kommunikation.

RIO *Reuable information object*. Sammlung von Inhalten, Übungen und Beurteilungselementen, die sich alle einem bestimmtes Lernziel zuordnen lassen. RIO sind aus Vorlagen („templates") aufgebaut und abhängig davon, ob es das Ziel ist, ein Konzept, einen Fakt, einen Prozess, ein Prinzip oder einen Ablauf zu kommunizieren.

RLO *Reuseable learning object*. Sammlung von *RIO,* einer Übersicht bzw. Zusammenfassung und Beurteilungen, die ein bestimmtes Lernziel unterstützen.

ROI *Return on investment*. Allgemein das Verhältnis des erhaltenen Nutzens bzw. Gewinnes im Vergleich zur gegebenen Investition oder den Kosten der Investition. Im Bereich des E-Learning wird der ROI am häufigsten durch das Verhältnis der Ergebnisse der Ausbildung (z. B. einer Zunahme von produzierten Einheiten oder einer Verminderung der Fehlerquote) zu den Kosten für die Trainingsmaßnahme, berechnet.

RSS-Feeds *Really Simple Syndication (Rich Site Summary)*. Plattform-unabhängiges auf XML basierendes Format, das entwickelt wurde, um Nachrichten und andere Web-Inhalte auzutauschen. RSS hat sich als das Syndication-Format im Internet durchgesetzt und wird mittlerweile selbst von populären Seiten wie SPIEGEL Online oder tagesschau.de eingesetzt.

Qualifikationen Klar zu umreißende Komplexe von Kenntnissen, Fertigkeiten und Fähigkeiten, über die Personen bei der Ausübung beruflicher Tätigkeiten verfügen müssen, um anforderungsorientiert handeln zu können. Sie sind handlungszentriert und in der Regel so eindeutig zu fassen, dass sie in Zertifizierungsprozeduren außerhalb der Arbeitsprozesse überprüft werden können.

SaaS – Software as a Service Anwendungen auf einem zentralen Server des Anbieters, die über einen Internetzugang genutzt werden. In der Regel wird pro Nutzer abgerechnet.

Sandwich-Verfahren Nach diesem Prinzip wechseln Phasen eher rezeptiver Informations- und Wissensaufnahme mit Phasen eher aktiver Wissensverarbeitung bzw. → *Kompetenzentwicklung* ab. Im Rahmen von → *Blended Learning Systemen* besteht die Möglichkeit, dass jeder Lerner sich – entsprechend seines Vorwissens und seiner Ziele – einen individuellen „Sandwich" mixt. Er bearbeitet jeweils Aufgaben und kann sich aus der Wissensbasis individuell das Wissen abrufen, welches er dafür benötigt.

Schaufenster Bereich des Lernsystems, in dem ausgewählte Lösungen aus den Lerngruppen allen Kursteilnehmern zugänglich gemacht werden.

SCORM *Shareable Courseware Reference Model* dient der Standardisierung von Lernobjekten. → Eine Reihe von Standards, die, wenn sie auf den Inhalt eines Kurses angewandt werden, wieder verwendbare Lernobjekte geringer Größe schaffen. Ziel ist, dass SCORM-konforme Elemente von Unterrichtssoftware relativ einfach mit anderen kompatiblen Elementen, z. B. Lernplattformen, verbunden werden können, um ein modulares System von Ausbildungsmaterialien bereitzustellen.

Screen Reader Computersoftware, die Text auf den Bildschirm vorliest. Oft von sehbehinderten Personen verwendet.

Selbstbestimmtes Lernen Wird in der pädagogischen Psychologie uneinheitlich definiert und umfasst verschiedene Lehr- und Lernmethoden, insbesondere auch in der Erwachsenenbildung und in der Berufspädagogik. → *Selbst organisiertes Lernen*, → *Selbstgesteuertes Lernen*.

Selbst gesteuertes Lernen Lernen im Rahmen von vorgegebenen Zielen und Inhalten. In fremdgesteuerten Lernphasen z. B. in Workshops, organisieren die Lerner ihre individuellen Lernprozesse in diesem Rahmen, z. B. einer Gruppenarbeit, selbst. Es wird eine intensive Interaktion geboten, die das Gefühl der Selbstwirksamkeit der Lerner ermöglicht.

Selbstorganisationsdisposition → *Kompetenzen* charakterisieren die Fähigkeiten von Menschen, sich in offenen und unüberschaubaren, komplexen und dynamischen Situationen selbst organisiert zurechtzufinden. Kompetenzen lassen sich damit als Selbstorganisationsdispositionen beschreiben.

Selbst organisiertes Lernen Bedeutet, dass Lerner ihre Lernprozesse selbst gestalten. Meist in Abstimmung mit der Führungskraft oder einer Lerngruppe legen sie Ziele und Inhalte, aber auch Lern- und Sozialformen, Medien und Zeiten sowie Lernorte selbst fest

Self-assessment *Selbstbeurteilung.* Der Prozess, bei dem der Lerner sein persönliches Wissensniveau und seine Fähigkeiten selber bestimmt.

Self-paced learning → *Selbstgesteuertes Lernen.* Angebot, bei dem der Lerner das Tempo und den Zeitpunkt der Bereitstellung von Inhalten selbst bestimmt.

Semantik Wissenschaftsphilosophisch versteht man unter Semantik die Lehre von der Bedeutung sprachlicher Ausdrücke oder allgemeiner von der Bedeutung beliebiger Zeichen.

Semantic Web (Semweb) Webbasiertes System, in dem offene Standards für die Beschreibung von Informationen vereinbart werden, so dass sie zwischen verschiedenen Plattformen austauschbar sind (Interoperabilität); zum anderen müssen Regeln gegeben sein, die den Umgang mit den so beschriebenen Informationen und die Gewinnung von Schlussfolgerungen daraus sicher stellen (Inferenzregeln). Weiter entfaltete Formen tragen eine Vielzahl von Bedeutungen, Bewertungen und Werten in sich, der Contenttransfer wird in großem Maße zum Werttransfer.

Semantische Lernsysteme Lernsysteme, die Wege und Methoden bieten, Informationen so zu repräsentieren, dass Maschinen damit in einer Art und Weise umgehen können, die aus menschlicher Sicht nützlich und sinnvoll erscheint. Damit bezieht sich das Lernen im → *Semantic Web* immer mehr auf ein Bewertungen und Werte integrierendes Lernverständnis, diszipliniert und systematisiert dieses Wertdenken aber zugleich und macht es für die → Kompetenzentwicklung der Lerner intensiv nutzbar.

Semiotik Theorie vom Wesen, der Entstehung (Semiose) und dem Gebrauch von Zeichen.

Semiotisches Dreieck Ein in der Sprachwissenschaft und → *Semiotik* verwendetes Modell, das veranschaulicht, wie ein Mensch sich nicht direkt und unmittelbar auf ein Ding bezieht, sondern dieser Bezug nur mittelbar durch die Vermittlung einer Vorstellung oder eines Begriffs (Subjektivierung) erfolgt.

Serendipitous Learning Nicht → *intentionales* oder zufälliges Lernen

Serious Games Auch *(Digital) game-based Learning* oder Educational Games ist eine Lernkonzeption, die Spiele in einem virtuellen, interaktiven Rahmen für die Qualifikation der Lerner nutzt, indem sie diese emotional bindet. Diese Lernspiele kommen vor allem in folgenden Varianten vor: Actionspiele, Adventurespiele, Casual Games, Rollenspiele, Simulationsspiele, Sportspiele sowie Strategiespiele.

Shadowing Begleitung von → *Lernpartnern* indem sie beobachtet, Anregungen aufgegriffen sowie Eindrücke gesammelt und reflektiert werden → *Peer-to-peer-Lernen*.

„Shit Storm" Laut Duden Sturm der Entrüstung in einem Kommunikationsmedium des Internets, der zum Teil mit beleidigenden Äußerungen einhergeht.

Simulationen Hoch interaktive Anwendungen, die dem Lernern das Spielen einer Rolle oder das Bewegen in einem Szenario erlauben. Simulationen ermöglichen den Lernern, bestimmte Fähigkeiten oder das Verhalten in einer bestimmten Situation ohne Risiko zu üben. → *Lernlabor*

Situiertes Lernen Lernen erfolgt anhand möglichst authentischer Problemsituationen.

Skill gap analysis Vergleicht die Fähigkeiten einer Person mit den Fähigkeiten, die für eine Aufgabe benötigt werden, die sie gerade ausführt bzw. in Zukunft ausüben wird. Eine einfache Analyse der Schwächen im Bereich der Fähigkeiten besteht aus einer Liste von Anforderungen und einer Einschätzung der Ausprägung dieser Fähigkeiten bei einer Person. Bewertungen unterhalb eines vorher bestimmten Wertes identifizieren eine Schwäche bei dieser Fähigkeit.

Skype Open-Source Instant Messenger, der es möglich macht, mittels der Technik Voice over IP mit dem Chatpartner zu telefonieren. Dieses Telefonieren ist kostenlos, sofern es zwischen zwei Skype-Nutzern geführt wird. Daneben gibt es auch die kostenpflichtige Möglichkeit, von Skype auf jedem beliebigen Festnetz- oder Mobiltelefon anzurufen.

Das System bietet die Funktion eines Anrufbeantworters. Es ist weiterhin möglich, Videokonferenzen mit maximal 5 Personen zu führen.

Social Bookmarking Setzen von Lesezeichen, die im Netz über eine Browser-Oberfläche von verschiedenen Lernern durch gemeinschaftliches Indexieren erschlossen und mittels eines → *RSS-Feeds* bereitgestellt werden. Diese Nutzer können eigene Lesezeichen hinzufügen, löschen, kommentieren sowie mit Kategorien oder Schlagwörtern (→ „*Tags*") versehen.

Social Business Unternehmen, die → *Social Media* und soziale Praktiken in die laufenden Aktivitäten integrieren. → *Enterprise 2.0*. Teilweise wird der Begriff auch für Unternehmen benutzt, die die Lösung sozialer Problem, meist ohne Gewinnabsicht, zum Ziel haben.

Social Learning Soziales Lernen: Kompetenzorientiertes → *E-Learning mit* → *Social Software*. Dieses Lernen zielt auf die Entwicklung der sozialen Kompetenz zum sozialen Handeln mit Empathie, Respekt und Verantwortung. Es ist durch kooperative und kollaborative Lernformen, die das gemeinschaftliche Lernen in Gruppen fördern, geprägt und nutzt Medien und Werkzeuge, die kooperative und kollaborative Lernprozesse ermöglichen. Die Lernorganisation ermöglicht einen sozialen Kontext, z. B. mit → *Peer-to-Peer Konzepten*.

Social Media (*Soziale Medien*) Digitale Medien und Technologien (→ *Social Software*), die es Nutzern ermöglichen, sich miteinander zu kommunizieren und Inhalte gemeinsam weiter zu entwickeln.

Social Networks Soziales Netzwerk oder Netzgemeinschaften (Online-Communities), die durch Webanwendungen oder Portale abgebildet werden, bei denen die Benutzer gemeinsam eigene Inhalte erstellen → Social Software,

Social Software Internetbasierte Kommunikationsinstrumente, die das gemeinsame Erarbeiten von Inhalten unterstützen und damit auch Interaktionen unter den Benutzern auslösen können. → *Web 2.0*. Social Software ist eine in der Regel kognitive → *Dissonanzen* erzeugende, → *labilisierende*, konfliktinduzierende Software. Es geht bei der labilisierenden Dissonanzerzeugung um die Erzeugung von Zweifeln, Perplexität, Widersprüchlichkeit, gedankliche Inkongruenz, Verwirrung, Irrelevanz usw. mit Hilfe eines kompetenzzentrierten → *E-Learning*.

Soft skills „Weiche" Kompetenzen wie Kommunikation und Präsentation, Führungsvermögen und Leitungsfähigkeiten.

Software as a Service → *SaaS*

Source code *Quelltext*. Die Programmanweisungen, die ein Softwareentwickler schreibt und dann von einem Compiler in Maschinensprache übersetzt werden, die der Computer verstehen kann.

Soziales Lernen → *Social Learning*

Soziale Lernplattformen Weiterentwicklung der → *Learning Management Systeme* unter Einbeziehung von → *Learning 2.0* Elementen. Den Lernern werden abgeschlossene und offene Kursräume bieten. Der Trainer kann seine Kurse bilden und organisieren, gleichzeitig haben die Lerner aber auch die Möglichkeit, selbst Lernräume einzurichten,

Erfahrungswissen zu dokumentieren oder Wissen im Internet zu nutzen. Wesentliche Elemente sind → *Profile*, → *kollaborative* → *Workspaces*, → *Activity Streams*, → *Blogs*, → *Wikis*, integrierte virtuelle Meetings und → *Mobile access.*

Subjektive Theorien Komplexe, semantische Netzwerke, die in ganz spezieller Weise organisiert sind. → *Handeln* setzt → *Wissen im weiteren Sinne* voraus. Wird dieses Wissen aufgenommen, verändert sich dieses Netzwerk.

Subjektivierendes Handeln Baut auf Erfahrungen und Erlebnissen einzelner Menschen auf. Es spielt in realen beruflichen Tätigkeiten und damit letztendlich auch für die Wissens- und vor allem Wertvermittlung eine stark zunehmende Rolle.

Synchronous learning *Synchrones Lernen.* Eine in Echtzeit dozentengesteuerte Online-Lehrveranstaltung, bei der alle Teilnehmer gleichzeitig angemeldet sind und direkt miteinander kommunizieren. In dieser virtuellen Klassenzimmersituation behält der Dozent die Kontrolle über die Klasse mit der Möglichkeit, Teilnehmer „zu besuchen". Auf den meisten Plattformen können die Lerner und Lehrer ein → *„Whiteboard"* – eine elektronische Tafel – verwenden, um den Arbeitsfortschritt zu sehen und um ihr Wissen zu teilen. Die Interaktion kann auch über Audio- oder Videokonferenz, Internettelephonie oder Zwei-Wege Live-Sendungen stattfinden.

Synergy Die dynamische energische Atmosphäre, die in einer Onlineklasse existiert, wenn Teilnehmer interagieren und produktiv miteinander kommunizieren.

System Organisationen weisen Merkmale auf, wie sie auch in naturwissenschaftlichen Systemen vorkommen. Systeme bestehen aus Subsystemen und beziehen aus der Umwelt Inputs, die in Outputs transferiert werden. Diese wirken wiederum auf andere Subsysteme oder das Umweltsystem und tragen damit zur Zielsetzung des Gesamtsystems, d. h. der Unternehmung, bei. Sie sind nicht genau berechenbar und reagieren überraschend. Die Informationsdichte macht es notwendig, qualitativ zu selektieren. Die Fähigkeit zur Reproduktion hängt davon ab, inwieweit ein System sich selbst beobachten, beschreiben, reflektieren und verstehen kann.

Tacit knowledge → *Implizites Wissen*

Tagging Tagging erlaubt das Zuordnen von frei definierbaren Schlagwörtern zu einzelnen Inhalten einer Website. Diese können beispielsweise Beiträge eines → *Weblogs*, von → *Wiki*-Seiten, → *Bookmarks*, Bildern etc. sein. Speziell entwickelte Aggregatoren sind in der Lage diese Tags automatisch auszuwerten und dann alle Beiträge zu einem Schlagwort automatisch auf einem Channel, wie beispielsweise einer Webseite oder einem → *RSS-Feed* zusammen zu fassen.

Talentmanagement Das Ziel ist es, die Potenziale aller Talente, also aller Mitarbeiter und Führungskräfte, zu identifizieren, sie zu gewinnen bzw. zu motivieren, zielgerichtet einzusetzen und zu entwickeln sowie dauerhaft zu binden. Damit ist nicht, wie früher häufig postuliert, das Entdecken der wenigen High-Potentials, Kernaufgabe des Talentmanagement, sondern die Kompetenzentwicklung aller Mitarbeiter und Führungskräfte.

Taxonomie Im Lernbereich bezeichnet man damit ein Modell, das wie der → *Thesaurus* versucht, Begriffe eines Themengebietes zu definieren und diese untereinander in Beziehung zu setzen. Begriffe, aber auch Werte, werden systematisch geordnet und zusammengeführt., um so ein Themengebiet möglichst präzise zu beschreiben und zu repräsentieren. Im Unterschied zum Thesaurus werden hier die gesammelten Begriffe in hierarchische Beziehung gesetzt und klassifiziert.

TBT *(Technology-based training, Technologiebasierte Ausbildung).* Die Bereitstellung von Inhalten über Internet, → *LAN* oder → *WAN* (Intranet oder Extranet), Satelliten, Audio- oder Videoband, interaktives Fernsehen oder CD-ROM. TBT umfasst sowohl → *CBT* als auch → *WBT*.

Teleconferencing Elektronische Zwei-Wege-Kommunikation zwischen zwei oder mehreren Gruppen an verschiedenen Standorten über Audio-, Video- und/oder Computersysteme.

Tele-, Distance-, Virtual- Learning → *Distance-Learning*

Teleteaching Netzbasierte Lernformen, meist im Rahmen von → *Business TV*, bei denen ein Lehrender passiven Zuschauern Inhalte vermitteln. Diese können per Telefon oder E-Mail evtl. Fragen stellen.

Template Dateivorlage. Eine vordefinierte Zusammenstellung von Tools oder Formularen, die Struktur und Einstellungen eines Dokumentes festlegen. So können Inhalte schnell und einfach erstellt werden.

Thesaurus Modelle, die versuchen, ein Themengebiet genauer zu beschreiben und zu repräsentieren und die aus einer systematisch geordneten Sammlung von thematisch aufeinander bezogenen Begriffen bestehen, ohne dass Hierarchien wie in → *Taxonomien* gebildet werden. Dieser Bezug kann wiederum ein informationeller wie ein wertbezogener sein,

Thin client (1) Netzcomputer, ohne Festplatten oder Diskettenlaufwerk, der auf Programme und Daten von einem Server zugreift, statt diese lokal zu speichern. (2) Software, die den Großteil ihrer Operationen auf einem Server anstatt dem lokalen Computer ausführt und deshalb weniger Speicher und Plug-in benötigt.

Thread Anzahl von Nachrichten, die zu einem bestimmten Thema an ein Diskussionsforum gesendet werden.

Topic Map Abstraktes Modell und ein dazugehöriges Datenformat zur Formulierung von Wissensstrukturen, die auf eine themenspezifische, Sach- und Wertaspekte berücksichtigende, Integration heterogener Daten gerichtet sind,

TrackBack Mit dieser Funktion können Diskussionszusammenhänge hergestellt werden. Ein TrackBack ist eine Nachricht zwischen zwei → *Weblogs*, die durch eine Verlinkung entsteht, die durch den Autor eines anderen Weblogs eingefügt wurde. Damit macht ein Autor eines neuen Weblogs darauf aufmerksam, dass sich seine Aussagen auf andere Weblogs beziehen. Die Autoren werden jeweils benachrichtigt, wenn sich andere Autoren auf ihre Beiträge beziehen.

Training Allgemein steht der Begriff für alle Prozesse, die eine verändernde Entwicklung eines Individuums oder einer Gruppe hervorrufen. Das Ziel ist die professionelle Entwicklung der → *Fertigkeiten*, des → *Wissens*, vor allem aber der → *Kompetenzen* einer Person oder mehrerer Personen.

Training management system → *LMS.*

Triale Kompetenzentwicklung → *Kompetenzlernen* im Prozess der Arbeit mit menschlichen Lernpartnern und dem Lernpartner Computer. Diese Lernpartner erwerben Wissen und mit ihm die Grundlage für Kompetenzen, die sie untereinander austauschen und handelnd reflektieren. Eine neue Art von Lernhandeln etabliert sich mit Hilfe von → *Human Computer* → *Semantische Lernsysteme*

Trojan horse Trojanisches Pferd. Ein schädliches Computerprogramm, das harmlos scheint, aber eine zerstörerische Datei oder Anwendung verbirgt. Im Gegensatz zu Viren replizieren sich trojanische Pferde normalerweise nicht, können aber immer noch einen großen Schaden verursachen, z. B. einen Zugang zu einem Computer für böswillige Nutzer schaffen.

Tun Beschreibt ein Agieren, beim dem der Menschen nicht erkennt, warum er so und nicht anders agiert. Dies kann im Rahmen der Kompetenzentwicklung kein sinnvolles Ziel sein.

Tutoring Flankierung und Betreuung der Lerner in E-Learning-Systemen per E-Mail, → *Chat*, → *Forum* oder Telefon, aber auch mit → *Weblogs* und → *Wikis*, teilweise auch in → *Live Lessons* und Präsenzveranstaltungen. Tutoring ist eine wesentliche Voraussetzung für erfolgreiche E-Learning-Systeme.

Twitter Soziales Netzwerk und ein meist öffentlich einsehbares Tagebuch im Internet (Mikroblog). Es können Textnachrichten mit maximal 140 Zeichen versandt werden, die abonniert werden können. Eignet sich zum Austausch von Informationen und zur Darstellung von eigenen Eindrücken, Empfindungen oder Meinungen. Beiträge auf Twitter werden als „Tweets" (engl. to tweet = zwitschern) oder „Updates" bezeichnet. Die Abonnenten werden als „Follower" (engl. to follow = folgen) bezeichnet. In Lernsystemen kann Twitter insbesondere zur Förderung des informellen Austausches als Ergänzung genutzt werden.

Two-way access Die Lerner können ihre Ziele und eigenes Wissen einbringen

Ubiquitous Learning *Ubiquitäres Lernen.* Lernen unter Nutzung mobiler und allgegenwärtiger Computertechnologie → *Mobile Learning*

Umlernen Die Zielsetzung individueller Lernprozesse besteht darin, die handlungsorientierten Prozesse und Strukturen der einzelnen Mitarbeiter laufend im Sinne der Unternehmensstrategie zu optimieren. Damit wird die Grundlage dafür geschaffen, dass die Mitarbeiter in der Lage sind, neu auftretende Problemstellungen zu lösen.

Usability *Nutzbarkeit.* Das Maß, wie effektiv, effizient und einfach eine Person mit einer Schnittstelle umgehen kann, Informationen findet und ihre Ziele erreichen kann.

User-generated Content Lerninhalte, die von den Lernern selbst erstellt werden.

User Profiles Systematische Aufstellung der Lerner mit differenzierten Informationen über Interessen und Neigungen, Vorwissen oder Lernstandsentwicklungen. User Profiles dienen insbesondere in → *kooperativen Lernformen* dazu, Lernpartnerschaften und –gruppen zu bilden. Im Rahmen des → *Tutoring* erhält der Kursbetreuer differenzierte Informationen über die Lerner und Lerngruppen, die ihm die Möglichkeit bieten, gezielt zu intervenieren. Bei → *Customer Focused Learning* Ansätzen können entsprechende Informationen über potenzielle Kunden gewonnen werden.

Value-added services Im E-Learning-Kontext umfassen diese wertsteigernden Dienstleistungen die Ermittlung des Trainingsbedarfs, eine Schwächenanalyse im Bereich der Fähigkeiten des Personals *(skill-gap analysis)*, den Aufbau eines Trainingsplanes, Vor- und Nachbesprechungen sowie unterstützende Tätigkeiten, eine Effektivitätsanalyse des Trainings, Bereitstellung von Tools für Berichte und Datensammlung, Betreuung, Beratung zur Implementierung, Hosting und das Management von inter- bzw. intranetbasierten Lernsystemen, die Integration von unternehmensweiten Trainingssystemen sowie anderen Dienstleistungen.

Verhalten Erfolgt ohne eine bewusste oder unbewusste Intention und ohne kritische Reflexion. Dieser Ansatz entspricht den Vorgaben des → *Behaviorismus.*

Videoconferencing Verwendung von Video- und Audiosignalen, um Teilnehmer an verschiedenen voneinander entfernten Standorten zu verbinden.

Virtual *Virtuell.* Nicht greifbar oder physisch. Zum Beispiel hat eine virtuelle Universität keine Gebäude und bietet den Unterricht ausschließlich über das Internet an.

Virtual community *Virtuelle Gemeinschaft.* → *Online Community.*

Virtual-, Distance-, Tel-Learning → *Distance Learning*

Virtual Reality – VR Dreidimensionale, simulierte Umgebung, die am Computer erzeugt wurde. VR wird insbesondere in Computerspielen genutzt.

Virtuelles Klassenräume (Virtual Classroom) Geschützter Bereich einer Lerngruppe für die Kommunikation und Bereitstellung von Dokumenten. → *Gruppenraum*

Vlog Vlog ist eine Kombination aus Video und → *Blog.* Weitere Begriffe sind „movie blogs", „vblogs" oder auch „videocasts". Vlog ist ein Blog, der statt Texten Video-Sequenzen beinhaltet.

Video Podcast auch videocast der vodcast. Herstellung und Verbreitung von Audio- und Video-Dateien bezeichnet.

Virtualisierung Die zunehmende Leistungsfähigkeit der Computer ermöglicht es, immer mehr Arbeits- und Lernprozesse mit Hilfe von IT-Systemen zu gestalten. Gleichzeitig stellt die zunehmende Virtualisierung der Arbeitswelt neue Anforderungen an die Lernwelt, die sich entsprechend verändern muss. → Lernpartner Computer

VPN *Virtual private network (Virtuelles privates Netzwerk).* Privates Netzwerk, das in ein öffentliches Netzwerk eingebettet wurde. Es verbindet die Sicherheit des privaten Netzwerkes mit den Größenvorteilen und Leistungsfähigkeiten von öffentlichen Netzwerken.

Web 1.0 Die erste Phase der Internetnutzung, in der die Teilnehmer überwiegend konsumierend und suchend die Angebote nutzten, ohne sich selbst aktiv einzubringen. Dies schlägt sich auch im Lernbereich nieder. Klassisches E-Learning kennt in der Regel keine echten Dialoge, es besteht vielmehr aus rückgekoppelten Monologen mit deutlicher Trennung von Experten (Lernprogrammentwickler) und Nutzer. Es wird es hauptsächlich zur intensiven und massenhaften Informationsweitergabe genutzt.

Web 2.0 → *Social Software*. Internetbasierte Kommunikationsinstrumente, die das gemeinsame Erarbeiten von Inhalten unterstützen und damit auch Interaktionen unter den Benutzern auslösen können. Kompetenzzentriertes → *E-Learning* im Web 2.0 baut auf eine 2. Generation von WWW Services, die Menschen hilft, online zusammenzuarbeiten und Informationen zu teilen.

Web-Based-Training (WBT) Interaktive Lernprogramme, die im Netz stehen und multimedial aufbereitet werden.

Webcast Internetbeitrag, der ähnlich wie eine Radio- oder Fernsehsendung, teilweise live, gestaltet ist. Die Aufzeichnungen sind meist auch später abrufbar.

Webinar Seminar oder Training, das im Web → *Virtuelles Klassenzimmer* durchgeführt wird.

Webjam Webjam ist eine persönliche Seite im Internet mit einem Profil und einem persönlichen Blog. Weitere andere Features, wie ein RSS-Reader, Seiten zum Sammeln von Flickr-Fotos oder YouTube-Videos, To-Do-Listen etc. können ergänzt werden.

Weblogs → *Blogs*

Webquests englisch: quest = Suche. Didaktisch und methodisch aufbereitete Suchspiele im Internet. Sie ermöglichen eine problemorientierte Herangehensweise an Themen für handlungsorientierte Problemstellungen. Den Lernern werden einzelne Rollen zur Verfügung gestellt, über die sie sich diese unterschiedliche Interessen erarbeiten können. Webquests eignen sich sehr gut für die Vorbereitung von Rollenspielen und Planspielen.

Werte Ein Subjekt, d. h. ein Mensch, eine Gruppe, ein Unternehmen oder eine Nation, bewerten ein Objekt, ein Ding, eine Eigenschaft, einen Sachverhalt oder eine Beziehung auf der Grundlage von früherem Wissen und früher angeeigneten Werten und anhand von sozial erarbeiteten Wertmaßstäben. Produkte von so ablaufenden Wertungsprozessen sind Werte. Es gibt kein kompetentes Handeln ohne Werte – Werte konstituieren kompetentes Handeln. Werte können nur selbst handelnd, selbst organisiert angeeignet werden. → *Wertinteriorisation*

Wertinteriorisation → *Kompetenzentwicklung* setzt Wertaneignung, d. h. Wertinteriorisation, voraus. Wertinteriorisation ist das „Nadelöhr", durch das alles Wissen, alles Erfahren hindurch muss, um handlungswirksam zu werden. Interiorisierte → *Werte* sind der zweite Engpass – Gegenstand künftigen Lernens.

Whiteboard Eine elektronische Version einer Tafel, die den Lernern in einem virtuellen Klassenzimmer ermöglicht, zu betrachten, was ein Ausbilder, Moderator oder Mitlerner schreibt bzw. zeichnet. Auch als Smartboard oder elektronisches Tafel („electronic whiteboard") bezeichnet.

Widget Kleines, in sich abgeschlossenes Programm, das im Rahmen einer grafischen Benutzeroberfläche abläuft.

Wiki (-Web) *Wikiwiki = schnell (hawaiianisch)*. Ein Wiki ist ein einfach benutzbares, webbasiertes Autorensystem (Content Management System), bei welchem alle Besucher alle Seiten verändern dürfen (open editing). Wikis sind asynchrone und webbasierte Kommunikationsinstrumente, die vergleichbar mit Diskussionsforen oder → *Weblogs* einsetzbar ist. Sie basieren auf zwei zentralen Prinzipien: „Jeder kann jeden Text ändern" und „Strukturen entstehen bottom- up durch Verlinkung."

Wireless Learning → *Mobile Learning*

Wissen Im weiteren Sinne: Bezeichnung für allgemein verfügbare Orientierungen im Rahmen alltäglicher Handlungs- und Sachzusammenhänge (Alltagswissen). Im engeren Sinne: Die auf Begründungen bezogene und strengen Überprüfungspostulaten unterliegende Kenntnis, institutionalisiert im Rahmen der Wissenschaft.

Wissensbasis Systematisches Wissen in → *Web Based Trainings*, das in Form von knappen Erläuterungen meist kontextsensitiv, d. h. bezogen auf die jeweilige Übung, zur Verfügung gestellt wird.

Wissensbroker Sammlung aktueller oder hauseigener Quellen zur praxisnahen Bereicherung der → *Web Based Trainings*. Dazu gehören z. B. Realtime-Börsenkurse, aktuelle Meldungen oder Gesetzestexte.

Wissensgesellschaft Eine Wirtschafts- und Gesellschaftsform, in der nicht mehr die Produktionsfaktoren Arbeit, Boden und Kapital die entscheidende Rolle spielen, sondern Wissen die einzige wichtige Ressource ist.

Wissenslandkarte (Knowledge Map) Wissenslandkarten sind graphische Verzeichnisse von Wissensträgern, Wissensbeständen, Wissensstrukturen oder Wissensanwendungen. Sie stellen das relevante Wissen einer Unternehmung in einem logischen System dar und fördern damit den Wissensaustausch und Wissenstransfer.

Wissensmanagement *(Knowledge Management)* Das Erwerben, Organisieren und Speichern von Wissen, d. h. Informationen, Eindrücken und Erfahrungen einzelner Lerner und Gruppen innerhalb einer Organisation und die gemeinsame Weiterverarbeitung durch alle Mitglieder dieser Organisation. Das Wissen wird in einer Datenbank gespeichert und kann nach Trägern (→ *Wissenslandkarte*) und Inhalten durchsucht werden. Während im Wissensmanagement der ersten Generation → *Wissen* im engeren Sinne ausgetaucht wird, umfasst das kompetenzorientierte Wissensmanagement der zweiten Generation auch → *Werte*, Normen, Regeln und → *Emotionen*.

Workplace Learning → Kompetenzentwicklung am Arbeitsplatz und in Arbeitsprozessen. Basiert meist auf Ansätzen des → *Blended Learning*, → *Social Learning* und → *Collaborative Learning*.

Workspace Ausgefeilte virtuelle Arbeitsumgebungen für Team- und Projektarbeiten in → *Soziale Lernplattformen*.

xMOOC → *MOOC* („x" steht für Extension), die sich an traditionellen Kurskonzepten orientieren, in denen die Themen festgelegt sind und die Lernmaterialien (häufig Videos) von den Veranstaltern zur Verfügung gestellt werden. Die Teilnehmer sind eher passiv und nicht in die Gestaltung der Kurse eingebunden. Sie bearbeiten die vorgegebenen Materialien um ihr persönliches Wissen aufzubauen und unterstützen sich meist gegenseitig.

YouTube YouTube.com ermöglicht es seinen Nutzern Videos online zu stellen. Wie bei → *Flickr.com* und ähnlichen Angeboten können andere Eingestelltes kommentieren und bewerten. Mit einem speziellen Werkzeug kann man YouTube-Videos auch auf seiner eigenen Webseite einbinden.

Literatur

Arnold R (2000) Qualifikation. In: Arnold R, Nolda S, Nuissl E (Hrsg) Wörterbuch Erwachsenen-
pädagogik. Bad Heilbrunn

Arnold R (2005) Die emotionale Konstruktion der Wirklichkeit. Beiträge zu einer emotionspädago-
gischen Erwachsenenbildung. Hohengehren

Arnold R (2013) Ermöglichen. Texte zur Kompetenzreifung. Hohengehren

Arnold R, Lermen M (2003) Lernkulturwandel und Ermöglichungsdidaktik – Wandlungstendenzen
in der Weiterbildung. QUEM-report 78:23–33

Arnold R, Schüßler I (2010) Ermöglichungsdidaktik: Erwachsenenpädagogische Grundlagen und
Erfahrungen, 2. Aufl. Ort

Arnold R, Gómez Tutor C, Kammerer J (2001) Selbstlernkompetenzen. Arbeitspapier 1 des For-
schungsprojektes „Selbstlernfähigkeit, pädagogische Professionalität und Lernkulturwandel".
(Heft 12 der Reihe Pädagogische Materialien der Universität Kaiserslautern). Kaiserslautern

Arnold R u. a. (2004) Angewandter Konstruktivismus. Ein Handbuch für die Bildungspraxis in
Schule und Beruf. Aachen

Arnold R, Gómez Tutor C (2007) Grundlinien einer Ermöglichungsdidaktik: Bildung ermöglichen
– Vielfalt gestalten. Augsburg

ASTD – American Society for Training & Development (2013) Training and Development
Competencies Redefined to Create Competitive Advantage. http://www.astd.org/Publications/
Magazines/TD/TD-Archive/2013/01/Training-and-Development-Competencies-Redefined.
Zugegriffen: 21. Jan. 2013

Autorengruppe Bildungsberichterstattung im Auftrag der Ständigen Konferenz der Kultusminister der Länder in der Bundesrepublik Deutschland und des Bundesministeriums für
Bildung und Forschung (2012) Bildungsbericht. https://www.destatis.de/DE/Publikationen/
Thematisch/BildungForschungKultur/Bildungsstand/BildungDeutschland5210001129004.pdf?_
_blob=publicationFile. Zugegriffen: 12. Juli 2013

Back A, Gronau N, Tochtermann K (Hrsg) (2012) Web 2.0 und Social Media in der Unternehmenspraxis: Grundlagen, Anwendungen und Methoden mit zahlreichen Fallstudien, 3., vollständig
überarbeitete Aufl. München

Baethge-Kinsky V, Döbert H (2010) Lernen ganzheitlich erfassen – Wie lebenslanges und lebensweites Lernen in einem kommunalen Lernreport dargestellt werden kann. Kommunaler Lernreport
der Bertelsmann Stiftung. Göttingen.

Baran P (1990) Werte. In: Sandkühler HJ (Hrsg) Europäische Enzyklopädie zu Philosophie und
Wissenschaften. Hamburg, S 805 ff.

Bauer CA (2011) User Generated Content. Heidelberg

Bauer R, Baumgartner P (2012) Schaufenster des Lernens – Eine Sammlung von Mustern zur Arbeit mit E-Portfolios. Münster

Baumgartner P (2005) Eine neue Lernkultur entwickeln: Kompetenzbasierte Ausbildung mit Blogs und E-Portfolios. In: Hornung-Prähauser V (Hrsg) E-Portfolio Forum Austria. Salzburg, S 33–38

Baumgartner P (2013) Micro-Learning. Vier didaktische Herausforderungen. http://peter. baumgartner.name/2013/06/23/microlearning-vier-didaktische-herausforderungen/. Zugegriffen: 1. Juli 2013

Baumgartner P, Bauer R (2012) Didaktische Szenarien mit E-Portfolios gestalten. Mustersammlung statt Leitfaden. In: Csanyi G, Reichl F, Steiner A (Hrsg) Digitale Medien. Werkzeuge für exzellente Forschung und Lehre. Münster, S 383–393

Baumgartner P, Kalz M (2004). Content Management Systeme aus bildungstechnologischer Sicht. In: Baumgartner P, Häfele H, Maier-Häfele K (Hrsg) Content Management Systeme in e-Education. Auswahl, Potenziale und Einsatzmöglichkeiten. Innsbruck-Wien, S 13

Baumgartner P, Payr S (1994) Lernen mit Software. Innsbruck-Wien

BCG – The Boston Consulting Group (2012) From Capability to Profitability. Realizing the Value of People Management. http://www.bcg.com/media/PressReleaseDetails.aspx?id=tcm:12–110525. Zugegriffen: 17. Sept. 2012

Bergamin P, Filk C (2012) Open Educational Resources (OER) – Ein didaktischer Kulturwechsel? http://www.ifel.ch/de/publikationen/OER-Bergamin_Filk.pdf. S 25–38

Bershadsky D., Bremer C, Gaus O (2013) Bildungsfreiheit als Geschäftsmodell: MOOCs fordern die Hochschulen heraus, in Bremer C, Krömker D (Hrsg.): E-Learning zwischen Vision und Alltag, Münster New York München Berlin

Bertelsmann Stiftung Studie (2011) Zukunft durch Wissen – Deutschland will's wissen. http://www.bildung2011.de/download/Ergebnisse-der-Online-Buergerbefragung.pdf. Zugegriffen: 12. Sept. 2013

Bisovsky G, Schaffert S (2009) Lehren und Lernen mit dem E-Portfolio – eine Herausforderung für die Professionalisierung der Erwachsenenbildner/innen. In: Internetservice texte.online des Deutschen Instituts für Erwachsenenbildung. http://www.die-bonn.de/doks/bisovsky0901.pdf. Zugegriffen: 4. Sept. 2012

BITKOM (2012a) Nutzung von Social Media in deutschen Unternehmen, Berlin. https://www.bitkom.org/files/documents/Social_Media_in_deutschen_Unternehmen.pdf. Zugegriffen: 12. Okt. 2012

BITKOM (2012b) Schule 2.0, Eine repräsentative Untersuchung zum Einsatz elektronischer Medien an Schulen aus Lehrersicht. Berlin. http://www.bitkom.org/files/documents/BITKOM_ Publikation_Schule_2.0.pdf. Zugegriffen: 26. Nov. 2012

BITKOM (2013a) Vom E-Learning zu Learning Solutions – Positionspapier AK Learning Solutions, Berlin. http://www.bitkom.org/files/documents/Positionspapier_Learning_Solutions_2013.pdf. Zugegriffen: 17. Juni. 2013

BITKOM (2013b) Studie Arbeit 3.0, Arbeiten in der digitalen Welt. http://www.bitkom. org/files/documents/Studie_Arbeit_3.0.pdf. Zugegriffen: 2. Sept. 2013

BITKOM (2013c) Unternehmen 2.0: kollaborativ,.innovativ.erfolgreich. Ein praktischer Leitfaden zur Optimierung der Kommunikation, Informations- und Wissensspeicherung in Unterternehmen und im Austausch mit Geschäftspartnern. http://www.bitkom.org/files/documents/Leitfaden_AKBC_web.pdf. Zugegriffen am 06. Oktober 2013

Blaschitz E, Brandhofer G, Nosko C, Schwed G (Hrsg) (2012) Zukunft des Lernens: Wie digitale Medien Schule, Aus- und Weiterbildung verändern. Hülsbusch, Glückstadt

BMBF (2005) Lehr-Lern-Forschung und Neurowissenschaften. Erwartungen, Befunde, Forschungsperspektiven, Berlin. http://www.bmbf.de/pub/bildungsreform_band_dreizehn.pdf. Zugegriffen: 16. Okt. 2012

BMBF (2010) BMBF-Richtlinien zur Umsetzung des gemeinsamen Programms des Bundes und der Länder für bessere Studienbedingungen und mehr Qualität in der Lehre. http://www.bmbf.de/foerderungen/15440.php. Zugegriffen: 16. Sept. 2012

BMBF (2013) Dossier zum demographischen Wandel. http://demographie-netzwerk.de/start/aktuelles/detail/artikel/wissenschaftsjahr-2013-demographischer-wandel.html. Zugegriffen: 20. Mai 2013

Booz & Company (2013) Rise of Generation C. http://www.booz.com/media/file/Rise_Of_Generation_C.pdf. Zugegriffen: 12. Mai 2013

Brahm T (2007a) WikiWiki – Technische Grundlagen und pädagogisches Potential. In: SCIL-Arbeitsbericht 12, Seufert S, Brahm T (2007) „Ne(x)t Generation Learning": Wikis, Blogs, Mediacasts & Co. – Social Software und Personal Broadcasting auf der Spur – Themenreihe 1 zur Workshop-Serie. St. Gallen

Brahm T (2007b) Blogs – Technische Grundlagen und pädagogisches Potential. In: SCIL-Arbeitsbericht 12, Seufert S, Brahm, t. (2007) „Ne(x)t Generation Learning": Wikis, Blogs, Mediacasts & Co. – Social Software und Personal Broadcasting auf der Spur – Themenreihe 1 zur Workshop-Serie. St. Gallen

Bremer C (2010) Projekt Lehr@mt: Medienkompetenz als phasenübergreifender Qualitätsstandard in der hessischen Lehrerbildung. In: Knaus T, Engel O (Hrsg) fraMediale – Digitale Medien in Bildungseinrichtungen. München, S 87–97

Bremer C (2012) Open Online Courses als Kursformat? Konzept und Ergebnisse des Kurses „Zukunft des Lernens" 2011. In: Csanyi G, Reichl F, Steiner A (Hrsg) Digitale Medien. Werkzeuge für exzellente Forschung und Lehre. Münster, S 153–164

Bremer C, Thillosen A (2013) Der deutschsprachige Open Online Course OPCO12. In: Bremer C, Krömker D (Hrsg) Learning zwischen Vision und Alltag. Zum Stand der Dinge, Medien in der Wissenschaft, Bd 64. Münster. http://www.waxmann.com/?eID=texte & pdf=2953Volltext.pdf & typ=zusatztext. Zugegriffen: 25. Aug. 2013

Brinker T, Müller E (Hrsg) (2008) Wer, wo und wie viele Schlüsselkompetenzen? Wege und Erfahrungen aus der Praxis an Hochschulen. Bochum

Bruck PA (2006) What is Microlearning and why care about it? In: Hug T, Lindner M, Bruck PA (Hrsg) Micromedia & e-Learning 2.0: Gaining the big picture. Proceedings of Microlearning Conference 2006. University Press, Innsbruck, S 7–10

Buchem I, Appelt R, Kaiser S, Schön S, Ebner M (2013), Blogging und Microblogging, Anwendungsmöglichkeiten im Bildungskontext. In: Ebner M Schön S (Hrsg) Lehrbuch für Lernen und Lehren mit Technologien (L3T), 2. Aufl. Graz

Buhse W, Stamer S (Hrsg) (2008) Die Kunst loszulassen. Enterprise 2.0. Berlin

Bund-Länder-Kommission für Bildungsplanung und Forschungsförderung (BLK) (2004) Strategie für ein Lebenslanges Lernen. Bonn

Bunge M, Ardila, R (1990) Philosophie der Psychologie. Tübingen

Capra F (1987) Wendezeit. München

Chachelin JL (2013) Personalarbeit in digitaler Welt – Studie. Personalmagazin 01(13)16–19

Conradi C, Evans N, Valk A (Hrsg) (2006) Recognising Experiental Learning. Practices in European Universities. Tartu

Cross J (2007) All or nothing. Blogpost 9.02.2007. www.informl.com/2007/02/09/all-or-nothing/. Zugegriffen: 15. März 2013

Cross J (2010) Working Smarter through Workscaping, S. 42 In: Cross J (Hrsg) Learning is Business. http://www.internettime.com/wp-content/uploads/2012/07/Learning-is-Business.pdf. Zugegriffen: 16. Mai 2013

Cross J (2012) Why Corporate Training is Broken and How to Fix It. http://www.internettime.com/2012/07/why-corporate-training-is-broken-and-how-to-fix-it/. Zugegriffen: 15. Mai 2013

Cross J. Internet time Group (2010) Where did the 80 come from? Informal Blog. http://www.informl.com/where-did-the-80-come-from/. Zugegriffen: 16. Mai 2013

Dehnpostel P (2007) Lernen im Prozess der Arbeit. Münster

Deimann M (2012) Open Education: Offene Bildung und offenes Lernen – mehr als nur eine Alternative für E-Learning. In: Hohenstein A, Wilbers K (Hrsg) Handbuch E-Learning. Köln, Beitrag 7.21

Deiml-Seibt T, Leihener J, Hamann B, Röthler D (2013) Die Zukunft des Lernens –global vernetzt, immer und überall. Zukunftsszenarien „Lernen 2023" rund um den Globus, S. 134–144. In: Ludwig L, Narr K, Frank S, Staemmler D (Hrsg) Lernen in der digitalen Gesellschaft – offen, vernetzt, integrativ. Abschlussbericht April 2013. Eine Publikation des Internet & Gesellschaft Co:llaboratory e. V. http://dl.collaboratory.de/reports/Ini7_Lernen.pdf. Zugegriffen: 13. Apr. 2013

de Laat M, Simons R-J (2007) Kollektives Lernen – Theoretische Perspektiven und Wege zur Unterstützung vernetzten Lernen. Berufsbildung, Nr. 27

Dengel A (Hrsg) (2011) Semantische Technologien. Grundlagen – Konzepte – Anwendungen. Heidelberg

Deutsche Gesellschaft für Personalführung (2013) DGFP Studie: Megatrends und HR Trends 2013, Praxispapier 3/2013. http://www.dgfp.de/aktuelles/dgfp-news/megatrends-und-hr-trends-2013-neues-dgfp-praxispapier-4104. Zugegriffen: 2. Sept. 2013

Diesner I, Seufert S (2010) SCIL, Trendstudie 2010 – Herausforderungen für das Bildungsmanagement in Unternehmen. St. Gallen

Dohmen G (1996) Das lebenslange Lernen. Leitlinien einer modernen Bildungspolitik. Bonn

Dong S (2011) Co-Coaching for Collaboration. London

Dräger J, Bertelsmann Stiftung (2013): Internationale Beispiele zum Einsatz von „EdTech"-Potentiale für die Weiterbildung, unveröffentl. Vortrag vom 24. Sept. 2013

Ebner M, Lorenz A (2012) Web 2.0 als Basistechnologien für CSCL-Umgebungen. In: Haake J, Schwabe G, Wessner, M (Hrsg) CSCL Kompendium 2.0. München, S 97–111

Ebner M, Neuhold B, Schön M (2013) Learning Analytics – wie Datenanalyse helfen kann, das Lernen gezielt zu verbessern. In: Hohenstein A, Wilbers K (Hrsg) Handbuch E-Learning. München, 3.24

Eichler U (1995) Qualifikationsforschung. In: Arnold R, Lipsmeier A (Hrsg) Handbuch der Berufsbildung. Opladen, S 126–135

Eisfeld-Reschke J, Kretschmer L-MM, Narr K (2013) Digitale Kollaboration im Kontext des Lernen – Voraussetzungen, Herausforderungen und Nutzen, S 60–66. In: Ludwig L, Narr K, Frank S, Staemmler D (Hrsg) (2013) Lernen in der digitalen Gesellschaft – offen, vernetzt, integrativ. Abschlussbericht April 2013. Eine Publikation des Internet & Gesellschaft Co:llaboratory e. V. http://dl.collaboratory.de/reports/Ini7_Lernen.pdf. Zugegriffen: 13. Apr. 2013

E. Learning age, Kineo (2012) Learning Insights Report 2012. The New Learning and Technology Architecture. Ten trends from leading companies. http://www.kineo.com/documents/Free_Guides/Learning_Insight_Report_2012.pdf. Zugegriffen: 25. Nov. 2012

Elkana Y, Klöpper H (2012) Die Universität im 21. Jahrhundert. Für eine neue Einheit von Forschung, Lehre und Gesellschaft, edition Körber-Stiftung. Hamburg

Erpenbeck J (2012a) Zwischen exakter Nullaussage und vieldeutiger Beliebigkeit. Hybride Kompetenzerfassung als künftiger Königsweg. In: Erpenbeck J (Hrsg) Der Königsweg zur Kompetenz. Grundlagen qualitativ-quantitativer Kompetenzerfassung. Münster

Erpenbeck J (2012b) Was „sind" Kompetenzen? In: Faix WG (Hrsg) Kompetenz. Festschrift Prof. Dr. John Erpenbeck zum 70. Geburtstag. Stuttgart, S 1–58

Erpenbeck J, Hasebrook J (2011) Sind Kompetenzen Persönlichkeitseigenschaften? In: Faix W, Auer M (Hrsg) Kompetenz, Persönlichkeit, Bildung. Stuttgart, S 227–262

Erpenbeck J, von Rosenstiel L (2007) Handbuch Kompetenzmessung, 2. Aufl. Stuttgart

Erpenbeck J, von Rosenstiel L, Grote S (Hrsg) (2013) Kompetenzmodelle großer Unternehmen. Stuttgart

Erpenbeck J, Roth St. (2012) Kompetenzen: Die neue Leitwährung für nachhaltigen Erfolg! Köln

Erpenbeck J, Sauter W (2007) Kompetenzentwicklung im Netz – New Blended Learning mit Web 2.0. Köln

Erpenbeck J, Sauter W (2010a) Kompetenzentwicklung ermöglichen. Universität Kaiserlautern

Erpenbeck J, Sauter W (2010b) Kompetenzen erkennen und finden. Universität Kaiserlautern

Erpenbeck J, Sauter W (2011) Kompetenzentwicklung und Neue Medien. DUW Berlin

Erpenbeck J, Sauter W (2013) So werden wir lernen! Kompetenzentwicklung in einer Welt fühlender Computer, kluger Wolken und sinnsuchender Netze. Berlin Heidelberg

European Commission, Directorate (2004) Europäischer Leitfaden zur erfolgreichen Praxis im Wissensmanagement. Brüssel

Faix W, Horne A, Auer M (2012) Das Projekt-Kompetenz-Studium der Steinbeis Hochschule Berlin. In: Festschrift Prof. Dr. John Erpenbeck zum 70. Geburtstag. Stuttgart, S 387–424

Fleige M (2011) Lernkulturen in der öffentlichen Erwachsenenbildung. Theorieentwickelnde und empirische Betrachtungen am Beispiel evangelischer Träger. Münster

Fraunhofer ISST (1998) Jahresbericht 1998. http://www.isstz.fhg.de/info@polis/nr72/ip-3168.htm. Zugegriffen: 14. Apr. 2013

Frohberg D (2008) Mobile Learning, Zürich. http://www.ifi.uzh.ch/pax/uploads/pdf/publication/1230/m-learning_frohberg_komprimiert.pdf. Zugegriffen: 20. Sept. 2012

Garg A (2013) Pervasive Learning, Upside learning blog. http://www.upsidelearning.com/blog/index.php/2013/07/04/pervasive-learning/. Zugegriffen: 14. Juli 2013

Gautam A (2012) Key Emerging Trends in LMS. In: Upside Learning Blog. http://www.upsidelearning.com/blog/index.php/2012/09/18/4-key-emerging-trends-in-lms/. Zugegriffen: 22. Sept. 2012

Gebel C, Gurt M, Wagner U (2005) Kompetenzförderliche Potenziale populärer Computerspiele. QUEM-report 92:241–376

Gidion G, Grosch M (2012) Welche Medien nutzen die Studierenden tatsächlich? Ergebnisse einer Untersuchung zu den Mediennutzungsgewohnheiten von Studierenden. Zeitschrift Forschung und Lehre, Alles was die Wissenschaft bewegt, 19 , S. 450–451

Grantz T, Schulte S, Spöttl G (2013) Impulse für eine arbeitsprozessorientierte Didaktik – Eine Reflexion des didaktischen Gehaltes von Kernarbeitsprozessen an den Grundfragen Klafkis. In: Berufs- und Wirtschaftspädagogik – online. http://www.bwpat.de/ausgabe/24/grantz_etal. Zugegriffen: 30. Juni 2013

Gries R (2008) Die Weiterbildungslüge: Warum Seminare und Trainings Kapital vernichten und Karrieren knicken. Frankfurt a. M.

Grote S, Kauffeld S, Frieling E (Hrsg) (2012) Kompetenzmanagement: Grundlagen und Praxisbeispiele, 2. Aufl. Stuttgart

Gruber H (1994) Expertise. Modelle und empirische Untersuchungen. Opladen

Gruber H, Mandl H, Renkl A (2000) Was lernen wir in Schule und Hochschule: Träges Wissen? In: Mandl H, Gerstenmaier J (Hrsg) Die Kluft zwischen Wissen und Handeln. Göttingen, S 140–153

Günther J (2007) Digital Natives and Digital Immigrants. Innsbruck

Günther K (2012) Lehre durch Massenvorlesungen? Ein Blick auf neurowissenschaftliche Erkenntnisse. Zeitschrift Forschung und Lehre, Alles was die Wissenschaft bewegt, 19 , S.462–464

Hacker W (1973). Allgemeine Arbeits- und Ingenieurpsychologie. Berlin

Haken H, Schiepek G (2010) Synergetik in der Psychologie. Selbstorganisation verstehen und gestalten. Göttingen

Hamlin R et al (2008) The emergent ‚coaching industry‘: a wake-up call for HRD professionals. Human Resource Development International 11(3)

Hart J (2011) 5-stages-of-workplace-learning-revisited/ 5 Stages of Workplace Learning (Revisited)). http://www.c4lpt.co.uk/blog/2011/12/06/. Zugegriffen: 17. Mai 2012

Hart J (2012) The differences between learning in an e-business and learning in a social business. http://www.c4lpt.co.uk/blog/2012/08/28/learning-in-a-social-business/. Zugegriffen: 17. Mai 2012

Hart J (2013a) 12 steps to successful social learning. http://c4lpt.co.uk/janes-articles-and-presentations/10-steps-to-successful-social-learning/. Zugegriffen: 12. Apr. 2013

Hart J (2013b) The Workplace Learning Revolution, Free mini e-Book. http://de.slideshare.net/janehart/the-workplace-learning-revolution. Zugegriffen: 18. Mai 2013

Hart J (2013c) Social Learning. The Changing Face of Workplace Learning. http://www.c4lpt.co.uk/blog/2013/06/17/social-learning-the-changing-face-of-workplace-learning/. Zugegriffen: 22. Juni 2013

Hart J (2013d) Whitepaper. An enterprise Learning Network: the way to embed social learning in the workplace. http://de.slideshare.net/janehart/enterprise-learning-networks-how-to-embed-social-learning-in-the-workpalce. Zugegriffen: 21. Aug. 2013

Hattie JAC (2009) Visible Learning. A synthesis of over 800 meta-analyses relating to achievement. London

Hausdorf M, Polzer E (2004) Die Führungskraft als Coach, Köthen – Trainingskonzept Führungskräfte. Bonn

Hengartner U, Meier A (Hrsg) (2010) Web 3.0 & Semantic Web. Heidelberg

Heyse V (2012) Führungskompetenz. In: Faix WG. (Hrsg) Kompetenz. Festschrift Prof. Dr. John Erpenbeck zum 70. Geburtstag. Stuttgart, S. 111 ff.

Heyse V, Erpenbeck J (2004) Kompetenztraining. 64 Informations- und Trainingsprogramme. Stuttgart

Heyse V, Erpenbeck J (Hrsg) (2007) Kompetenzen managen. Münster

Heyse V, Ortmann S (2008) Talent-Management in der Praxis – Eine Anleitung mit Arbeitsblättern, Checklisten, Softwarelösungen. Münster

Heyse V (2010) Verfahren zur Kompetenzermittlung und Kompetenzentwicklung. In: Heyse V, Erpenbeck J, Ortmann S (Hrsg) Grundstrukturen menschlicher Kompetenzen. Praxiserprobte Konzepte und Instrumente. Münster

Heyse V, Erpenbeck J, Ortmann S (Hrsg) (2010) Grundstrukturen menschlicher Kompetenzen. Praxiserprobte Konzepte und Instrumente. Münster

Himpsl-Gutermann K (2012) Ein 4-Phasen-Modell der E-Portfolio-Nutzung. In: Csanyi G, Reichl F, Steiner A (Hrsg) Digitale Medien. Werkzeuge für exzellente Forschung und Lehre. Münster, S 411–430

Hitzler P, Krötzsch M, Rudolph S, Sure Y (2008) Semantic Web. Berlin

Hoberg A, Gohlke P (2011, Feb.) Selbstorganisiertes Lernen 2.0. Ein neues Lernkonzept für die betriebliche Weiterbildung. In: Hofmann J, Jarosch J (Hrsg) HMD – Praxis der Wirtschaftsinformatik, 48(277):63–72

Hoberg A (2012, Apr.) Das Ende der Betriebsseminare. Hum Resour Manag 80–82

Höfer ML (2013, März/Apr.) Im Trend: MOOCx als neues Lernkonzept – Collaboration & Wissensmanagement, Sharepoint 2013, Change Management, Innovation Management. DOK S 65–69

Hölterhof T, Kerres M (2011) Modellierung sozialer Kommunikation in Social Software und Lernplattformen, Informatik 2011. 41. Jahrestagung der Gesellschaft für Informatik, TU Berlin, Springer LNI, 04/10/2011

Hoffmann-Cadura S (2011) Ausbildung in Deutschland. Eine kritische Betrachtung des dualen Systems. Hamburg

Hoskins B, Cartwright F, Schoof U (2010) European Lifelong Learning Indicators (ELLI). Bielefeld

Hossip R, Mühlhaus O (2005) Personalauswahl und –entwicklung mit Persönlichkeitstests. Göttingen, S. 15 f.

HRK – Hochschulrektorenkonferenz (2012) Hochschule im digitalen Zeitalter: Informationskompetenz neu begreifen – Prozesse anders steuern. Göttingen. http://www.hrk.de/uploads/
media/Empfehlung_Informationskompetenz_Anlage_final_20_01.pdf. Zugegriffen: 8. Dez. 2012

Hron, Jeannette (2000) Motivationale Aspekte von beruflicher Expertise. Welche Ziele und Motive
spornen Experten im Rahmen ihrer Arbeit an? München

Hüther G (2006) Bedienungsanleitung für ein menschliches Gehirn. Göttingen

Hüther G (2009) Ohne Gefühl geht gar nichts! Worauf es beim Lernen ankommt. DVD, Mühlheim

Institut der deutschen Wirtschaft (2012) IW-Weiterbildungserhebung. Köln

Jennings C (2013) 70:20:10. http://blog.wissen-im-unternehmen.de/fundstuck-der-woche-die-
702010-regel-im-corporate-learning/. Zugegriffen: 16. Mai 2013

Kaeder C, Riedl T (2013) eBooks – Ein Ratgeber für Einsteiger. Berlin

Kamper M, Hartung, S, Florian A (2012) Einführung in die E-Portfolio-Arbeit mit einem Online-
Kurs, Erfahrungen und Folgerungen (Praxisreport). In: Csanyi G, Reichl F, Steiner A (Hrsg)
Digitale Medien. Werkzeuge für exzellente Forschung und Lehre. Münster, S 266–269

Karlhuber S, Wageneder G (2013) Einsatz kollaborativer Werkzeuge. Lernen und Lehren mit web-
basierten Anwendungen. In: Schön S, Ebner M (Hrsg) Lehrbuch für Lernen und Lernen mit
Technologien, 2. Aufl. Graz

Kauffeld S (2011) Arbeits-, Organisations- und Sozialpsychologie. Heidelberg

Kaufmann H (2011) Hype or no hype. Folge 7: Cloud Learning. http://www.ltn.unibas.ch/ltn/
tl_files/learntechnet/dokumente/Aktuell/Hype%20or%20no%20hype/Folge%207 %20Cloud%20
Learning.pdf. Zugegriffen: 16. Juli 2012

Kerres M (2013) Mediendidaktik. Konzeption und Entwicklung mediengestützter Lernangebote, 4.
Aufl. München

Kerres M, Preußler A (2013) Möglichkeiten für die Erwachsenenbildung. Soziale Medien und Web
2.0. www.diezeitschrift.de/22013/medienpaedagogik-01.pdf. Zugegriffen: 25. Juni 2013

Kerres M, Bormann M, Vervenne M et al (2009) Didaktische Konzeption von Serious Games: Zur
Verknüpfung von Spiel- und Lernangeboten. www.medienpaed.com Zugegriffen: 16. Juli 2012

Kerres M, Heinen R, Stratmann J (2012) Schulische IT-Infrastrukturen: Aktuelle Trends und ihre
Implikationen für Schulentwicklung. In: Schulz-Zander R, Eickelmann B, Moser H, Niesyto H,
Grell P (Hrsg) Jahrbuch Medienpädagogik 9. VS Verlag für Sozialwissenschaften, Wiesbaden

Kerres M, Hölterhof T, Nattland A (2011) Zur didaktischen Konzeption von „Sozialen Lernplattformen" für das Lernen in Gemeinschaften. In: MedienPädagogik, Zeitschrift für Theorie und
Praxis der Medienbildung

Kienbaum (2013) Entwicklung der Generation Y. Von Gamification & Multi Generation Development, Präsentation im Rahmen der ZeitAkademie am 5. Juni 2013 in Hamburg

Kirchhöfer D (2004) Lernkultur Kompetenzentwicklung – Begriffliche Grundlagen. Berlin

Kirkpatrick DL, Kirkpatrick JD (2012) Evaluation Trainings Programs. The Four Levels, 4. Aufl.
Sydney

Klafki W (1996) Neue Studien zur Bildungstheorie und Didaktik – Zeitgemäße Allgemeinbildung
und kritisch-konstruktive Didaktik, 5. Aufl. Weinheim

Klampfer A (2005) Wikis in der Schule – eine Analyse der Potentiale im Lehr-/Lernprozess. Hagen

Klieme E, Maag-Merki K, Hartig H (2007) Kompetenzbegriff und Bedeutung von Kompetenzen im Bildungswesen. In: Klieme E, Hartig H (Hrsg) Möglichkeiten und Voraussetzungen
technologiebasierter Kompetenzdiagnostik. Berlin

Klimmt C (2008) Unterhaltungserleben bei Computerspielen. In: Mitgutsch K, Rosenstingl H (Hrsg)
Faszination Computerspielen. Theorie – Kultur – Erleben. Wien

Koch M (2010) Lehren aus der Vergangenheit. Computer Supported Collaborative Work & Co. In:
Buhse W, Stamer S (Hrsg) Die Kunst loszulassen. Enterprise 2.0, 3. Aufl. Berlin

Koch M, Richter A (2009) Enterprise 2.0: Planung, Einführung und erfolgreicher Einsatz von Social
Software in Unternehmen, 2. Aufl. München

König E, Volmer G (2012) Handbuch Systemisches Coaching: Für Coaches und Führungskräfte, 5. Aufl. Berater und Trainer, Weinheim

König L (2003) Lehr-, Lernprozesse im virtuellen Bildungsraum: vermitteln, ermöglichen, verstehen. In: Arnold R, Schüßler I (Hrsg) Ermöglichungsdidaktik in der Erwachsenenbildung. Hohengehren

Kucklick C (2013) Neue Ideen für unsere Schulen – Wie das Lernen besser gelingt. GEO 82–100

Kuhlmann A, Sauter W (2008) Innovative Lernsysteme – Kompetenzentwicklung mit Blended Learning und Social Software. Heidelberg

Lampert C, Schwinge C, Tolks D (2009) Der gespielte Ernst des Lebens: Bestandsaufnahme und Potenziale von Serious Games (for Health). Z Medienpädagogik

Landesanstalt für Medien Nordrhein-Westfalen (LfM) (Hrg. (2013): Digitales Lernen. MOOCs einfach auf den Punkt gebracht, Düsseldorf

Langer I, Schulz von Thun F (1974/2007) Messung komplexer Merkmale. In: Psychologie und Pädagogik. Ratingverfahren. Münster, S 20

Lang-von Wins T, Triebel C (2011) Karriereberatung. Coachingmethoden für eine kompetenzorientierte Laufbahnberatung, 2. Aufl. New York

Lay R (1992) Über die Kultur des Unternehmens. Düsseldorf

Lehner F (2006) Wissensmanagement. Grundlagen, Methoden und technische Unterstützung. Unter Mitarbeit von Michael Scholz und Stephan Wildner. München

Lehrer J (2009) Wie wir entscheiden. Das erfolgreiche Zusammenspiel von Kopf und Bauch. München

Leibniz-Gesellschaft (2013) Zukunft leben – die demographische Chance. http://www.leibniz-gemeinschaft.de/ueber-uns/veranstaltungen/zukunft-leben-die-demografische-chance/. Zugegriffen: 21. Mai 2013

Leitl M (2010) Was ist Unternehmenskultur? Harv Bus Manag 01/2010

Lindner M (2007) What is Microlearning? In: Bruck PA, Lindner M (Hrsg) Micromedia and Corporate Learning. Proceedings of Microlearning Conference 2007. University Press, Innsbruck, S 52–62

Livingstone D (1999) Informelles Lernen in der Wissensgesellschaft. Erste kanadische Erhebung über informelles Lernverhalten. In: QUEM-Report Heft 60: Kompetenz für Europa. Wandel durch Lernen – Lernen durch Wandel. Referate auf dem internationalen Fachkongress. Berlin, S 65–91. http://www.abwf.de/content/main/publik/report/1999/Report-60.pdf. Zugegriffen: 2. Feb. 2012

Lohmann M, Sauter W (2012) Fit durch Web, Präsenz und Praxis. Kompetenz- und vertriebsorientierte Bankausbildung. Bankinformation 54 ff.

managerSeminare 174 vom 24.08.2012: Coaching top, Storytelling on the hop – Umfrage Trainingsmethoden 2012

Marotzki W (2003) Online-Ethnographie – Wege und Ergebnisse zur Forschung im Kulturraum Internet. http://www.uni-magde-burg.de/iew/Print/Marotzki/03/virt_Communities/Marotzki_2003.pdf. Zugegriffen: 17. Apr. 2012

Max-Planck-Instituts für Dynamik und Selbstorganisation (MPIDS) u. a. (2010) Wolkenforschung am Schneefernhaus. Göttingen u. a.

McAfee A (2010) Eine Definition von Enterprise 2.0, S. 18–35. In: Buhse W, Stamer S (Hrsg) Die Kunst Loszulassen. Enterprise 2.0, 3. Aufl. Berlin

McKinsey & Company (2013) Evolution of the networked enterprise: McKinsey Global Survey results. http://www.mckinsey.com/insights/business_technology/evolution_of_the_networked_enterprise_mckinsey_global_survey_results. Zugegriffen: 1. Juni 2013

McKinsey Deutschland (2013) Die Goldenen Zwanziger. Wie Deutschland die Herausforderungen des nächsten Jahrzehnts meistern kann. http://www.mckinsey.de/sites/www.mckinsey..de/files/130314_Goldene_Zwanziger.pdf. Zugegriffen: 31. Mai 2013.

McKinsey Global Institute (2013) Disruptive technologies: Advances that will transform life, business and global economy. http://www.mckinsey.com/insights/business_technology/disruptive_technologies?cid=disruptive_tech-eml-alt-mip-mck-oth-1305. Zugegriffen: 31. Mai 2013

Medienpädagogischer Forschungsverbund Südwest (2012) JIM Studie 2012, Jugend, Information, (Multi-) Media, Basisuntersuchung zum Medienumgang 12- bis 19-Jähriger in Deutschland. Stuttgart

Meeker M, Wu L (2013) Internet Trends D11 Conference 5/29/2013 – KPCB. http://de.slideshare.net/kleinerperkins/kpcb-internet-trends-2013. Zugegriffen: 10. Juni 2013

Meier C (2013) Massive Open Online Courses (MOOCs): Entwicklungslinien, Typen, Zertifizierung, Geschäftsmodelle, in SCIL Blog vom 03. Juni 2013. http://www.scil-blog.ch/blog/2013/06/03/massive-open-online-courses-moocs-entwicklungslinien-typen-zertifzierung-geschaeftsmodelle/. Zugegriffen: 12. Apr. 2013

Meier C, Seufert S (2003) Game-based Learning: Erfahrungen mit und Perspektiven für digitale Lernspiele in der betrieblichen Bildung. In: Hohenstein A, Wilbers K (Hrsg) Handbuch E-Learning. München, 4.17

Meier C, Seufert S (2012a) scil Arbeitsbericht 23: Learning Value Management. Bestimmung und Überprüfung des Wertbeitrags von Bildungsarbeit. Rahmenmodell, Instrumente und Verfahren, Beispiele. St.Gallen

Meier C, Seufert S (2012b) scil Whitepaper – Social Business Learning – Antriebskräfte – Potenziale – Umsetzung. St. Gallen

Miyashiro MR (2013) Der Faktor Empathie – Ein Wettbewerbsvorteil für Teams und Organisationen. Paderborn

Miluska J (2009, Mai) hype or no hype? Folge 1: das e-Portfolio. http://www.ltn.unibas.ch/ltn/tl_files/learntechnet/dokumente/Aktuell/Hype%20or%20no%20hype/Folge%201_e-Portfolios_V2.pdf. Zugegriffen: 16. Juni 2012

MMB-Institut (2013) MMB-Trendmonitor I/2013. Learning Delphi 2013. http://www.mmb-institut.de/monitore/trendmonitor/MMB-Trendmonitor_2013_I.pdf. Zugegriffen: 12. Okt. 2013

MMB-Institut (2012) MMB-Trendmonitor II/2012. Sieben Trends im Game-Based-Learning. Neue Spielarten für das spielerische Lernen im Beruf. http://www.mmb-institut.de/monitore/trendmonitor/MMB-Trendmonitor_2012_II.pdf. Zugegriffen: 19. Sept. 2012

MMB-Institut E-Paper (2012) Dann gibt es eine App dafür. Neue Geschäftsmodelle für das mobile Lernen. Essen

Müller-Lietzkow J (2012) Serious Games: Kritisch hinterfragt und praktisch unterlegt, unveröff. Manuskript im AK Games Bitkom

Mutzeck W (2005) Von der Absicht zum Handeln – Möglichkeiten des Transfers von Fortbildung und Beratung in den Berufsalltag. In: Huber AA (Hrsg) Vom Wissen zum Handeln – Ansätze zur Überwindung der Theorie – Praxis – Kluft in Schule und Erwachsenenbildung. Tübingen, S 79–97

Nagler W, Wiesenhofer K, Scerbakov N, Ebner M (2012) E-Books für die Universität. In: Hohenstein A, Wilbers K (Hrsg) Handbuch E-Learning. München 3.22.1

Nemko M (2012) Co-Coaching: „I'll Coach You and You'll Coach Me". http://www.martynemko.com/articles/co-coaching-quotill-coach-you-if-youll-coach-mequot_id1510, aufgenommen 2012

New Media Consortium (2013) NMC Horizon Project Review: 2013 Higher Education Edition. http://www.nmc.org/publications/2013-horizon-report-higher-ed. Zugegriffen: 10. Feb. 2013

Nonaka I, Takeuchi H (1997) Die Organisation des Wissens. Wie japanische Unternehmen eine brachliegende Ressource nutzbar machen. Frankfurt a. M.

North K, Reinhardt K, Sieber-Suter B (2013) Kompetenzmanagement in der Praxis. Mitarbeiter-kompetenzen systematisch identifizieren, nutzen und entwickeln, 2. Aufl. Wiesbaden

Oblinger DG, Oblinger JL (Hrsg) (2005) Educating the Net Generation. http://net.educause.edu/ir/library/pdf/pub7101.pdf. Zugegriffen: 12. März 2013

OECD. Centre for Educational Research and Innovation (2007) Giving Knowledge for Free. The Emergence of Open Educational Resources. Paris

O'Malley C, Vavoula G, Glew JP, Taylor J, Sharples M (2005) Guidelines for Lear-ning/Teaching/Tutoring in a Mobile Environment. Retrieved 7. Juli 2009. http://www.mobilearn.org/download/results/public_deliverables/MOBIlearn_D4.1_Final.pdf. Zugegriffen: 4. Aug. 2012

O'Reilly T (2005) What is Web 2.0? Design Patterns and Business Models for the Next Generation of Software. http://www.oreillynet.com/pub/o/oreilly/tim/news/2005/09/30/what-is-web-20.html. Zugegriffen: 12. Dez. 2008

Ortmann S (2012) Competenzia. Infrastruktur zur Kompetenzmessung und -entwicklung. In: Festschrift Prof. Dr. John Erpenbeck zum 70. Geburtstag. Stuttgart. S 235–246

Pachner A (2009) Entwicklung und Förderung von selbst gesteuertem Lernen in Blended-Learning-Umgebungen. Eine Interventionsstudie zum Vergleich von Lernstrategietraining und Lerntagebuch. Münster

Pellegrini T, Blumauer A (Hrsg) (2010) Semantic Web. Wege zur vernetzten Wissensgesellschaft. Heidelberg

Pontefract D (2013) Flat Army: Creating a Connected and Engaged Organization. San Francisco

Radar Networks & Nova Spivack (2007) www.radarnetworks.com

Radatz S (2011) Wie Organisationen das Lernen lernen. Entwurf eines epistemologischen Theoriemodells „organisationalen" Lernens aus relationaler Sicht. Hohengehren

Reinmann G (2009) Studientext Wissensmanagement. München. http://lernen-unibw.de/studientexte. Zugegriffen: 3. Sept. 2012

Reinmann G (2012). Studientext Didaktisches Design. München. http://lernen-unibw.de/studientexte. Zugegriffen: 3. Sept. 2012

Reinmann G, Mandl H (2006). Unterrichten und Lernumgebungen gestalten. In: Krapp A, Weidenmann B (Hrsg) Pädagogische Psychologie. Ein Lehrbuch. Weinheim, S 613–658

Reinmann G, Hartung S, Florian A (2013) Akademische Medienkompetenz im Schnittfeld von Lehren, Lernen, Forschen und Verwalten. In: Imort P, Niesyto H (Hrsg) Grundbildung Medien in pädagogischen Studiengängen, Schriftenreihe Medienpädagogik interdisziplinär. München

Rennstich JK (2005) Podcasting In: Hohenstein A, Wilbers, K (Hrsg) Handbuch E-Learning. München, 5.12

Reuther U (2007) Der Programmbereich „Lernen im Prozess der Arbeit". In: QUEM (Hrsg) Kompetenzentwicklung 2006. Das Forschungs- und Entwicklungsprogramm „Lernkultur Kom-petenzentwicklung" – Ergebnisse – Erfahrungen – Einsichten. Münster, S 87–152

Rey GD (2009) E-Learning. Theorien, Gestaltungsempfehlungen und Forschung. Bern

Ritz A, Thom N (Hrsg) (2011) Talent Management. Talente identifizieren, Kompetenzen entwickeln, Leistungsträger erhalten, 2. Akt. Aufl. Wiesbaden

Robes J (2010) Microlearning als neues didaktisches Element. http://de.slideshare.net/jrobes/microlearning-4653926. Zugegriffen: 3. Jan. 2012

Robes J (2012a) Massive Open Online Courses: Das Potenzial des offenen und vernetzten Lernens. In Hohenstein A, Wilbers K (Hrsg) Handbuch E-Learning. Köln, Beitrag 7.22

Robes J (2012b) Weblogs. In: Back A, Gronau N, Tochtermann K (Hrsg) Web 2.0 und Social Media in der Unternehmenspraxis: Grundlagen, Anwendungen und Methoden mit zahlreichen Fallstudien, (3., vollständig überarbeitete Auflage 2012). München, S 34–43

Robes J (2012c) Social Learning. www.didacta-magazin.de 3/2012

Robes J (2012d) Offenes und selbstorganisiertes Lernen im Netz. Ein Erfahrungsbericht über den Open Course 2011 Zukunft des Lernens. In: Blaschitz E, Brandhofer G, Nosko C, Schwed G (Hrsg) Zukunft des Lernens: Wie digitale Medien Schule, Aus- und Weiterbildung verändern. Hülsbusch, Glückstadt, S 219–244

Robes J (2013) Universitäten verschenken ihr Wissen – Massive Open Online Courses. Wirtsch + Weiterbildung 2-2013:50–53

Rosh M (Hrsg) (2002) Arbeitsprozessintegriertes Lernen. Neue Ansätze für die berufliche Bildung. Münster

Rosh M (2012) Social Media und informelles Lernen. http://www.diezeitschrift.de/22013/lerntheorie-01.pdf. Zugegriffen: 21. Juni 2013

Rohlfs C, Harring M, Valentin C (Hrsg) (2008) Kompetenz-Bildung: Soziale, emotionale und kommunikative Kompetenzen von Kindern und Jugendlichen. Wiesbaden

Roth G (2011) Bildung braucht Persönlichkeit. Wie Lernen gelingt. Stuttgart

Roth S, Sauter W (2013) WBT Führungskompetenz. Blended Solutions GmbH Berlin

Sack Mann SA (2006) Welche kulturellen Faktoren beeinflussen den Unternehmenserfolg? http://www.bertelsmann-stiftung.de/bst/de/media/xcms_bst_dms_18946_18947_2.pdf. Zugegriffen: 1. Juni 2013

Sander W (2013, Apr. 26.) Im Land der kompetenten Säuglinge. FAZ 97:7

Sattelberger T (2012) Managerausbildung. Die großen Business Schools sind lebendige Leichen. Der Spiegel vom 9. Feb. 2012

Sauter A, Sauter W (2004) Blended Learning – Effiziente Integration von E-Learning und Präsenztraining, 2. überarbeitete Aufl. Unterschleißheim

Sauter W (1994) Vom Vorgesetzten zum Coach der Mitarbeiter. (Diss.), Weinheim

Sauter W (2009) Kompetenzentwicklung von Talenten mit Blended Learning und Web 2.0. In: Weitz A (Hrsg) Talentmanagement im Mittelstand. Bielefeld

Schaffert S, Kalz M (2009) Persönliche Lernumgebungen: Grundlagen, Möglichkeiten und Herausforderungen eines neuen Konzepts; Handbuch E-Learning, K-5-16 3d S 1 ff. München

Schein E (1985) Organizational Culture and Leadership, Josser-Bass. San Francisco

Schein E (1995) Unternehmenskultur – Ein Handbuch für Führungskräfte. Frankfurt a. M.

Schmidt EM (2005) Kommunikative Praxisbewältigung in Gruppen (KOPING) – Ein in der Praxis bewährtes Konzept zur Handlungsmodifikation. In: Vom Wissen zum Handeln. Ansätze zur Überwindung der Theorie-Praxis-Kluft in Schule und Erwachsenenbildung. Tübingen

Schön S (2013) Entwicklung eines Anreizsystems In: Güntner G, Schaffert S (Hrsg) Macht mit im Web! Anreizsysteme zur Unterstützung von Aktivitäten bei Community- und Content-Plattformen, Bd 6 der Reihe „Social Media", Salzburg: Salzburg Research. http://de.slideshare.net/snml/macht-mit-im-web-anreizsysteme-zur-untersttzung-von-aktivitten-bei-community-und-contentplattformen. Zugegriffen: 15. Sept. 2013

Schröder T (2009) Arbeits- und Lernaufgaben für die arbeits-prozessintegrierte beruflich-betriebliche Weiterbildung – Ergebnisse aus einem Handlungsforschungsprojekt. In: Tram T, Kremer H-H, Dilger B (Hrsg) Praxisphasen in beruflichen Entwicklungsprozessen. http://www.bwpat.de/ausgabe17/schroeder_bwpat17.pdf. Zugegriffen: 12. Aug. 2013

Schuchmann D, Seufert S (2013) Kompetenzentwicklung in Unternehmen – Neuorientierung betrieblicher Weiterbildung – Wege aus dem „Kürzlich-Denken"?. In: Seufert S, Metzger C (Hrsg) Kompetenzentwicklung in unterschiedlichen Lernkulturen – Festschrift für Dieter Euler zum 60. Geburtstag. Paderborn, S 421–442

Schüßler I (2007) Von der Erzeugungs- zur Ermöglichungsdidaktik. http://www.rpi-virtuell.net/workspace/3719FF1D-F109–402F-96DA-702285484082/dats/2007/schuessler.pdf. Zugegriffen: 17. Juni 2013

Schulmeister R (2002) Grundlagen hypermedialer Lernsysteme. Theorie – Didaktik Design (3. korrigierte Aufl.). München

Schulmeister R (2008) Gibt es eine Net-Generation – Work in Progress. Hamburg. http://www.izhd.uni-hamburg.de/pdfs/Schulmeister_Netzgeneration.pdf. Zugegriffen: 18. Dez. 2008

Senge P (2011) Die fünfte Disziplin – Kunst und Praxis der lernenden Organisation, 11. Aufl. Stuttgart

Siebert H (2011a) Selbstgesteuertes Lernen und Lernberatung, 3. Aufl. Neuwied

Siebert H (2011b) Theorien für die Praxis, 3. Aufl. Bielefeld

Siemens G (2004) Connectivism: a learning theory for the digital age. http://www.elearnspace.org/Articles/connectivism.htm. Zugegriffen: 11. Okt. 2011

Siemens G (2006) Knowing Knowledge, S 29 ff. http://www.elearnspace.org/KnowingKnowledge_LowRes.pdf. Zugegriffen: 11. Okt. 2011

Son Le, Weber W (2011) Game-based Learning – Spielend Lernen? In: Schön S, Ebner M (Hrsg) in Lehrbuch für Lernen und Lehren mit Technologien

Spitzer M (2012) Digitale Demenz, Wie wir uns und unsere Kinder um den Verstand bringen. München

Steinweg S (2009) Systematisches Talent Management. Kompetenzen strategisch einsetzen. Stuttgart

Stiefel R Th (2010) Strategieumsetzende Personalentwicklung – Schneller lernen als die Konkurrenz. Wien

Stiftung Warentest (2011, Okt.) Viel Papier, Test Speziale Karriere 2012, S 42–45

Stoller-Schai D (2003, Diss.) E-Collaboration – Die Gestaltung internetgestützter kollaborativer Handlungsfelder. Bamberg

Stoller-Schai D (2010, Apr.) Mobiles Lernen. Die Langform des Homo mobiles. In: Wilbers K, Hohenstein A (Hrsg) Handbuch E-Learning. 32. Erg.-Lag. Köln.

Stoller-Schai D (2013) Lernen 2.0– Zukunftsperspektiven des E-Learning. In: Hohenstein A, Wilbers K (Hrsg) Handbuch E-Learning. München, 2.18

Stratmann J, Preußler A, Kerres M (2009) Didaktische Potenziale von Portfolios in Lehr-/Lernkontext. In: Medienpädagogik. Zeitschrift für Theorie und Praxis der Medienbildung. www.medienpaed.com/18/stratmann0912.pdf

Stree U, Werthmann H-V (1992) Lehranalyse und psychoanalytische Ausbildung. Göttingen

Surowiecki J (2005) Die Weisheit der Vielen, Gütersloh

Tacke O. (2013) MOOCs zwischen C und X – Aufwind für öffentliche Seminare?, in: Bremer C., Krömler, D (Hrsg.) E-Learning zwischen Vision und Alltag. Münster New York München Berlin

Tapstet D (2010) Mit Enterprise 2.0 gewinnen In: Buhse W, Stamer S (Hrsg) Die Kunst loszulassen. Enterprise 2.0, 3. Aufl. Berlin, S 123–148

Tenberg R, Hess B (2005, Juli) Auseinandersetzung mit Kompetenzen in der Wirtschaft: Explorative Untersuchung über ‚Kompetenzmanagement' an 14 deutschen Großbetrieben. In: Tramm T, Brand W (Hrsg) Prüfungen und Standards in der beruflichen Bildung. Berufs- und Wirtschaftspädagogik, Ausgabe 8, S 201–209

Terry R (2011) Accountability needed for workplace training. http://www.ft.com/cms/s/2/ac4f71e4–1461-11e1–8367-00144feabdc0.html#axzz2SV5xOvhd. Zugegriffen: 18. Mai 2013

Thom N, Nesemann K (2011) Talententwicklung durch Traineeprogramme. In: Ritz A, Thom N (Hrsg) Talent Management. Talente identifizieren, Kompetenzen entwickeln, Leistungsträger erhalten, 2. Akt. Aufl. Wiesbaden, S 25

Tietze KO (2012) Kollegiale Beratung. Problemlösungen gemeinsam entwickeln. rororo 61544. In: Schulz von Thun F. Miteinander reden. Praxis, 5. Aufl. Reinbeck

Trost A, Jenewein W (Hrsg) (2012) Personalentwicklung 2.0. Lernen, Wissensaustausch und Talentförderung der nächsten Generation. Köln

Vester F (1990) Leitmotiv vernetztes Denken. Bonn

Vollmers F (2009, Jan. 31./Feb. 1.) Parlieren geht über Studieren. FAZ C6

Wagner M (2009). Eine Theorie des Digital Game Based Learning, Computer Game Studies. http://www.gamestudies. Abgerufen unter at/2009/01/eine-theorie-des-digital-game-basedlearning-teil-1-vorbemerkungen-und-begriffsdefinitionen.html. Zugegriffen: 3. Sept. 2012

Wahl D (1991) Handeln unter Druck – Der weite Weg vom Wissen zum Handeln bei Lehrern, Hochschullehrern und Erwachsenenbildnern. Weinheim

Wahl D (1995) Grundkonzeption. In: Wahl D, Wölfing W, Rapp G, Heger D. Erwachsenenbildung konkret, 4. Aufl. Weinheim

Wahl D (2002) Mit Training vom trägen Wissen zum kompetenten Handeln? Z Pädagogik 48:227–241

Wahl D (2006) Ergebnisse der Lehr-Lern-Psychologie. http://www.dblernen.de/docs/Wahl_Ergebnisse-der-Lehr-Lern-Psychologie.pdf. Zugegriffen: 25. Aug. 2013

Wahl D (2011) Der Advance Organizer: Einstieg in eine Lernumgebung. In: Brandt S (Hrsg) Lehren und Lernen im Unterricht. Professionswissen für Lehrerinnen und Lehrer, Bd 2, Perspektive 1. Zürich (Hrsg. von Grunder HU, Moser H, Kansteiner-Schänzlin K)

Wahl D (2013) Lernumgebungen erfolgreich gestalten – Vom trägen Wissen zum kompetenten Handeln, 3. Aufl. Bad Heilbrunn

Weinert FE (Hrsg) (2001), Leistungsmessungen in Schulen, Weinheim und Basel

Wenger E (1998) Communities of Practice: Learning, Meaning, and Identity. Cambridge

Wirtz M, Caspar F (2002) Beurteilerübereinstimmung und Beurteilerreliabilität. Göttingen

Wissensfabrik (2012) HRM Trendstudie – Die Folgen der Digitalisierung – Neue Arbeitswelten, Wissenskulturen und Führungsverständnisse. St. Gallen. http://www.wissensfabrik.ch/downloads/Erzeugnisse_Studien/hrm_studie_300dpi_DruckQ.pdf. Zugegriffen: 12. Dez. 2012

Witt C (2013) Vom E-Learning zum Mobile Learning – wie Smartphones und Tablet PCs Lernen und Arbeit verbinden. In: Witt C, Sieber A (Hrsg) Mobile Learning – Potenziale, Einsatzszenarien und Perspektiven des Lernens mit mobilen Endgeräten. Berlin, S 13–26

Stichwortverzeichnis

A

Administration, lernerorientierte, 163
Advance Organizer, 122
Analyse
    des Lernbedarfes, 46
    didaktische, 173
    methodische, 173
Arbeiten, kollaboratives, 102
Artefakt, 38
Artikulation, 143
Automated Authoring Application, 119
Automation der Wissensarbeit, 19
Autonomiekompetenz, 76
Autorenwerkzeuge, 119

B

Baby Boomer, 4
Badges, 153
Bedeutung der Lernanwendungen, 89
Behaviorismus, 57
Beratung, kollegiale, 214
Berufsausbildung, 11
    mit Blended Learning, 194
Betatest, 124
    WBT-Entwicklung, 123
Bildung
    schulische, 15
    strategieumsetzende, 32
Bildungsbereich, Anforderungen, 239
Blended Learning, 107, 161
    Arrangements, 192
    mit projektbezogener
        Kompetenzentwicklung, 205
    Prozess, 192, 196
Blogs, 111

C

Cafeteria, 95
Chat, 85, 97
Cloud Learning, 20, 165
Cloud Technology, 19
Co-Coaching, 28, 140
    Konzept, 212
Coaching, 140
Collaborative Working and Learning, 147
Community, 105
    of Practice, 217
Content-Entwicklung, 117
Corporate Culture, 38

D

Digital Game-based Learning (Serious
    Games), 166
Didaktik
    arbeitsprozessorientierte, 55
    betrieblicher Bildung, 32
    innovativer Lernsysteme, 54
Digital Immigrants, 5
Digital Natives, 5
Diskussionsforen, 95
Dissonanz, 154
Dokumentation, 92
Dokumentraum, 95
Doppeldecker-Ansatz, 244, 255

E

E-Coaching, 181
E-Book, 170
E-Learning, 159, 183
    2.0, 81, 156
    Arrangement, 184

W. Sauter, S. Sauter, *Workplace Learning*, DOI 10.1007/978-3-642-41418-3,
© Springer-Verlag Berlin Heidelberg 2013

15850264R00195

Printed in Poland
by Amazon Fulfillment
Poland Sp. z o.o., Wrocław